"十三五"职业教育国家规划教材

ASP.NET 应用系统设计与开发（第2版）

吴懋刚　主编
陈进　周建林　副主编
黄成　倪明　范蕤　包芳　参编

清华大学出版社
北京

内容简介

本书根据软件行业岗位需求及ASP.NET开发人才培养的特点，以一位刚入行的软件开发人员程可儿的成长经历作为故事主线，用真实的企业项目"可可网上商城"作为项目研发过程主线，渗透行业主流的Scrum敏捷开发框架，设计了5个迭代递进的学习情境，包含9个模块、23个典型工作任务，涵盖了Web应用程序及其体系架构、ASP.NET应用程序结构、ASP.NET Web窗体及Page类、服务器控件、验证控件、状态管理、ADO.NET数据访问模型、ADO.NET组件、数据绑定控件、ASP.NET母版、站点地图与导航、用户控件、站点发布与部署等主要知识点。

本书依托"双主线贯穿、五迭代递进"的学习情境，通过对真实项目"可可网上商城"的教学化设计，构建真实的软件项目化实训和工作场景，按照"必需、够用"的原则对知识、技能进行梳理和有序化，通过工作任务实践引导教学和专业实践，提高读者的专业实践能力和综合职业素质，体现了以学生为主、教师为导的新型"师傅带徒弟"式的现代职业教育教学特色。

本书配套提供课程实训指南、授课讲稿(PPT)、项目库、微课视频、习题库，是高职院校软件技术及计算机类相关专业学生学习ASP.NET相关课程的教学实训指导用书，也可以作为广大软件开发人员从事ASP.NET开发的指导和参考用书。

图书在版编目(CIP)数据

ASP.NET应用系统设计与开发/吴懋刚主编. —2版. —北京：清华大学出版社，2022.6
ISBN 978-7-302-60981-0

Ⅰ. ①A… Ⅱ. ①吴… Ⅲ. ①网页制作工具－程序设计 Ⅳ. ①TP393.092.2

中国版本图书馆CIP数据核字(2022)第089560号

责任编辑：孟毅新
封面设计：傅瑞学
责任校对：袁　芳
责任印制：杨　艳

出版发行：清华大学出版社
网　　址：http://www.tup.com.cn，http://www.wqbook.com
地　　址：北京清华大学学研大厦A座　　**邮　　编**：100084
社 总 机：010-83470000　　**邮　　购**：010-62786544
投稿与读者服务：010-62776969，c-service@tup.tsinghua.edu.cn
质量反馈：010-62772015，zhiliang@tup.tsinghua.edu.cn
课件下载：http://www.tup.com.cn，010-83470410
印 装 者：三河市铭诚印务有限公司
经　　销：全国新华书店
开　　本：185mm×260mm　　**印　　张**：21　　**字　　数**：480千字
版　　次：2017年7月第1版　2022年8月第2版　　**印　　次**：2022年8月第1次印刷
定　　价：69.00元

产品编号：097220-01

前　言

ASP.NET 是 Microsoft 推出的构建现代 Web 应用程序和服务的一个开放源代码的 Web 框架，是当前主流的 Web 应用开发技术之一，在软件开发领域占据非常重要的地位。

本书根据软件行业岗位需求的特点，以一位刚入行的软件开发人员程可儿的成长经历作为“故事”主线，用真实的企业项目“可可网上商城”作为项目研发过程主线，渗透行业主流的 Scrum 敏捷开发框架，从而设计了 5 个迭代递进的学习情境，配套提供课程实训指南、授课讲稿（PPT）、项目库、微课视频、习题库。

对于刚刚入门的 ASP.NET 初学者而言，本书引入的企业项目属于电子商务类软件项目，是目前市场上应用广泛、读者熟悉且感兴趣，也是读者将来大概率接触的软件研发类项目之一。本书从项目研发准备入手，引导读者沉浸在本书构建的真实的项目化实训和工作场景中，帮助读者逐渐了解和掌握基本的软件工程与项目管理概念，在实践训练中理解 Scrum 敏捷开发框架的主要内容，对照每个“开发任务”进行学习和实践，从而熟练掌握开发 ASP.NET Web 应用系统所需的核心知识和技能，基本掌握企业软件开发所必需的行业规范、标准，逐步积累一定的项目开发经验，培养一定的自主学习能力、分析解决问题能力、团队协作等职业素养。

本书将主人公程可儿的成长故事贯穿于软件研发和实训过程始终，将读者带入主人公程可儿这个角色，把难以口口相传的项目实践经验和职业素养等内容融于每个任务之中，注重引导读者边学边做、边做边想。读者既要同步完成项目中预设的经典任务，也要通过检索资料、技术试验和团队研讨等方式去积极挑战一些拓展性任务。本书为读者创造尽可能多的自主学习的环境和机会，潜移默化地引导读者将职业技能和职业素养并重，充分体现了以学生为主、教师为导的新型“师傅带徒弟”式的现代职业教育理念。

主要内容

本书参考软件行业 Scrum 敏捷开发框架，将企业真实项目“可可网上商城”的研发过程划分为 5 个迭代(Sprint)，由此按照“必需、够用”的原则对知识、技能进行梳理和有序化，设计了 5 个迭代递进式学习情境，共包含 9 个模块、23 个典型工作任务。每个教学单元都是某个典型软件开发任务的分析、设计、开发和实施的迭代过程，包含任务描述与分析、任务设计与实现、相关知识与技能、职业能力拓展、能力评估等环节，最后以项目团队为单位，组织软件项目交付评审及其他教学考核。

(1) 学习情境 1：“可可网上商城”项目准备。该学习情境包含 1 个模块、2 个典型工作任务，从项目团队组建和项目研发准备入手，指导读者准确地掌握和描述“可可网上商城”项目需求，基于 ASP.NET 分层架构创建项目解决方案，主要掌握软件工程与项目管理基本概念、Web 应用程序及其体系架构、ASP.NET 应用程序结构等知识点。

(2) 学习情境 2：设计“可可网上商城”用户交互。该学习情境包含 2 个模块、6 个典型工作任务，指导读者创建会员登录页和会员注册页，在页面表单中验证用户输入数据，维护会员登录状态，并且分别实现前台会员和后台管理员登录状态导航，主要掌握 ASP.NET Web 窗体页与 Page 类、ASP.NET 服务器控件、ASP.NET 验证控件、ASP.NET 状态管理技术(Cookie 和 Session)等知识点。

(3) 学习情境 3：实现“可可网上商城”数据访问和处理。该学习情境包含 3 个模块、8 个典型工作任务，指导读者在会员登录业务中通过查询会员账号信息来校验会员登录合法性，在会员注册业务中插入会员信息来实现新增会员，实现会员修改密码的业务功能，在首页展现图书分类、图书列表和图书详细信息，在管理后台实现图书信息管理维护，主要掌握 ADO.NET 数据访问模型、主要的 ADO.NET 组件(Connection 和 Command)、数据集(DataSet)，以及主要的数据绑定控件(DataList、GridView)的应用等知识点。

(4) 学习情境 4：实现“可可网上商城”购物车。该学习情境包含 1 个模块、2 个典型工作任务，围绕网上商城中核心的购物车业务，通过综合性任务实践，指导读者分析会员购买图书的业务流程，进一步分析设计购物车结构，实现购物车管理、购物车结算(生成订单)功能，从而完整实现会员购买图书的核心业务功能，进一步掌握 ADO.NET 数据访问模型、GridView 控件的使用。

(5) 学习情境 5：优化和交付“可可网上商城”。该学习情境包含 2 个模块、5 个典型工作任务，围绕项目交付前的优化、调试、发布和部署等工作，指导读者使用母版页将站点的布局和样式一致化，使用站点地图和导航控件完善站点的导航设计，使用用户控件实现前台门户用户登录表单等功能的部分复用，并且将“可可网上商城”发布和部署到服务器上，主要掌握 ASP.NET 母版页与内容页、站点地图、导航控件、用户控件、异常处理、发布与部署等知识点。

为了有效指导读者的学习和实践，本书提供 ASP.NET 编码规范、项目实训任务书、项目实训周报、项目评审报告等范本，引导读者关注并掌握企业开发标准和规范。同时，整理了部分行业内有特色、有代表性的软件项目作为项目库，供读者参考和选择，在学习之余能够拓展实践内容，逐步积累项目实践经验。

本书特色

本书设计了“双主线贯穿、五迭代递进”的学习情境，通过对真实项目“可可网上商城”的教学化设计，构建真实的软件项目化实训和工作场景，按照“必需、够用”的原则对知识、技能进行梳理和有序化，通过工作任务实践引导教学和专业实践，提高读者的专业实践能力和综合职业素质，体现了以学生为主、教师为导的新型“师傅带徒弟”式的现代职业教育教学特色。

读者对象

本书是高等职业院校软件技术及计算机类相关专业学生学习ASP.NET相关课程的教学实训指导用书，也可以作为广大软件开发人员从事ASP.NET开发的指导和参考用书。

鸣谢

本书由吴懋刚任主编，陈进和周建林任副主编，黄成、倪明、范蕤、包芳等参加了本书的编写和整理材料、代码编写和测试等工作，潘永惠对全书作了细致的审稿。本书编写过程中，得到了江阴职业技术学院、江苏省软件与服务外包实训基地、江苏省信息融合软件工程技术研究开发中心，以及产学研合作企业的大力支持和帮助，郑虎强等对软件人才培养和课程开发提出了许多宝贵的意见和建议，在此向他们表示衷心的感谢。

由于编者水平所限，书中难免有不足之处，敬请广大读者朋友和同人批评指正。如果读者朋友在使用本书过程中有任何问题和建议，请及时与编者联系。

编　者

2022年5月

目　录

学习情境1　“可可网上商城”项目准备

模块1　“可可网上商城”项目准备 ········· 1

任务1-1　了解“可可网上商城”总体需求 ········· 2

任务描述与分析 ········· 2

任务设计与实现 ········· 3

1-1-1　采集“可可网上商城”项目需求 ········· 3

1-1-2　创建“可可网上商城”用户需求模型 ········· 5

1-1-3　定义“可可网上商城”用例需求 ········· 11

相关知识与技能 ········· 11

1-1-4　软件工程与项目管理 ········· 11

1-1-5　软件生命周期模型 ········· 12

1-1-6　软件能力成熟度模型集成CMMI ········· 15

1-1-7　敏捷开发与Scrum ········· 16

1-1-8　需求分析 ········· 18

1-1-9　UML与用户需求建模 ········· 21

职业能力拓展 ········· 23

1-1-10　快速原型设计 ········· 23

1-1-11　制订项目迭代计划 ········· 24

1-1-12　填报《项目周报》 ········· 27

任务1-2　创建“可可网上商城”解决方案 ········· 27

任务描述与分析 ········· 27

任务设计与实现 ········· 28

1-2-1　创建ASP.NET Web应用程序 ········· 28

1-2-2　完善分层开发框架 ········· 31

1-2-3　创建站点测试页Index.aspx ········· 34

1-2-4　测试ASP.NET Web应用程序 ········· 36

相关知识与技能 …… 38
1-2-5 Web 应用程序及其体系结构 …… 38
1-2-6 ASP.NET 发展历程 …… 39
1-2-7 ASP.NET Web 应用程序 …… 40
1-2-8 分层开发架构 …… 41
职业能力拓展 …… 42
1-2-9 配置 ASP.NET 开发资源 …… 42
模块小结 …… 43
能力评估 …… 43

学习情境2 设计“可可网上商城”用户交互

模块2 “可可网上商城”用户交互界面设计 …… 47
任务 2-1 创建会员登录页 …… 48
任务描述与分析 …… 48
任务设计与实现 …… 49
2-1-1 详细设计 …… 49
2-1-2 创建会员登录页源文件 …… 50
2-1-3 设计会员登录交互界面 …… 51
2-1-4 处理会员登录业务逻辑 …… 53
2-1-5 测试会员登录页 …… 57
相关知识与技能 …… 58
2-1-6 ASP.NET Web 窗体页 …… 58
2-1-7 ASP.NET 页生命周期与 Page 类事件 …… 61
2-1-8 回发与 Page.IsPostBack 属性 …… 63
职业能力拓展 …… 64
2-1-9 显示和校验验证码 …… 64
任务 2-2 创建会员注册页 …… 64
任务描述与分析 …… 64
任务设计与实现 …… 65
2-2-1 详细设计 …… 65
2-2-2 创建并设计会员注册交互界面 …… 67
2-2-3 处理会员注册业务逻辑 …… 68
2-2-4 测试会员注册页 …… 71
相关知识与技能 …… 72
2-2-5 Web 服务器控件 …… 72
2-2-6 常用的 Web 服务器控件 …… 74
职业能力拓展 …… 77

2-2-7　创建管理后台新增图书页 …… 77
任务 2-3　验证和预处理会员注册数据 …… 79
任务描述与分析 …… 79
任务设计与实现 …… 80
2-3-1　完善详细设计 …… 80
2-3-2　在会员注册页中添加数据验证 …… 81
2-3-3　测试会员注册页输入项数据验证 …… 84
相关知识与技能 …… 85
2-3-4　数据验证 …… 85
2-3-5　ASP.NET 服务器验证控件 …… 86
职业能力拓展 …… 93
2-3-6　使用第三方控件实现日期型数据输入 …… 93
2-3-7　验证和预处理管理后台新增图书数据 …… 94
模块小结 …… 95
能力评估 …… 95
模块 3　维护“可可网上商城”登录状态 …… 98
任务 3-1　维护会员登录状态 …… 99
任务描述与分析 …… 99
任务设计与实现 …… 100
3-1-1　完善详细设计 …… 100
3-1-2　使用 Cookie 保存登录状态 …… 100
3-1-3　读取并显示会员登录状态信息 …… 101
3-1-4　测试会员登录页状态维护 …… 102
相关知识与技能 …… 102
3-1-5　状态管理和状态维护技术 …… 102
3-1-6　客户端状态维护技术 …… 103
3-1-7　服务器端状态维护技术 …… 105
3-1-8　Cookie 对象 …… 105
3-1-9　Response 对象 …… 109
3-1-10　Request 对象 …… 109
职业能力拓展 …… 110
3-1-11　限制会员非法尝试登录次数 …… 110
任务 3-2　为会员设计登录状态导航 …… 110
任务描述与分析 …… 110
任务设计与实现 …… 111
3-2-1　完善详细设计 …… 111
3-2-2　完善会员登录交互界面 …… 112

3-2-3 完善会员登录业务 …… 114
3-2-4 测试会员登录状态导航 …… 115
职业能力拓展 …… 116
3-2-5 实现首页登录状态导航条 …… 116
任务 3-3 为后台管理员设计登录状态导航 …… 117
任务描述与分析 …… 117
任务设计与实现 …… 117
3-3-1 详细设计 …… 117
3-3-2 创建并设计管理后台登录交互界面 …… 119
3-3-3 处理管理后台登录业务逻辑 …… 120
3-3-4 实现管理后台首页登录状态导航 …… 122
3-3-5 测试管理后台登录状态导航 …… 124
相关知识与技能 …… 124
3-3-6 Session 对象 …… 124
职业能力拓展 …… 126
3-3-7 防止用户绕过登录页面 …… 126
模块小结 …… 126
能力评估 …… 127

学习情境 3 实现“可可网上商城”数据访问和处理

模块 4 “可可网上商城”会员个人信息管理 …… 129
任务 4-1 校验会员登录合法性 …… 130
任务描述与分析 …… 130
任务设计与实现 …… 130
4-1-1 完善详细设计 …… 130
4-1-2 在表示层中配置连接字符串 …… 131
4-1-3 在数据访问层中实现查询会员信息 …… 132
4-1-4 测试会员登录合法性校验 …… 133
相关知识与技能 …… 134
4-1-5 ADO.NET 数据访问模型 …… 134
4-1-6 ADO.NET 命名空间 …… 135
4-1-7 SqlConnection …… 136
4-1-8 SqlCommand 和数据访问 …… 138
职业能力拓展 …… 141
4-1-9 校验后台管理员登录合法性 …… 141
任务 4-2 实现会员注册业务 …… 142
任务描述与分析 …… 142

任务设计与实现…… 143
4-2-1 完善详细设计 …… 143
4-2-2 在数据访问层中实现新增会员 …… 143
4-2-3 测试会员注册业务 …… 145
职业能力拓展…… 145
4-2-4 校验会员注册业务中的重复账户 …… 145
任务 4-3 实现会员修改密码业务 …… 146
任务描述与分析…… 146
任务设计与实现…… 147
4-3-1 详细设计 …… 147
4-3-2 创建会员修改密码页 …… 148
4-3-3 实现修改密码业务 …… 150
4-3-4 测试会员修改密码业务 …… 153
职业能力拓展…… 154
4-3-5 对用户密码进行加密处理 …… 154
模块小结…… 154
能力评估…… 155
模块 5 "可可网上商城"前台门户展示图书信息 …… 158
任务 5-1 按出版日期排序展示图书列表 …… 159
任务描述与分析…… 159
任务设计与实现…… 159
5-1-1 详细设计 …… 159
5-1-2 实现按出版日期排序检索图书业务逻辑 …… 161
5-1-3 将图书数据集绑定到数据展示控件 …… 164
5-1-4 实现单击图书封面或名称后打开图书详情页 …… 166
5-1-5 测试按出版日期排序展示图书列表业务 …… 167
相关知识与技能…… 168
5-1-6 DataSet …… 168
5-1-7 SqlDataAdapter …… 170
5-1-8 数据绑定 …… 170
5-1-9 DataList 控件 …… 171
职业能力拓展…… 173
5-1-10 在前台门户展示图书分类 …… 173
任务 5-2 展示图书详细信息 …… 174
任务描述与分析…… 174
任务设计与实现…… 175
5-2-1 详细设计 …… 175

5-2-2 实现检索图书详细信息业务逻辑 …… 177
5-2-3 将图书信息绑定到 DataList 控件 …… 178
5-2-4 实现单击“购买”按钮后打开“我的购物车”页 …… 181
5-2-5 测试展示图书详细信息业务 …… 182
相关知识与技能 …… 182
5-2-6 查询字符串 QueryString …… 182
职业能力拓展 …… 183
5-2-7 编写数据库访问辅助类 SQLHelper …… 183
任务 5-3 按图书分类展示图书列表 …… 184
任务描述与分析 …… 184
任务设计与实现 …… 185
5-3-1 详细设计 …… 185
5-3-2 实现图书分类列表展示 …… 186
5-3-3 实现图书列表展示 …… 190
5-3-4 测试按图书分类展示图书列表业务 …… 194
职业能力拓展 …… 194
5-3-5 实现按排序条件浏览图书列表 …… 194
模块小结 …… 195
能力评估 …… 195

模块 6 “可可网上商城”管理后台数据维护 …… 198

任务 6-1 分页展示图书信息列表 …… 199
任务描述与分析 …… 199
任务设计与实现 …… 199
6-1-1 详细设计 …… 199
6-1-2 实现检索图书信息业务逻辑 …… 201
6-1-3 将图书信息绑定到 GridView 控件 …… 203
6-1-4 单击页码导航按钮实现分页浏览 …… 205
6-1-5 实现数据浏览时的“光棒”效果 …… 206
6-1-6 单击图书名称或“详细”超链接导航到图书详情页 …… 207
6-1-7 测试分页展示图书信息列表 …… 208
相关知识与技能 …… 209
6-1-8 GridView 控件 …… 209
职业能力拓展 …… 216
6-1-9 按图书分类展示图书列表 …… 216
任务 6-2 实现删除图书信息业务 …… 217
任务描述与分析 …… 217

任务设计与实现 …… 218
6-2-1　完善详细设计 …… 218
6-2-2　实现删除图书业务逻辑 …… 219
6-2-3　单击“删除”超链接删除一本图书信息 …… 221
6-2-4　实现图书列表“全选”功能 …… 222
6-2-5　实现图书列表中多选后“删除所选”功能 …… 224
6-2-6　测试删除图书信息业务 …… 227
职业能力拓展 …… 227
6-2-7　实现逻辑删除图书 …… 227
6-2-8　实现图书分类管理 …… 228
6-2-9　实现用户管理业务 …… 229
模块小结 …… 229
能力评估 …… 229

学习情境4　实现“可可网上商城”购物车

模块7　“可可网上商城”购物车管理与结算 …… 233
任务7-1　实现购物车管理业务 …… 234
任务描述与分析 …… 234
任务设计与实现 …… 235
7-1-1　详细设计 …… 235
7-1-2　实现购物车业务实体类 …… 236
7-1-3　实现购物车业务逻辑 …… 238
7-1-4　实现购买图书业务 …… 241
7-1-5　测试购物车管理业务 …… 244
职业能力拓展 …… 245
7-1-6　实现购物车的内置编辑功能 …… 245
任务7-2　实现购物车结算业务 …… 246
任务描述与分析 …… 246
任务设计与实现 …… 247
7-2-1　详细设计 …… 247
7-2-2　实现购物车结算业务逻辑 …… 248
7-2-3　编写购物车结算业务代码 …… 251
7-2-4　测试购物车结算业务 …… 251
相关知识与技能 …… 252
7-2-5　事务 …… 252

职业能力拓展 254
7-2-6 实现管理后台订单管理 254
7-2-7 处理购物车结算业务中的事务 255
模块小结 256
能力评估 256

学习情境 5 优化和交付“可可网上商城”

模块 8 优化“可可网上商城”设计 257
任务 8-1 前台门户页复用和样式控制 258
任务描述与分析 258
任务设计与实现 259
8-1-1 详细设计 259
8-1-2 创建前台门户母版页 259
8-1-3 用母版页重构前台门户首页 261
8-1-4 测试前台门户页复用和样式控制 263
相关知识与技能 263
8-1-5 ASP.NET 母版页 263
职业能力拓展 266
8-1-6 在会员登录页中使用母版页 266
8-1-7 为管理后台设计和使用母版页 267
任务 8-2 前台门户页导航设计 268
任务描述与分析 268
任务设计与实现 268
8-2-1 详细设计 268
8-2-2 创建站点地图 269
8-2-3 在母版页中设计路径导航 270
8-2-4 测试前台门户页导航设计 270
相关知识与技能 271
8-2-5 ASP.NET 站点地图 271
8-2-6 ASP.NET 导航控件 272
职业能力拓展 276
8-2-7 为管理后台设计树状导航菜单 276
任务 8-3 前台门户功能复用 277
任务描述与分析 277
任务设计与实现 277
8-3-1 详细设计 277

8-3-2　创建会员登录用户控件 …… 278
8-3-3　在前台门户首页中使用会员登录用户控件 …… 280
8-3-4　测试前台门户功能复用 …… 281
相关知识与技能…… 281
8-3-5　ASP.NET 用户控件 …… 281
职业能力拓展…… 282
8-3-6　将前台门户功能页重构为用户控件 …… 282
模块小结…… 283
能力评估…… 283

模块 9　“可可网上商城”发布和部署 …… 285

任务 9-1　发布“可可网上商城” …… 285
任务描述与分析…… 285
任务设计与实现…… 286
9-1-1　发布 ASP.NET Web 站点 …… 286
职业能力拓展…… 290
9-1-2　配置和管理已发布的站点 …… 290
任务 9-2　部署“可可网上商城”到服务器 …… 292
任务描述与分析…… 292
任务设计与实现…… 292
9-2-1　在服务器上安装 IIS …… 292
9-2-2　在 IIS 管理器中部署和配置“可可网上商城”站点…… 295
模块小结…… 296
能力评估…… 297

参考文献…… 298

附录 A　ASP.NET 编码规范参考…… 299

附录 B　软件项目实训文档参考 …… 307

附录 C　软件项目实训拓展(项目库) …… 313

学习情境 1
“可可网上商城”项目准备

模块 1 “可可网上商城”项目准备

可可连锁书店是暨阳市的一家中小型连锁书店，有很多优质图书资源和教育市场，各连锁网点遍布在高等院校、中小学校周边。因其图书质量高，更新速度快，折扣率高，服务快速优质，可可连锁书店在暨阳市的图书销售业绩和客户服务都很出色。

2012 年以前，在一些媒体和客户的口碑传导下，可可连锁书店的图书销售业务量飞速增长。但是，自 2013 年年初开始，随着淘宝、京东、当当、ChinaPub 等电子商务平台的飞速发展，更丰富的图书，更便捷的采购，更高的折扣率……一切都让可可连锁书店感受到了巨大的销售压力。而可可连锁书店传统的销售渠道也已经无法满足顾客对于更高服务质量的期望：顾客经常向总店客服投诉无法及时从连锁书店取到预订的图书，配送员也在各连锁书店和客户之间疲于奔命……很显然，可可连锁书店迫切需要适应市场需求，引入电子商务，扩充销售渠道，提高服务质量。

幸运的是，可可连锁书店拥有一位出色的销售经理杨国栋，他与连锁书店周边学校的许多教师、学生都有着很好的私人关系。他正全力以赴应对即将到来的 2022 年 9 月销售旺季——新学期开始是各类图书最热销的时候。

杨国栋迅速召开了几次内部会议，最终证实，如果仅仅依赖目前的销售渠道，要提高销售业绩、提升服务质量太难了。杨国栋期望定制开发一套比较完善的电子商务平台——“可可网上商城”系统。这套网上商城系统要能结合可可连锁书店自身网店分布广的优势，面向特定的顾客群体，拓宽网上图书销售渠道。这意味着新的电子商务解决方案要在 2022 年 7 月 1 日之前上线测试并投入运行，而离这个时间只有 4 个多月了。杨国栋对此一窍不通，根本不知道如何在这么短的时间内使网上商城系统上线和运行。几经斟酌后，杨国栋联系到了当地具有丰富行业软件开发经验的研发机构——IFTC(展望软件研发中心)。杨国栋将这个项目的研发工作交给了 IFTC。

从现在开始，在项目经理陈靓的带领下，他们将用 4 个月的时间，和主人公程可儿一起,为可可连锁书店开发新的“可可网上商城”系统。

程可儿是今年的应届高职毕业生,刚刚到 IFTC 入职,工作非常认真,很荣幸地被陈靓选中,得以参加他入职以来第一个重要项目。作为项目团队 IFTC 的新成员之一,程可儿亲自参与产品研发的整个过程,体验了来自可可网上商城项目开发的酸甜苦辣,完成从初学者到 ASP.NET 软件工程师的蜕变之旅。

工作任务

任务 1-1　了解“可可网上商城”总体需求

任务 1-2　创建“可可网上商城”解决方案

学习目标

(1) 初步掌握软件工程与项目管理概念,了解常用的软件研发生命周期模型。

(2) 基本掌握应用系统需求建模的基本方法,能理解并熟练描述需求模型。

(3) 理解 Web 应用系统架构模型及工作原理。

(4) 初步掌握创建 ASP.NET 应用系统解决方案的基本方法,理解 ASP.NET 应用程序的基本结构和工作模型。

任务 1-1　了解“可可网上商城”总体需求

任务描述与分析

陈靓是 IFTC 项目团队的主要负责人,具有非常丰富的电子商务平台研发和实施经验。为尽可能保证“可可网上商城”能满足可可连锁书店和杨国栋的期望,陈靓跟杨国栋做了非常充分的沟通。

陈靓认为,如果到 4 个月后交付软件、部署到服务器试运行时,杨国栋才能够看到实际可工作的软件系统,再想融入他的反馈意见为时已晚,软件研发和实施的风险非常高。陈靓决定尝试采用 Scrum 敏捷开发框架,他向杨国栋提出建议:让杨国栋作为产品负责人,亲自参与到软件研发的整个过程,使得所开发的电子商务平台能及时融入杨国栋的反馈和新的需求。

陈靓组建了全新的 Scrum 项目团队,其角色和职责如下。

(1) Scrum 主管。由陈靓担任 Scrum 主管。他的主要职能是确保项目团队和产品所有者遵循 Scrum 项目研发过程,帮助解决团队可能遇到的障碍问题,并在未来更高效地工作。

(2) 产品负责人。可可连锁书店委派杨国栋作为该项目的产品负责人。他的主要职能是充当可可连锁书店(客户)与研发团队之间的联系纽带,负责向研发团队介绍和确认可可连锁书店电子商务平台的需求列表,并回答研发团队提出的问题。

(3) 软件工程师。由程可儿、周德华、王海、孙睿共 4 人组成。他们兼具用户界面设计师、测试工程师职能。

陈靓带领程可儿等团队成员进驻到可可连锁书店总公司，计划安排 3 名工程师用 5 天时间做需求分析，预算 120 工时(人天)。杨国栋在陈靓的引导下，和程可儿一起讨论和梳理了"可可网上商城"的开发任务单，如表 1-1-1 所示。

表 1-1-1　开发任务单

任务名称	#101　了解"可可网上商城"总体需求		
相关需求	作为一名软件开发工程师，我希望与客户一起讨论并采集项目总体需求，这样可以向用户确认需求清单，进行需求分析并编写需求分析文档		
任务描述	(1) 采集"可可网上商城"项目功能性需求 (2) 创建"可可网上商城"用户需求模型 (3) 编制《"可可网上商城"需求规格说明书》		
所属迭代	Sprint #1　"可可网上商城"项目准备		
指派给	陈靓、程可儿、杨国栋	优 先 级	4
任务状态	□已计划　☑进行中　□已完成	估算工时(人天)	120

任务设计与实现

1-1-1　采集"可可网上商城"项目需求

1. 定义系统用户

"可可网上商城"系统的用户主要分为以下 3 种。

(1) 匿名用户，即未在"可可网上商城"注册、匿名访问网站的顾客。

(2) 会员，即在"可可网上商城"注册且账号状态为"正常"的顾客。

(3) 书店管理员，即"可可网上商城"的管理专员，如杨国栋。

2. 分析功能性需求

"可可网上商城"系统总体分为前台门户、管理后台两个子系统。

1) 前台门户的业务功能需求

前台门户只限于匿名用户、会员访问。

(1) 会员注册。匿名用户能够在前台门户访问注册页面，输入真实姓名等必备信息后，注册为正式会员，并拥有其用户名、密码；会员用户名不能重名，同一个 E-mail 不能用于重复注册会员账户。

(2) 会员登录。会员能够通过其用户名、密码登录到前台门户；会员登录到前台门户后，可以修改密码、修改会员资料；如会员忘记密码，可以找回密码。

(3) 检索图书。顾客(匿名用户、会员)能访问前台门户，浏览到来自可可连锁书店的最新图书、热销图书等，并能够通过图书类别、出版社、点击排行等快捷地检索图书信息、浏览图书详细信息。

(4) 购买图书。会员检索到期望的图书信息后,可以将该图书加入购物车;会员能够管理购物车,可以继续添加图书,修改购买数量,删除图书或清空购物车等操作;会员确认需购买的图书清单后,可以通过购物车正式提交并生成订单。

2) 管理后台的业务功能需求

管理后台只限于书店管理员访问。

(1) 管理员登录。书店管理员能够通过其用户名、密码登录到管理后台;书店管理员登录到管理后台后,可以修改密码。

(2) 管理图书分类。书店管理员可以浏览所有图书分类列表;可以添加、修改、删除图书分类;如果某图书分类下已有图书,则该图书分类不能删除。

(3) 管理图书。书店管理员可以浏览所有图书列表;可以新增、修改、删除图书信息。如果某图书已被上架销售并有交易记录,则该图书不能删除。

(4) 管理会员。书店管理员可以浏览所有会员列表;会员状态默认为"正常";根据会员实际情况,书店管理员可以修改会员状态为"注销",但不能删除、修改会员资料。

(5) 管理订单。书店管理员可以浏览所有销售订单列表和订单详细信息;不支持在线支付和配送,仅记录当前订单数据、订单状态。

提示 陈靓建议程可儿和杨国栋通过用户故事的方式提出用户需求,这样便于团队管理和跟踪需求。用户故事应该这样表述:"作为一名<某种类型的用户>,我希望<达成某些目的和任务>,这样可以<实现开发的价值目标>。"

陈靓用某个招聘网站的用户需求为例,向杨国栋举例:"作为一名招聘人员,我希望可以浏览所有我发布工作所对应的求职申请,这样可以将符合要求的求职申请转发给招聘经理。"

3. 分析非功能性需求

1) 软硬件环境需求

(1) 系统运行于 Internet 环境中。

(2) 系统部署在服务器端,服务器操作系统采用 Windows Server 2008 或更高版本。

(3) 系统数据库使用 Microsoft SQL Server 2008 或更高版本。

(4) 系统通过浏览器访问,支持并兼容 IE 6.0 或更高版本浏览器、Chrome 浏览器、Firefox 浏览器等主流浏览器。

2) 性能需求

(1) 系统在 Internet 环境中,能够保证系统的及时响应,响应时间不超过 1000ms。

(2) 系统支持大规模用户每秒 1000 次的并发访问。

3) 安全性需求

(1) 系统采用用户身份认证、权限等安全机制,保证系统使用安全性。

(2) 系统部署在 Internet 中,保证服务器单独部署的物理安全性,采用防 SQL 注入等 Web 防护措施。

4）可维护性和可扩展性

系统采用合适的开发架构，具有良好的可扩展性和可维护性。

5）用户交互界面UI设计要求

（1）系统页面设计简洁、美观大方，采用典型的类京东、类当当网等电子商务站点页面设计风格。

（2）系统易学、易用，设计有便捷的导航工具栏、向导等各种方式保证用户可以快速上手使用，可以更快地进行各项在线购物操作。

1-1-2 创建“可可网上商城”用户需求模型

1. 创建“可可网上商城”的“建模项目”

（1）打开Visual Studio，选择“文件”→“新建”→“项目”命令，如图1-1-1所示。

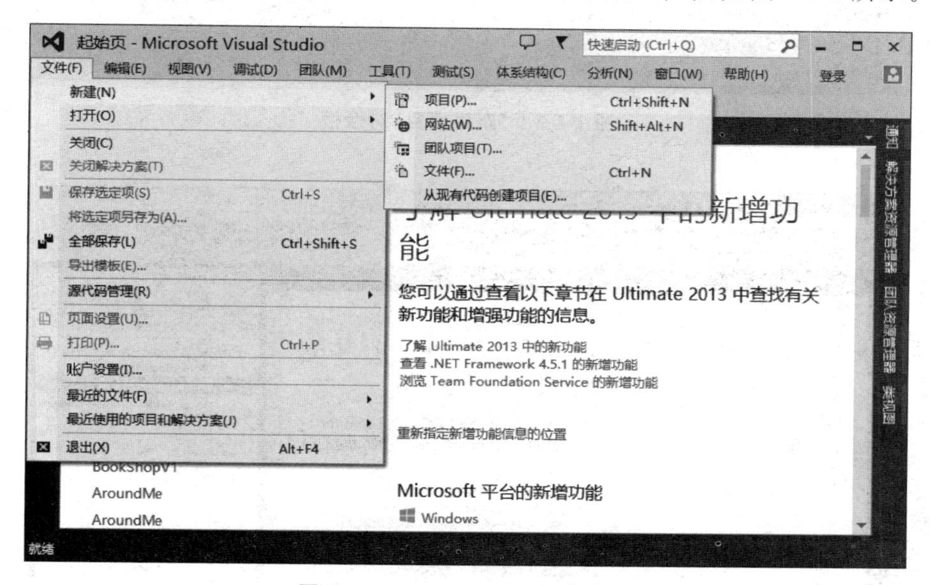

图1-1-1 Visual Studio工作窗口

（2）打开“新建项目”对话框，如图1-1-2所示。

（3）在“已安装”→“模板”目录下，选择“建模项目”选项，在模板列表中选择“建模项目”选项。

（4）在“名称”文本框中，输入项目名称BookShop.Modeling；选择项目位置、输入解决方案名称（默认与项目名称一致）。

（5）单击“确定”按钮。Visual Studio创建了建模项目BookShop.Modeling，在“解决方案资源管理器”窗格中展示了默认的建模项目结构，如图1-1-3所示。

2. 新建“可可网上商城”前台门户的UML用例图

（1）在“解决方案资源管理器”窗格中，右击项目BookShop.Modeling，在快捷菜单中

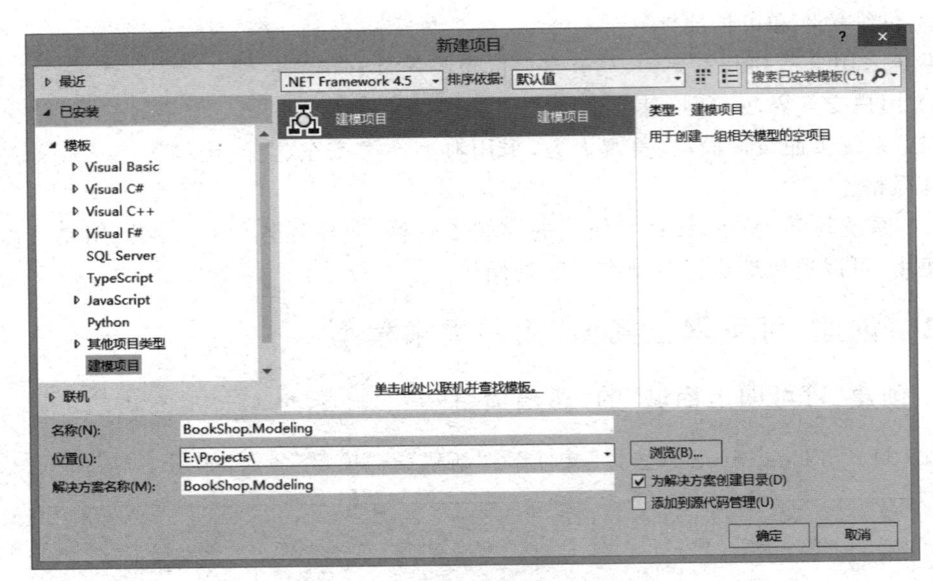

图 1-1-2 “新建项目”对话框

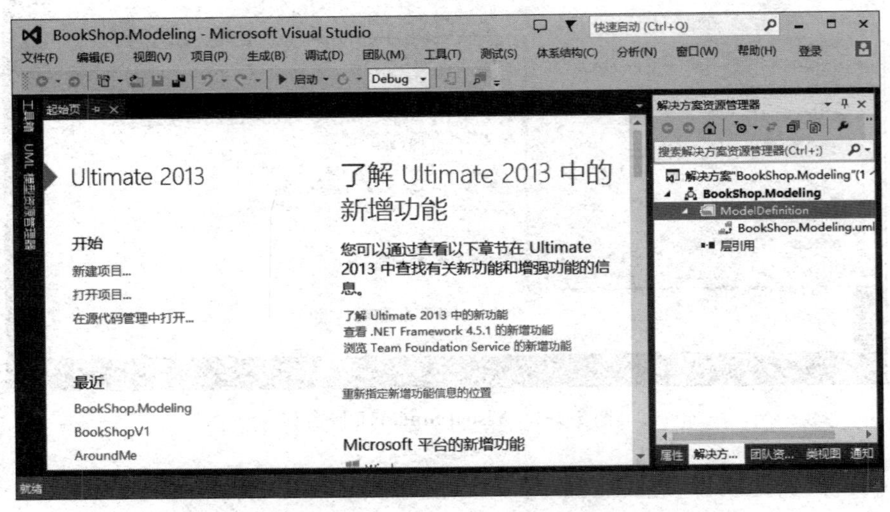

图 1-1-3 “解决方案资源管理器”窗格和默认建模项目结构

选择“添加”→“新建项”命令,如图 1-1-4 所示。

(2) 打开“添加新项”对话框,如图 1-1-5 所示。

(3) 在“已安装”目录下,选择“建模”选项,选择“UML 用例图”模板。

(4) 在“名称”文本框中,修改默认名称为 ucBookShopPortal.usecasediagram。

(5) 单击“添加”按钮。

(6) 在“解决方案资源管理器”窗格中,已在建模项目中添加了“可可网上商城”前台门户的 UML 用例图 ucBookShopPortal.usecasediagram,如图 1-1-6 所示。默认打开 UML 用例图 ucBookShopPortal 的设计窗口。

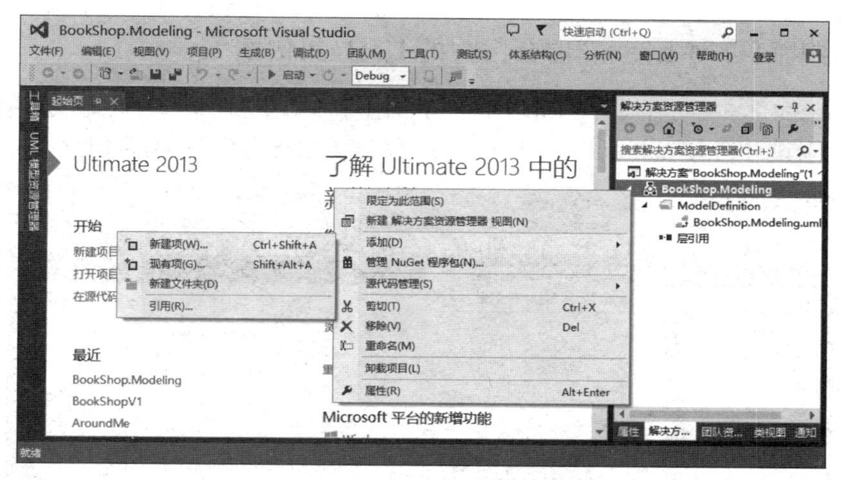

图 1-1-4 建模项目中添加新建项

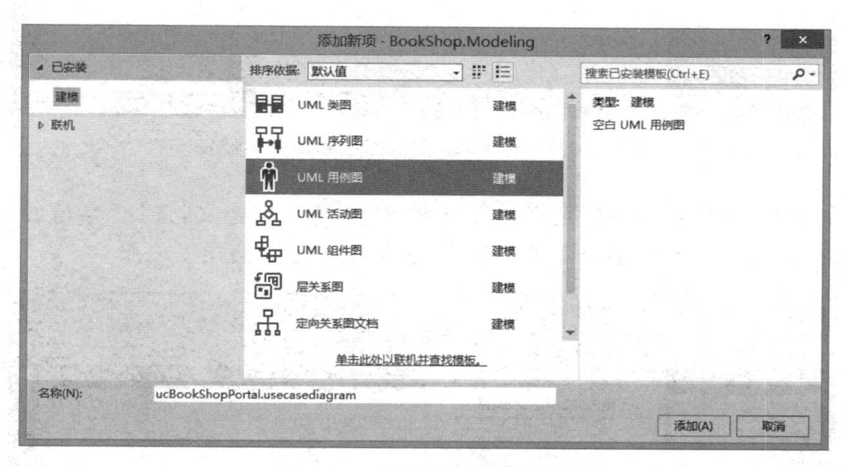

图 1-1-5 “添加新项”对话框

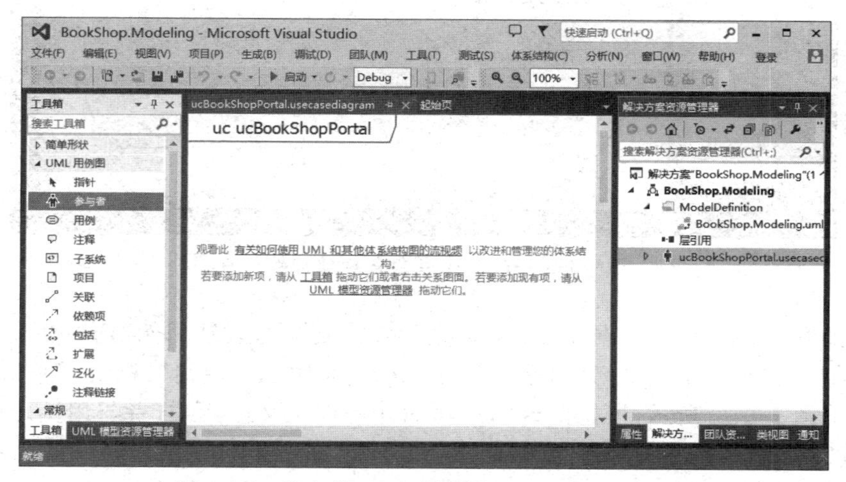

图 1-1-6 空白的 UML 用例图 ucBookShopPortal

3. 绘制“可可网上商城”前台门户的 UML 用例图

(1) 如图 1-1-7 所示,从工具箱“UML 用例图”目录中,选择“子系统”选项并拖放到 UML 用例图设计窗口 ucBookShopPortal 中,修改子系统名称为“前台门户”。

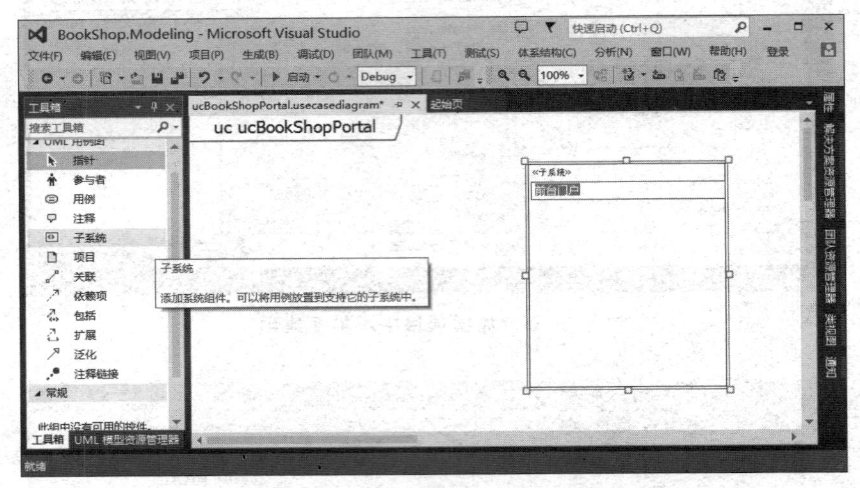

图 1-1-7 在 UML 用例图中添加子系统

(2) 如图 1-1-8 所示,根据“可可网上商城”的系统用户定义,选择“参与者”选项并拖放到设计窗口中,分别修改参与者的名称为“匿名用户”和“会员”。

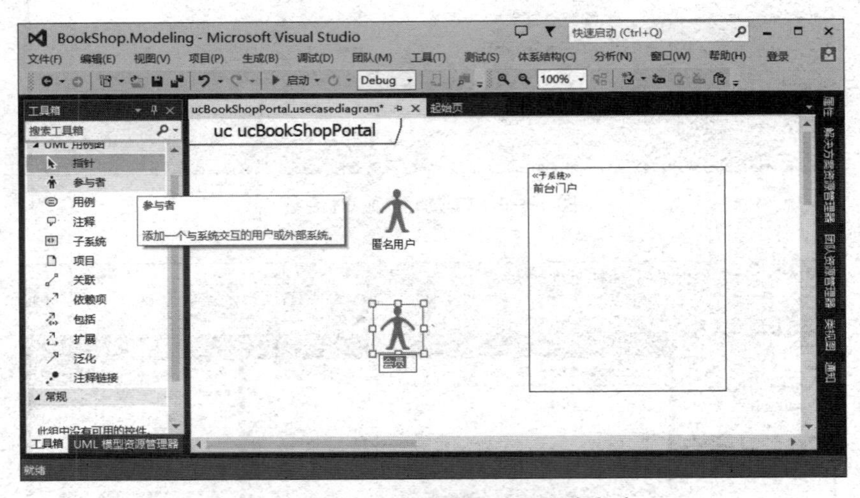

图 1-1-8 在 UML 用例图中添加参与者

(3) 如图 1-1-9 所示,根据前台门户功能性需求定义,选择“用例”选项并拖放到设计窗口的“前台门户”子系统中,分别修改各用例的名称为“会员注册”“检索图书”等。

(4) 如图 1-1-10 所示,根据前台门户功能性需求定义,为参与者与用例之间添加关系。选择“关联”选项,在参与者“匿名用户”和用例“会员注册”之间绘制“关联”关系链接,其他以此类推。

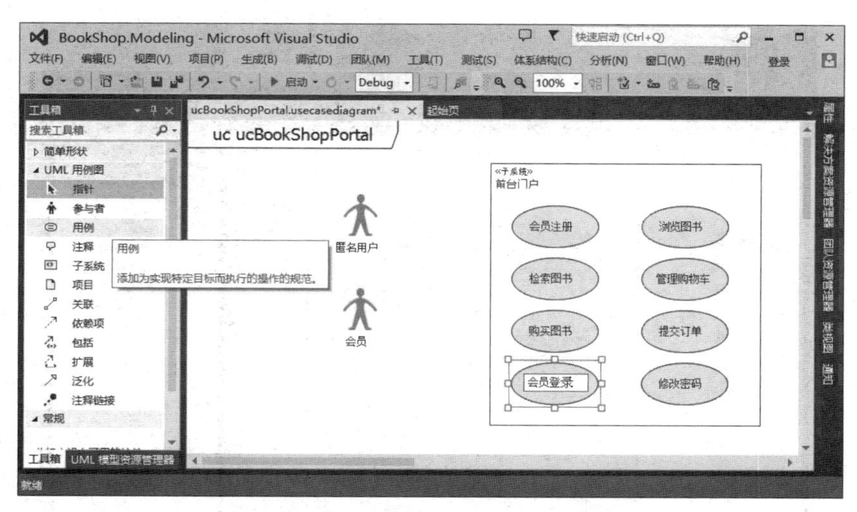

图 1-1-9 在 UML 用例图中添加用例

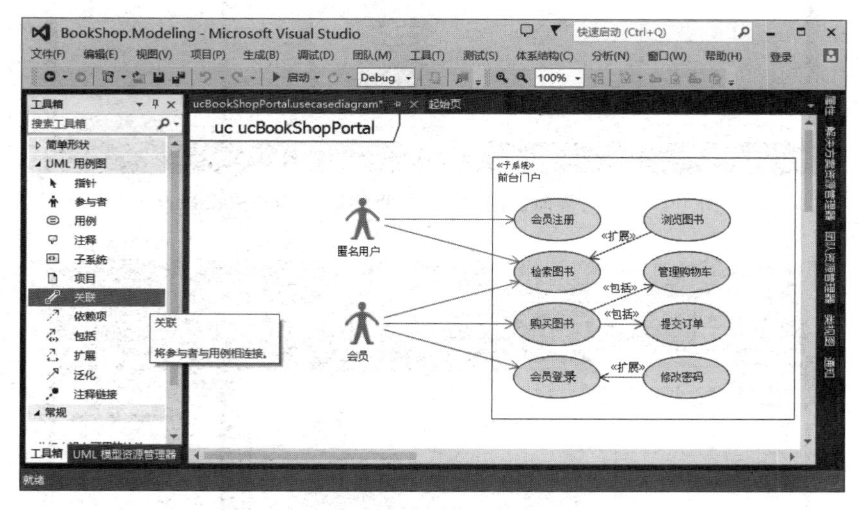

图 1-1-10 在 UML 用例图中添加关系链接

（5）如图 1-1-10 所示，根据前台门户功能性需求定义，为用例与用例之间添加关系。选择“扩展”选项，在用例“会员登录”和“修改密码”之间绘制“扩展”关系连接，在用例“购买图书”和“管理购物车”之间绘制“包括”关系连接，其他以此类推。

4. 根据需求定义，完善“可可网上商城”用户需求模型

（1）如图 1-1-11 所示，根据前台门户功能性需求，修改参与者、用例定义及其关系，完善前台门户 UML 用例图设计。

（2）在“解决方案资源管理器”窗格中，为建模项目添加“可可网上商城”管理后台的 UML 用例图 ucBookShopPlatform.usecasediagram。打开 UML 用例图 ucBookShopPlatform 的设计窗口。如图 1-1-12 所示，根据管理后台功能性需求定义，绘制参与者“书店管理员”、用例“管理图书分类”等，绘制参与者、用例及其关系，完善管理后台 UML 用例图。

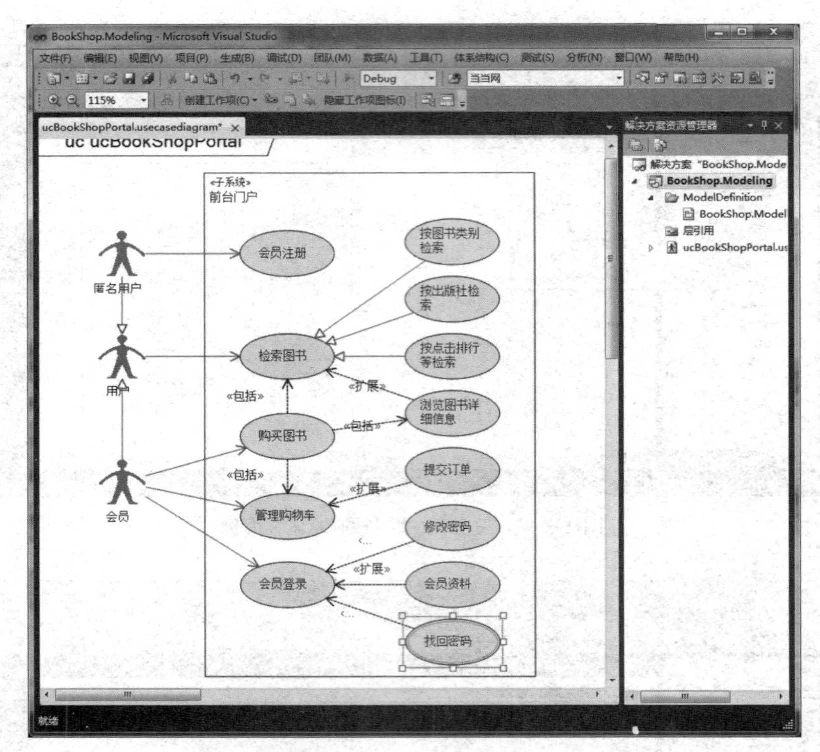

图 1-1-11　完善前台门户 UML 用例图 ucBookShopPortal

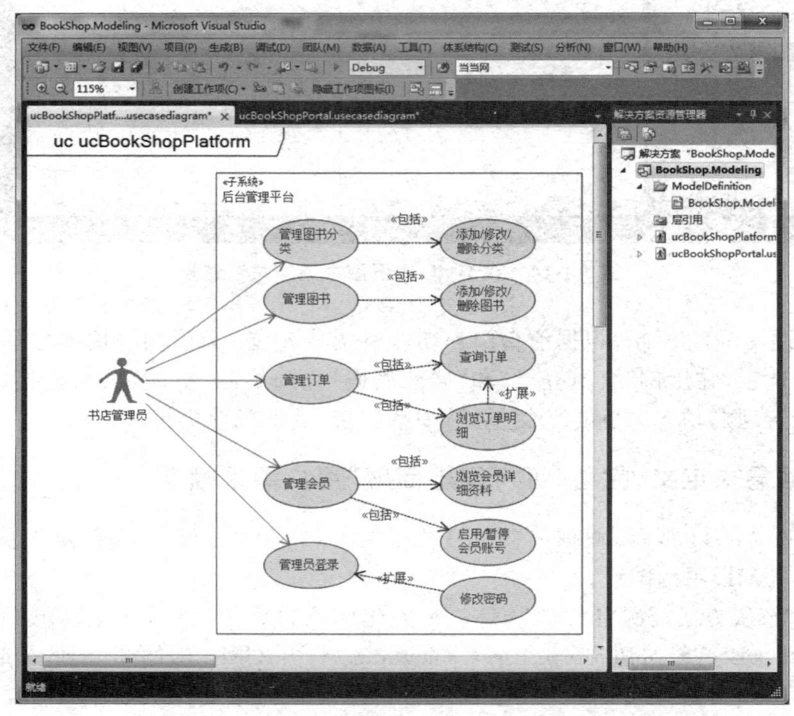

图 1-1-12　创建管理后台 UML 用例图 ucBookShopPlatform

1-1-3 定义“可可网上商城”用例需求

（1）根据“可可网上商城”用户需求模型，列出用例清单。

（2）对每个用例编制用例代码（即需求编号）。用例代码为 UC-0201 的用例名称为“会员登录”，如图 1-1-13 所示。

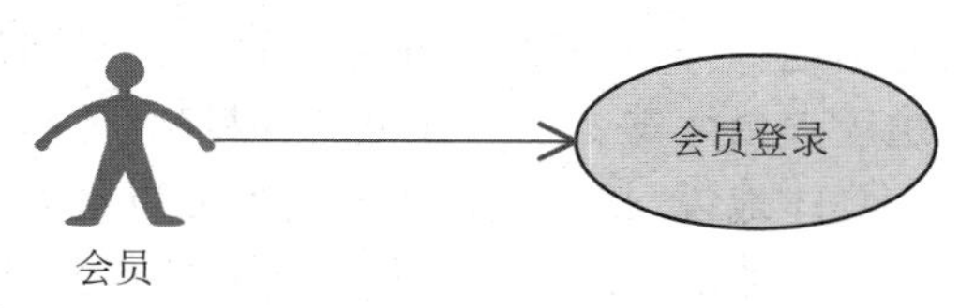

图 1-1-13 用例“会员登录”（UC-0201）

（3）使用用例表，对用例代码为 UC-0201 的用例“会员登录”进行具体描述。示例参考表 1-1-2 所示。

（4）对照用例清单，简洁、清晰地描述每个用例。

表 1-1-2 用例 UC-0201 描述

需求编号	UC-0201
优先级	高
名称	会员登录
描述	作为一名会员，我希望登录到前台门户，这样可以让系统能够记录会员登录状态
角色	会员
触发	无
前置条件	会员已经在前台门户注册且账户状态为“正常”
主流程	（1）用户打开前台门户的登录页 （2）输入用户名、密码和验证码；用户名为字母和数字组成，4～20 个字符；密码由字母和数字组成，6～20 个字符；验证码需和提示一致 （3）单击“登录”按钮，系统校验用户名、密码合法性 （4）用户成功登录到系统前台门户
分支流程	（1）用户名、密码、验证码不符合规则，系统提示输入错误 （2）用户账户不存在，或密码不正确，或会员账户状态不是“正常”（已关闭），系统提示错误信息，提醒重新登录 （3）用户单击“取消”按钮，重新输入，或放弃登录
后置条件	系统记录用户登录状态，更新首页用户登录状态导航栏
相关需求	修改密码；找回密码；完善会员资料
说明	

相关知识与技能

1-1-4 软件工程与项目管理

“软件工程”的概念是为了有效地控制软件危机的发生而提出来的，其中心目标就是把软件作为一种物理的工业产品来开发，就像造房子一样，要求“采用工程化的原理与方法对软件进行计划、开发和维护”。

软件工程是针对软件危机提出来的。发生“软件危机”最突出的案例是 IBM 公司在

1963—1966 年开发的 IBM 360 操作系统。该项目花了 5000 人一年的工作量,得到的结果却非常糟糕。据统计,这个操作系统的每一个新版本都是从上个版本中找出上千个错误而修正后的结果。该项目负责人 Brooks 在其著作 *The Mythical Man-Month*(1975)中这样描述:"……正像一群逃亡的野兽落到泥潭里做垂死挣扎,越挣扎陷得越深,最后无法逃脱灭顶之灾。……谁也没有料到会陷入如此的困境。"

具体地说,软件危机主要表现在以下方面。

(1) 对软件开发成本和进度的估计常常不准确,开发成本超过预算,项目经常延期,无法按期完成任务。

(2) 开发的软件不能满足用户要求。

(3) 软件产品的质量差。

(4) 开发的软件可维护性差。

(5) 软件通常没有适当的文档资料。

(6) 软件的成本不断提高。

(7) 软件开发生产率的提高赶不上硬件的发展和人们需求的增长。

1968 年北大西洋公约组织组织的计算机科学家与工业界人士在联邦德国召开的国际学术会议上第一次提出了"软件危机"(software crisis)的概念,同时提出了"软件工程"(software engineering)的概念。通过借鉴传统工业的成功做法,他们主张用工程化的方法开发软件,试图解决软件危机,并冠以"软件工程"这一术语。

Fritz Bauer 在 1969 年的 NATO 会议上给软件工程下了非常模糊的"定义":软件工程是为了经济地获得可靠的和能在实际机器上高效率运行的软件而建立和使用的、良好的工程原则。看了这样的定义,几乎每个软件工程学者都忍不住要加点什么。

1993 年的 IEEE 文献给出了更加综合的"定义",软件工程是:①将系统化的、规范化的、可度量的方法应用于软件的开发、运行和维护的过程;②对上述方法的研究。Stephen R Schach 在其著作中称:软件工程是一门旨在生产无故障、及时交付的、在预算之内的和满足用户需要的软件的学科。

经过几十年的研究和实践,尽管"软件危机"如人类的感冒一样无法根治,但软件的发展速度超过了任何传统工业,软件开发方法和技术方面取得了巨大进步。

1-1-5 软件生命周期模型

软件工程有很多环节,如需求分析、概要设计、详细设计、编码、测试、提交、维护、项目管理、质量审计等。软件开发模型建议用一定的流程将各个环节连接起来,并用规范的方式操作全过程,形成不同的生命周期模型。

软件生命周期模型的研究兴起于 20 世纪 60 年代末 70 年代初,典型代表是 1970 年提出的瀑布模型。从字面上理解,"生命周期"一词涵盖了所有的过程,所以用"软件生命周期模型"来表示软件过程的模型是最合适不过了。为了简化表述,人们有时用"软件开发模型"来代替"软件生命周期模型"。常用的模型有"瀑布模型""喷泉模型""增量模型""快速原型模型""螺旋模型""迭代模型"等。

1. 瀑布模型

瀑布模型(waterfall model)是最早的、最简单的软件开发模型,也称为传统模型,是一个理想化的生存期模型,其应用最广泛。瀑布模型最初由 Winston Royce 于 1970 年提出,如图 1-1-14 所示。顾名思义,瀑布模型的核心思想是将软件开发划分为若干阶段,要求项目所有的活动都严格按照线性顺序执行,一个阶段的输出是下一个阶段的输入。至于究竟要分多少阶段,各阶段做什么,应该根据实际情况来定。但是,瀑布模型没有反馈,每个阶段是从上往下流的,图 1-1-14 中给它加上“回退箭头”是为了学术上的完整性,谁也不希望在实施过程中出现“回退”,因为“回退”意味着“边做边改”。

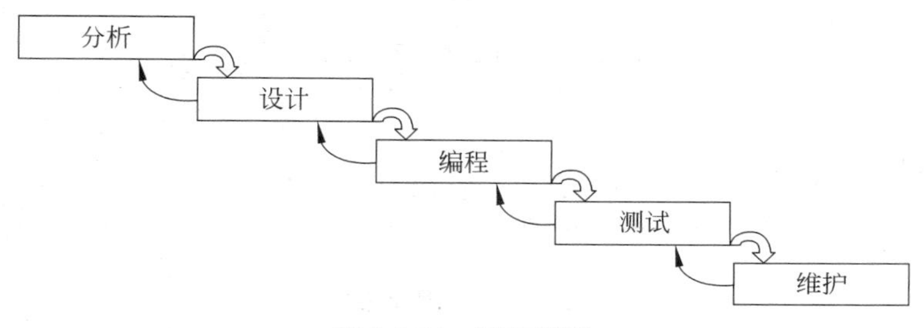

图 1-1-14 瀑布模型

瀑布模型是最早的、最简单的软件开发模型,其应用也最广泛,它对软件业的发展无疑有很大的促进作用。然而瀑布模型在大量的实践中充分地暴露了缺点,例如:

(1) 瀑布模型是一种理想化的线性模型,无法克服“变化”引发的问题。如果上一步做错了,下一步会将错就错,直到产品做完了才发觉那不是用户真正想要的软件,只好从头到尾进行修改。

(2) 开发人员常常陷入“阻塞状态”,一部分组员不得不停下来等待别人把前序做完。

快速应用开发模型(rap application development,RAD)是瀑布模型的一个变种,如图 1-1-15 所示,因其模型构图类似字母 V 而也被称为“V 模型”。V 模型强调测试的重要性,将开发活动与测试活动紧密地联系在一起,每一步都将进行比前一阶段更完善的测试,在保证较高软件质量的情况下缩短开发周期。

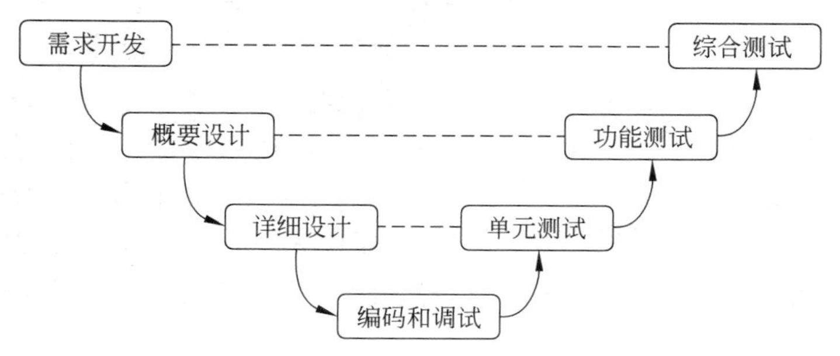

图 1-1-15 快速应用开发模型(V 模型)

2. 增量模型

增量模型(incremental life-cycle model)由瀑布模型演变而来。该模型假设需求分成若干个开发序列,每个序列均采用瀑布模型来开发可以发行的“增量”,如图 1-1-16 所示。每个“增量”都是在原有软件基础上开发出来的,每产生一个“增量”相当于推出一个软件新版本。这个过程不断地重复,直到产生最终完善的产品。

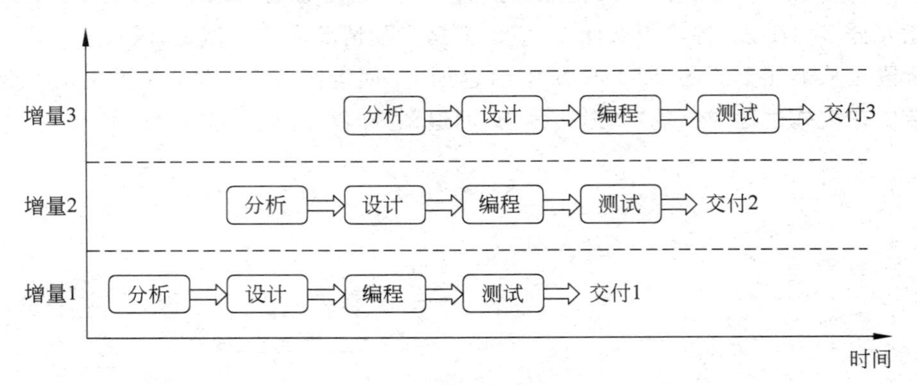

图 1-1-16 增量模型

增量模型是一种分段的线性模型。它与瀑布模型没有实质性的区别,只是比后者更加聪明一些:如果项目比较复杂,首先构造系统的核心功能,然后逐步增加功能和完善功能,分成若干个版本来开发。由此带来的好处如下。

(1) 抗“变化”能力比瀑布模型强。

(2) 第一个“增量”实现后就可以交给用户使用,开发新的“增量”不会花费太长的时间,可以边开发边使用,不像瀑布模型,非得要等到全部工作做完了才可以使用。

3. 快速原型模型

快速原型模型(rapid prototype model)是增量模型的一种演变。快速原型模型在开发真实系统之前,构造一个可以运行的软件原型,以便理解和说明问题,使得开发人员与用户达成共识,并逐渐完成整个系统的开发工作。

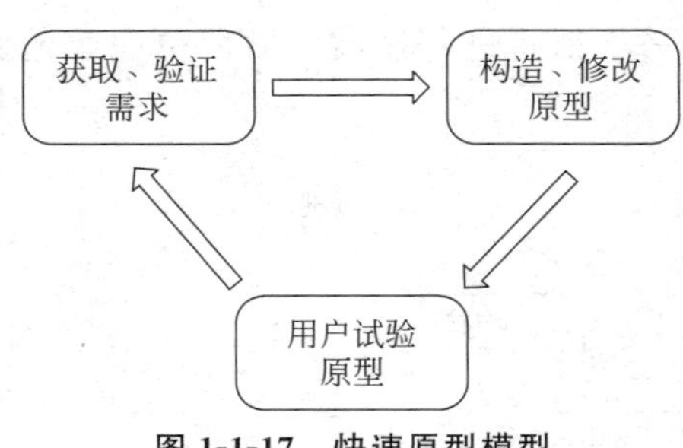

图 1-1-17 快速原型模型

如图 1-1-17 所示,快速原型模型的主要目的就是获取与验证需求。首先由开发人员构造、修改原型,然后让用户试验该原型。一般地,当用户面对一个可操作的软件时,他比较容易表述清楚“需要什么”和“不要什么”。从而有助于分析人员获取更详细的需求,以及验证需求是否正确。不断重复上述过程,直至满足用户的要求为止。

由于快速原型模型的主要目的是获取与验证需求,只采用该模型并不能开发出最终产品。快速原型模型通常与其他生命周期模型结合使用,例如,可以先用快速原型模型确定用户真正的需求，然后采用瀑布模型进行正式的产品开发。

1-1-6 软件能力成熟度模型集成 CMMI

软件能力成熟度模型集成(capability maturity model integration，CMMI)的目的是，为提高组织过程和管理产品开发、发布和维护能力提供保障，帮助组织客观评价自身能力成熟度和过程域能力，为过程改进建立优先级以及执行过程改进。

1986年11月，美国联邦政府委托卡内基-梅隆大学软件工程研究所(SEI)开发出一套用于评估软件承包商能力的方法。

在Mitre公司的协助下，SEI于1987年9月发布了一套软件过程成熟度框架和一套成熟度问卷。不久之后，Humphrey的著作 *Manage the Software Process* 对该成果做了扩充。

1991年，SEI将软件过程成熟度框架发展成为软件能力成熟度模型(capacity maturity model，CMM)，诞生了CMM 1.0。CMM 1.0推广两年来，SEI广泛征求政府部门和工业界的意见，对CMM 1.0进行修订。

1993年，SEI推出了CMM 1.1，这是目前世界上应用最广泛的CMM版本。CMM 1.0和CMM 1.1主要由Paulk、Curtis、Chrissis等人撰写。

十几年来，CMM的改进工作一直不断地进行着。按照SEI原来的计划，CMM 1.1的改进版本CMM 2.0草案在1997年11月完成，在取得实践反馈意见之后应当于1999年正式发行。但是，美国国防部办公室要求SEI推迟发布CMM 2.0版本，而要先完成一个更为紧迫的项目CMMI。美国国防部希望把目前所有的和将被开发出来的各种能力成熟度模型集成到一个框架中去。

到2000年，CMM演化成为CMMI，CMM 2.0成为CMMI 1.0的主要组成部分。SEI于2002年1月正式推出CMMI-SE/SW 1.1(CMMI for system engineering and software engineering)。

CMM将能力成熟度分为5个级别，这5个成熟度等级为评价机构软件过程能力提供了一个有序的级别，如图1-1-18所示，同时也为机构的软件过程改进工作指明了方向，让人们分清轻重缓急，指导人们一步一步地改进过程能力而不是企图跳跃式地前进。

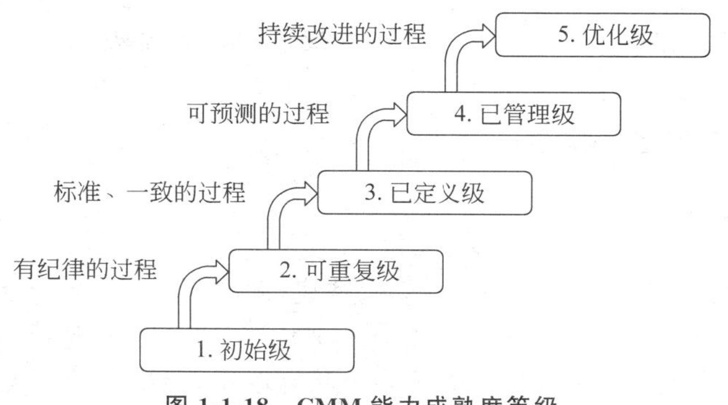

图1-1-18 CMM能力成熟度等级

CMM 5 个能力成熟度等级的特征如下。

(1) 初始级(initial)。机构的软件过程是无序的,甚至是混乱的。几乎没有什么过程是经过妥善定义的,项目的成功往往依赖于某些个人的技能和经验。

(2) 可重复级(repeatable)。已经建立了基本的项目管理过程规范,项目经理能跟踪成本、进度和产品功能等,项目能重复以前的成功。机构的过程能力可以概括为"有纪律的"(disciplined)。

(3) 已定义级(defined)。已经将管理和开发两方面的过程文档化,并综合成为机构的标准软件过程(即过程规范)。所有项目都可以通过裁减机构标准软件过程而建立适合于本项目的过程规范。机构的过程能力可概括为"标准的"和"一致的",它建立在整个机构对软件过程中的活动、角色、职责的共同理解之上。

(4) 已管理级(managed)。对软件过程与产品都有定量的理解和控制,有专门的数据库系统来收集和分析数据。机构的过程能力可概括为"定量的"和"可预测的"。

(5) 优化级(optimizing)。能够主动有效地识别机构过程的优势和薄弱环节,发现并采用最佳的软件工程实践,预先防范过程和产品中的缺陷。整个机构强调持续地改进过程能力。

参考 CMMI 3,软件产品生命周期模型描述如图 1-1-19 所示。

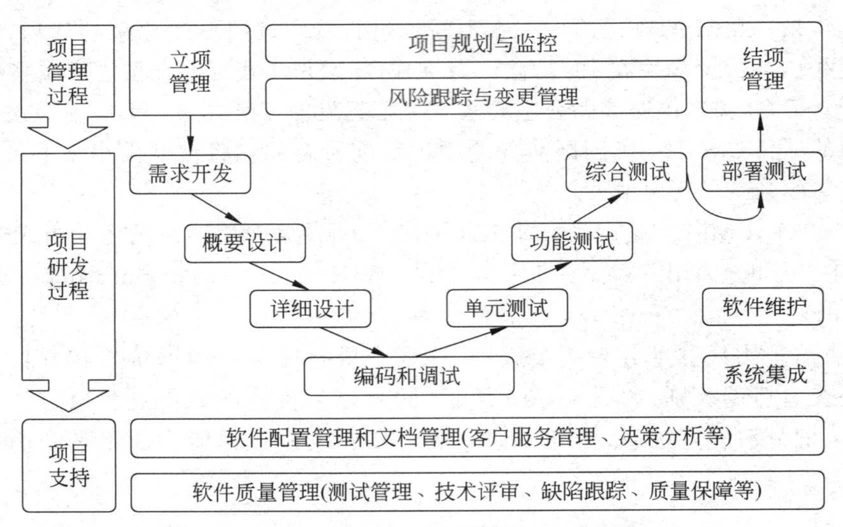

图 1-1-19　基于 CMMI 3 的软件产品生命周期模型

1-1-7　敏捷开发与 Scrum

1. 敏捷开发

简单地说,敏捷开发是一种以人为核心、迭代、循序渐进的开发方法。在敏捷开发中,软件项目的构建被切分成多个子项目,各个子项目的成果都经过测试,具备集成和可运行的特征。换言之,就是把一个大项目分为多个相互联系,但也可独立运行的小项目,并分别完成,在此过程中软件一直处于可使用状态。

2001年，为了解决许多公司的软件团队陷入不断扩大的过程泥潭的问题，一批业界专家概括出了一些可以让软件开发团队具有快速工作、响应变化能力的价值观和原则，他们称自己为Agile Alliance(敏捷联盟)。

他们起草了一个旨在鼓励更好的软件开发方法的宣言，称为敏捷联盟宣言(*The Manifesto of the Agile Alliance*)，如表1-1-3所示。然后在该宣言基础上制定了12条原则用于指导实践。该宣言和12条原则是敏捷软件开发方法的核心。

表1-1-3 敏捷联盟宣言

敏捷软件开发宣言
我们正在通过亲身实践和帮助他人实践，揭示更好的软件开发方法。我们认为： 个体和交互 胜过 过程和工具 可以工作的软件 胜过 详尽的文档 与客户合作 胜过 合同谈判 及时响应变化 胜过 遵循计划 虽然右项很有价值，但是我们认为左项有更大的价值 ……

敏捷软件开发的12条原则如下。

(1) 我们最优先要做的是通过尽早地、持续地交付有价值的软件来使客户满意。

(2) 即使到了开发的后期，也欢迎改变需求。敏捷过程利用变化来为客户创造竞争优势。

(3) 经常性地交付可以工作的软件，交付的间隔可以从几个星期到几个月，交付的时间间隔越短越好。

(4) 在整个项目开发期间，业务人员和开发人员必须天天都在一起工作。

(5) 围绕被激励起来的个人来构建项目。给他们提供所需的环境和支持，并且信任他们能够完成工作。

(6) 在团队内部，最具有效果并富有效率的传递信息的方法，就是面对面的交谈。

(7) 可以工作的软件是首要的进度度量标准。

(8) 敏捷过程提倡可持续的开发速度。责任人、开发者和用户应该能够保持一个长期的、恒定的开发速度。

(9) 不断地关注优秀的技能和好的设计会增强敏捷能力。

(10) 要做到简洁——尽可能减少不必要的工作，这是一门艺术。

(11) 最好的构架、需求和设计出于自我组织的团队。

(12) 每隔一定时间，团队会在如何才能更有效地工作方面进行反省，然后相应地对自己的行为进行调整。

2. Scrum

Scrum是一个用于敏捷开发项目的框架，它基于敏捷原则和价值。如图1-1-20所示，在这个框架中，整个开发周期包括若干个小的迭代周期，每个小的迭代周期称为一个Sprint(冲刺、迭代)，每个Sprint的建议长度为2～4周。在Scrum中，使用产品Backlog

来管理产品或项目的需求，产品 Backlog 是一个按照商业价值排序的需求列表，列表条目的体现形式通常为用户故事。Scrum 的开发团队总是先开发对客户具有较高价值的需求。在每个 Sprint 中，Scrum 开发团队从产品 Backlog 中挑选最有价值的需求进行开发。Sprint 中挑选的需求经过 Sprint 计划会议上的分析、讨论和估算得到一个 Sprint 的任务列表，称为 Sprint Backlog。在每个迭代结束时，Scrum 团队将交付潜在可交付的产品增量。

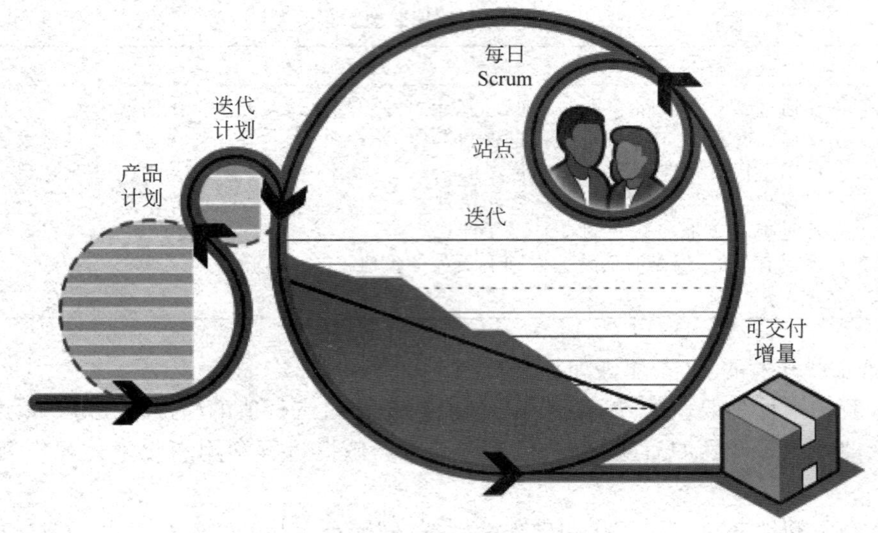

图 1-1-20　Scrum 敏捷开发过程

提示　关于 Scrum 的详细说明，请参阅标准文档《Scrum 指南》。网址 http://www.scrum.org/scrumguides/。

1-1-8　需求分析

1. 软件需求

IEEE 软件工程标准词汇表（1997 年）中定义的软件需求如下。

（1）用户解决问题或达到目标所需的条件或能力。

（2）系统或系统部件要满足合同、标准、规范或其他正式文档所需具有的条件或能力。

（3）一种反映（1）和（2）所描述的条件或能力的文档说明。

该定义包括从用户角度（系统的外部行为），以及从开发者角度（一些内部特征）来阐述需求，其关键的问题是一定要编写需求文档。所以，宽泛地讲，“需求”来源于用户的一些“需要”，这些“需要”被分析、确认后形成完整的文档，该文档详细地说明了产品“必须或应当”做什么。它包括用户要解决的问题、达到的目标，以及实现这些目标所需要的条件，它是一个程序或系统开发工作的说明。

从软件开发的角度看，软件需求主要包括两大类型：功能需求和非功能需求。功能需求是最主要的需求，规定了系统必须执行的功能，是需要软件系统解决的问题，也是对数据处理的要求；非功能需求是一些限制性要求，例如性能要求、可靠性要求、安全性要求等，是对实际使用环境所做的要求，比功能性需求要求更严格，更不容易满足。

2. 需求工程

需求开发与管理过程统称需求工程，即所有与需求相关的活动。需求开发与管理的目的是，在获得的和将要获得的正确的用户需求的基础上，经过分析和定义，最终生成项目的《软件需求规格说明书》；同时，通过寻求客户与开发方之间对需求的共同理解，控制需求的变更，维护需求与后续交付产品之间的一致性、有效性、稳定性。

需求工程主要分为两大类，如图 1-1-21 所示。

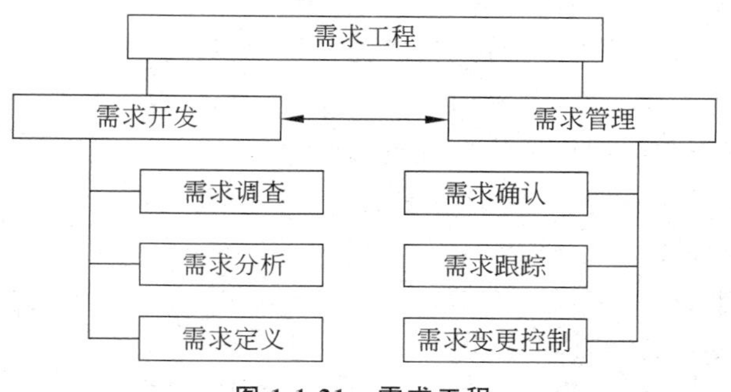

图 1-1-21　需求工程

（1）需求开发过程。需求开发的目的是，通过系统的调查与分析，获取用户需求并定义产品需求。其中：①需求调查阶段，其目的是通过各种途径获取用户的需求信息（原始材料），产生《用户需求说明书》；②需求分析阶段，其目的是通过采用合适的需求分析方法，对用户需求列表或用户需求说明书中的需求信息进行详细分析；③需求定义阶段，其目的是根据需求调查和需求分析的结果，进一步定义准确无误的产品需求，产生《产品需求规格说明书》。系统设计人员将依据《产品需求规格说明书》开展系统设计工作。

（2）需求管理过程。需求管理的目的是，在客户与开发方之间建立对需求的共同理解，维护需求与其他工作成果的一致性，并控制需求的变更。其中：①需求确认阶段，是指开发方和客户共同对需求文档进行评审，双方对需求达成共识后作出书面承诺，使需求文档具有商业合同效果；②需求跟踪阶段，是指通过比较需求文档与后续工作成果之间的对应关系，建立与维护“需求跟踪矩阵”，确保产品依据需求文档进行开发；③需求变更控制阶段，是指依据“变更申请—审批—更改—重新确认”的流程处理需求的变更，防止需求变更失去控制而导致项目发生混乱。

需求开发与管理过程中，最关键的活动是“需求调研”“需求分析与定义”“需求评审与确认”以及“需求细化和跟踪”，如图 1-1-22 所示。

3. 需求调研

开发软件系统最为困难的地方就是要准确说明开发什么。这就需要在开发过程中，

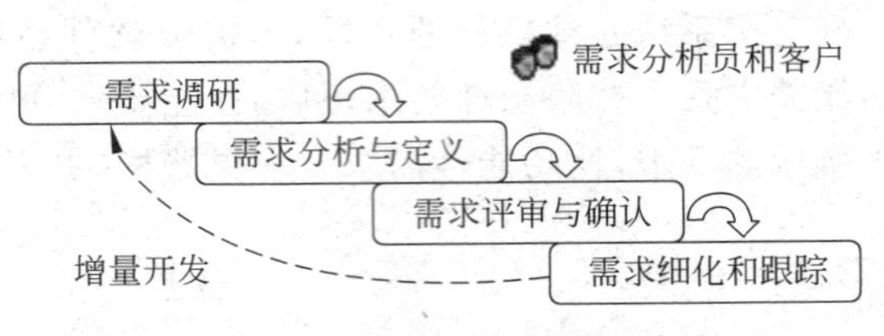

图 1-1-22　需求开发与管理过程

不断地与用户进行交流和探讨，使系统更加详尽、准确到位。需求调研是通过各种途径与用户交流，对现有系统的观察和任务进行分析，获取用户的需求信息（原始材料），从而开发、捕获和修订用户需求，最后产生《用户需求说明书》。

需求分析人员需要选择合适的调研方式获取需求，例如：

（1）访问并与有潜力的用户探讨、交谈，向用户提问题。

（2）参观用户的工作流程，观察用户的操作。

（3）开展市场调查，向用户群体发调查问卷。

（4）与同行、专家交谈，听取他们的意见。

（5）分析已存在的或竞争的产品，提取需求。

（6）从行业标准、规则中提取需求。

（7）从网络上搜查相关资料。

需求调研阶段常用的方法之一，是通过客户、需求分析人员、开发人员等利益相关方协作，共同编制用户故事卡。

用户故事是从用户角度对应用系统做出简短描述，是一些零散的具有商业价值的功能描述。一个基本的用户故事应该这样表述："作为＜X＞，我希望＜Y＞，这样可以＜Z＞。"

"作为＜X＞"，定义了谁将是系统最终用户；"我希望＜Y＞"，用于理解用户的目标和任务，这样可以实现该目标＜Z＞。

需求分析人员在调研过程中需要随时记录（或存储）需求信息，归纳与总结共性的用户需求，并撰写《用户需求说明书》。

4. 需求分析与定义

需求分析的过程也是需求建模的过程，是为最终用户所看到的系统建立一个概念模型，是对需求的抽象描述。

需求是技术无关的。很多情况下，分析用户需求是与用户需求调研并行的，主要通过建立模型的方式来描述用户的需求，为客户、用户、开发方等不同参与方提供一个交流渠道。需求分析的基本策略是通过头脑风暴、专家评审等方式进行具体的流程细化、数据项确认等，必要时需提供原型系统和明确的业务流程报告、数据表项，并能清晰地向用户描述系统的业务流设计目标。用户方可以通过审查业务流程报告、数据表项以及操作开发方提供的原型系统，来提出反馈意见，并对最终文档签字确认。

需求开发的最终结果是客户与开发方对将要开发的软件产品达到一致协议。这个协议就是文档化的《软件需求规格说明书》。

软件需求规格的编制是为了使用户和软件开发方对该软件的初始规定有一个共同的理解,并使之成为整个开发工作的基础。需求分析完成的标志是提供一份完整的《软件需求规格说明书》。

1-1-9 UML与用户需求建模

1. 需求模型

用户需求建模是使得软件开发方和用户能够逐层深入解决问题的有效办法,可以在软件开发的任何阶段进行。需求建模的方法有很多,例如结构化分析方法、面向对象模型等。

Jacobson于1994年提出了面向对象软件工程(OOSE)方法,其最大特点是面向用例(use-case),并在用例的描述中引入外部角色概念。用例是精确描述需求的重要概念,贯穿于整个软件开发过程。面向对象分析(OOA)、面向对象设计(OOD)、面向对象编码(OOP)、面向对象测试(OOT)是构造面向对象软件系统的主要活动。

采用面向对象方法建立需求模型,可以绘制有关用户的活动以及软件系统在帮助用户实现其目标方面所起的作用的关系图,从而帮助开发人员理解、讨论和传达用户的需求。需求模型具有以下作用。

(1) 将系统的外部行为与其内部设计区分开来进行重点关注。

(2) 与使用自然语言相比,在描述用户和利益干系人的需求方面产生的歧义更少。

(3) 定义可以是由用户、开发人员和测试人员使用的一致的术语表。

(4) 减少需求中的差距和不一致。

(5) 降低响应需求更改所需的工作量。

(6) 计划开发各个功能的顺序。

2. UML

UML(unified modeling language,统一建模语言)是一种基于面向对象分析设计方法的建模图形化语言,用于对软件进行描述、可视化处理、构造和建立软件系统的文档。UML为交流面向对象的设计中的需求、行为、体系结构和实现提供了一套综合的表示法,适用于各种软件开发方法、软件生命周期的各个阶段、各种应用领域以及各种开发工具。

UML由9个不同类型的图组成,每种图都着重于使用不同的方法来分析并定义系统。这些图简要概括如下。

(1) 用例图(use-case diagram):用于描述系统的功能,并指出这些功能的操作者,即说明谁使用系统以及使用系统执行什么操作。

(2) 类图(class diagram):用于描述系统的静态结构,用于在应用程序内部、应用程序与用户在沟通中使用的对象和信息结构。

(3) 对象图(object diagram):用于描述系统在某个时刻的静态结构,一个对象图是类图的一个实例。

(4) 状态图(state diagram):用于描述类的对象的所有可能的状态和事件发生时的跃迁,通常是对类图的补充。

(5) 活动图(activity diagram):用于描述满足用例要求所进行的活动及活动间的跃迁,可通过一系列操作将用户与系统之间的业务流程或软件进程以工作流的形式显示出来。

(6) 序列图(sequence diagram):用于按事件顺序描述用户与系统或其部件之间的交互的序列,表示类、组件、子系统或参与者的实例之间的消息序列。

(7) 协作图(collaboration diagram):用于按时间和空间顺序描述对象之间的交互和它们之间的关系。

(8) 组件图(component diagram):用于描述组件之间的组织关系,显示了系统的体系结构。

(9) 配置图(deployment diagram):用于描述环境元素的配置,显示了系统中软硬件的物理体系结构。

3. UML 用例图

用例图主要用于描述待开发系统的功能需求,是软件产品外部特征描述的视图;它是由软件需求到最终实现的第一步,驱动了需求分析之后的各阶段的开发工作;它是从用户的角度而不是从开发者的角度描述软件产品的需求,分析产品所需的功能和动态行为;它作为5个UML动态视图之一,是描述系统的动态模型;它描述了一组用例、参与者以及它们之间的关系,即说明了谁使用系统以及使用系统执行什么操作。

如图1-1-23所示,用例图主要包含的模型元素如下。

(1) 子系统(subsystem):用长方框表示,用来展示系统的一部分联系紧密的功能,其边界用以说明构建的用例模型的应用范围。如图1-1-23中的子系统“前台门户”。

(2) 参与者(actor):用小人表示,是指系统以外的、需要使用系统或与系统交互的实体(如用户、组织、设备、外部系统等)。如图1-1-23中的参与者有“匿名用户”“会员”,都继承自参与者“用户”。

(3) 用例(use-case):用椭圆表示,是外部可见的系统功能,对系统提供的服务进行描述。如图1-1-23中的用例“会员注册”“登录”等。

用例之间抽象出如下关系(relationship)。

(1) 关联(association):是一种结构关系,表示一个事物的对象与另一个事物的对象间的联系,主要用于表示参与者(actor)同用例(use-case)之间的关系。如图1-1-23中参与者“会员”与用例“登录”之间的关联关系。

(2) 包含(include):是把几个用例的公共部分(功能)分离成一个单独的被包含用例。如图1-1-23中用例“购买图书”与用例“检索图书列表”“浏览图书详细信息”等之间的包含关系。

(3) 扩展(extend):是把可选的、只在特定条件下运行的行为插入到已有用例的方法。如图1-1-23中用例“管理购物车”与用例“提交订单”等之间的扩展关系。

(4) 泛化(generalization):也称为类属关系,是一般到特殊之间的关系(继承关系)。

如图 1-1-23 中用例“检索图书列表”与用例“按图书类别检索”“按点击排行检索”等之间的扩展关系。

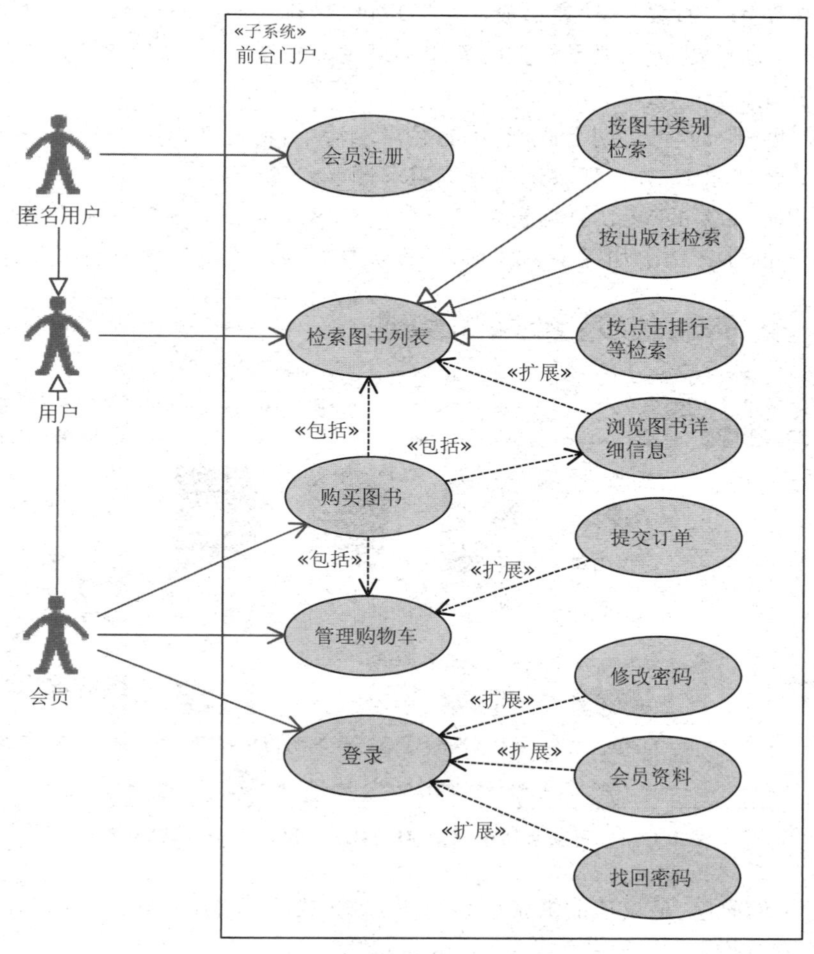

图 1-1-23 UML 用例图

职业能力拓展

1-1-10 快速原型设计

“可可网上商城”看起来应该是什么样子呢？程可儿感觉到，杨国栋越来越不耐烦。杨国栋对业务很精通，但是并不熟悉软件开发过程，让他去提出和整理抽象的需求，明显超出了他的能力范围，整个需求分析过程变得越来越单调、枯燥。杨国栋经常抱怨，程可儿整理的所谓需求，并不是他所想的那样。程可儿刚刚入职不久，只能求助于陈靓。

陈靓教给程可儿一项“秘诀”，程可儿辛苦了一个晚上，第二天就向杨国栋展示了“可可网上商城”。杨国栋非常兴奋，他看到了“实物”，马上提出了很多修改意见，他非常喜欢这种讨论方式。

陈靓的这个“秘诀”就是设计快速原型。快速原型分析法是软件需求建模中常用的方法之一,是按照用户的需要,快速形成一个用户可“操作”的界面原型,可能只是一个没有实现具体功能的框架,可能只是模拟的静态结果或者操作流程,以便于开发人员与用户快速便捷地就需求达成一致。

根据前期讨论的“可可网上商城”功能性需求清单,请任选以下一种方法,为“可可网上商城”建立快速原型,并在项目组内完成需求评审。

(1) 采用已掌握的 Web 前端技术(HTML、CSS、JavaScript 等),或采用快速原型开发工具如 Axure RP Pro,如图 1-1-24 所示,设计具有一定可交互性的快速原型系统。

图 1-1-24 可交互快速原型(HTML):“可可网上商城”首页

(2) 采用最简单、最快速的纸张手绘简图方式,或采用 Microsoft Visio 等工具,快速设计原型交互界面,如图 1-1-25 所示。

提示 Axure RP Pro 是一个经典的快速原型制作软件,由美国 Axure Software 公司开发。Axure RP Pro 能让操作者快速准确地创建基于 Web 的网站流程图、原型页面、交互体验设计,标注详细开发说明,并导出 HTML 原型或规格的 Word 开发文档。

1-1-11 制订项目迭代计划

在例行的每日 Scrum 会议上,杨国栋再次强调,希望项目的第一个阶段性成果即“可可网上商城”能够在短期内尽快上线测试和试运营。

为了最好地利用和协调好团队人力、时间,陈靓指导程可儿和团队成员一起拟订了详细的迭代开发计划。陈靓规划了 5 个 Sprint(冲刺)。

Sprint ＃1: 为期 2 周(10 个工作日),“可可网上商城”项目准备,包括组建项目团队,采集项目需求,准备项目开发框架,组织团队研发培训等。

Sprint ＃2: 为期 3 周(15 个工作日),设计和实现“可可网上商城”用户交互,能够满

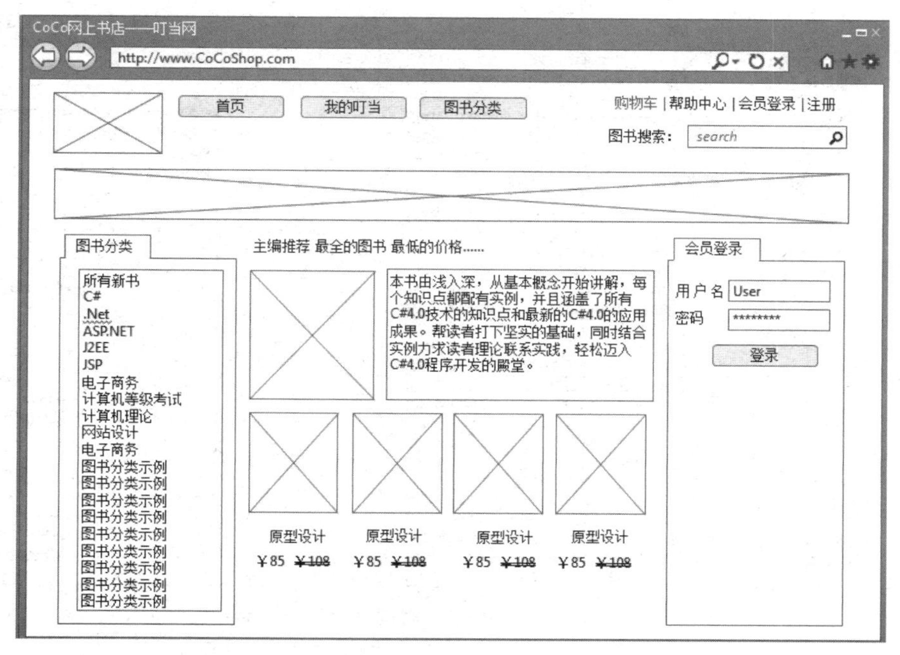

图 1-1-25 用纸张快速手绘界面原型(或 Visio 绘制)："可可网上商城"首页

足会员登录、会员注册、修改密码等前台门户中用户交付的基本功能。

Sprint #3：为期 4 周(20 个工作日)，实现“可可网上商城”数据访问和处理，能够满足前台门户会员个人信息管理、图书信息展示和管理后台数据维护的业务管理需求。

Sprint #4：为期 2 周(10 个工作日)，实现“可可网上商城”购物车，能够满足完整的购买图书业务流。

Sprint #5：为期 2 周(10 个工作日)，优化和发布“可可网上商城”，对前台门户的布局、样式、导航及功能部件进行重构，完善和优化系统设计，并发布和部署“可可网上商城”到服务器。

当 Sprint #5 交付后，可可连锁书店的“可可网上商城”项目已经基本研发完成。IFTC 可以对可可连锁书店的员工进行业务培训，承担技术支持和平台维护，根据客户反馈对业务进行优化。

这样，研发过程中保持了相当的灵活性，也更容易对项目研发过程进行跟踪和管理。杨国栋也参与到了其中，对这个研发计划非常满意。

项目计划的目的是为项目的实施制订一套合理、可行的项目开发执行计划。请参考 Scrum 敏捷开发框架，为可可连锁书店的“可可网上商城”项目制订迭代研发计划(任选一种方式)。

(1) 使用 Project，编制项目敏捷开发计划，具体可参考图 1-1-26。

(2) 使用 Excel 模板(Scrum)等，编制 Product BackLog(产品积压工作项)，规划 Sprint(冲刺)和 Sprint BackLog(冲刺积压工作项)，管理 Scrum 过程，具体可参考图 1-1-27 和图 1-1-28。

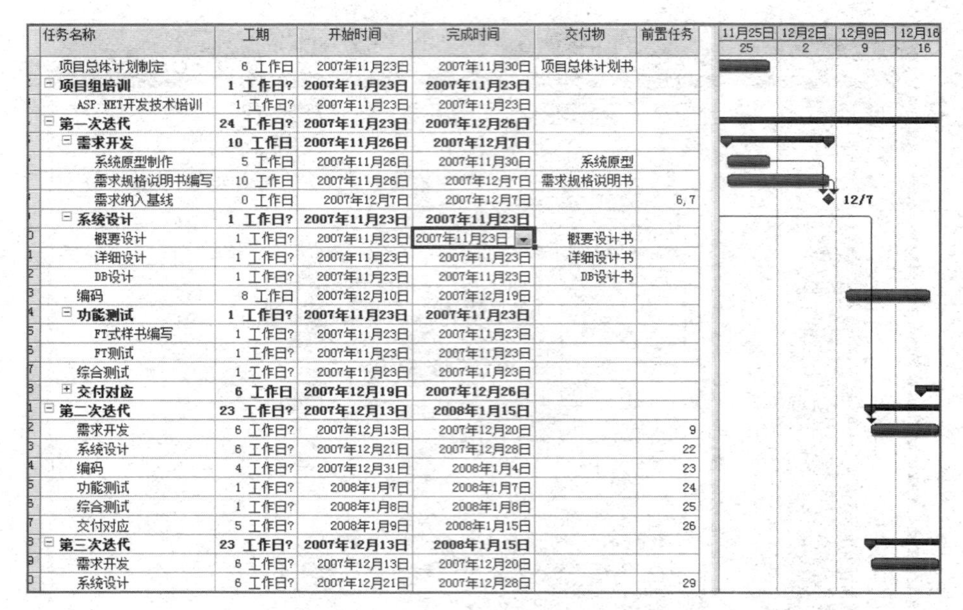

任务名称	工期	开始时间	完成时间	交付物	前置任务
项目总体计划制定	6 工作日	2007年11月23日	2007年11月30日	项目总体计划书	
⊟ 项目组培训	1 工作日?	2007年11月23日	2007年11月23日		
ASP.NET开发技术培训	1 工作日?	2007年11月23日	2007年11月23日		
⊟ 第一次迭代	24 工作日?	2007年11月23日	2007年12月26日		
⊟ 需求开发	10 工作日	2007年11月26日	2007年12月7日		
系统原型制作	5 工作日	2007年11月26日	2007年11月30日	系统原型	
需求规格说明书编写	10 工作日	2007年11月26日	2007年12月7日	需求规格说明书	
需求纳入基线	0 工作日	2007年12月7日	2007年12月7日		6,7
⊟ 系统设计	1 工作日?	2007年11月23日	2007年11月23日		
概要设计	1 工作日?	2007年11月23日	2007年11月23日	概要设计书	
详细设计	1 工作日?	2007年11月23日	2007年11月23日	详细设计书	
DB设计	1 工作日?	2007年11月23日	2007年11月23日	DB设计书	
编码	8 工作日	2007年12月10日	2007年12月19日		
⊟ 功能测试	1 工作日?	2007年11月23日	2007年11月23日		
FT式样书编写	1 工作日?	2007年11月23日	2007年11月23日		
FT测试	1 工作日?	2007年11月23日	2007年11月23日		
综合测试	1 工作日?	2007年11月23日	2007年11月23日		
⊞ 交付对应	6 工作日	2007年12月19日	2007年12月26日		
⊟ 第二次迭代	23 工作日?	2007年12月13日	2008年1月15日		
需求开发	6 工作日?	2007年12月13日	2007年12月20日		9
系统设计	6 工作日?	2007年12月21日	2007年12月28日		22
编码	4 工作日?	2007年12月31日	2008年1月4日		23
功能测试	1 工作日?	2008年1月7日	2008年1月7日		24
综合测试	1 工作日?	2008年1月8日	2008年1月8日		25
交付对应	5 工作日?	2008年1月9日	2008年1月15日		26
⊟ 第三次迭代	23 工作日?	2007年12月13日	2008年1月15日		
需求开发	6 工作日?	2007年12月13日	2007年12月20日		
系统设计	6 工作日?	2007年12月21日	2007年12月28日		29

图 1-1-26 使用 Project 编制项目研发计划

Pruduct BackLog			产品(项目)名称	叮当网上商城		
			Product Owner	杨国栋		
			Scrum Master	陈靓		
ID	重要性	名称	说明	如何演示	Sprint	估算
1	9	书店首页	作为一个匿名用户,我想要访问网上书店首页,以便了解书店详细信息。	访问站点URL,使用导航链接浏览样式一致的站点页面。	Sprint #1	90
2	9	会员登录	作为一个会员用户,我想要登录到网上书店系统,以便发生和管理业务。	输入账号、密码登录到系统。	Sprint #1	10
3		会员登录导航工具栏			Sprint #1	
4		会员密码修改			Sprint #1	

图 1-1-27 编制 Product BackLog(产品积压工作项)

Sprint #1 BackLog			产品(项目)名称		叮当网上商城			
			Product Owner		杨国栋			
			Scrum Master		陈靓			
ID	重要性	BackLog	任务ID	任务	说明	估算	担当	状态
1		书店首页	101	设计站点母版	参照快速原型,设计ASP.NET母版页。	18	周德华	已计划
			102	创建首页	基于母版页创建首页文件,设计内容区域框架。	6	周德华	已计划
2		会员登录	201	创建会员登录页面	创建会员登录用户控件。	3	程可儿	已计划
			202	登录数据校验	输入账号、密码后验证输入数据规则。	3	程可儿	已计划
			203	编写登录业务代码	账号、密码提交到服务器,根据数据库中会员数据进行合法性校验;返回异常结论。	6	程可儿	已计划
			204	测试会员登录业务	编写会员登录测试用例,进行会员登录单元测试、功能测试。	3	程可儿	已计划

图 1-1-28 规划 Sprint #1 BackLog(Sprint #1 积压工作项)

1-1-12 填报《项目周报》

“可可网上商城”的项目预算、时间都非常紧张。陈靓知道，如果这个项目要成功，需要严格按项目计划进行跟踪和管理，更需要杨国栋定期、积极地参与。陈靓邀请杨国栋参加例行的每日 Scrum 会议。团队的每个成员都快速简明回答以下 3 个问题。

(1) 自上个每日 Scrum 会议以来，我完成了哪些工作？

(2) 到下次每日 Scrum 会议之前，我将完成哪些工作？

(3) 有哪些阻碍性问题或障碍可能影响我的工作？

比如，程可儿回答：“昨天，我和杨国栋绘制了网上商城的需求模型，这项任务已完成。今天，我将开始编制需求规格说明书。我需要杨国栋和周德华帮助我绘制关键页面的界面原型，没遇到其他障碍或阻碍性问题。”

项目开发周期中，项目团队负责人还需要对本周工作完成情况进行汇总统计，并对下周工作任务进行调整和安排。

请参照每日 Scrum 会议要求和《项目周报》模板，完成以下任务。

(1) 团队成员，积极参加每日 Scrum 会议(15 分钟)，每周汇总以上 3 个问题内容，按期完成个人《项目周报》。

(2) 项目团队负责人，组织每日 Scrum 会议，每周按期完成项目组的《项目周报》。

提示 每日 Scrum 会议(daily scrum meeting)：Scrum 团队应召开每日 Scrum 会议，以便确定下一天所需执行的工作，以最大可能地履行其承诺。团队的每个成员都应该描述自上次会议以来所做的工作、他们计划在当天完成的工作，以及可能对其他团队成员产生影响或需要获得其他团队成员帮助的任何问题或障碍。Scrum 主管严格控制会议结构，大家站立着开会，每个成员都快速简明地回答问题，确保会议准时开始并在 15 分钟或更短时间内结束。

任务 1-2 创建“可可网上商城”解决方案

任务描述与分析

一大早，项目团队来到项目看板前，召开每日 Scrum 会议。因为每天固定时间、固定地点的站立开会方式，每个团队成员都很陌生、谨慎、新奇。

项目看板分成“已计划”“进行中”“已完成”3 列，上面已经贴满任务卡片(红、黄、蓝、绿各色的便利贴)。冲刺 Sprint ＃1 中的所有任务都已经放到了项目看板上。每一张便利贴就是一张任务卡片，对应着 Sprint ＃1 中的一项任务。

每日 Scrum 会议要准时在 15 分钟内结束。所以，程可儿没有任何空洞的开场白，直接从项目看板入手，简洁地汇报了昨天绘制快速原型，与杨国栋确认需求的完成情况，并汇报今天的计划，以及可能遇到的问题。

除了前期已经完成的需求分析等高优先级任务以外,陈靓将 Sprint #1 中最后两项任务指派给了程可儿和周德华,分别是系统的体系架构(开发框架)的设计以及团队的内部技术培训。

陈靓、程可儿、周德华一起坐下来商议,计划用最成熟的 ASP.NET 分层开发框架来组织快速开发,开发任务单如表 1-2-1 所示。

表 1-2-1　开发任务单

任务名称	#102　创建"可可网上商城"解决方案		
相关需求	作为一名软件开发工程师,我希望对系统体系架构进行总体设计,创建"可可网上商城"应用程序开发框架,这样可以组织团队开发培训,保证团队能在技术成熟、结构规范、性能稳定的开发框架下进行快速开发和测试		
任务描述	(1) 创建 ASP.NET Web 应用程序(基于分层架构) (2) 在 ASP.NET Web 应用程序中创建新的 Web 窗体页 (3) 测试 ASP.NET Web 应用程序		
所属迭代	Sprint #1　"可可网上商城"项目准备		
指派给	程可儿、周德华	优 先 级	4
任务状态	□已计划 ☑进行中 □已完成	估算工时	48

任务设计与实现

1-2-1　创建 ASP.NET Web 应用程序

(1) 打开 Visual Studio,在菜单栏中选择"文件"→"新建"→"项目"命令,如图 1-2-1 所示。

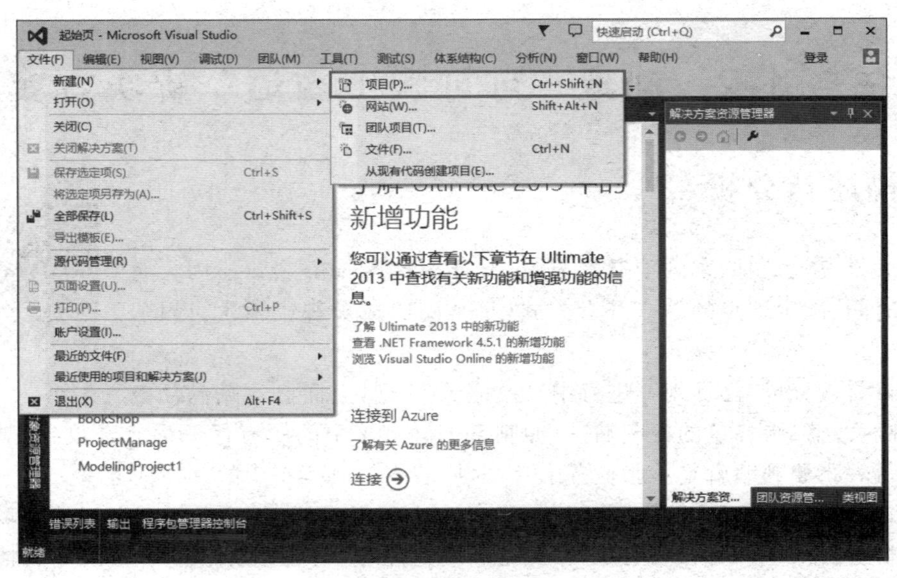

图 1-2-1　在 Visual Studio 中新建 ASP.NET 项目

(2) 打开“新建项目”对话框，如图 1-2-2 所示。在左侧栏“已安装”目录下的“模板”目录下，选择 Visual C# 目录下的 Web 选项，在中间栏的“模板”列表中选择“ASP.NET Web 应用程序”模板。在“名称”文本框中输入准备新建的 ASP.NET Web 应用程序名称为 BookShop.WebUI；在“位置”下拉列表框选择项目保存的位置；在“解决方案名称”文本框中输入名称为 BookShop。单击“确定”按钮。

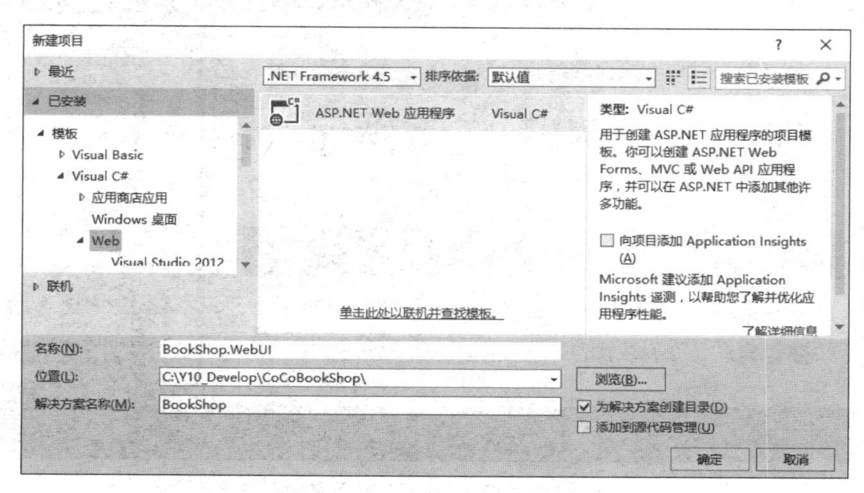

图 1-2-2　“新建项目”对话框

(3) 打开“新建 ASP.NET 项目 - BookShop.WebUI”对话框，如图 1-2-3 所示。在“选择模板”栏中选择用于创建 ASP.NET Web 应用程序的项目模板为 Web Forms；建议单击“更改身份验证”按钮，将身份验证修改为“无身份验证”。单击“确定”按钮。

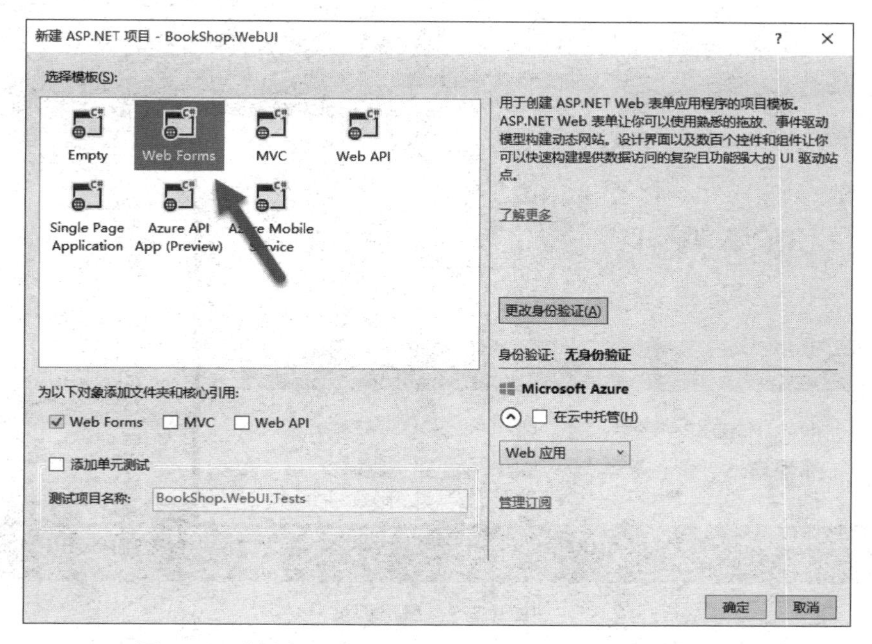

图 1-2-3　“新建 ASP.NET 项目 - BookShop.WebUI”对话框

(4) Visual Studio 创建了 ASP.NET Web 应用程序 BookShop.WebUI,在"解决方案资源管理器"窗格中展示了默认的 ASP.NET Web 应用程序结构,如图 1-2-4 所示。

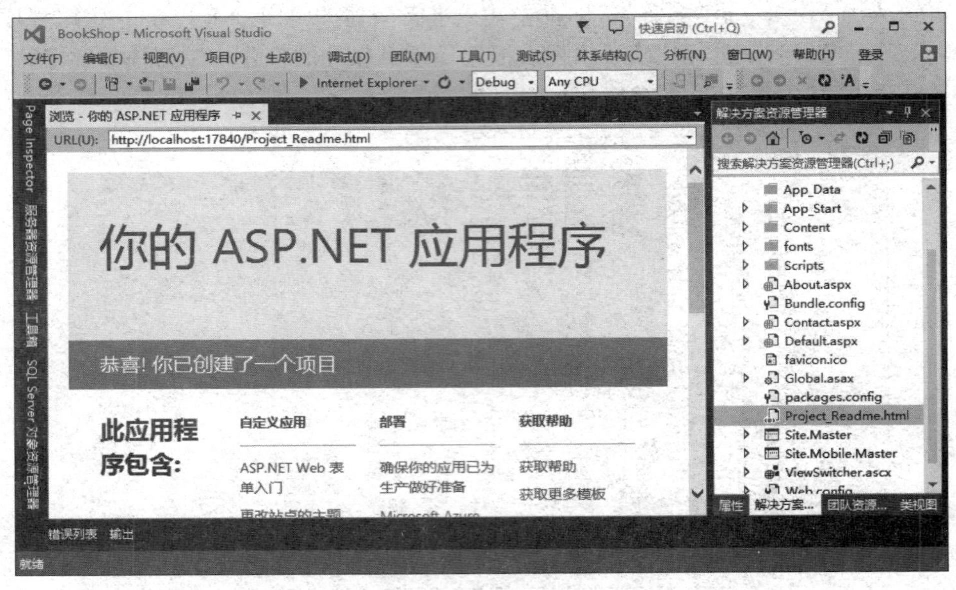

图 1-2-4　新建 ASP.NET Web 应用程序的解决方案结构

(5) 在 Visual Studio 的菜单栏中选择"调试"→"启用调试"命令(或按 F5 键,或单击工具栏中的"调试"按钮,参考图 1-2-5 所示),在浏览器中可以预览所创建的 Web 应用程序,如图 1-2-6 所示。

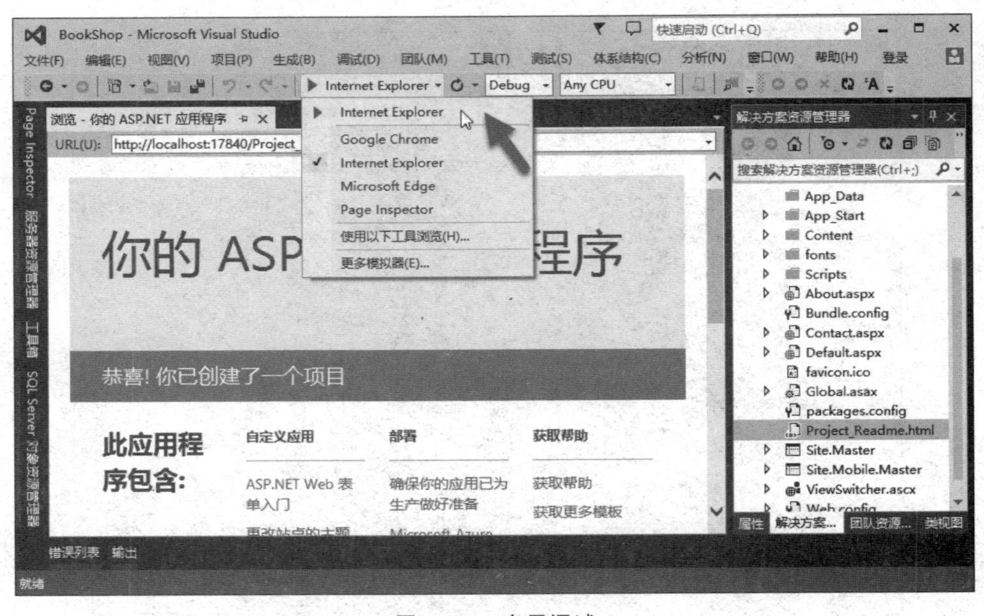

图 1-2-5　启用调试

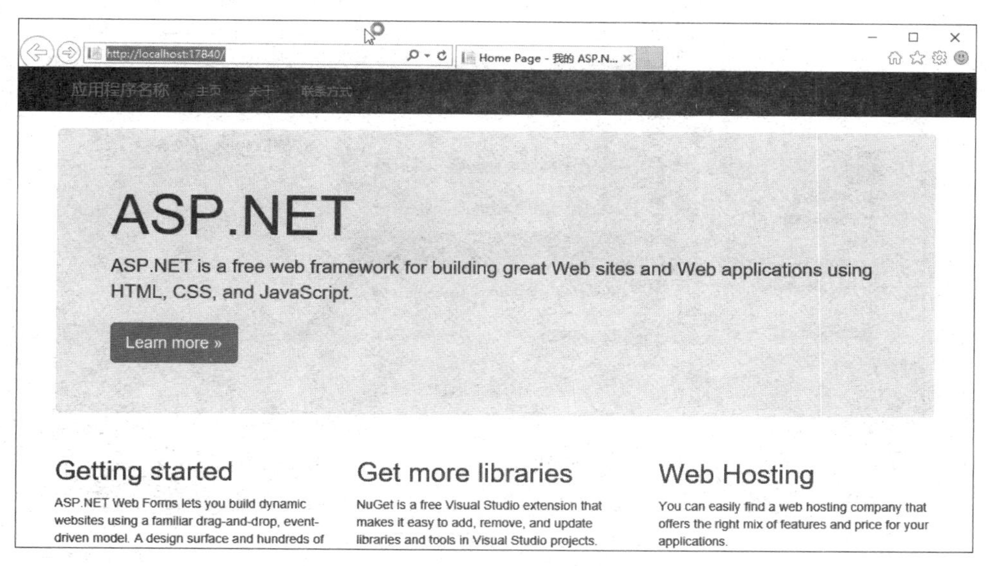

图 1-2-6 预览 ASP.NET Web 应用程序(默认页面 Default.aspx)

1-2-2 完善分层开发框架

1. 添加业务逻辑层项目 BookShop.BLL

(1) 在“解决方案资源管理器”窗格中,右击解决方案 BookShop,在快捷菜单中选择“添加”→“新建项目”命令,如图 1-2-7 所示。

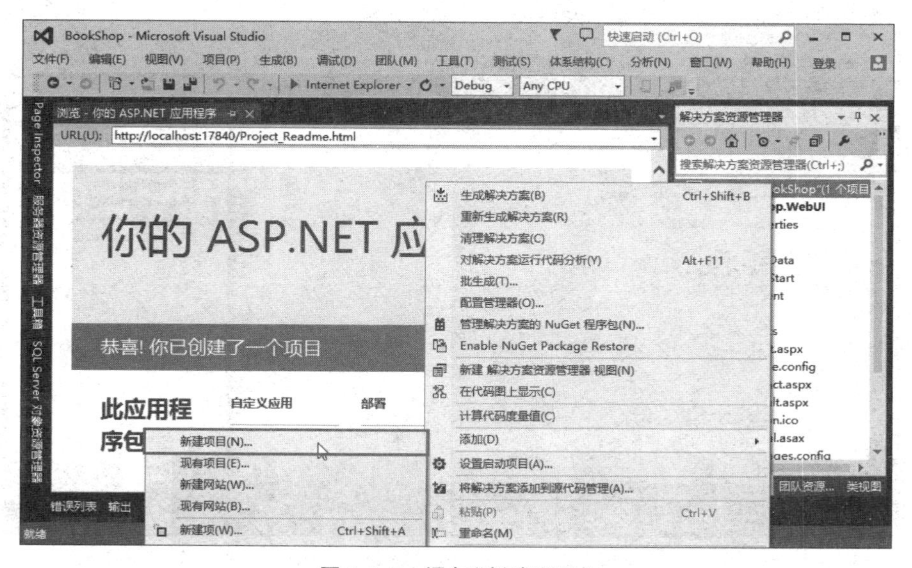

图 1-2-7 添加“新建项目”

(2) 如图 1-2-8 所示,打开“添加新项目”对话框,在模板栏中选择 Visual C# 的“类库”选项,在“名称”文本框中输入项目名称 BookShop.BLL,单击“确定”按钮添加业务逻

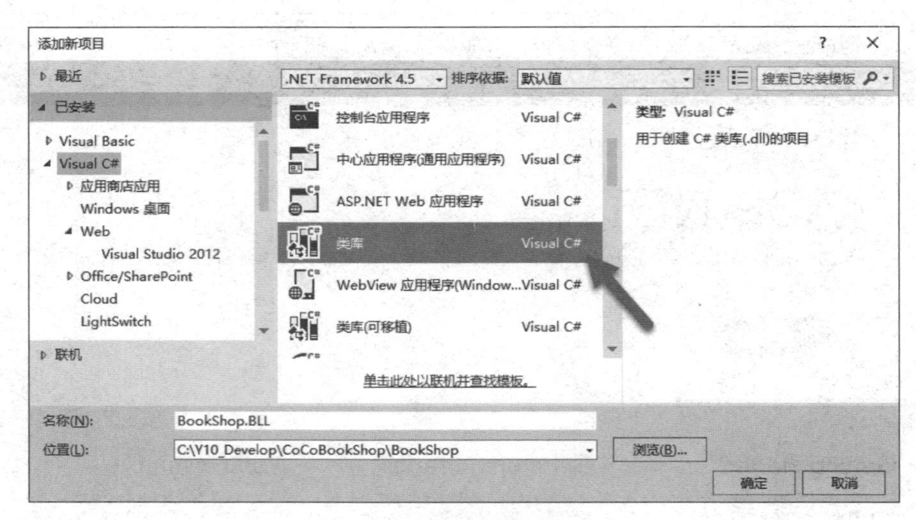

图 1-2-8 “添加新项目”对话框

辑层项目。

2. 添加数据访问层、实体模型层项目,为各层项目添加引用关系

(1) 参考图 1-2-7 和图 1-2-8,继续在解决方案 BookShop 中添加“类库”项目,分别为数据访问层项目 BookShop.DAL、实体模型层项目 BookShop.Model。

解决方案 BookShop 的结构如图 1-2-9 所示。

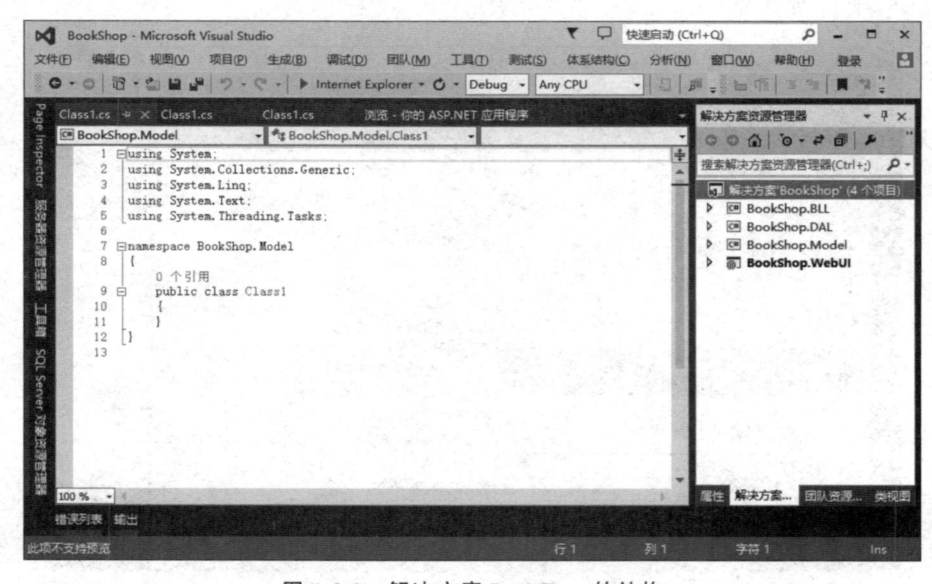

图 1-2-9 解决方案 BookShop 的结构

(2) 在“解决方案资源管理器”窗格中,右击表示层项目 BookShop.WebUI,在快捷菜单中选择“添加”→“引用”命令,如图 1-2-10 所示。

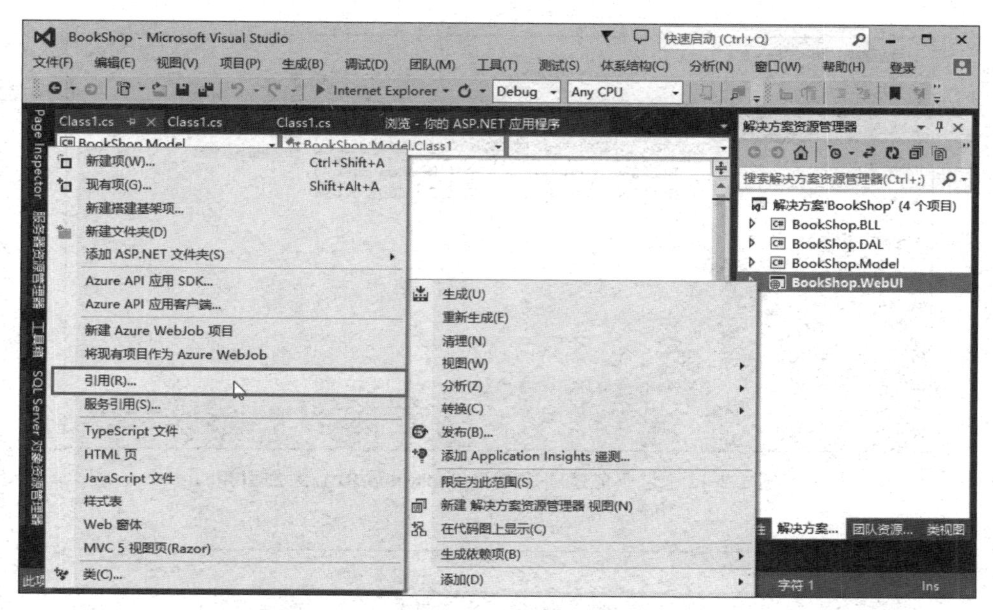

图 1-2-10　添加“引用”

(3) 打开“引用管理器 - BookShop.WebUI”对话框,如图 1-2-11 所示,选择“解决方案”目录下的“项目”选项,在“项目”列表中选择表示层依赖引用的业务逻辑层项目 BookShop.BLL、业务实体层项目 BookShop.Model,单击“确定”按钮完成添加。

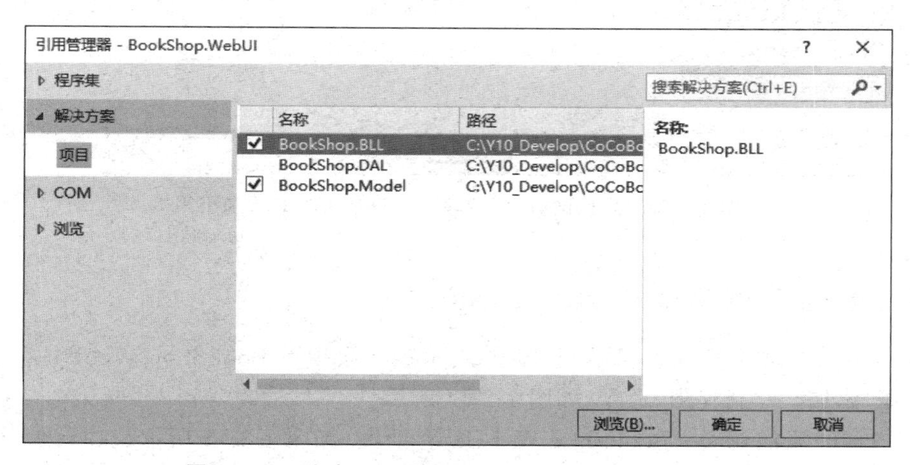

图 1-2-11　为表示层项目 BookShop.WebUI 添加引用

(4) 参考图 1-2-10 所示,打开“引用管理器 - BookShop.BLL”对话框,为业务逻辑层项目 BookShop.BLL 添加依赖引用的数据访问层项目 BookShop.DAL、业务实体层项目 BookShop.Model,如图 1-2-12 所示。

(5) 参考图 1-2-10 所示,打开“引用管理器 - BookShop.DAL”对话框,为数据访问层项目 BookShop.DAL 添加依赖引用的业务实体层项目 BookShop.Model,如图 1-2-13 所示。

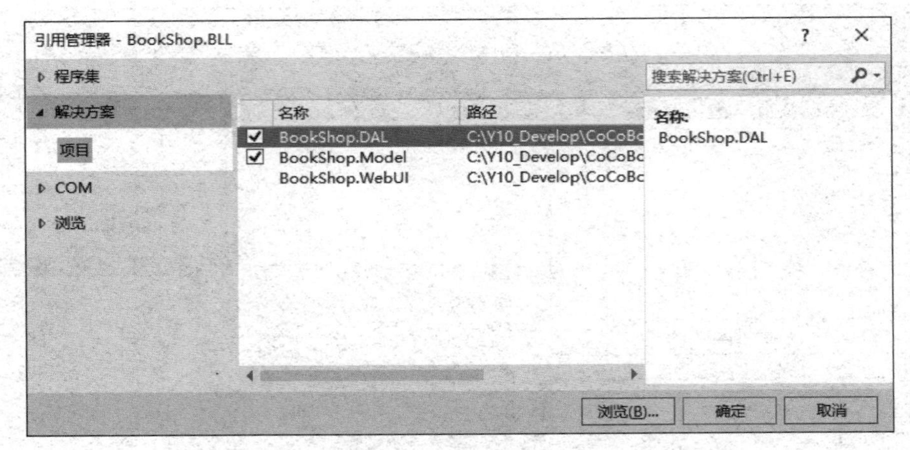

图 1-2-12　为业务逻辑层项目 **BookShop.BLL** 添加引用

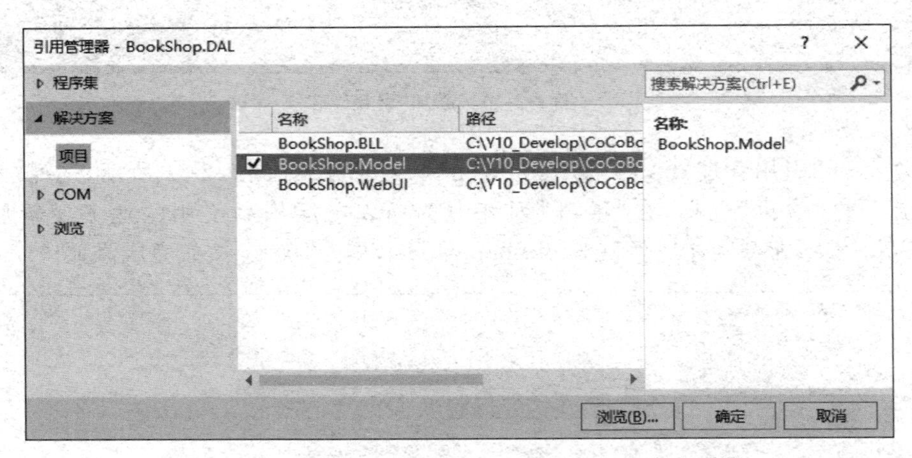

图 1-2-13　为数据访问层项目 **BookShop.DAL** 添加引用

1-2-3　创建站点测试页 Index.aspx

(1) 在"解决方案资源管理器"窗格中,右击表示层项目 BookShop.WebUI,在快捷菜单中选择"添加"→"新建项"命令,如图 1-2-14 所示。

(2) 打开"添加新项 - BookShop.WebUI"对话框,如图 1-2-15 所示,在"模板"列表中选择"Web 窗体"模板,在"名称"文本框中输入测试页名称 Index .aspx,单击"添加"按钮。

(3) Visual Studio 在表示层项目 BookShop.WebUI 中创建了 Web 窗体页 Index .aspx,在文档窗口中默认展示了该窗体页的源视图。在"源"视图窗口中,输入"欢迎访问……"等测试文本,如图 1-2-16 所示。

(4) 通过单击文档窗口左下侧视图选项卡,分别切换源视图、设计视图、拆分视图。如图 1-2-17 所示,设计视图以类似 WYSIWYG(所见即所得)的方式展示了 Web 窗体 Index.aspx 的内容。

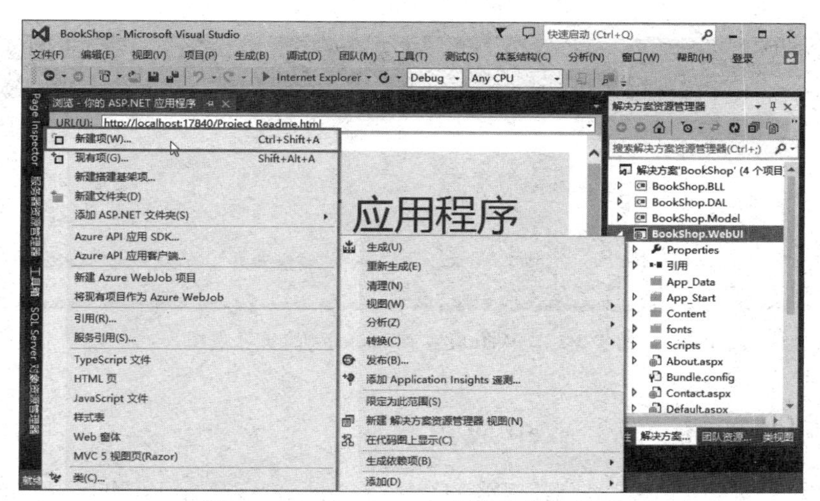

图 1-2-14 在 ASP.NET 网站中添加新项

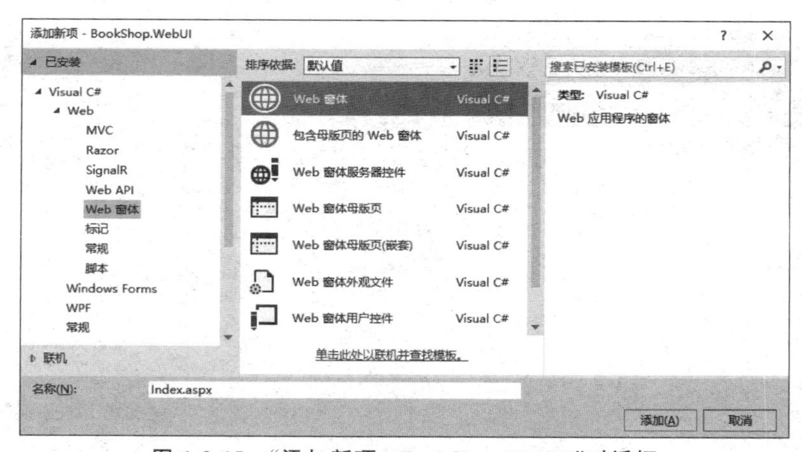

图 1-2-15 “添加新项 - BookShop.WebUI”对话框

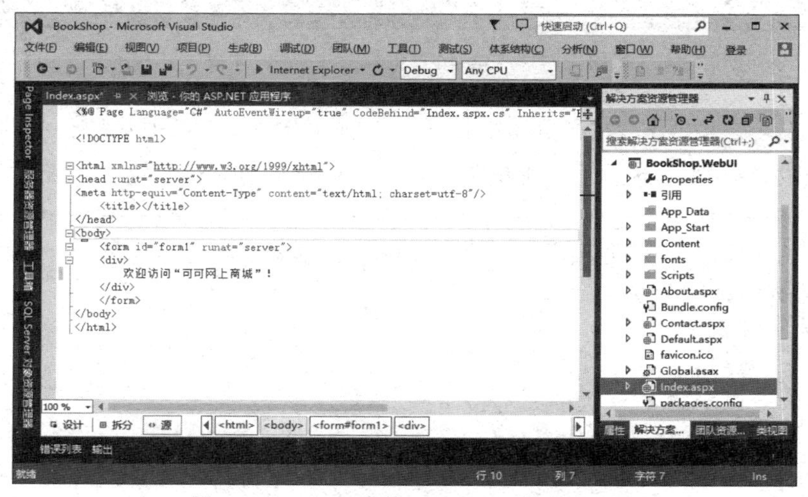

图 1-2-16 Web 窗体 Index.aspx 的源视图

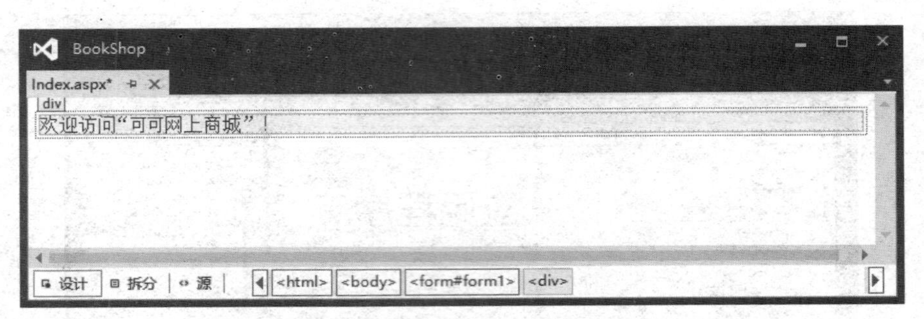

图 1-2-17 Web 窗体 Index.aspx 的设计视图

1-2-4 测试 ASP.NET Web 应用程序

(1) 在"解决方案资源管理器"窗格的表示层项目 BookShop.WebUI 中,右击 Web 窗体页 Index.aspx,在快捷菜单中选择"在浏览器中查看"命令,如图 1-2-18 所示。

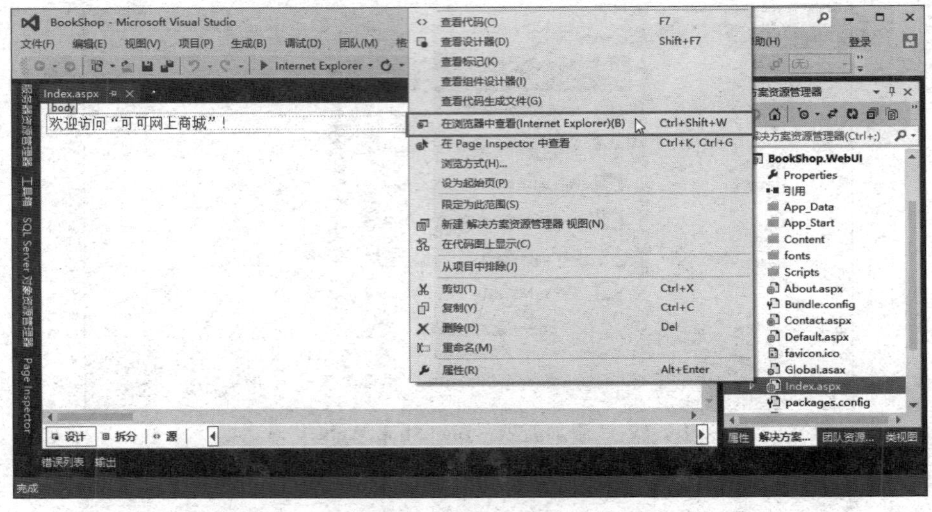

图 1-2-18 选择"在浏览器中查看"命令

(2) 如图 1-2-19 所示,在浏览器中打开了当前 ASP.NET Web 应用程序的 Web 窗体页 Index.aspx。当前 ASP.NET 网站 BookShop 测试运行正常。

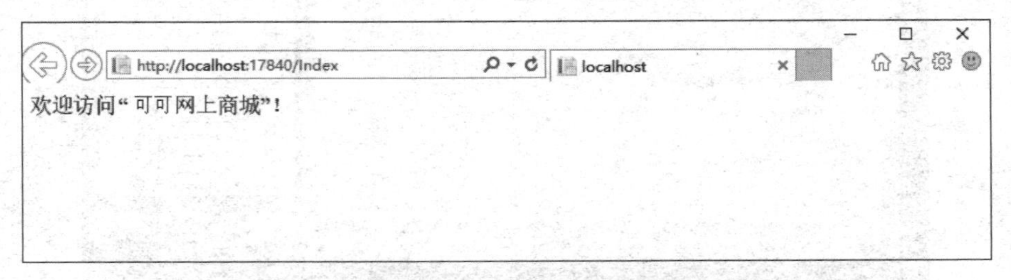

图 1-2-19 在浏览器中测试 ASP.NET Web 项目

(3) Visual Studio 还提供了另外一个 Web 开发工具 Page Inspector。在“解决方案资源管理器”窗格的表示层项目 BookShop.WebUI 中，右击 Web 窗体页 Index.aspx，在快捷菜单中选择“在 Page Inspector 中查看”命令，如图 1-2-20 和图 1-2-21 所示。

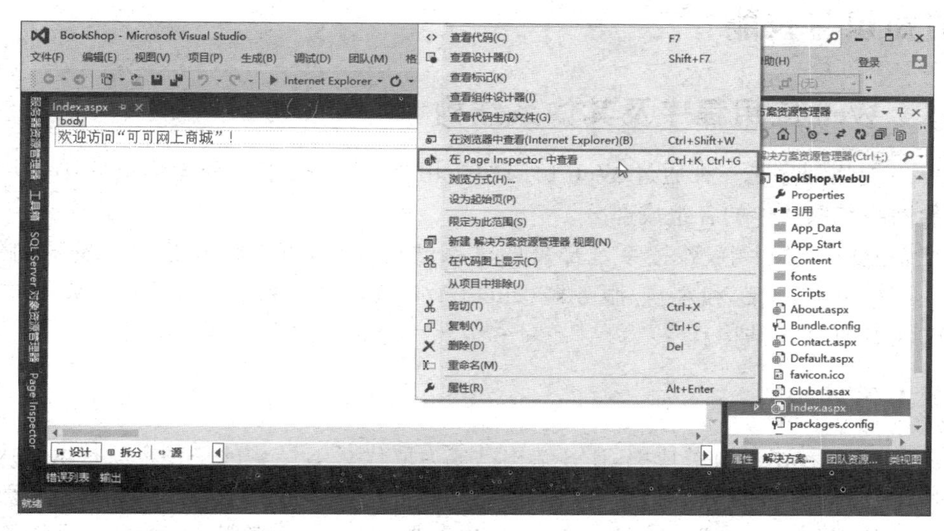

图 1-2-20　选择“在 Page Inspector 中查看”命令

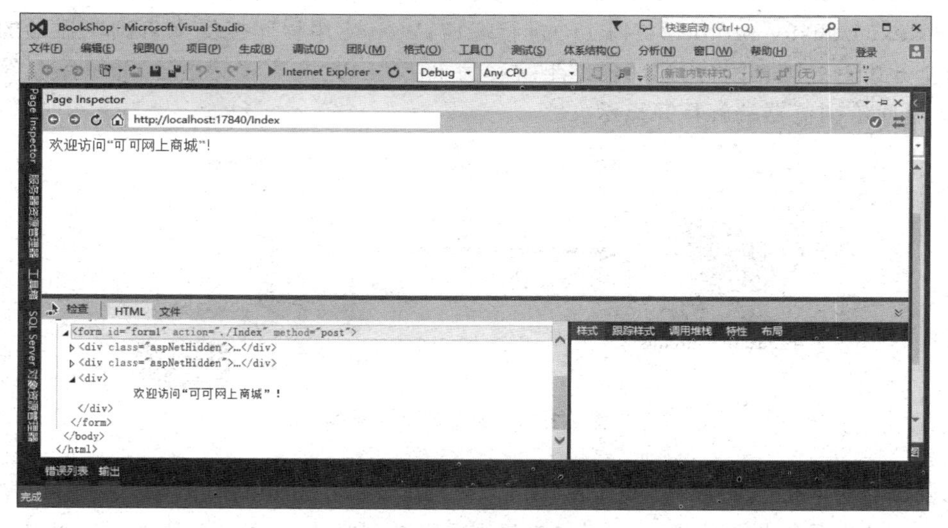

图 1-2-21　在 Page Inspector 中查看和检查 ASP.NET Web 项目

提示　Visual Studio 集成了默认的 ASP.NET 开发 Web 服务器 IIS Express。在测试 ASP.NET Web 项目时，Visual Studio 将默认启动该 Web 服务器，并在 Windows 任务栏中出现 IIS Express 图标。如图 1-2-19 所示，浏览器 URL 地址 http://localhost:17840/Index.aspx 访问的就是默认的本地开发 Web 服务器 IIS Express。

Page Inspector 是一款集成了浏览器和浏览器工具的 Web 开发工具，其中的浏览器可以直接在 Visual Studio IDE 内呈现网页(HTML、Web 窗体、ASP.NET MVC 或网页),支持并行查看呈现的输出内容及其源,其检查功能可帮助查找并纠正 HTML 和 CSS 代码中可能难以发现的错误。

相关知识与技能

1-2-5 Web 应用程序及其体系结构

Web 应用程序是一种通过 Web 访问的应用程序,需使用一种无连接的协议从分布甚广的网络获取软件的各组成部分。

在企业应用软件中,若按系统部署的体系结构来分,可以将其分为浏览器/服务器(browser/server,B/S)和客户/服务器(client/server,C/S)两种结构模式。Web 应用程序属于典型的 B/S 结构。

1. B/S 结构

随着 Web 技术的日益成熟,B/S 结构已成为取代 C/S 结构的一种全新技术结构。如图 1-2-22 所示,典型的 B/S 结构由浏览器(browser)、Web 服务器(Web server)和数据库服务器(DBMS)组成。核心的 Web 应用程序部署在 Web 服务器上;用户通过浏览器向分布在网络上的 Web 服务器发出请求,浏览器与 Web 服务器之间基于超文本传送协议(hypertext transfer protocol,HTTP)进行通信;Web 应用程序接受来自浏览器端的请求进行业务逻辑处理,并将用户所需结果解释为 HTML(超文本置标语言)和一系列客户端脚本,返回给浏览器端解释并显示。

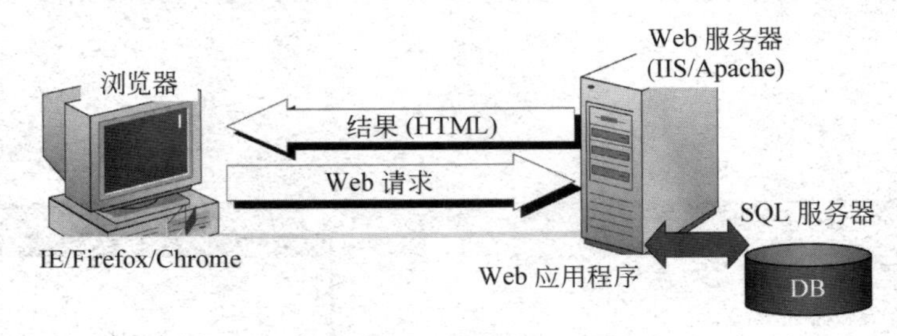

图 1-2-22 典型的 B/S 结构

B/S 结构的优点如下。

(1) 可跨平台操作,任何一台客户机只需要安装浏览器,即可访问服务器端 Web 应用。

(2) 开放性和可扩展性好,只需要增加服务器端 Web 应用程序功能即可增加应用。

(3) 信息资源共享程度高,面向不同的用户群、分散在不同的地域,可以方便地随时随地访问资源和进行业务处理。

(4) 维护升级方便,软件的部署、升级和维护都在 Web 服务器端进行,客户端只需要安装有浏览器即可访问,减轻了开发和维护的工作量。

(5) 用户交互界面基于浏览器呈现,有着更加丰富和生动的表现形式,降低开发成本。

B/S 结构的缺点如下。

(1) 跨浏览器应用的兼容性是 B/S 结构需要关注和解决的主要问题之一。

(2) B/S 结构在响应速度和信息安全上需要花费更多开发成本。

(3) B/S 结构的交互是请求—响应模式,通常需要刷新页面,用户体验不佳。

2. C/S 结构

典型的 C/S 三层结构如图 1-2-23 所示。C/S 结构充分利用客户机和服务器两端硬件环境的优势,将任务合理分配到客户端和服务器端来实现,降低了系统的通信开销。

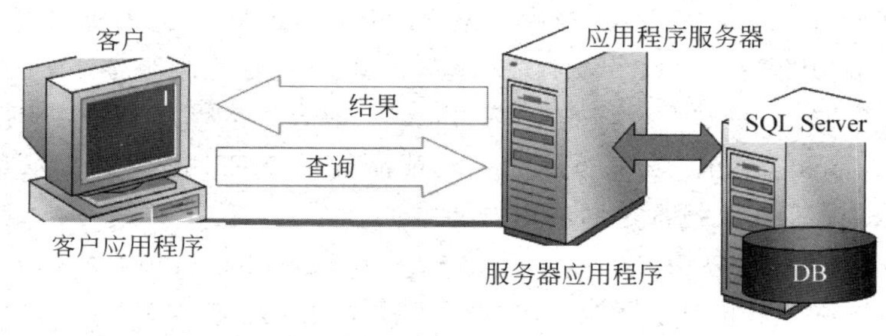

图 1-2-23 典型的 C/S 结构

其中,服务器端程序主要负责管理和维护数据资源,并接受客户端的服务请求(例如数据查询、更新等),并向客户提供所需要的数据和服务;客户端直接面向用户,通过一定的协议或接口与服务器端进行通信,向服务器端提出数据和服务请求,接收服务器端返回的数据等资源以实现业务逻辑处理,并将结果呈现给用户。

C/S 结构的优点如下。

(1) C/S 结构的界面和操作简单丰富。

(2) C/S 结构的管理信息系统具有较强的事务处理能力。

(3) C/S 结构面向特定的用户群或部署在专用网络上,信息安全容易得到保证,能够方便地实现多层认证。

(4) C/S 结构的响应速度快。

C/S 结构的缺点如下。

(1) 适用面窄,通常用于局域网等专用网络中,难以适应 Internet 环境下应用。

(2) 每个客户机都需要安装专用的客户端软件,只能面向特定的用户群。

(3) 可扩展性差,维护升级成本高,一旦处理问题或升级可能都要更新所有系统,每次维护升级都需要更新所有客户端程序。

(4) 依赖于客户机的运行环境,对操作系统等有特定要求。

1-2-6 ASP.NET 发展历程

2000 年,微软正式推动.NET 发展战略,并于 2002 年正式发布了全新平台的.NET 框架 1.0(.NET Framework 1.0)。其基本思想是,把原有的重点从连接到互联网的单一网站或设备转移到计算机、设备和服务群组上,从而将互联网本身作为新一代操作系统的基础。这样,用户能够控制信息的传递方式、时间和内容,从而得到更多的服务。

其中,ASP.NET 是一个统一的 Web 开发模型,包括了开发者使用尽可能少的代码生成企业级 Web 应用程序所必需的各种服务。ASP.NET 作为.NET 框架的一部分提供,当编写 ASP.NET 应用程序的代码时,可以访问.NET 框架中的类,可以使用与公共语言运行库(CLR)兼容的任何语言(包括 Microsoft C# 和 Visual Basic)编写应用程序的代码。使用这些语言,可以开发利用公共语言运行时、类型安全、继承等方面的优点的 ASP.NET 应用程序。

自发布之日起,每次.NET 框架新版本的发布,都会给 ASP.NET 带来新的特性。2002 年,.NET 框架 1.0 正式发布,其中 ASP.NET 1.0 变革了 ASP,提供了一种全新的方式来开发 Web 应用程序。2003 年,.NET 框架的首个主要升级版本 1.1 发布,同时也是 Visual Studio 2003 的一部分,是首个 Windows Server 2003 内置的.NET 框架版本。2005 年,作为 Visual Studio 2005 的一部分,革命性的.NET 框架 2.0 发布,其中 ASP .NET 2.0 的发布是.NET 技术走向成熟的标志。

伴随着强劲的发展势头,2007 年微软推出了 Visual Studio 2008 以及.NET 框架 3.5,使网络程序开发更倾向于智能开发。.NET 框架 3.5 是建立在.NET 框架 2.0 CLR 基础上的一个框架,其底层类库依然调用的是.NET 2.0 以前封装好的所有类,但在.NET 2.0 的基础上增加了众多的新特性,如 LINQ 数据库访问技术等。

ASP.NET 前进的步伐从未停止:2010 年推出 Visual Studio 2010 和.NET 框架 4.0;2012 年正式发布了 Visual Studio 2012 和.NET 框架 4.5,提供了一个用于构建现代化、跨连接设备、持续服务的客户端或云端应用程序的、先进的开发解决方案;2013 年,微软推出了一套新的基于云的开发服务 Visual Studio Online,除此之外,还正式发布了 Visual Studio 2013 和.NET Framework 4.5.1。

1-2-7 ASP.NET Web 应用程序

ASP.NET Web 应用程序属于典型的 B/S 结构,其运行过程也是典型的请求—响应模型。用户通过浏览器访问 ASP.NET Web 应用程序、请求网页(如 Index.aspx)时,Web 服务器端接收到该请求,由服务器端 ASP.NET 引擎 ISAPI(Internet server API,aspnet_isapi.dll)来处理该页面访问请求,并将处理后的结果即 HTML 流返回给浏览器解释和显示。

用 Visual Studio 创建了一个 ASP.NET Web 项目后,将根据模板自动在这个项目中添加一些文件夹和文件,如图 1-2-24 所示,"解决方案资源管理器"窗格中展示了默认的、约定俗成的 ASP.NET 应用程序结构。

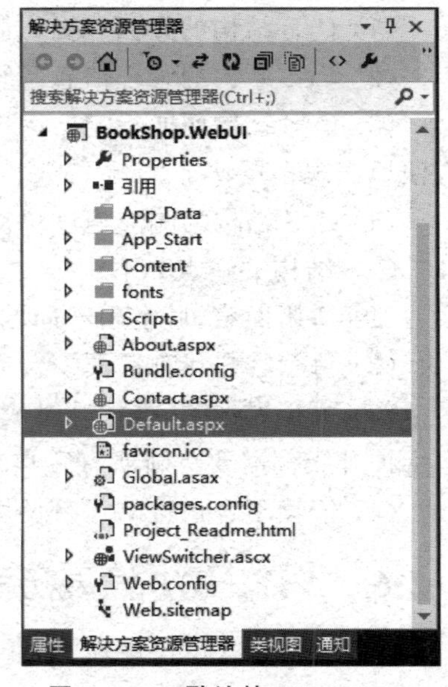

图 1-2-24 默认的 ASP.NET 应用程序结构

1. 常用的 ASP.NET 文件夹

常用的 ASP.NET 文件夹如表 1-2-2 所示。

表 1-2-2 常用的 ASP.NET 文件夹说明

文件夹	说明
App_Code	应用程序文件夹，包含作为应用程序一部分进行编译的实用工具类和业务对象（如.cs）的源代码。在动态编译的应用程序中，当对应用程序发出首次请求时，ASP.NET 编译 App_Code 文件夹中的代码。然后在检测到任何更改时重新编译该文件夹中的项
App_Data	应用程序文件夹，包含应用程序数据文件，包括 MDF 文件、XML 文件和其他数据存储文件
App_Start	应用程序文件夹，包含一些功能的配置代码，如路由、捆绑等
Bin	应用程序文件夹，包含在应用程序中引用的控件、组件或其他代码的已编译程序集（.dll 文件）。在应用程序中将自动引用 Bin 文件夹中的代码所表示的任何类
Content	保存站点需要的 CSS 等资源内容
Scripts	保存站点需要的 JavaScript 库文件和脚本（.js）

2. 常用的 ASP.NET 文件类型

常用的 ASP.NET 文件类型如表 1-2-3 所示。

表 1-2-3 常用的 ASP.NET 文件类型说明

文件类型	说明
Global.asax	全局文件，该文件包含从 HttpApplication 类派生并表示该应用程序的代码
*.aspx	ASP.NET Web 窗体文件，该文件可包含 Web 控件和其他业务逻辑
*.cs	运行时要编译的类源代码文件。类可以是 HTTP 模块、HTTP 处理程序等，或其后置代码隐藏文件，如 Index.aspx.cs
*.ascx	Web 用户控件文件，该文件定义自定义、可重复使用的用户控件
*.ashx	一般处理程序文件，该文件包含用于实现 IHttpHandler 接口的代码
*.asmx	Web 服务文件，该文件包含通过 SOAP 方式与其他应用程序互操作的类和方法
*.master	母版页，它定义应用程序中引用母版页的其他网页的布局
*.sitemap	默认为 Web.sitemap，站点地图文件，该文件包含站点的结构
*.config	通常是 Web.config 配置文件，该文件包含配置各种 ASP.NET 功能的 XML 元素

1-2-8 分层开发架构

典型的 ASP.NET 应用系统开发中，将用户界面设计、业务逻辑处理和实现、数据库的访问和处理等所有代码都放在一起，结构上比较简单，但是代码可读性差、耦合度高、内聚度低，系统的可扩展性、可维护性都差，更不利于项目团队的分工与协作。

分层开发框架,就是将软件系统的各个功能实现分开,放在不同的独立程序集中,形成独立的"层",各层之间通过各自约定进行委托与调用,从而通过各层的协作完成整个软件系统的整体功能。

分层开发架构的优势可以总结如下。

(1) 开发人员可以只关注整个架构中的其中一层。

(2) 可以很容易地用新的实现替代原有层次的实现。

(3) 可以降低层与层之间的依赖。

(4) 有利于标准化。

(5) 有利于各层逻辑的复用。

典型的 ASP.NET 应用系统分层开发框架可以在逻辑上划分为表示层(WebUI)、业务逻辑层(business logic layer,BLL)、数据访问层(data access layer,DAL)、业务实体层,其结构关系如图 1-2-25 所示。

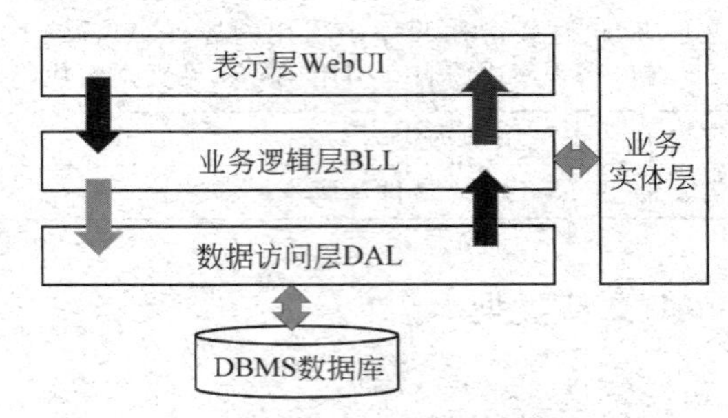

图 1-2-25 典型的 ASP.NET 应用系统分层开发架构

(1) 表示层(WebUI):也称为用户交互界面(user interface,UI)层,主要用于向用户显示业务处理结果,提供给用户交互接口以接收用户的数据输入和操作,并根据用户的请求调用不同的业务逻辑。

(2) 业务逻辑层(BLL):用于按照软件系统功能要求实现具体的业务逻辑操作,主要由表示层调用并向其返回处理结果。

(3) 数据访问层(DAL):专门用于实现数据访问和处理,根据需要实现数据的读取、新增、更新、删除等处理(CRUD),主要由业务逻辑层调用,以完成业务逻辑对数据库访问和处理的任务。

(4) 业务实体层:是通用业务实体类层,用于与 WebUI 层、BLL 层、DAL 层进行交互时提供的统一的实体类定义,一般根据数据库(表结构、表之间关系)或业务逻辑需要而定义。

职业能力拓展

1-2-9 配置 ASP.NET 开发资源

为了便于协作开发,陈靓指导程可儿在他的笔记本电脑上配置 ASP.NET 开发资源。

陈靓建议程可儿做好如下开发准备工作。

(1) 笔记本电脑作为开发用机，建议最低硬件配置为主频为1.6GHz、内存2GB以上，操作系统为Windows 7 Service Pack 1、Windows 8/8.1、Windows 10版本。

(2) 浏览微软MSDN等官网，检索配置ASP.NET开发环境的相关文档和教程，在笔记本电脑上安装Visual Studio 2013专业版，建议安装旗舰版(面向开发团队的综合型ALM工具，提供集成开发环境IDE、测试工具、诊断与调试、架构与建模等所有核心功能)。

(3) 在笔记本电脑或团队开发服务器上，安装数据库管理系统为Microsoft SQL Server 2008或以上版本，并配置用户及访问权限。

(4) 在笔记本电脑或团队开发服务器上，安装并配置Web服务器(IIS 6/7/8)，发布第一个ASP.NET测试网站，并将网站访问地址(URL)分发给团队其他成员测试。

提示 微软MSDN(Microsoft developer network)是微软公司面向软件开发者的虚拟社区，包括技术文档、在线电子教程、网络虚拟实验室、微软产品下载、MSDN WebCast等一系列信息服务。部分微软官方资源网站参考如下。

微软ASP.NET：https://www.asp.net/downloads。

微软MSDN：https://msdn.microsoft.com/zh-cn。

微软Visual Studio：https://www.visualstudio.com/。

模块小结

“可可网上商城”项目正式立项。陈靓参考基于CMMI的软件生命周期模型，充分吸收Scrum敏捷开发框架的特点，组建了新的研发团队，让客户代表杨国栋能充分、随时参与开发过程，以“提供最高业务价值为第一目标”。研发团队充分采集了该项目的整体需求，通过定义用户需求模型，对用户需求进行了具体准确的描述，同时准备好了项目开发框架。

该阶段工作完成后，研发团队初步达成以下目标。

(1) 初步掌握软件工程与项目管理概念，了解常用的软件开发生命周期模型。

(2) 基本掌握应用系统需求建模的基本方法，能理解并熟练描述需求模型。

(3) 理解Web应用系统架构模型及工作原理。

(4) 初步掌握创建ASP.NET应用系统解决方案的基本方法，理解ASP.NET工作模型及应用程序基本结构。

能力评估

一、实训任务

1. 详细分析“可可网上商城”项目需求，用Visual Studio对“可可网上商城”项目进行UML需求建模，对每个用例进行具体定义和描述。

2. 用 Web 前端技术(HTML)设计,或 UI 设计纸张手绘等方式,初步进行“可可网上商城”的快速原型设计。

3. 基于分层架构,创建“可可网上商城”项目解决方案。

二、拓展任务

1. 以项目组为单位,选择典型的电子商务类网站平台或典型的电子商务类移动应用 APP 等项目,对比分析该平台或 APP 的功能需求,在纸张上练习绘制其 UML 用例图。

2. 以项目组为单位,在各组间演示、分享并研讨各组的参考项目和 UML 用例图。

3. 在开发机上安装并配置 Web 服务器(IIS 6/7/8),发布你的第一个 ASP.NET 网站,并将你的网站访问信息(URL)分发给团队其他成员,以便同组成员访问和测试你的站点。

4. 组建项目研发团队(4～6 人为一个团队),练习编制和交流《项目周报》。

三、简答题

1. 什么是 Web 应用系统?典型的 Web 应用系统结构有哪些?简述 B/S 结构的特点及应用场景。

2. 什么是软件工程?什么是应用程序生命周期?什么是 CMMI?

3. 什么是 Scrum?简述常用的 Scrum 名词及其含义。Scrum 与瀑布型开发模型相比较,特点和优势是什么?

4. 什么是 UML?常用的 UML 图形有哪些?简要描述 UML 用例图、活动图、序列图、类图的主要模型元素及其用途。

5. 查阅资料,简述 ASP.NET 编码规范(基本命名规则)。

四、选择题

1. 需求开发阶段的主要成果是(　　)。

A. 数据流程图案　　B. 数据字典
C. 数据表　　D. 需求规格说明书

2. 需求分析阶段主要描述和回答了系统必须(　　)。

A. 为谁做　　B. 怎么做　　C. 何时做　　D. 做什么

3. 编码阶段位于(　　)阶段之后。

A. 详细设计　　B. 可行性研究　　C. 总体设计　　D. 需求分析

4. 在 UML 用例图中,人形符号表示的是(　　)。

A. 联系　　B. 用例　　C. 参与者　　D. 子系统

5. 采用快速原型法开发软件产品,其中原型设计是在(　　)阶段完成的。

A. 详细设计　　B. 模块开发(编码)
C. 数据库设计　　D. 需求开发

6. Scrum 团队中有三大角色,以下描述正确的是(　　)。

A. Scrum 主管,产品负责人,开发团队
B. Scrum 主管,项目负责人,开发团队
C. 产品负责人,美工设计师,软件工程师
D. 项目负责人,软件工程师,测试工程师

7. Scrum 的每个冲刺(Sprint)中指定了一些常规性事件。以下不属于 Scrum 事件的是(　　)。

A. Sprint 计划会议　　B. Sprint 每日站会
C. Sprint 评审会议　　D. Sprint 回顾会议
E. Product 计划会议

8. Scrum 每日站会在 Sprint 中每天同一时间同一地点进行,时间以(　　)为限。

A. 60 分钟　　B. 30 分钟
C. 15 分钟　　D. 没有限制,直到讨论结束

9. 开发团队用每日站会来评估完成 Sprint 目标的进度,每个成员不需要在站会上说明的是(　　)。

A. 为其他成员分配任务,并讨论每个任务的实现细节
B. 昨天我为达成 Sprint 目标做了什么
C. 我遇到了什么障碍
D. 今天我准备做什么,以帮助达成 Sprint 目标

10. Scrum 有一些重要的工件,以下不属于 Scrum 工件的是(　　)。

A. 产品待办列表　　B. 冲刺待办列表
C. 增量　　D. 需求规格说明书

11. 以下属于敏捷联盟宣言的内容的是(　　)。(多选)

A. 个体与互动高于流程与工具　　B. 工作的软件高于详尽的文档
C. 客户合作高于合同谈判　　D. 响应变化高于遵循计划

12. 如果 Scrum 每日站会时,某个团队成员总是迟到,团队应该做的第一件事通常是(　　)。

A. 和这个团队成员见面决定一个解决方案
B. 让这个团队成员去做测试
C. 要求 Scrum 主管把这个团队成员从团队中移除
D. 向这个团队成员的经理报告

13. 软件开发的各项活动严格按照线性方式进行,当前活动接收到上一项活动的工作结果,实施并完成所需的工作内容的软件开发模型是(　　)。

A. 瀑布模型　　B. 快速原型模型
C. 增量模型　　D. 敏捷模型

14. 下列最能适应快速变化的需求的是(　　)。

A. 瀑布模型　　B. 快速原型模型　　C. 增量模型　　D. 敏捷模型

15. 需求分析的任务就是软件系统解决(　　)的问题,要全面地理解用户的各项需求,并准确地表达所接收的用户需求的过程。

A. 设计　　B. 做什么　　C. 需求　　D. 功能

16.(　　)是需求捕获时广泛使用的一种工具,它采用了统计分析的方法,显得更科学。

A. 用户调研　　B. 收集资料　　C. 问卷表　　D. 用户访谈

17.(　　)主要用来图示化系统的主事件流程,它主要用来描述用户的需求,即用户希望系统具备的能完成一定功能的动作,通俗地讲,用例就是软件的功能模块,所以是设计系统分析阶段的起点。

A. 顺序图　　B. 用例图　　C. 协作图　　D. 构件图

18. 用例之间可以抽象出包含、(　　)和泛化几种关系。

A. 扩大　　B. 缩小　　C. 多态　　D. 扩展

19.(　　)是一种描述系统内各单位、人员之间业务关系、作业顺序和管理信息流向的图表,利用它可以帮助分析人员找出业务流程中的不合理流向,它是物理模型。

A. 数据流图　　B. 业务流程图　　C. E-R 图　　D. 顺序图

20.(　　)作为产品需求的最终成果必须具有综合性,必须包括所有的需求。开发人员和用户之间不能进行任何假设。

A. 用例说明书　　B. 系统设计说明书

C. 数据库设计说明书　　D. 需求规格说明书

五、判断题

1. 如果一个冲刺(Sprint)的周期为 3 周,那么当 3 周耗尽的时候,这个 Sprint 就完成了。　(　　)

2. Scrum 的每个冲刺(Sprint)的时间盒(周期)一般不超过 30 天(4 周)。根据敏捷联盟宣言,人们以及其个体交流的方式是最重要的。　(　　)

3. Scrum 每日站会上,程可儿提到,说他发现了一个新的技术方案,应该可以解决他正在处理的某个问题,他想马上就着手实现。陈靓决定在 Scrum 站会上马上讨论这个解决方案。　(　　)

4. Scrum 主管负责组织和引导 Scrum 每日站会。　(　　)

5. 敏捷联盟宣言认为,响应变化的价值高于遵循计划,也就是说任何预定义的工作计划都是不必要的。　(　　)

学习情境 2
设计“可可网上商城”用户交互

模块 2 “可可网上商城”用户交互界面设计

新的一周开始了。按项目研发计划，为期 2 周(10 个工作日)的 Sprint ＃1 在忙碌紧张中结束了，陈靓准备组织团队召开 Sprint ＃1 回顾会议。陈靓非常重视这次回顾会议，因为刚刚组建、全新的 Scrum 团队需要通过回顾总结 Sprint ＃1 的工作任务和实践经验，以此大大提高整个团队的业务能力和经验，对后续的开发和团队自组织将有着极大的帮助。

陈靓邀请了所有团队成员，尤其杨国栋(可可连锁书店代表，产品负责人)，一起参加这次回顾会议。陈靓跟大家约定：每个人都积极参与，坦诚交流，多回顾“我”而少用“你”……陈靓还准备了一块回顾白板，白板上同样分成 3 列，分别是可以保持的做法(good)、需要改进的做法(could have done better)、将来如何改进的具体措施(improvements)。

回顾会议整整进行了 1.5 小时。大家通过头脑风暴，用便利帖记录想法，并分别贴在回顾白板的 3 列上，进而讨论和确定了需要重点改进的 5 项内容。其中有 1 项需要重点改进的就是对于新技术和新应用的盲目推崇：王海觉得手机端应用是主流，曾强烈主张说服杨国栋，希望同时开发 Android App 和 iOS App，他忽略了杨国栋作为客户的需求范围，杨国栋甚至委婉地表示或许 8 月可以考虑这个建议(陈靓或许很高兴，因为这可以追加研发费用)；王海是团队的技术骨干，更熟悉 Java 开发，在讨论技术方案的时候，他推崇采用 Java 开发技术，更是阐述了 Java 开发的许多长处，在设计快速原型的时候也希望多用一些流行的前端技术比如响应式布局等，来更“炫”地展示项目，他忽视了团队中还有程可儿这样的新手，以及项目的基本需求。

整个回顾会议非常热烈，10 分钟的简短茶歇后，陈靓为下一个迭代开始做准备。陈靓召集举行 Sprint ＃2 计划会议。

Sprint #2 为期 3 周(15 个工作日),主要设计和实现“网上商城”用户交互,能够满足会员登录、会员注册、修改密码等前台门户中用户交付的基本功能。Sprint #2 交付后,杨国栋可以初步体验网上商城前台门户中用户交互的主要页面功能。Sprint #2 计划会议上,团队从产品 BackLog 中挑选出了需要的相关需求项,并拆分成具体任务进行工时估算、任务指派,初步讨论了一些开发的细节。

工作任务

任务 2-1　创建会员登录页

任务 2-2　创建会员注册页

任务 2-3　验证和预处理会员注册数据

学习目标

(1) 基本掌握并理解 ASP.NET 模型及工作原理。

(2) 理解并掌握 ASP.NET WebForm 类与 Page 类模型。

(3) 初步掌握 ASP.NET Web 控件模型并熟练使用常用 ASP.NET Web 控件。

(4) 熟练使用常用的 ASP.NET 验证控件。

(5) 掌握基本的 Web 用户交互界面设计方法和技能。

(6) 理解并初步掌握编码规范。

任务 2-1　创建会员登录页

任务描述与分析

按照 Sprint #2 Backlog,程可儿接受了指派给他的第一个开发任务“创建会员登录页”。作为一名“新兵”,程可儿刚领到任务,有点手足无措。

陈靓事先考虑到了这个情况,安排王海与程可儿结对编程,一起完成这个任务。王海首先指导程可儿从这个功能点的需求分析和详细设计入手。

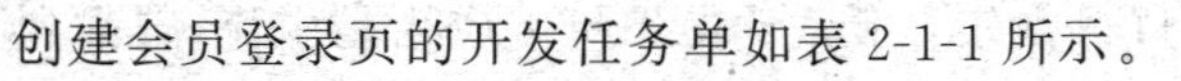

创建会员登录页的开发任务单如表 2-1-1 所示。

表 2-1-1　开发任务单

任务名称	#201　创建会员登录页
相关需求	作为一名会员用户,我希望访问会员登录页面并输入用户名、密码等信息,这样可以让我开始登录到前台门户
任务描述	(1) 创建会员登录页 (2) 设计会员登录交互界面,在 Web 窗体中添加服务器控件 (3) 添加事件处理程序,处理会员登录业务 (4) 测试会员登录页

续表

所属迭代	Sprint ＃2 设计“可可网上商城”用户交互		
指派给	程可儿、周德华	优先级	4
任务状态	□已计划 ☑进行中 □已完成	估算工时	8

任务设计与实现

2-1-1 详细设计

（1）用例名称：会员登录（UC-0201），如图 2-1-1 所示。

（2）用例说明：此用例帮助会员让系统识别自己的身份。用户提供用户名和密码来通过身份验证。所有登录请求无论成功与否都将被日志记录。

（3）页面导航：首页→登录→用户登录页 UserLogin.aspx。

（4）页面 UI 设计：参考图 2-1-2。

（5）功能操作：

① 输入用户名、密码，可勾选“2 周内不再登录”复选框。

② 单击“登录”按钮，读取客户端输入，处理会员登录业务逻辑。

（6）异常处理：

① 会员用户名、密码未输入，提示输入错误。

② 会员账户不存在，弹出对话框提示错误。

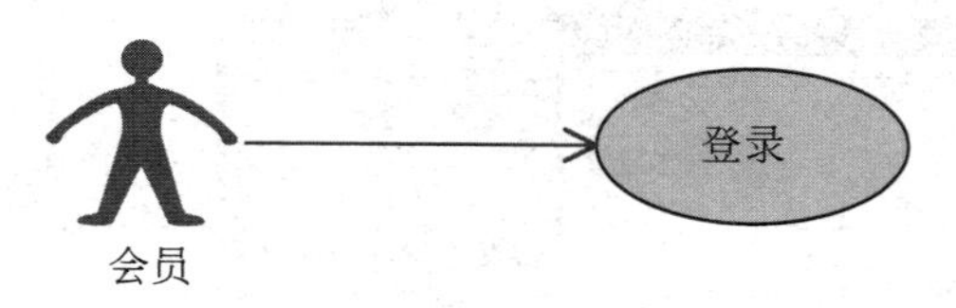

图 2-1-1 “会员登录”用例

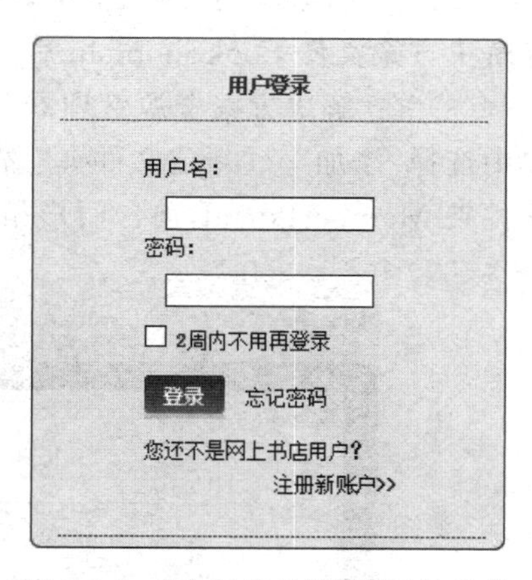

图 2-1-2 “会员登录”页面设计参考

③ 密码不正确，弹出对话框提示错误。

（7）输入项：

① 用户名——必输，单行文本框。

② 密码——必输，单行密码文本框。

③ 登录期限——可选项，默认未选中，复选框。

(8) 控件:

① “登录”按钮——实现会员登录逻辑。

② “忘记密码”超链接——导航到 GetPassword.aspx。

③ “注册新账户”超链接——导航到 UserRegister.aspx。

2-1-2 创建会员登录页源文件

(1) 打开 Visual Studio,选择“文件”→“打开”→“项目/解决方案”命令,如图 2-1-3 所示。

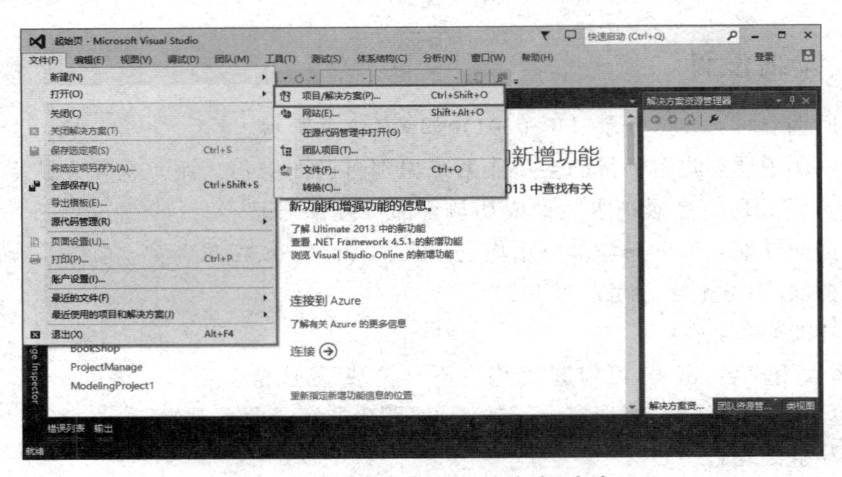

图 2-1-3 选择“项目/解决方案”命令

(2) 在“打开项目”对话框中,选择 ASP.NET Web 项目 BookShop 所在文件夹,并选择解决方案文件 BookShop.sln 后,单击“打开”按钮。

(3) 在“解决方案资源管理器”窗格中,右击表示层项目 BookShop.WebUI,在快捷菜单中选择“添加”→“新建文件夹”命令,如图 2-1-4 所示,在项目 BookShop.WebUI 中新建文件夹 MemberPortal,前台门户相关的所有 Web 窗体和资源都放在这个文件夹中。

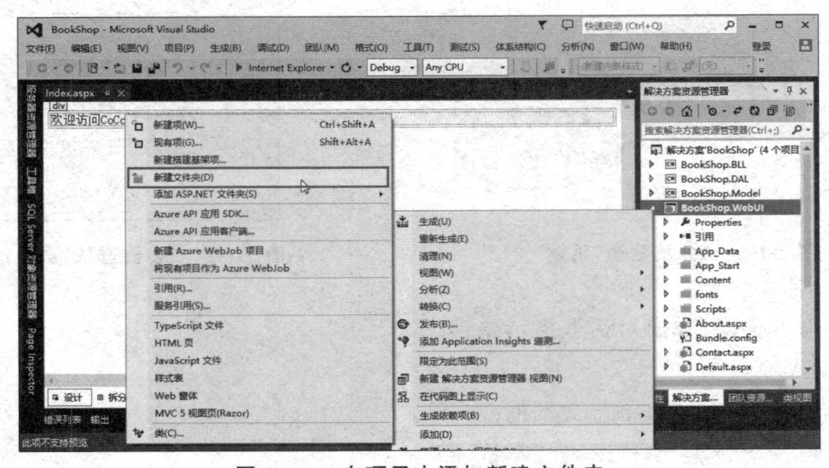

图 2-1-4 在项目中添加新建文件夹

（4）在 MemberPortal 文件夹中添加 Web 窗体，并命名为会员登录页 UserLogin.aspx。Visual Studio 创建了新的 Web 窗体页，打开其“源”视图，如图 2-1-5 所示。

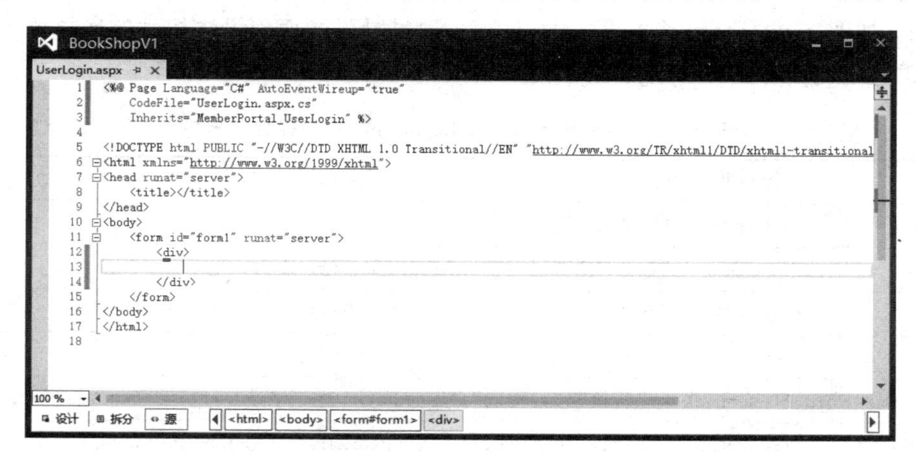

图 2-1-5　会员登录页 UserLogin.aspx 默认源视图

2-1-3　设计会员登录交互界面

1. 将控件添加到 Web 窗体页

（1）在 UserLogin.aspx 的文档窗口中单击“设计”选项卡切换到“设计”视图。

（2）参照登录页 UI 设计，设计页面布局，并输入“用户名：”“密码：”等文本。

（3）打开“工具箱”面板，展开“标准”组，分别将 Button、Label、TextBox、HyperLink 等服务器控件拖放到 UserLogin.aspx 页相应位置，如图 2-1-6 所示。

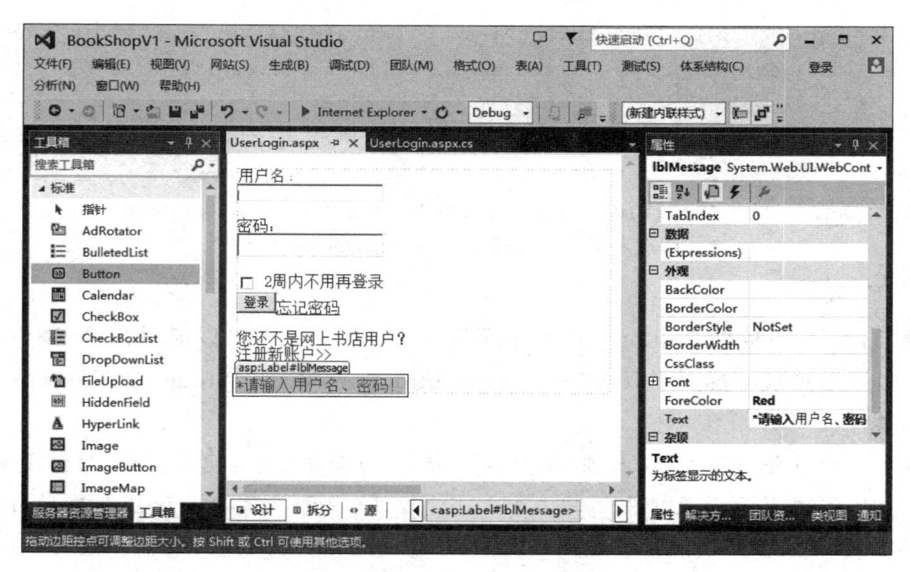

图 2-1-6　会员登录页 UserLogin.aspx 页面控件

2. 设置控件属性

(1) 如图 2-1-6 所示,选择服务器控件后,通过"属性"面板设置控件的属性值。

(2) 会员登录页 UserLogin.aspx 主要控件及属性如表 2-1-2 所示。

表 2-1-2 会员登录页 UserLogin.aspx 主要控件及属性

控件 ID	控件类型	主要属性及说明
txtLoginId	TextBox	输入项"用户名"
txtLoginPwd	TextBox	输入项"密码";TextMode: Password
cbLoginExpires	CheckBox	输入项"2 周内不用再登录";Checked: False
btnLogin	Button	按钮"登录";OnClick 事件
hlnkGetPassword	HyperLink	超链接"忘记密码";NavigateUrl: ~/MemberPortal/GetPassword.aspx
hlnkRegister	HyperLink	超链接"注册新账户";NavigateUrl: ~/MemberPortal/UserRegister.aspx
lblMessage	Label	ForeColor: Red;Text: "*请输入用户名、密码!"

(3) UserLogin.aspx 的代码如下。

```
1  <form id="form1" runat="server">
2    用户名: <asp:TextBox ID="txtLoginId" runat="server"/>
3    密码: <asp:TextBox ID="txtLoginPwd" runat="server" TextMode="Password" />
4    <asp:CheckBox ID="cbLoginExpires" runat="server"
     Text=" 2 周内不用再登录" />
5    <asp:Button ID="btnLogin" runat="server" Text="登录"
     OnClick="btnLogin_Click" />
6    <asp:HyperLink ID="hlnkGetPassword" runat="server" Text="忘记密码"
7          NavigateUrl="~/MemberPortal/GetPassword.aspx"/>
8    您还不是网上书店用户?
9    <asp:HyperLink ID="hlnkRegister" runat="server" Text="注册新账户>>"
10         NavigateUrl="~/MemberPortal/UserRegister.aspx"/>
11   <asp:Label ID="lblMessage" runat="server" ForeColor="Red"
12         Text="*请输入用户名、密码!"></asp:Label>
13 </form>
```

第 5 行: 按钮控件 btnLogin 的单击事件"OnClick=...",可以通过设置"事件"属性,或在会员登录页设计视图下双击"登录"按钮 btnLogin,Visual Studio 会在源文件中添加该控件事件。

提示 会员登录页中,输入项"用户名""密码"为必输项(不能为空)。为便于测试,如图 2-1-6 所示,在该页面表单中临时添加 Label 控件(用于显示输入项检查错误后的提示消息,默认显示文本"*请输入用户名、密码!",ID 为 lblMessage,文本颜色为 Red)。因暂时没有使用数据库存储会员信息,当前任务中用临时会员 user(密码为 password)进行测试和验证。

2-1-4 处理会员登录业务逻辑

1. 表示层

(1) 打开会员登录页后置代码文件。在“解决方案资源管理器”窗格中,在项目BookShop.WebUI中单击选择刚刚新建的Web窗体页UserLogin.aspx,按F7键(或在右键快捷菜单中选择“查看代码”命令),打开会员登录页的后置代码文件UserLogin.aspx.cs,默认的代码如下。

```
1  using System;
2  using System.Collections.Generic;
3  using System.Linq;
4  using System.Web;
5  using System.Web.UI;
6  using System.Web.UI.WebControls;
7  using BookShop.BLL;
8  using BookShop.Model;
9
10 namespace BookShop.WebUI.MemberPortal
11 {
12     public partial class UserLogin: System.Web.UI.Page
13     {
14         protected void Page_Load(object sender, EventArgs e)
15         {
16
17         }
18     }
19 }
```

第1~6行:默认引用的.NET框架类库。

第7、8行:引用业务逻辑层、业务实体层类库。

第10行:定义命名空间BookShop.WebUI.MemberPortal。

第12行:UserLogin分部类,继承自System.Web.UI.Page类。

第14行:Web窗体Page_Load()事件。

(2) 在页面加载事件中初始化页面控件。页面初始加载时,显示输入项提示信息。主要代码如下。

```
1  protected void Page_Load(object sender, EventArgs e)
2  {
3      if(!IsPostBack)
4      {
5          lblMessage.Text="*请输入用户名、密码!";
6      }
7  }
```

第3~6行:页面初始加载(IsPostBack属性为False)时,文本控件lblMessage显示输入项提示信息“*请输入用户名、密码!”。

(3) 处理“登录”按钮单击事件。在会员登录页设计视图下，双击“登录”按钮btnLogin后，Visual Studio会在源文件中添加控件OnClick事件、在后置代码文件中添加该按钮的单击事件btnLogin_Click代码段。

在btnLogin_Click事件中，要实现这样的功能需求：当用户单击“登录”按钮后，服务器端读取用户在浏览器端输入的会员用户名、密码，调用并执行用户登录业务逻辑，以判断当前登录的用户是否合法，并根据返回值提示信息。

```
1  protected void btnLogin_Click(object sender, EventArgs e)
2  {
3      string loginId=txtLoginId.Text.Trim();
4      string loginPwd=txtLoginPwd.Text.Trim();
5      int returnId=UserManager.Login(loginId, loginPwd);
6      if (returnId==-1)
7      {
8        lblMessage.Text="*账户不存在!";
9        return;
10     }
11     if(returnId==-2)
12     {
13         lblMessage.Text="*密码不正确!";
14         return;
15     }
16     lblMessage.Text="欢迎访问可可网上商城!";
17 }
```

第3、4行：定义变量，分别读取Web窗体中输入项会员用户名、密码的控件值。

第5行：调用业务逻辑层静态类UserManager的方法Login()，处理会员登录业务逻辑，并将返回值(int类型)赋值给变量returnId。

第6～15行：会员登录异常。如果返回值为－1，则控件lblMessage显示文本以提示“账户不存在”；如果返回值为－2，则控件lblMessage显示文本以提示“密码不正确”。

第16行：会员登录成功，控件lblMessage显示文本以提示欢迎信息。

2. 业务实体层

(1) 在业务实体层项目中添加业务实体类。

在“解决方案资源管理器”窗格中，打开项目BookShop.Model，在右键快捷菜单中选择“添加”→“新项”命令。如图2-1-7所示，在“添加新项 - BookShop.Model”对话框中选择“类”模板，添加的类名称为UserInfo.cs(用户业务实体类)。

(2) 定义用户业务实体类。用户业务实体类UserInfo.cs中，主要定义了用户业务实体的主要属性，即会员用户名、密码。主要代码如下。

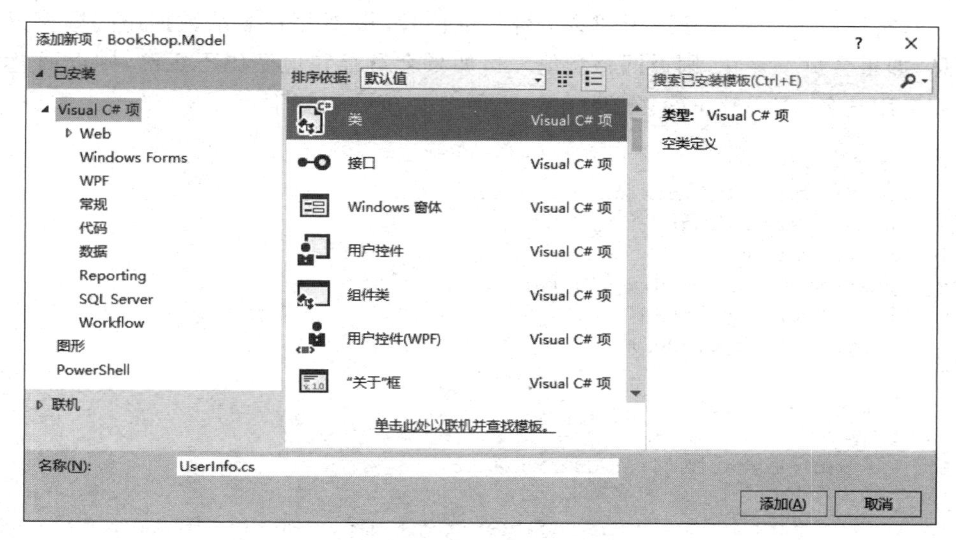

图 2-1-7　添加业务实体类

```
1   using System;
2   using System.Collections.Generic;
3   using System.Linq;
4   using System.Text;
5   using System.Threading.Tasks;
6
7   namespace BookShop.Model
8   {
9       [Serializable]
10      public class UserInfo
11      {
12          public string LoginId { get; set; }       //用户名
13          public string LoginPwd { get; set; }     //密码
14      }
15  }
```

第9行：添加类属性Serializable，使该类是可序列化的。

第10行：访问控制符为public。

第12、13行：定义两个public的字符串类型的属性，分别为用户名LoginId、密码LoginPwd。

3. 业务逻辑层

(1) 在业务逻辑层项目中添加用户业务逻辑相关类。在“解决方案资源管理器”窗格中，打开项目BookShop.BLL，在右键快捷菜单中选择“添加”→“新项”命令。在“添加新项 - BookShop.BLL”对话框中选择“类”模板，添加的类名称为UserManager.cs(用户业务逻辑相关类)。

(2) 实现会员登录业务逻辑。在UserManager类中，主要定义了会员登录方法

Login(),实现会员登录业务逻辑即会员合法性校验:根据用户名从数据访问层获得该会员信息;如果会员不存在,则返回整型值-1;如果会员存在但密码不正确,则返回整型值-2;如果用户名、密码都正确,则返回整型值0。主要代码如下。

```
1   using System;
2   using System.Collections.Generic;
3   using System.Linq;
4   using System.Text;
5   using System.Threading.Tasks;
6   using BookShop.DAL;
7   using BookShop.Model;
8
9   namespace BookShop.BLL
10  {
11      public static class UserManager
12      {
13          public static int Login(string loginId, string loginPwd)
14          {
15              UserInfo user=UserService.GetUserByLoginId(loginId);
16              if(user==Null)
17              {
18                  return-1;
19              }
20              if(user.LoginPwd !=loginPwd)
21              {
22                  return-2;
23              }
24              return 0;
25          }
26      }
27  }
```

第6、7行:业务逻辑层需要引用数据访问层命名空间BookShop.DAL、业务实体层命名空间BookShop.Model。

第11行:UserManager类定义为public的静态类。

第13行:定义public的静态方法Login(),用来处理会员登录业务逻辑,形参分别是用户名、密码,返回整型值。

第15行:定义用户业务实体实例user;调用数据访问层静态类UserService的方法GetUserByLoginId(),根据用户名查询用户信息,将返回值(UserInfo类)赋值给user。

第16~19行:如果返回值为Null,则该会员不存在,返回整型值-1。

第20~23行:如果返回值不为Null,则该会员存在,判断实例user的属性LoginPwd(密码)值是否与实参loginPwd值一致。如果不一致,则返回整型值-2。

第24行:该会员存在且密码一致,则返回整型值0。

4. 数据访问层

(1) 在数据访问层项目中添加用户数据访问处理相关类。在"解决方案资源管理器"

窗格中，打开项目 BookShop.DAL，在右键快捷菜单中选择“添加”→“新项”命令。在“添加新项 - BookShop.DAL”对话框中选择“类”模板，添加的类名称为 UserService.cs（用户数据访问处理相关类）。

（2）实现会员数据访问。在 UserService 类中，主要定义了获取会员信息的方法 GetUserByLoginId()，实现根据会员用户名查询会员信息（因测试需要，数据库查询部分暂由用户模拟数据替代）。主要代码如下。

```
1   using System;
2   using System.Collections.Generic;
3   using System.Linq;
4   using System.Text;
5   using System.Threading.Tasks;
6   using BookShop.Model;
7
8   namespace BookShop.DAL
9   {
10      public static class UserService
11      {
12          public static UserInfo GetUserByLoginId(string loginId)
13          {
14              UserInfo user=new UserInfo();
15              //此处略：根据会员用户名，从数据库表中查询会员信息
16              user.LoginId="David";
17              user.LoginPwd="123456";
18
19              if(user.LoginId !=loginId)
20              {
21                  return Null;
22              }
23              return user;
24          }
25      }
26  }
```

第 6 行：业务逻辑层需要引用数据访问层命名空间 BookShop.Model。

第 10 行：UserService 类定义为 public 的静态类。

第 12 行：定义 public 的静态方法 GetUserByLoginId ()，用来获取会员信息，形参为会员账号，返回 UserInfo 类对象实例。

第 14～17 行：测试需要，暂时用模拟会员数据替代数据库查询结果。

第 19～22 行：如果模拟会员的用户名与实参不一致，则返回 Null（模拟没有查询到该会员）。

第 23 行：模拟查询到该会员信息，并返回该会员对象实例。

2-1-5 测试会员登录页

（1）在“解决方案资源管理器”窗格中，右击 Web 窗体页 UserLogin.aspx，在快捷菜单中选择“在浏览器中查看”命令（或按 Ctrl＋F5 组合键），在浏览器中打开窗体页

UserLogin.aspx。

(2) 根据表 2-1-3 所示的测试操作,对会员登录页进行功能测试。

表 2-1-3 测试操作

测试用例	TUC-0201 创建会员登录页		
编号	测 试 操 作	期 望 结 果	检查结果
1	不输入用户名、密码,单击“登录”按钮	输入项检查错误,登录失败	通过
2	输入用户名 user,密码 password,单击“登录”按钮	弹出错误对话框,登录失败	通过
3	输入用户名 David,密码 12345,单击“登录”按钮	弹出错误对话框,登录失败	通过
4	输入用户名 David,密码 123456,单击“登录”按钮	登录成功,浏览器重定向到首页	通过

相关知识与技能

2-1-6 ASP.NET Web 窗体页

ASP.NET Web 窗体页是 ASP.NET Web 应用程序的可编程用户接口。ASP.NET Web 窗体页在任何浏览器或客户端设备中向用户呈现信息,并使用服务器端代码来实现应用程序业务逻辑。在 ASP.NET 框架中,每个 Web 窗体页都继承自 Page 类,一个 ASP.NET Web 窗体页实际上就是 Page 类的一个对象实例。Page 类在命名空间 System.Web.UI 中定义。

1. 单文件页模型与代码隐藏模型

在 ASP.NET Web 窗体页中,用户界面编程分为两个部分:可视元素和逻辑。可视元素中包含所有 HTML、ASP.NET 服务器控件等服务器端元素,作为页面显示的静态文本和控件的容器;逻辑则是由用户定义的代码组成。ASP.NET 提供两种模型用于管理可视元素和逻辑,分别是单文件页模型和代码隐藏页模型。

(1) 在单文件页模型中,就是将所有标记、服务器端元素以及事件处理代码全都放置于同一个文件(.aspx)中。在对该页进行编译时,编译器将生成和编译一个从 Page 基类派生或从使用@Page 指令的 Inherits 属性定义的自定义基类派生的新类,生成的类中包含.aspx 页中的控件的声明以及用户的事件处理程序和其他自定义代码。

(2) 在代码隐藏模型中,页的标记和服务器端元素(包括控件声明)位于窗体页文件(.aspx)中,而用户自定义的页代码则位于单独的后置代码文件(.aspx.cs)中。该后置代码文件(.aspx.cs)包含一个继承自基页类的分部类,即具有关键字 partial 的类声明,以表示该代码文件只包含构成该页的完整类的全体代码的一部分。在分部类中,添加应用程序要求该页所具有的代码。此代码通常由事件处理程序构成,但是也可以包括用户需要的任何方法或属性。Web 窗体页文件(.aspx)在 @Page 指令中包含一个指向代码隐藏分部类的 Inherits 属性。

单文件页模型和代码隐藏页模型功能相同,运行时也是以相同的方式执行,两者没有性能差异。两种模型示例如图 2-1-8 所示。在生成页之后，生成的类将编译成程序集，并将该程序集加载到应用程序域，然后对该页类进行实例化并执行该页类以将输出呈现到浏览器。如果对影响生成的类的页进行更改（无论是添加控件还是修改代码），则已编译的类代码将失效，并生成新的类。

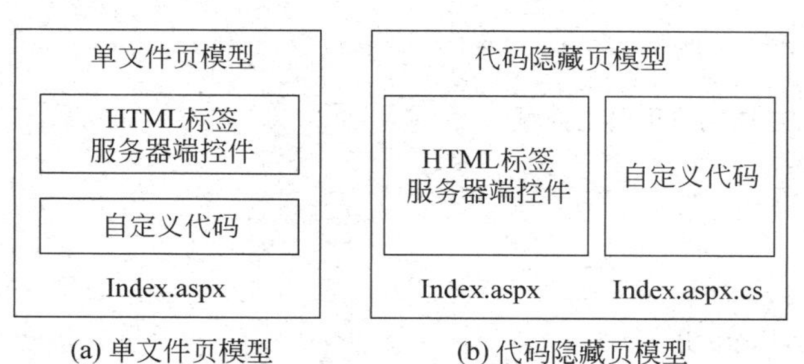

图 2-1-8　ASP.NET 单文件页模型和代码隐藏页模型示例

创建 ASP.NET Web 应用程序时，默认采用代码隐藏页模型，其优点是将可视元素（用户界面）和逻辑（代码）相分离，适用于包含大量代码或多个开发人员共同开发的 ASP.NET Web 应用程序。

2. ASP.NET Web 窗体页结构

ASP.NET Web 窗体页区别于一般 HTML 静态页面，其特点如下。

(1) 文件扩展名为.aspx，而不是 .htm、.html 或其他文件扩展名。

提示　采用.aspx 文件扩展名可使 ASP.NET 对页面进行处理。在 Internet 信息服务(IIS)中将文件扩展名映射到 ASP.NET。默认情况下，.aspx 页由 ASP.NET 运行，而.htm 和.html 页不是。

(2) 包含可选的@Page 指令或其他指令，适合于正在创建的页面类型。

(3) 如果页面需要包含 ASP.NET 服务器控件，则该 Web 窗体页必须包含一个且只能有一个 form 元素，且该 form 元素必须包含 runat 属性，其属性值设置为 server（<form runat="Server">）。所有可执行回发的服务器控件必须放置在 form 元素内。

(4) 包含各种 Web 服务器控件。

(5) 包含客户端脚本或服务器端脚本。

以测试用的 Web 窗体页 Index.aspx 为例，其主要代码如下。

```
1    <%@ Page Language="C#"
2              AutoEventWireup="True"
3              CodeFile="Index.aspx.cs"
4              Inherits="BookShop.WebUI.Index"
5    %>
6    <html>
7      <head runat="server">
8        <Title>可可网上商城</Title>
9      </head>
10     <script language="javascript">
```

```
11        function ShowMessage()
12        {
13            alert("欢迎访问可可网上商城");
14        }
15      </script>
16    <body>
17      <form id="form1" runat="server">
18          <div>
19            欢迎访问可可网上商城!
20          </div>
21      </form>
22    </body>
23    </html>
```

第1～5行：@Page指令。

第10～15行：客户端脚本。

第17～21行：<form runat="Server">元素。

打开测试用的Web窗体页后置代码文件Index.aspx.cs，其主要代码如下。

```
1   using System;
2   using System.Web;
3   using System.Web.UI;
4
5   namespace BookShop.WebUI
6   {
7       public partial class Index: System.Web.UI.Page
8       {
9           protected void Page_Load(object sender, EventArgs e)
10          {
11              //此处初始化页面的相关代码
12          }
13      }
14  }
```

第1～3行：引用命名空间，Page类在命名空间System.Web.UI中定义。

第7行：该页的默认类名为Index，继承自Page类，用到了关键字partial，表示该类是整个类的一部分(分部类)，在其他地方(如Index.aspx页)中有该类的其他定义。

第9～12行：页面加载事件处理程序(Page_Load事件)。

3. @Page 指令

ASP.NET页通常包含一些指令，这些指令允许用户为相应页指定页属性和配置信息。这些指令由ASP.NET用作处理页面的指令，但不作为发送到浏览器的标记的一部分呈现。

最常用的ASP.NET Web窗体页的指令为@Page指令，该指令定义ASP.NET Web窗体页分析器和编译器使用的特定属性，包括以下几种。

(1) Language：指定页面中代码的服务器端编程语言，即在对页中所有内联呈现(<%...%> 和<%=...%>)和代码声明块进行编译时使用的语言。值可以表示任何

.NET Framework 支持的语言，包括 C#、Visual Basic 或 JavaScript。每页只能使用和指定一种语言。

(2) AutoEventWireup：指示页面的事件是否自动匹配。如果启用事件自动匹配，则为 True；否则为 False。默认值为 True。

(3) CodeBehind：指定包含与页关联的类的已编译文件的名称。该特性不能在运行时使用。如 Web 窗体页 Index.asp 所关联的后置代码文件为 Index.aspx.cs。

(4) Inherits：定义供页继承的代码隐藏类。它可以是从 Page 类派生的任何类。此特性与 CodeFile 特性一起使用，后者包含指向代码隐藏类的源文件的路径。Inherits 特性在使用 C# 作为页面语言时区分大小写。如 Web 窗体页 Index.asp 所继承的代码隐藏类为 Index，所在命名空间 BookShop.WebUI。

提示 除了包含@Page 指令之外，还可以包含支持附加页面特定选项的其他指令。其他常用指令如下。

@Import：此指令允许用户指定要在代码中引用的命名空间。

@OutputCache：此指令允许用户指定应当缓存页面，可同时指定有关何时缓存该页面，将该页面缓存多长时间的参数。

@Implements：此指令允许用户指定页面实现 .NET 接口。

@Register：此指令允许用户注册其他控件以便在页面上使用。@Register 指令声明控件的标记前缀和控件程序集的位置。如果要向页面添加用户控件或自定义 ASP.NET 控件，则必须使用此指令。

某些类型的 ASP.NET 文件使用@Page 之外的指令。例如，ASP.NET 母版页使用@Master 指令，而 ASP.NET 用户控件使用 @Control 指令。每个指令都允许用户指定适合文件的不同选项。

2-1-7 ASP.NET 页生命周期与 Page 类事件

一个 ASP.NET Web 窗体页实际上就是 Page 类的一个对象实例，包含的属性、方法、事件用来控制页的显示。用户在浏览器端向服务器端 Web 应用程序发出一个页访问的请求；Web 应用程序在服务器端接收到这个请求，查看这个页是否被编译过，如果没有被编译过，就编译这个页，然后将这个页实例化为一个 Page 对象；该 Page 对象实例根据浏览器端请求，处理业务逻辑并把信息返回给 IIS，由 IIS 将信息返回给用户浏览器端呈现。ASP.NET 页运行时，此页将经历一个生命周期，在生命周期中将执行一系列处理步骤。这些步骤包括初始化、实例化控件、还原和维护状态、运行事件处理程序代码以及进行呈现。ASP.NET Web 窗体页的生命周期主要包括以下几个阶段。

(1) 页请求。页请求发生在页生命周期开始之前。用户通过浏览器访问请求页时，ASP.NET 将确定是否需要分析和编译页(从而开始页的生命周期)，或者是否可以在不运行页的情况下发送页的缓存版本以进行响应。

(2) 开始。在开始阶段，将设置页属性，如 Request 和 Response。在此阶段，页还将确定请求是回发请求还是新请求，并设置 IsPostBack 属性。

(3) 页初始化。页初始化期间，可以使用页中的控件，并将设置每个控件的唯一 ID

属性。如果当前请求是回发请求，则回发数据尚未加载，并且控件属性值尚未还原为视图状态中的值。

（4）加载。加载期间，如果当前请求是回发请求，则将使用从视图状态和控件状态恢复的信息加载控件属性。

（5）验证。在验证期间，将调用所有验证程序控件的 Validate()方法，此方法将设置各个验证程序控件和页的 IsValid 属性。

（6）回发事件处理。如果请求是回发请求，则将调用所有事件处理程序。

（7）呈现。在呈现之前，会针对该页和所有控件保存视图状态。在呈现阶段，页会针对每个控件调用 Render()方法，它会提供一个文本编写器，用于将控件的输出写入页的 Response 属性的 OutputStream 中。

（8）卸载完全呈现页并已将页发送至客户端、准备丢弃该页后，将调用卸载。此时，将卸载页属性并执行清理。

ASP.NET 采用事件驱动的编程模型，提供一个清晰的、易于编写的、支持事件驱动开发的代码结构，用于为客户端或服务器上发生的事件编写事件处理程序。在 ASP.NET Web 页生命周期的每个阶段中，页将引发可运行用户自己的代码进行处理的事件。对于控件事件，通过以声明方式使用属性（如 onclick）或以代码的方式，均可将事件处理程序绑定到事件。参考图 2-1-9 所示，常用的 ASP.NET Web 窗体页生命周期事件如表 2-1-4 所示。

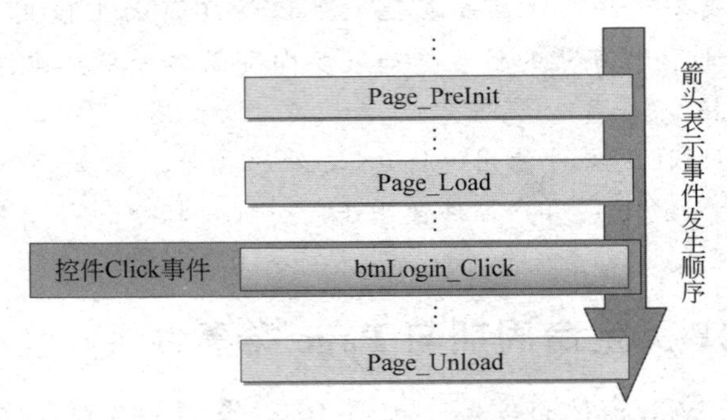

图 2-1-9　ASP.NET Web 窗体页生命周期和 Page 类事件示例

表 2-1-4　常用的 ASP.NET Web 窗体页生命周期事件

事件名称	说　明
PreInit	在页面初始化开始前发生，是页面执行时第一个被触发的事件。使用该事件来执行下列操作： （1）检查 IsPostBack 属性来确定是不是第一次处理该页 （2）创建或重新创建动态控件 （3）动态设置主控页 （4）动态设置 Theme 属性 （5）读取或设置配置文件属性值
Init	在页面初始化时发生，使用该事件来读取或初始化控件属性
Load	在页面被加载时触发。加载页面时，无论是初次浏览还是通过单击按钮或其他事件再次调用该页面，都会触发该事件。主要用来执行页面设置，如使用 Page_OnLoad 事件方法来设置控件中的属性，建立数据库连接等

续表

事件名称	说　　明
控件事件	使用这些事件来处理特定控件事件,如会员登录页中“登录”按钮 btnLogin 的 Click 事件
Unload	对页面使用过的资源进行最后的清除处理。该事件首先针对每个控件发生,使用该事件对特定控件执行最后清理,如关闭控件特定数据库连接。继而针对该页发生,使用该事件来执行最后清理工作,如关闭打开的文件和数据库连接,或完成日志记录或其他请求特定任务

2-1-8　回发与 Page.IsPostBack 属性

ASP.NET Web 窗体页作为代码在服务器上运行。因此,要得到处理,页必须在当用户单击按钮(或者当用户勾选复选框,或与页中的其他控件交互等)时提交到服务器。每次页都会提交回自身,以便它可以再次运行其服务器代码,然后向用户呈现其自身的新版本。这个技术称为“回发”,是 ASP.NET 最为重要的特性之一。

以会员登录页为例,ASP.NET Web 窗体页的“回发”运行处理过程如下。

(1) 用户在浏览器端请求该页。页第一次运行并首次加载,执行初步处理。

(2) 页面将标记动态呈现到浏览器,用户看到的页类似于其他任何网页。

(3) 用户输入登录信息,然后单击“登录”按钮(btnLogin),服务器 Web 应用程序响应按钮控件的单击(Click)事件。

(4) 页面发送到 Web 服务器。更明确地说,页发送回其自身,即“回发”。例如,如果用户使用会员登录页 UserLogin.aspx 页面,则单击该页上的“登录”按钮(btnLogin)后可以将该页发送回服务器,发送的目标则是 UserLogin.aspx 页面。

(5) 在 Web 服务器上,该页再次运行,页面执行通过编程所要实行的操作和逻辑。

(6) 页面将其自身呈现回浏览器,用户看到操作结果。

用户单击按钮时,页中的信息提交、发送回其自身的过程,即称为“回发”(PostBack)。

在 ASP.NET Framework 中,用 Page 类的 IsPostBack 属性来指示页是否因响应客户端回发而加载,或者是否为首次访问而加载。该属性为 bool 类型,如果是因响应客户端回发而加载,在该属性值为 True,否则为 False。

由于 Page_Load 事件在每次页面加载时都会触发,其中的代码即使是回发情况下也会重复运行。为了解决这个问题,可以通过检查 IsPostBack 属性值来识别 Page 对象是否处于“回发”状态下,即可以实现页面首次加载,或回发访问时执行不同的业务逻辑。示例代码如下。

```
1  protected void Page_Load(object sender, EventArgs e)
2  {
3      if(!IsPostBack)
4      {
5          lblMessage.Text="我是首次加载!";
6      }
7      else
```

```
8        {
9            lblMessage.Text="我是响应客户端回发而加载!"
10       }
11   }
```

第3～6行:判断Page.IsPostBack属性值为False,即页面是首次加载。

第7～10行:Page.IsPostBack属性值为True,即页面是响应客户端回发而加载。

职业能力拓展

2-1-9 显示和校验验证码

程可儿基本完成了今天的开发任务,但是他总觉得差了点什么。程可儿突然想起,很多在线电子商务平台的用户登录页面都有一个验证码输入和比对的功能。程可儿觉得很酷、很奇妙,他也想在今天的项目任务上实现这么一个功能。当然了,这个功能主要的作用还是为了防止恶意用户多次尝试登录,一定程度上也增强了平台的安全性。

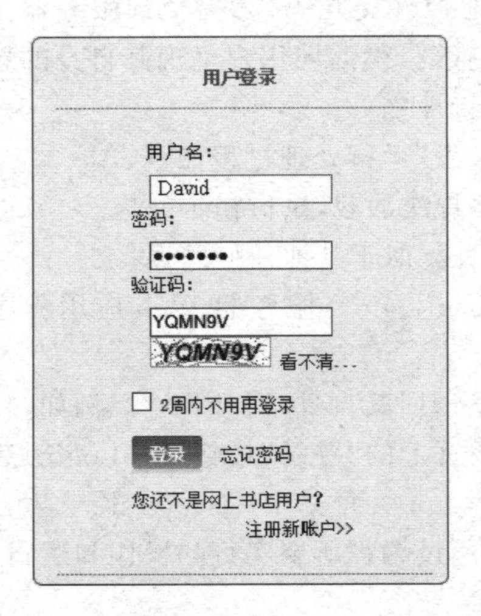

图 2-1-10 “会员登录”页面验证码设计参考

如图2-1-10所示,请根据会员登录页验证码设计参考,在项目BookShop.Common中编写公共辅助类,完善如下功能。

(1) 在页面中新增输入项“验证码”,为必输、单行文本框。

(2) 页面首次加载时,在图示位置随机生成验证码,以图片方式显示,验证码为固定6位长度的大写英文字母和数字组合。

(3) 单击“看不清”超链接,重新生成并显示图片验证码。

(4) 单击“登录”按钮,如“验证码”输入项文本与图片验证码不符,则提示“验证码错误”,无法登录。

任务 2-2 创建会员注册页

任务描述与分析

在王海的指导下,程可儿基本完成了会员登录相关功能。但是陈靓在代码评审过程中,发现程可儿有一些不符合编码规范和约定的地方:

对于服务器控件的命名非常随意，没有按照控件命名规范，比如“2 周内不用再登录”复选框还是用的默认 ID CheckBox1；使用分层框架开发还不熟练，将会员登录业务逻辑方法 Login()放到了会员登录页的后置代码文件 UserLogin.aspx.cs 中去实现，虽然知道各层“分而治之”的概念，但是在具体开发时就不是那么清楚了。

陈靓要求王海重点指导程可儿，把任务发回重新修改，预计该任务总消耗工时追加到 12 个工时(原估算 8 工时)。

程可儿接受指派的第二个任务是“创建会员注册页”。有了第一个任务的经验，程可儿已经能开始独立开发了。

开发任务单如表 2-2-1 所示。

表 2-2-1 开发任务单

任务名称	＃202 创建会员注册页		
相关需求	作为一名匿名用户，我希望访问会员注册页面并输入用户名、预设密码等个人信息，这样可以让我能开始注册为正式会员		
任务描述	(1) 创建会员注册页 (2) 设计会员注册页交互界面，在 Web 窗体中添加服务器控件 (3) 添加事件处理程序，处理会员注册业务 (4) 测试会员注册页		
所属迭代	Sprint ＃2 设计“可可网上商城”用户交互		
指派给	程可儿	优先级	4
任务状态	□已计划 ☑进行中 □已完成	估算工时	8

任务设计与实现

2-2-1 详细设计

(1) 用例名称：会员注册(UC-0202)，如图 2-2-1 所示。

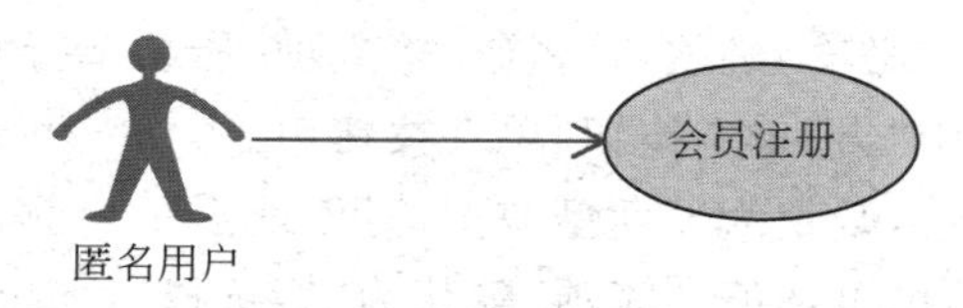

图 2-2-1 “会员注册”用例

(2) 用例说明：此用例帮助匿名用户在系统注册生成自己的会员账户。用户提供用户名和密码等信息来注册会员身份。

(3) 页面导航：首页→新用户注册→用户注册页 UserRegister.aspx。

(4) 页面 UI 设计：参考图 2-2-2。

(5) 功能操作：

① 输入用户名、真实姓名、设置密码等会员个人信息。

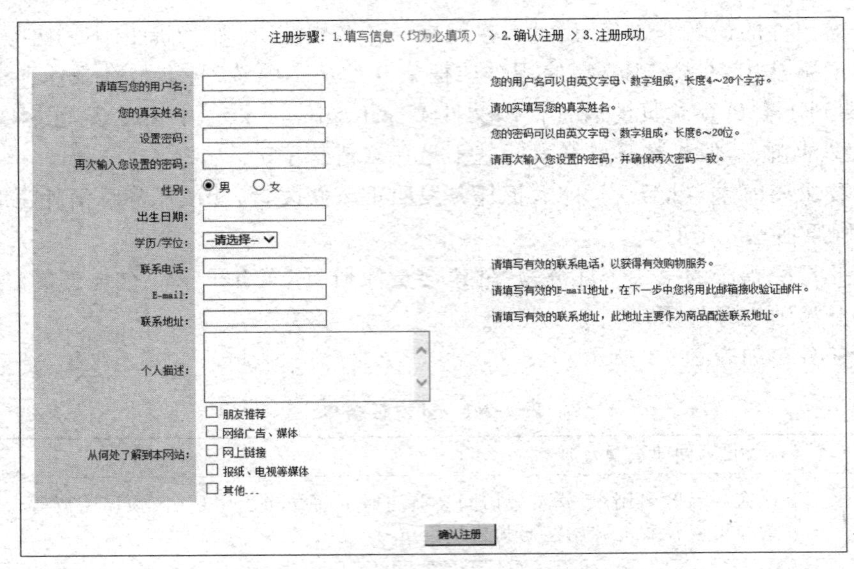

图 2-2-2 “会员注册”页面设计参考

② 单击“确认注册”按钮，读取客户端输入的信息，处理会员注册业务逻辑。

(6) 异常处理：

① 用户名、真实姓名、密码、联系电话、E-mail、验证码未输入，提示输入错误。

② 输入的用户名、密码不符合字符长度和字符格式，提示输入错误。

③ 两次输入设置密码不一致，提示输入错误。

④ 输入出生日期为非日期型或迟于当前日期，提示输入错误。

⑤ 输入联系电话、E-mail 不符合数据格式，提示输入错误。

(7) 输入项：

① 用户名——必输，4～20 个字符，由英文字母、数字组成，单行文本框。

② 真实姓名——必输，单行文本框。

③ 设置密码——必输，6～20 个字符，由英文字母、数字组成，单行密码文本框。

④ 再次输入密码——必输，必须与“密码”输入项一致，单行密码文本框。

⑤ 性别——默认选中“男”单选按钮，单选按钮组。

⑥ 出生日期——必输，必须为日期型数据，且不能迟于当前日期，单行文本框。

⑦ 学历/学位——提供可选值列表项，默认为“请选择”，下拉列表。

⑧ 联系电话——必输，固定电话格式数据，单行文本框。

⑨ E-mail——必输，E-mail 格式数据，单行文本框。

⑩ 联系地址——单行文本框。

⑪ 个人描述——多行文本框。

⑫ 从何处了解到本站——提供可选值列表项，复选框列表。

(8) 控件：

“确认注册”按钮——实现会员注册逻辑。

2-2-2 创建并设计会员注册交互界面

（1）在 Visual Studio 中打开项目解决方案 BookShop。

（2）打开表示层项目 BookShop.WebUI，在 MemberPortal 文件夹中添加 Web 窗体 UserRegister.aspx。

（3）参照会员注册页 UI 设计，如图 2-2-2 所示，设计页面布局。

（4）打开“工具箱”面板，展开“标准”组，将服务器控件拖放到 UserRegister.aspx 页相应位置，并设置各控件属性。

（5）会员注册页 UserRegister.aspx 中的主要控件及属性如表 2-2-2 所示。

表 2-2-2 会员注册页 UserRegister.aspx 中的主要控件及属性

控件 ID	控件类型	主要属性及说明
txtLoginId	TextBox	输入项“用户名”
txtTrueName	TextBox	输入项“真实姓名”
txtLoginPwd	TextBox	输入项“设置密码”；TextMode：Password
txtReLoginPwd	TextBox	输入项“再次输入密码”；TextMode：Password
rdoMail	RadioButton	输入项“性别”；Text："男"；GroupName："GenderGroup"；Checked：True
rdoFemail	RadioButton	输入项“性别”；Text："女"；GroupName："GenderGroup"
txtBirthday	TextBox	输入项“出生日期”
ddlstDegree	DropDownList	输入项“学历/学位” 添加 1 个 ListItem，Text："-请选择-"
txtPhone	TextBox	输入项“联系电话”
txtEmail	TextBox	输入项“E-mail”
txtAddress	TextBox	输入项“联系地址”
txtDescription	TextBox	输入项“个人描述”；TextMode：MultiLine
cblstOrigin	CheckBoxList	输入项“从何处了解到本站”；添加 5 个 ListItem，参考交互界面分别输入 Text 分别作为可选复选项列表
btnLogin	Button	按钮“确认注册”

UserRegister.aspx 的代码如下。

```
1    <form id="form1" runat="server">
2      注册步骤：1.填写信息(均为必填项)>>2.确认注册>3.注册成功
3      请填写您的用户名：<asp:TextBox ID="txtLoginId" runat="server" />
4      您的真实姓名：<asp:TextBox ID="txtTrueName" runat="server" />
5      设置密码：
6      <asp:TextBox ID="txtLoginPwd" runat="server" TextMode="Password" />
7      再次输入您设置的密码：
8      <asp:TextBox ID="txtReLoginPwd" runat="server"
       TextMode="Password" />
9      性别：
10         <asp:RadioButton ID="rdoMail" runat="server" Checked="True"
11             GroupName="GenderGroup" Text=" 男" />
```

```
12          <asp:RadioButton ID="rdoFemail" runat="server"
13              GroupName="GenderGroup" Text="女" />
14      出生日期:
15          <asp:TextBox ID="txtBirthday" runat="server" />
16      学历/学位:
17          <asp:DropDownList ID="ddlstDegree" runat="server">
18              <asp:ListItem Selected="True" Value="" Text="-请选择-" />
19          </asp:DropDownList>
20      联系电话: <asp:TextBox ID="txtPhone" runat="server" />
21      E-mail: <asp:TextBox ID="txtEmail" runat="server" />
22      联系地址: <asp:TextBox ID="txtAddress" runat="server" />
23      个人描述: <asp:TextBox ID="txtDescription" runat="server"
        TextMode="MultiLine" />
24      从何处了解到本网站:
25          <asp:CheckBoxList ID="cblstOrigin" runat="server">
26              <asp:ListItem Text="朋友推荐" />
27              <asp:ListItem Text="网络广告、媒体" />
28              <asp:ListItem Text="网上链接" />
29              <asp:ListItem Text="报纸、电视等媒体" />
30              <asp:ListItem Text="其他..." />
31          </asp:CheckBoxList>
32          <asp:Button ID="btnRegister" runat="server" Text="确认注册" />
33  </form>
```

2-2-3 处理会员注册业务逻辑

1. 表示层

(1) 在会员注册页加载事件中初始化页面控件。页首次加载时,为页中输入项“学历/学位”(服务器控件 DropDownList)填充可选列表项,代码如下。

```
1   protected void Page_Load(object sender, EventArgs e)
2   {
3       if(!IsPostBack)
4       {
5           ddlstDegree.Items.Add("博士");
6           ddlstDegree.Items.Add("硕士");
7           ddlstDegree.Items.Add("本科");
8           ddlstDegree.Items.Add("大专");
9           ddlstDegree.Items.Add("高中");
10          ddlstDegree.Items.Add("其他");
11      }
12  }
```

第5～10行:调用 DropDownList 控件 Add()方法,将学历/学位文本作为列表项添加到该控件列表项集合属性 Items 中。

提示 如果不做判断是否回发(IsPostBack),即页面加载时无论是首次加载还是回发加载,都填充 DropDownList 控件下拉可选列表项,可以测试运行效果,看看会有什么现象。初始化“学历/学位”DropDownList 控件的另一个语法可以参考如下。

```
ListItem newItem=new ListItem();
newItem.Text="选项显示的文本";
newItem.Value="选项的值";
ddlstDegree.Items.Add(newItem);
```

(2) 处理“确认注册”按钮单击事件。在 btnRegister _Click 事件中,要实现这样的功能需求,单击“确认注册”按钮 btnRegister 后,服务器端读取用户在浏览器端输入的用户名、预设密码、性别、学历等信息,调用并执行会员注册业务逻辑,并根据返回值提示信息。

```
1   protected void btnRegister_Click(object sender, EventArgs e)
2   {
3       UserInfo user=new UserInfo();
4       user.LoginId=txtLoginId.Text;
5       user.LoginPwd=txtLoginPwd.Text;
6       user.TrueName=txtTrueName.Text;
7       user.Phone=txtPhone.Text;
8       user.Gender=rdoMail.Checked ? 1: 0;
9       user.Degree=ddlstDegree.SelectedValue;
10
11      String originMessage=string.Empty;
12      foreach(ListItem cbOrigin in cblstOrigin.Items)
13      {
14          if(cbOrigin.Selected==True)
15          {
16          originMessage=originMessage+
17                string.Format("{0};",cbOrigin.Text.ToString().Trim());
18          }
19      }
20      user.Origin=originMessage;
21
22      bool returnValue=UserManager.UserRegister(user);
23
24      if(!returnValue)
25      {
26          Response.Write("<script language='javascript'>
27                alert('错误: 会员注册失败,请重新注册!')</script>");
28      return;
29      }
30      Response.Redirect("~/MemberPortal/UserLogin.aspx");
31  }
```

第 8 行:采用问号表达式判断单选按钮控件 rdoMail 是否被选中,若选中则用户 Gender 属性赋值 1(男),否则赋值 2(女)。

第 11～20 行:遍历复选框列表控件 cblstOriginItems 的集合属性 Items 中所有列表选项(ListItem 类型);如果遍历到的该选项被选中,则将该复选框控件的文本值连接到字符串。以此获取用户了解网站的来源信息。

第 22 行:调用业务逻辑层静态类 UserManager 的方法 UserRegister(),处理会员注册业务逻辑,并将返回值(bool 类型)赋值给变量 returnValue。

第 24～29 行:如果 returnValue 值为 False,则会员注册失败,弹出对话框提示错误信息。

第 30 行:会员注册成功,通过 Response.Redirect()方法将浏览器重定向到会员登录页,提示用户可以使用新的会员账号登录到平台。

2. 业务实体层

(1) 在项目 BookShop.Model 中,打开类文件 UserInfo.cs(用户业务实体类)。

(2) 完善业务实体类 UserInfo.cs,在类定义中添加用户业务实体的主要属性,即会员真实姓名、联系地址、性别、出生日期、电话、学历等。主要代码如下。

```
1   namespace BookShop.Model
2   {
3       [Serializable]
4       public class UserInfo
5       {
6           public int Id { get; set; }
7           public string LoginId { get; set; }          //用户名
8           public string LoginPwd { get; set; }         //密码
9           public string TrueName { get; set; }         //真实姓名
10          public int Gender { get; set; }              //性别
11          public DateTime Birthday { get; set; }       //出生日期
12          public string Degree { get; set; }           //学历
13          public string Phone { get; set; }            //电话
14          public string Email { get; set; }            //E-mail
15          public string Address { get; set; }          //联系地址
16          public string Discription { get; set; }      //个人描述
17          public string Origin { get; set; }           //了解网站的来源
18      }
19  }
```

第 10 行:会员性别属性 Gender 为 int 类型,值为 1 表示男性,值为 0 表示女性。

3. 业务逻辑层

(1) 在项目 BookShop.BLL,打开类文件 UserManager.cs(用户业务逻辑相关类)。

(2) 实现会员注册业务逻辑。在 UserManager 类中,添加会员注册方法 UserRegister(),实现会员注册业务逻辑:将用户对象实例作为实参,由数据访问层执行用户新增;如果新增会员成功,则布尔值为 True,否则返回 False。主要代码如下。

```
1   public static class UserManager
2   {
3       public static bool UserRegister(UserInfo user)
4       {
5           int returnValue=UserService.AddUser(user);
6           if(returnValue==0)
7           {
8               return False;
```

```
9            }
10           return True;
11       }
12   }
```

第 3 行：定义 public 的静态方法 UserRegister()，用来处理会员注册业务逻辑，形参是 UserInfo 类对象实例，返回布尔类型值。

第 5 行：调用数据访问层静态类 UserService 的方法 AddUser()，新增该会员信息，将返回值(int 类型)赋值给变量 returnValue。

第 6～9 行：如果返回值为 0，则会员注册失败，返回布尔值 False。

第 10 行：会员注册成功，返回布尔值 True。

4. 数据访问层

(1) 在项目 BookShop.DAL，打开类文件 UserService.cs(用户数据访问相关类)。

(2) 实现新增会员方法。在 UserService 类中，添加新增会员信息的方法 AddUser()，实现将会员信息插入数据库对应数据表(因测试需要，数据库操作结果暂由用户模拟数据替代)。主要代码如下。

```
1   public static class UserService
2   {
3       public static int AddUser(UserInfo user)
4       {
5           //此处略：向数据库表插入会员数据
6           return 1;
7       }
8   }
```

第 3 行：定义 public 的静态方法 AddUser()，用来新增会员信息，形参为 UserInfo 对象的实例，返回整型值。

第 6 行：模拟数据，默认新增会员信息成功，返回整型值 1。

2-2-4　测试会员注册页

(1) 在"解决方案资源管理器"窗格中，右击 Web 窗体页 UserRegister.aspx，在快捷菜单中选择"在浏览器中查看"命令(或按 Ctrl＋F5 组合键)，在浏览器中打开窗体页 UserRegister.aspx。

(2) 根据如表 2-2-3 所示的测试操作，对会员注册页进行功能测试。

表 2-2-3　测试操作

测试用例	TUC-0202　会员注册		
编号	测 试 操 作	期 望 结 果	检查结果
1	首次加载页面，单击"学历/学位"下拉列表	已填充"学历/学位"可选项列表	通过
2	输入注册信息，单击"确认注册"按钮	浏览器重定向到会员登录页	通过

相关知识与技能

2-2-5 Web 服务器控件

ASP.NET 服务器控件是运行在服务器端并且封装了用户界面和其他相关功能的组件,用于 ASP.NET 页面和 ASP.NET 代码隐藏页中。在初始化时,服务器控件会根据用户浏览器版本生成合适的 HTML 代码,并在客户端生成自己的标记以呈现内容。

大多数 Web 服务器控件类都继承自 System.Web.UI.WebControl 类,WebControl 类的属性、方法和事件是多数 Web 服务器控件公有的。如图 2-2-3 所示,常用的 Web 服务器控件可以在 Visual Studio“工具箱”面板找到。服务器控件可分为以下两部分。

(1) Web 控件:用来组成与用户进行交互的页面,比如最常用的按钮(Button)、文本框(TextBox)、标签(Label)控件等,还有验证用户输入的控件等。

(2) 数据绑定控件:用来实现数据的绑定和显示,在页面中呈现一些来自数据库、XML 文件等的数据信息,比如常用的表格(GridView)、导航菜单(SiteMapPath)等控件。

1. 常用的 Web 服务器控件的共有属性

当在页面设计视图中拖放并选择服务器控件后,可以通过“属性”面板设置控件属性、事件,如图 2-2-4 所示。基类 WebControl 定义了一些 Web 服务器控件的基本属性,涵盖了控件的布局、可访问性、外观、数据、行为等方面,如表 2-2-4 所示。

图 2-2-3 Visual Studio “工具箱”面板

图 2-2-4 Visual Studio“属性”面板

表 2-2-4 常用的 Web 服务器控件共有属性

属性	说明
ID	控件的唯一 ID,用来在服务器端代码中引用该控件
ForeColor、BackColor	设置对象的前景色、背景色,属性设定值为＃RRGGBB 格式
Border	边框属性,包括 BorderWidth、BorderColor、BorderStyle 等属性,分别设置边框宽度、边框颜色、边框样式等
AutoPostBack	用于设置控件是否启用自动回发,即当用户在控件中触发回发事件(如按钮单击、文本修改等)后,是否发生自动回传到服务器的操作。属性值设置为 True 则启用自动回发,属性值设置为 False 则禁止自动回发。默认情况下,该属性值为 False
Enable	设置禁止控件(属性值为 False)还是使能控件(属性值为 True)。默认情况下,控件都是使能状态
Visible	设置控件是否被显示。属性值为 True 则显示该控件,属性值为 False 则隐藏该控件(不可见)。默认情况下,该属性值为 True
ToolTip	用于设置控件的提示消息。当光标停留在控件一段时间时,会显示该属性设置的文字,用于提示操作
TabIndex	用于设置 Tab 按钮的顺序。当用户按 Tab 键后,表单输入界面将从当前控件跳转到下一个可以获得焦点的控件,可以帮助用户更容易、更人性化地使用程序
Width、Height	用于设置控件显示的宽度和高度(像素 px 或百分比%)

2. 常用的 Web 服务器控件的共有事件

ASP.NET 页面中,用户与服务器的交互是通过 Web 服务器控件的事件来完成的。Web 服务器控件事件用于在 Web 窗体上处理用户交互,它是动态交互式 Web 窗体对用户输入的典型反应,是程序得以运行的触发器。例如,当单击按钮事件时,就会触发该按钮控件的单击事件,在该单击事件中处理相关业务逻辑。

Web 服务器控件事件分为回发事件和非回发事件:回发事件促使表单回发到服务器,非回发事件则相反。常用的具有回发事件的控件如 Button 等;具有非回发事件的控件如 CheckBox、DropDownList、TextBox 等。回发事件促使表单回传到服务器,因此页面将重新加载,启动 Page_Load 事件。而 Page_Load 事件的页面初始化操作并不希望被重复,因此这里需要使用 ASP.NET 页面的 Page.IsPostBack 属性来判断是否回发并响应不同的操作。

常用的 Web 服务器控件事件举例如表 2-2-5 所示。

表 2-2-5 常用的 Web 服务器控件事件

常用事件	支持的控件	说明
Click	Button、ImageButton 等	单击后触发事件
TextChanged	TextBox	输入焦点发生变化时触发
SelectedIndexChanged	DropDownList、CheckBoxList 等	选择项变化时触发

2-2-6 常用的 Web 服务器控件

1. Label(标签)控件

Label 控件用于在页面显示不能被用户修改的文本,或用于触发事件后通过编程使得某一段文本能够在运行时修改。

Label 控件的主要属性为 Text,即用于设置要显示的文本内容。声明 Label 控件的语法定义举例如下。

```
<asp:Label ID="lblNickName" Text="要显示的昵称" runat="server"/>
```

或

```
<asp:Label ID="lblTrueName" Text="要显示的真实姓名" runat="server">
</asp:Label>
```

这是定义 Label 控件的两种方式,其中属性 ID 分别定义了两个唯一标识的控件。

提示 通常情况下,控件 ID 的命名也应该遵循良好的命名规范,便于维护和团队协作开发。控件 ID 命名一般采用 Camel 命名法,即前缀采用首字母小写及有意义的英文单词组成。如 Label 控件前缀推荐为 lbl,Button 控件前缀推荐为 btn,TextBox 控件前缀推荐为 txt 等。

具体请参阅 ASP.NET 控件命名规范。

2. TextBox(文本框)控件

TextBox 控件用于接收用户输入的信息,包括文本、数字和日期等。TextBox 控件的主要属性及事件如表 2-2-6 所示。

表 2-2-6 TextBox 控件的主要属性及事件

属性/事件	说　明
TextMode	用于设置文本的显示模式。默认为 SingleLine,即单行文本框输入模式;Password 用于输入密码的文本框,用户输入的密码将被其他字符遮掩;MultiLine 用于多行文本框输入模式
Text	用于设置和获取文本框中的字符
ReadOnly	用于设置控件是否可以更改(只读)。属性值为 True 表示只读,不能修改,为 False 表示可以修改
MaxLength	设置控件最多允许输入的字符数
Rows	当 TextMode 属性为 MultiLine(多行文本框)时,设置多行文本框的行数
Columns	设置文本框的宽度
TextChanged 事件	用于当文本框内容发生变化时,触发该事件并回发

注意 默认情况下,TextBox 控件的 AutoPostBack 属性值被设置为 False,因此需要将该属性值改为 True,TextChanged 事件才会被触发并回发到服务器。

3. HyperLink(超链接)控件

HyperLink 控件用于创建超链接(指向另一个页面的链接),相当于 HTML 元素中的<a>标签。HyperLink 控件的主要属性如表 2-2-7 所示。

表 2-2-7 HyperLink 控件的主要属性及事件

属性/事件	说明
Text	用于设置或获取超链接文本
NavigateUrl	用于设置或获取单击控件时链接到的 URL
Target	用于设置或获取目标链接要显示的位置。有如下值可选。 _blank:将内容呈现在新窗口中,没有框架 _parent:将内容呈现在框架集父代中 _search:将内容呈现在搜索窗格中 _self:将内容呈现在具有焦点的框架中 _top:将内容呈现没有框架的完整窗口中
ImageUrl	用于设置或获取显示为超链接图像的 URL

4. Button(按钮)控件

Button 控件是最常见的单击按钮完成一系列操作的方式,能够把信息回发到服务器。类似的按钮还有 LinkButton、ImageButton 等。Button 控件的主要属性及事件如表 2-2-8 所示。

表 2-2-8 Button 控件的主要属性及事件

属性/事件	说明
Text	用于设置或获取按钮上的文本,用来提示用户进行何种操作
CommandName	获取或设置与 Button 控件关联的命令名称。当有多个按钮共享同一个事件处理程序时,通过该属性来区分要执行哪个 Button 事件
CommandArgument	获取或设置一个可选参数传递给 Command 以及相关的事件
Click 事件	用于当用户单击按钮时,触发该事件

5. RadioButton(单选按钮)控件

RadioButton 控件用于提供一个单选选项,与其他选项组成一组互相排斥的选项,供用户在选项中作单项选择的功能,例如性别选项中男、女只能选择一个。RadioButton 控件的主要属性及事件如表 2-2-9 所示。

表 2-2-9 RadioButton 控件的主要属性及事件

属性/事件	说明
Checked	设置或获取 bool 值,只是该控件是否被选中。属性值为 True 则选中,False 则取消选中
GroupName	设置单选按钮所属的选项组名。如果一组单选按钮要作为互相排斥的选项,要设置为同一个选项组名
Text	设置或获取与控件关联的文本(选项提示文本)

6. CheckBox(复选框)控件

CheckBox 控件用于创建一个复选框,与其他复选框一起,可供用户在选项中实现多项选择的功能。CheckBox 控件的主要属性及事件如表 2-2-10 所示。

表 2-2-10 CheckBox 控件的主要属性及事件

属性/事件	说　明
Checked	设置或获取 bool 值,只是该控件是否被选中。属性值为 True 则选中,False 则取消选中
Text	设置或获取与控件关联的文本(选项提示文本)
CheckedChanged 事件	用于当控件选择状态(Checked 属性值)发生改变的时候,触发该事件

7. CheckBoxList(复选框列表)控件

CheckBoxList 控件用于创建一组复选框,可供用户在选项中实现多项选择的功能。该控件是一个 CheckBox 控件的集合。CheckBoxList 控件的主要属性及事件如表 2-2-11 所示。

表 2-2-11 CheckBoxList 控件的主要属性及事件

属性/事件	说　明
Items	与控件的列表中的各选项相对应的 ListItem 项的集合。每个选项有 3 个基本属性。 ① Selected:选项是否被选中(True 为选中,否则为 False) ② Text:选项显示的文本 ③ Value:选项的选项值
ListItem	表示控件中的每一选项的类。控件列表中每个可选项都是一个 ListItem 元素
SelectedIndex	设置或获取列表中选定项的最低序号索引。如果列表中只有一个选项被选中,则该属性表示当前选定项的索引号
SelectedItem	获取列表中索引最小的选定项。如果列表中只有一个选项被选中,则该属性表示当前选定项。通过该属性,可获得选定项的 Text 和 Value 属性值
SelectedValue	获取列表中选定项的值
SelectedIndexChanged 事件	用于当选择了列表中的任意选项后,将触发该事件

8. DropDownList(下拉列表框)控件

DropDownList 控件用于提供一个下拉列表框,提供一个选项列表,可供用户在选项中实现选择一项或多项内容的功能。DropDownList 控件可以直接设置选项列表,也可以通过绑定数据源来设置选项列表。DropDownList 控件的主要属性及事件如表 2-2-12 所示。

表 2-2-12 DropDownList 控件的主要属性及事件

属性/事件	说 明
Items	与控件的列表中的各选项相对应的 ListItem 项的集合。每个选项有 3 个基本属性。 ① Selected：选项是否被选中(True 为选中，否则为 False) ② Text：选项显示的文本 ③ Value：选项的选项值
ListItem	表示控件中的每一选项的类。控件列表中每个可选项都是一个 ListItem 元素
SelectedIndex	设置或获取列表中选定项的最低序号索引。如果列表中只有一个选项被选中，则该属性表示当前选定项的索引号
SelectedItem	获取列表中索引最小的选定项。如果列表中只有一个选项被选中，则该属性表示当前选定项。通过该属性，可获得选定项的 Text 和 Value 属性值
SelectedValue	获取列表中选定项的值
DataSource	设置控件的数据源对象，从而将控件从该数据源检索数据列表并绑定到下拉列表选项中
DataTextField	设置为列表项提供显示文本内容的数据源字段
DataValueField	设置为列表项提供值的数据源字段
SelectedIndexChanged 事件	用于当选择了列表中的任意选项后，将触发该事件

职业能力拓展

2-2-7 创建管理后台新增图书页

程可儿每天下班前都要将当天开发任务的交付物(代码等)签入 SVN 服务器，以便于陈靓去检查代码质量。

陈靓对用户交互界面设计很有经验。陈靓和程可儿一起总结了今天的任务，给他讲了一个 IT 业内经典的小故事。

开发工程师：“这是我开发过的最好的软件，用户界面如此漂亮，使用起来那么方便！”

开发工程师得意地向用户展示软件：“这个软件非常好用，我操作给你看……是很好用吧！蛮漂亮的吧！”

用户很不满意：“这是我用过的最糟糕的软件，哪个傻瓜开发的?!”

开发工程师逆反：“到哪里找来的笨蛋?！这么简单好用的软件都不懂！”

陈靓提示程可儿，UI 设计有两个简单的评价指标，即美观程度和易用性。美观程度主要靠合理的布局、和谐的色彩等来保证;易用性则主要指用户使用软件的容易程度,交互体验良好。为了提高软件易用性,可以将 UI 设计原则列举为如下 9 个方面。

(1) 用户界面适合于软件的功能:不仅美观,更要满足功能需求并容易使用。

(2) 容易理解:UI 元素不易误解,提供必要的信息提示和向导,体现业务工作流。

(3) 风格一致:软件的各个 UI 的布局、视觉、操作方式、用户习惯等一致。

(4) 及时反馈信息:用户能及时感受到该任务处理得怎么样,有什么样的结果。

(5) 出错处理:主动检查用户输入信息有效性,屏蔽功能防误操作,撤销或确认操作。

(6) 适应各种用户:从用户角度分析使用习惯,如鼠标或热键 Tab 操作等。

(7) 国际化:标准图样、语言,易于理解和识别。

(8) 个性化:使用方便。

(9) 最短路径、最少操作:满足操作的最高效率。

陈靓额外布置给程可儿一个任务,请他尝试创建管理后台"新增图书"页,实现如下基本功能。

(1) 参考图 2-2-5,对图书新增页面进行详细设计。

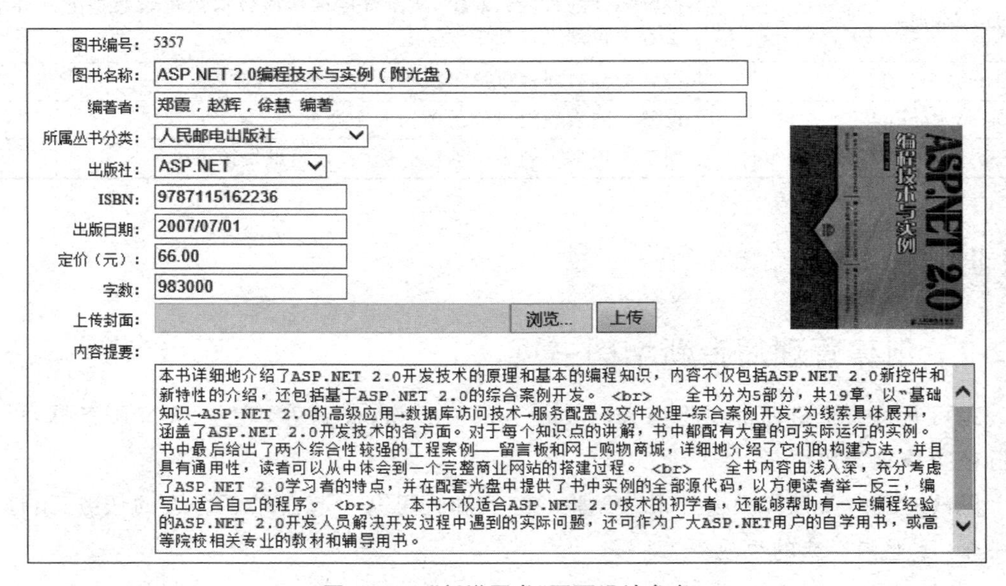

图 2-2-5 "新增图书"页面设计参考

(2) 设计图书新增页布局和表单,用合适的 Web 服务器控件实现各个表单输入项。

(3) 使用 FileUpload 控件实现上传图书封面,仅可上传.jpg、.png 格式的图片,且每张图片的数据量小于 2MB。

(4) 单击"保存新增"按钮后,在按钮单击事件中读取和处理表单所提交的数据。

任务 2-3 验证和预处理会员注册数据

任务描述与分析

程可儿非常开心，刚参加工作就有机会参与这样规模的项目研发，而且前面的两个任务都基本顺利交付了。这段时间以来，有一件小事让陈靓印象深刻：程可儿随身总有一本笔记本，无论是讨论、会议，还是和客户沟通等各种工作场合，程可儿总是喜欢随时记下来、写写画画。“好记性不及赖笔头”，陈靓一直也有这样的习惯，除了让他工作有计划、有条理，尽量“日日清”外，过段时间整理整理自己的笔记，当时灵光一现的“火花”经常令他有豁然开朗的感觉。爱屋及乌，陈靓对程可儿的好学、善问、勤恳非常欣赏。

在 Sprint ＃2 Backlog 中，陈靓把“会员注册”功能项拆分成了多个任务。程可儿已经完成了其中一个任务，即“＃202 创建会员注册页”。今天，程可儿准备开始的任务是“验证和预处理会员注册数据”，主要目的就是通过 UI 设计以及客户端验证等技术，及时帮助用户发现和纠正输入过程中出现的数据错误，避免多次试错，提高 UI 交互友好性和用户体验度，也间接地提高了系统安全性。程可儿对这个任务的重要性有非常深的体会，一切源于某个求职系统给他的极差的体验：临近毕业，他为了到某个求职平台注册一个账号，要填写很多个人简历信息，他辛辛苦苦终于填完提交后，系统突然弹出消息“您填写的信息不完整”，并且把所有信息都重置清空了。自那以后，程可儿对 UI 设计中“用户体验度”这个词有了不一样的认识。

开发任务单如表 2-3-1 所示。

表 2-3-1 开发任务单

任务名称	＃203 验证和预处理会员注册数据		
相关需求	作为一名匿名用户，我希望会员注册页面能够主动检查我输入的用户名、密码、出生日期等信息的格式合法性，这样可以让系统帮助我发现和纠正输入过程中出现的数据错误，避免多次试错，提高我的体验度，并提高系统安全性		
任务描述	(1) 完善会员注册交互界面，在 Web 窗体中添加服务器验证控件 (2) 设置服务器验证控件属性，添加基本的数据验证 (3) 完善 Web 窗体和服务器控件事件处理程序，预处理会员注册数据 (4) 显示会员注册数据验证错误信息 (5) 测试会员注册页的数据验证和预处理		
所属迭代	Sprint ＃2 设计“可可网上商城”用户交互		
指派给	程可儿	优先级	4
任务状态	□已计划 ☑进行中 □已完成	估算工时	8

任务设计与实现

2-3-1　完善详细设计

(1) 用例名称：会员注册(UC-0202)，如图 2-3-1 所示。

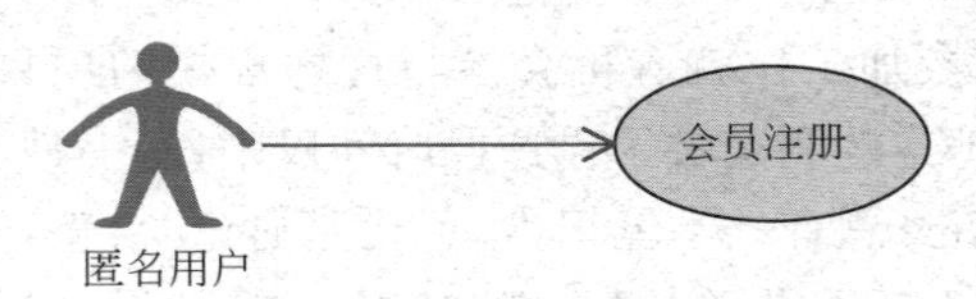

图 2-3-1　“会员注册”用例

(2) 用例说明：此用例帮助匿名用户在系统注册生成自己的会员账户。用户提供用户名和密码等信息来注册会员身份。

(3) 页面导航：首页→新用户注册→用户注册页 UserRegister.aspx。

(4) 完善会员注册页面 UI 设计：参考图 2-3-2。

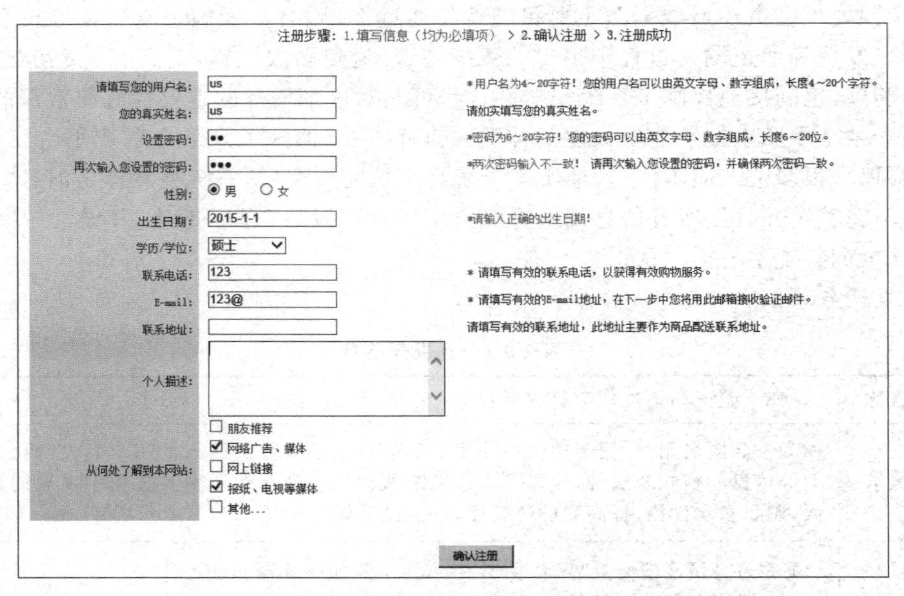

图 2-3-2　“会员注册”页面设计参考

(5) 输入项(含数据合法性验证)：

① 用户名——必输，4～20 个字符，由英文字母、数字组成，单行文本框。

② 真实姓名——必输，单行文本框。

③ 设置密码——必输，6～20 个字符，由英文字母、数字组成，单行密码文本框。

④ 再次输入密码——必输，必须与“密码”输入项一致，单行密码文本框。

⑤ 性别——默认选中“男”单选按钮，单选按钮组。

⑥ 出生年月——必输，必须为日期型数据，且不能迟于当前日期，单行文本框。

⑦ 学历/学位——提供可选值列表项，默认为"请选择"，下拉列表。
⑧ 联系电话——必输，固定电话格式数据，单行文本框。
⑨ E-mail——必输，E-mail 格式数据，单行文本框。

2-3-2 在会员注册页中添加数据验证

1. 添加"用户名"输入项数据验证

（1）在 Visual Studio 中打开会员注册页 UserRegister.aspx，切换到设计视图。

（2）将验证控件 RequiredFieldValidator、RegularExpressionValidator 拖放到"用户名"输入项后。

（3）在"属性"面板中，设置 RequiredFieldValidator 控件主要属性，如表 2-3-2 所示。

表 2-3-2 "用户名"输入项 RequiredFieldValidator 控件主要属性

属 性	属性值	说 明
ControlToValidate	txtLoginId	要验证的控件为"用户名"文本框
Text	*	验证失败时验证控件中显示的文本

（4）在"属性"面板中，设置 RegularExpressionValidator 控件主要属性，如表 2-3-3 所示。

表 2-3-3 "用户名"输入项 RegularExpressionValidator 控件主要属性

属 性	属 性 值	说 明
ControlToValidate	txtLoginId	要验证的控件为"用户名"文本框
ValidationExpression	^[a-zA-Z0-9]\w{3,19}$	验证正则表达式：4～20 个字符，由英文字母、数字组成
Text	*用户名为 4～20 字符！	验证失败时验证控件中显示的文本

其代码如下。

```
1  <asp:RequiredFieldValidator  ID="RequiredFieldValidator1"  runat="server"
2      ControlToValidate="txtLoginId"  Display="Dynamic"  Text="*"
       ForeColor="Red">
3  </asp:RequiredFieldValidator>
4  <asp:RegularExpressionValidator  ID="RegularExpressionValidator1"
       runat="server" ControlToValidate="txtLoginId"
5      ValidationExpression="^[a-zA-Z0-9]\w{3,19}$ "
6      Display="Dynamic"  Text="*用户名为 4~20 字符!"  ForeColor="Red"
7  </asp:RegularExpressionValidator>
```

2. 添加"设置密码"输入项数据验证

（1）将验证控件 RequiredFieldValidator、RegularExpressionValidator 拖放到"设置密码"输入项后。

（2）在"属性"面板中，设置 RequiredFieldValidator 控件主要属性，如表 2-3-4 所示。

表 2-3-4 “设置密码”输入项 RequiredFieldValidator 验证控件主要属性

属　性	属 性 值	说　明
ControlToValidate	txtLoginPwd	要验证的控件为“设置密码”文本框
Text	*	验证失败时验证控件中显示的文本

(3) 在“属性”面板中，设置 RegularExpressionValidator 控件主要属性，如表 2-3-5 所示。

表 2-3-5 “设置密码”输入项 RegularExpressionValidator 验证控件主要属性

属　性	属 性 值	说　明
ControlToValidate	txtLoginPwd	要验证的控件为“设置密码”文本框
ValidationExpression	^[a-zA-Z0-9]\w{5,19}$	验证正则表达式：4～20 个字符，由英文字母、数字组成
Text	*密码为 6～20 字符！	验证失败时验证控件中显示的文本

其代码如下。

```
1  <asp:RequiredFieldValidator  ID="RequiredFieldValidator2"  runat="server"
2      ControlToValidate=" txtLoginPwd "  Display="Dynamic"  Text="*"
       ForeColor="Red">
3  </asp:RequiredFieldValidator>
4  <asp:RegularExpressionValidator  ID="RegularExpressionValidator2"
       runat="server" ControlToValidate="txtLoginPwd"
5      ValidationExpression="^[a-zA-Z0-9]\w{5,19}$ "
6      Display="Dynamic"  Text="*密码为 6~20 字符!"  ForeColor="Red"
7  </asp:RegularExpressionValidator>
```

3. 添加“再次输入密码”输入项数据验证

(1) 将验证控件 CompareValidator 拖放到“再次输入密码”输入项后。

(2) 在“属性”面板中，设置 CompareValidator 控件主要属性，如表 2-3-6 所示。

表 2-3-6 “再次输入密码”输入项 CompareValidator 控件主要属性

属　性	属 性 值	说　明
ControlToValidate	txtReLoginPwd	要验证的控件为“再次输入密码”文本框
ControlToCompare	txtLoginPwd	要进行比较验证的控件为“设置密码”文本框
Type	String	所比较的值为字符串数据类型
Operator	Equal	要执行的比较操作为数值之间的相等比较
Text	*两次密码输入不一致！	验证失败时验证控件中显示的文本

其代码如下。

```
1  <asp:CompareValidator  ID="CompareValidator1"  runat="server"
2      ControlToValidate="txtReLoginPwd"  ControlToCompare="txtLoginPwd"
```

```
3       Display="Dynamic" Text="*两次密码输入不一致!" ForeColor="Red"
4    </asp:CompareValidator>
```

4. 添加“出生日期”输入项数据验证

(1) 将验证控件 CompareValidator、RangeValidator 拖放到“出生日期”输入项后。

(2) 在“属性”面板中，设置 CompareValidator 控件主要属性，如表 2-3-7 所示。

表 2-3-7 “出生日期”输入项 CompareValidator 控件主要属性

属　　性	属　性　值	说　　明
ControlToValidate	txtBirthday	要验证的控件为“出生日期”文本框
Type	Date	所比较的值为日期数据类型
Operator	DataTypeCheck	要执行的比较操作为数据类型比较
Text	*必须输入为日期!	验证失败时验证控件中显示的文本

(3) 在“属性”面板中，设置 RangeValidator 控件主要属性，如表 2-3-8 所示。

表 2-3-8 “出生日期”输入项 RangeValidator 控件主要属性

属　　性	属　性　值	说　　明
ID	rvValidateBirthday	
ControlToValidate	txtBirthday	要验证的控件为“出生日期”文本框
Type	String	所比较的值为字符串数据类型
Text	*请输入正确的出生日期!	验证失败时验证控件中显示的文本

其代码如下。

```
1  <asp:CompareValidator ID="CompareValidator2"  runat="server"
2      ControlToValidate="txtBirthday"  Type="Date"Operator=
       "DataTypeCheck"
3      Display="Dynamic"  Text="*必须输入为日期!"  ForeColor="Red">
4  </asp:CompareValidator>
5  <asp:RangeValidator  ID="rvValidateBirthday"  runat="server"
6      ControlToValidate="txtBirthday"  Type="Date"
7      Display="Dynamic"  Text="*请输入正确的出生日期!"  ForeColor="Red"
8  </asp:RangeValidator>
```

(4) 在页面加载事件中，实现页面初始加载时，为 RangeValidator 控件的 MaximumValue 和 MinimumValue 属性赋值，即验证范围的最大值为当前系统日期，验证范围的最小值为当前系统日期前 100 年，代码如下。

```
1  protected void Page_Load(object sender, EventArgs e)
2  {
3     if(!IsPostBack)
4     {
5         rvValidateBirthday.MaximumValue=DateTime.Now.ToShortDateString();
6         rvValidateBirthday.MinimumValue=
```

```
7                   DateTime.Now.AddYears(-100).ToShortDateString();
8       }
9   }
```

第5行：将当前系统日期赋值给 MaximumValue 属性，作为验证范围的最大值。

第6行：将当前系统日期之前100年赋值给 MinimumValue 属性，作为验证范围的最小值。

5. 添加"联系电话"输入项数据验证

将验证控件 RequiredFieldValidator、RegularExpressionValidator 拖放到"联系电话"输入项后，并设置验证控件属性，其代码如下。

```
1  <asp:RequiredFieldValidator  ID="RequiredFieldValidator3"  runat="server"
2      ControlToValidate="txtPhone"  Display="Dynamic"  Text="*"
       ForeColor="Red">
3  </asp:RequiredFieldValidator>
4  <asp:RegularExpressionValidator  ID="RegularExpressionValidator3"
   runat="server"
5      ControlToValidate="txtPhone"  ValidationExpression="^(\(\d{3,4}\)|\d
       {3,4}-)?\d{7,11}$ "
6      Display="Dynamic"  Text="*"  ForeColor="Red"
7  </asp:RegularExpressionValidator>
```

6. 添加 E-mail 输入项数据验证

将验证控件 RequiredFieldValidator、RegularExpressionValidator 拖放到 E-mail 输入项后，并设置验证控件属性，其代码如下。

```
1  <asp:RequiredFieldValidator ID="RequiredFieldValidator4"  runat="server"
2      ControlToValidate="txtEmail"  Display="Dynamic"  Text="*"
       ForeColor="Red">
3  </asp:RequiredFieldValidator>
4  <asp:RegularExpressionValidator ID="RegularExpressionValidator4"
       runat="server" ControlToValidate="txtEmail"
5      Display="Dynamic" Text="*" ForeColor="Red" ValidationExpression=
6      "\w+([-+.']\w+)*@\w+([-.]\w+)*\.\w+([-.]\w+)*">
7  </asp:RegularExpressionValidator>
```

2-3-3 测试会员注册页输入项数据验证

(1) 在"解决方案资源管理器"窗格中，右击 Web 窗体页 UserRegister.aspx，在快捷菜单中选择"在浏览器中查看"命令(或按 Ctrl＋F5 组合键)，在浏览器中打开窗体页 UserRegister.aspx。

(2) 根据如表2-3-9所示的测试操作，对会员注册页进行功能测试。

表 2-3-9 测试操作

测试用例	TUC-0204 会员注册输入数据验证		
编号	测 试 操 作	期 望 结 果	检查结果
1	不输入任何注册信息，单击“确认注册”按钮	输入项“用户名”“设置密码”“出生日期”“联系电话”“E-mail”后提示“ * ”，输入项数据验证失败	通过
2	输入用户名 ad，设置密码 123，单击“确认注册”按钮	输入项“用户名”“设置密码”后分别提示“ * 用户名为 4～20 字符！”“ * 密码为 6～20 字符！”，输入项数据验证失败	通过
3	输入设置密码 12345、再次输入设置密码“1234567”，单击“确认注册”按钮	输入项“再次输入设置密码”后提示“ * 两次密码输入不一致！”，输入项数据验证失败	通过
4	输入出生日期 15/3/2013，单击“确认注册”按钮	输入项“出生日期”后提示“ * 必须输入为日期！”，输入项数据验证失败	通过
5	输入出生日期 2015-03-15，单击“确认注册”按钮	输入项“出生日期”后提示“ * 请输入正确的出生日期！”，输入项数据验证失败	通过
6	输入联系电话 051086022907，单击“确认注册”按钮	输入项“联系电话”后提示“ * ”，输入项数据验证失败	通过
7	输入 E-mail david@com，单击“确认注册”按钮	输入项 E-mail 后提示“ * ”，输入项数据验证失败	通过
8	在各输入项后输入合法的注册信息，单击“确认注册”按钮	各输入项数据验证通过	通过

相关知识与技能

2-3-4 数据验证

在 Web 应用程序的交互式环境中，对用户输入的数据进行有效性验证，对开发者而言一直是一项烦琐而枯燥的工作，也是应用程序开发中大量 Bug（缺陷）和安全隐患的主要来源。开发者经常需要考虑避免两个隐患：用户输入了不符合要求的数据怎么办？用户输入“恶意”数据或代码怎么办？

1. 为什么需要对用户输入数据进行有效性验证

对用户输入的数据进行有效性验证，主要还是基于以下两个方面。

（1）保证业务的有效性和合理性。比如验证用户输入值的类型、范围、符合要求的格式等：用户名只能包含大小写字母、数字，长度必须大于 6 位；密码必须同时包含字母、数字、特殊字符，且长度必须大于 8 位；图书单价（金额）必须是数字，且大于 0，最多 2 位小数……诸如此类，应用程序都需要进行检测。

（2）保证 Web 应用程序的安全性。比如错误阻塞处理，防止错误信息被提交到服务器,直到页面数据有效性验证通过;防止恶意代码、无限制文本等探测核心信息,如防止跨站脚本攻击(XSS)、跨站请求伪造(CSRF)、任意重定向攻击、SQL 注入攻击等。Web 应用程序需要具有阻止用户误用程序,或预防安全威胁的安全特性。

2. 数据有效性验证的主要方式

在 Web 应用程序中,用户提交的数据需要经过浏览器发送到服务器端。如果在浏览器端发送之前使用 JavaScript 脚本等方式验证输入页面表单的数据,则称为客户端验证;如果在数据发送到服务器端之后,由服务器端进行用户数据的验证,则称为服务器端验证。

客户端数据验证的主要技术是浏览器端 JavaScript 脚本(包括目前流行的 JQuery 等),能够快速向用户提供验证结果的反馈,当用户输入的信息有错误时,可以立即显示一条错误信息,而不需要将这些数据传输到服务器,减少了服务器处理压力的负担。但是,缺点也很明显,用户能很容易地查看到页面的 JavaScript 基本代码,"恶意"用户有可能伪造提交的数据,可以很方便地绕过客户端验证,如果浏览器版本过低,或者浏览器禁用了客户端脚本,客户端验证就无效了。因此,仅仅依靠客户端验证是不安全的。

服务器端数据验证相对安全,这种验证基于服务器端进行,不容易被绕过,而且也不必考虑浏览器版本或是否支持客户端脚本,一旦用户提交的数据无效,页面就会回馈消息到用户浏览器端。ASP.NET 服务器端校验的主要技术就是验证控件,可以轻松实现用户输入的验证,与用户浏览器无关,由在客户端或服务器中运行的验证代码执行验证,并且提供多种验证控件,验证数据更加简单方便。

2-3-5 ASP.NET 服务器验证控件

使用 ASP.NET 服务器验证控件可在页面上检查用户输入。每个验证控件都引用页面上需要被验证输入的服务器控件。当处理用户输入数据时(例如当提交网页时),验证控件会对用户输入数据进行检查,并设置属性以指示输入是否通过了验证,并及时反馈是否出现验证检查失败的错误消息。

1. 验证控件的分类

ASP.NET 服务器验证控件共有 5 种,分别用于检查用户输入信息的不同方面,如表 2-3-10 所示。对于一个输入控件,可以附加多个验证控件做多条件验证,比如同时验证"用户名"输入文本框是必须输入的,且文本内容只能是字母和数字组合等。

2. RequiredFieldValidator 控件

RequiredFieldValidator 控件通常用于确保用户不会跳过某个必填字段,如用户注册账户时的"用户名""密码"等输入项(TextBox 控件)是必须填写的。在页面"设计"视图中,将 RequiredFieldValidator 控件从"工具箱"面板拖放到页面上后,打开该控件"属性"面板,从 ControlToValidate 属性下拉列表中选择要进行必需项验证的控件。常用的属性如表 2-3-11 所示。

表 2-3-10 ASP.NET 验证控件类型

验证类型	验证控件	说明
必需项验证	RequiredFieldValidator	确保用户不会跳过某项输入
比较验证	CompareValidator	将用户输入信息与一个常数值或另一个控件或特定数据类型的值进行比较(使用小于、等于或大于等比较运算符)
范围验证	RangeValidator	用于检查用户的输入是否在指定的上下限范围内,可以检查数字对、字母对和日期对的限定范围
模式匹配验证	RegularExpressionValidator	用于检查输入的内容与正则表达式所定义的模式是否匹配,此类验证可用于检查可预测的字符序列,例如电子邮件地址、电话号码、邮政编码等内容中的字符序列
自定义验证	CustomValidator	使用自己编写的验证逻辑检查用户输入。此类验证能够检查在运行时派生的值
验证消息摘要	ValidationSummary	不执行验证,但经常与其他验证控件一起用于显示来自网页上所有验证控件的错误信息

表 2-3-11 RequiredFieldValidator 控件常用属性

属性	说明
ControlToValidate	设置为需要被验证输入的控件 ID
ErrorMessage	当验证失败时在 ValidationSummary 控件中显示的错误消息
Text	当验证失败时显示的错误消息。如果未设置该属性,则控件显示 ErrorMessage 属性中的文本
Display	设置验证控件的显示模式。 ① None:验证失败时控件不显示消息。仅能在 ValidationSummary 控件中显示错误消息 ② Static:验证控件在页面上的占位空间是固定的。无论验证是否失败,都要占用专门的空间 ③ Dynamic:验证控件在页面上的占位空间是动态的。仅验证失败时,才在页面上分配显示消息的空间
ValidationGroup	验证控件所属的组。将不同的控件放在一组,对每个验证组进行验证时,组与组之间互相无关。例如,页面包括多个按钮能够提交该页面,单击某一个按钮时,仅希望部分验证控件生效,单击另一个按钮时,又希望另一部分验证控件生效

3. CompareValidator 控件

CompareValidator 控件可将用户输入信息与一个常数值或另一个控件或特定数据类型的值进行比较(使用小于、等于或大于等比较运算符),如用户注册账户时两次输入的密码(TextBox 控件)文本必须一样。在页面设计视图中,先将 CompareValidator 控件从“工具箱”面板拖放到页面上,打开该控件的“属性”面板,从 ControlToValidate 属性下拉列表中选择要进行验证的控件;将 ControlToCompare 或 ValueToCompare 属性设置为要比较的控件或值;将 Operator 属性设置为所需的比较方式,如 Equal(=)、NotEqual(≠)、GreaterThan(>)、GeaterThanEqual(≥)、LessThan(<)、LessThanEqual (≤)或 DataTypeCheck。主要的属性如表 2-3-12 所示。

表 2-3-12　CompareValidator 控件常用属性

属　性	说　明
ControlToValidate	设置为需要被验证输入的控件 ID
ControlToCompare	设置将与正在被验证的输入控件进行比较的输入控件 ID
ValueToCompare	获取或设置一个常量值,用于与用户在正被验证的输入控件中输入的值进行比较
Operator	获取或设置要执行的比较运算符。 ① Equal:验证控件值与其他控件值或常数值相等 ② NotEqual:验证控件值与其他控件值或常数值不相等 ③ GreaterThan:验证控件值大于其他控件值或常数值 ④ GreaterThanEqual:验证控件值大于或等于其他控件值或常数值 ⑤ LessThan:验证控件值小于其他控件值或常数值 ⑥ LessThanEqual:验证控件值小于或等于其他控件值或常数值 ⑦ DataTypeCheck:验证控件值与 Type 属性指定数据类型比较
Type	获取或设置要比较的值进行比较之前转换为的数据类型。 ① String:指定的字符串数据类型 ② Integer:指定 32 位有符号的整数数据类型 ③ Double:指定双精度浮点数字数据类型 ④ Date:指定日期数据类型 ⑤ Currency:指定货币数据类型(包含货币符号的十进制整数类型)

4. RangeValidator 控件

RangeValidator 控件可用于检查用户的输入是否在指定的上下限内,比如检查数字对、字母对和日期对的限定范围。在页面设计视图中,先将 RangeValidator 控件从"工具箱"面板拖放到页面上,打开该控件的"属性"面板,从 ControlToValidate 属性下拉列表中选择要进行验证的控件;分别将 MaximumValue 和 MinimumValue 属性设置为所需的上限和下限值(或通过编程设定上下限值范围),通过这两个值来限制允许用户在被验证控件中输入的值。常用的属性如表 2-3-13 所示。

表 2-3-13　RangeValidator 控件常用属性

属　性	说　明
ControlToValidate	设置为需要被验证输入的控件 ID
MaximumValue	设置或获取比较的数据范围最大值(上限)
MinimumValue	设置或获取比较的数据范围最小值(下限)

续表

属　　性	说　　明
Type	获取或设置要比较的值进行比较之前转换为的数据类型。 ① String：指定的字符串数据类型 ② Integer：指定32位有符号的整数数据类型 ③ Double：指定双精度浮点数字数据类型 ④ Date：指定日期数据类型 ⑤ Currency：指定货币数据类型(包含货币符号的十进制整数类型)

5. RegularExpressionValidator 控件

RegularExpressionValidator 控件可用于检查输入的内容与正则表达式所定义的模式是否匹配,此类验证可用于检查可预测的字符序列,例如电子邮件地址、电话号码、邮政编码等内容中的字符序列。在页面设计视图中,先将 RegularExpressionValidator 控件从“工具箱”面板拖放到页面上,打开该控件的“属性”面板,从 ControlToValidate 属性下拉列表中选择要使用 RegularExpressionValidator 进行验证的控件;将 ValidationExpression 属性设置为控件中的文本必须能够有效匹配的正则表达式。常用的属性如表 2-3-14 所示。

表 2-3-14　RegularExpressionValidator 控件常用属性

属　　性	说　　明
ControlToValidate	设置为需要被验证输入的控件 ID
ValidationExpression	设置或获取利用正则表达式描述的预定义格式

如图 2-3-3 所示,在 RegularExpressionValidator 控件的“属性”面板中,单击验证表达式 ValidationExpression 属性,可以打开“正则表达式编辑器”对话框,便捷地选择和验证常用的标准表达式或自定义正则表达式。

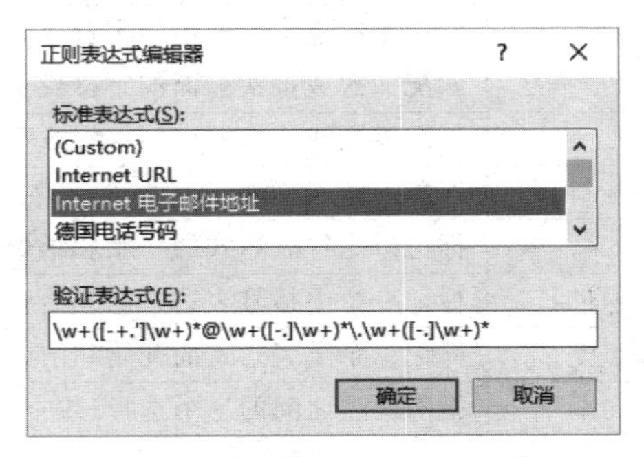

图 2-3-3　“正则表达式编辑器”对话框

正则表达式描述了一种字符串匹配的模式,可以用来检查一个串是否含有某种子串,将匹配的子串做替换或者从某个串中取出符合某个条件的子串等。正则表达式是由普通字符(例如字符 a 到 z),以及特殊字符(称为“元字符”)组成的文字模式。模式描述在搜索文本时要匹配的一个或多个字符串。正则表达式作为一个模板,将某个字符模式与所搜索的字符串进行匹配。

(1) 普通字符。普通字符包括没有显式指定为元字符的所有可打印和不可打印字符,包括所有大写和小写字母、所有数字、所有标点符号和一些其他符号。其中,常用的非打印字符如表 2-3-15 所示。

表 2-3-15 常用的非打印字符

字符	说明
\n	匹配一个换行符。等效于\x0a 和\cJ
\r	匹配一个回车符。等效于\x0d 和\cM
\f	匹配一个换页符。等效于\x0c 和\cL
\t	匹配一个制表符。与\x09 和\cI 等效
\v	匹配一个垂直制表符。与\x0b 和\cK 等效
\d	匹配一个数字字符。等效于[0-9]
\D	匹配一个非数字字符。等效于[^0-9]
\w	匹配任何单词字符,包括下画线。与[A-Za-z0-9_]等效
\W	匹配任何非单词字符。与[^A-Za-z0-9_]等效
\b	匹配一个单词边界,即单词与空格间的位置。例如,er\b 匹配 never 中的 er,但不匹配 verb 中的 er
\B	匹配非单词边界。例如,er\B 匹配 verb 中的 er,但不匹配 never 中的 er
\s	匹配任何空白字符,包括空格、制表符、换页符等。与[\f\n\r\t\v]等效
\S	匹配任何非空白字符。与[^\f\n\r\t\v]等效
\\	匹配\字符

(2) 特殊字符。特殊字符是指一些有特殊含义的字符,如文件名命名格式中的*.aspx的*,简单地说就是表示任何字符串的意思。其中,常用的特殊字符如表 2-3-16 所示。

表 2-3-16 常用的特殊字符

<table>
<tr><th>字 符</th><th>说 明</th></tr>
<tr><td>^</td><td>匹配输入字符串开始的位置</td></tr>
<tr><td>$</td><td>匹配输入字符串结尾的位置</td></tr>
<tr><td>*</td><td>匹配零次或多次前面的字符或子表达式。例如,zo* 匹配 z、zoo 等</td></tr>
<tr><td>+</td><td>匹配一次或多次前面的字符或子表达式。例如,zo+与 zo、zoo 匹配,但与 z 不匹配</td></tr>
<tr><td>?</td><td>匹配零次或一次前面的字符或子表达式。例如,do(es)? 匹配 do 或 does 中的 do</td></tr>
<tr><td>.</td><td>匹配除\n 之外的任何单个字符</td></tr>
<tr><td>{}</td><td>标记限定符表达式的开始和结束</td></tr>
<tr><td>[]</td><td>标记一个中括号表达式的开始和结束</td></tr>
<tr><td>()</td><td>标记一个子表达式的开始和结束</td></tr>
<tr><td>|</td><td>指明两项之间的一个选择(或)</td></tr>
<tr><td>{n}</td><td>n 是非负整数,正好匹配 n 次。例如,o{2}与 Bob 中的 o 不匹配,但与 food 中的两个 o 匹配</td></tr>
<tr><td>{n,}</td><td>n 是非负整数,至少匹配 n 次。例如,o{2,}不匹配 Bob 中的 o,而匹配 foooood 中的所有 o。o{1,}等效于 o+。o{0,}等效于 o*</td></tr>
<tr><td>{n,m}</td><td>m 和 n 是非负整数,其中 n≤m,匹配至少 n 次、最多 m 次。例如,o{1,3}匹配 fooooood 中的头 3 个 o
注意:不能将空格插入逗号和数字之间</td></tr>
</table>

续表

<table>
<tr><th>字　符</th><th>说　　明</th></tr>
<tr><td>x|y</td><td>匹配 x 或 y。例如,z|food 匹配 z 或 food</td></tr>
<tr><td>[xyz]</td><td>表示一个字符集,匹配包含的任一字符。例如,[abc]匹配 plain 中的 a</td></tr>
<tr><td>[^xyz]</td><td>表示一个反向字符集,匹配未包含的任何字符。例如,[^abc]匹配 plain 中的 p</td></tr>
<tr><td>[a-z]</td><td>表示字符范围,匹配指定范围内的任何字符。例如,[a-z]匹配 a～z 范围内的任何小写字母</td></tr>
<tr><td>[^a-z]</td><td>表示反向范围字符,匹配不在指定的范围内的任何字符。例如,[^a-z]匹配不在 a 到 z 范围内的任何字符</td></tr>
</table>

(3) 正则表达式运算符优先级。正则表达式从左到右进行计算,并遵循优先级顺序,这与算术表达式非常类似。常用正则表达式运算符的优先级(从高到低排序)如表 2-3-17 所示。

表 2-3-17　常用正则表达式运算符的优先级

<table>
<tr><th>运　算　符</th><th>说　　明</th></tr>
<tr><td>\</td><td>转义符,最高优先级</td></tr>
<tr><td>(), (?:), (?=), []</td><td>括号和中括号</td></tr>
<tr><td>*, +, ?, {n}, {n,}, {n,m}</td><td>限定符</td></tr>
<tr><td>^, $, \任何元字符、任何字符</td><td>位置和顺序</td></tr>
<tr><td>|</td><td>或操作符,最低优先级</td></tr>
</table>

(4) 常用的正则表达式举例。常用的正则表达式举例如表 2-3-18 所示。

表 2-3-18　常用的正则表达式举例

<table>
<tr><th>正则表达式</th><th>说　　明</th></tr>
<tr><td>^[0-9]*$</td><td>验证数字</td></tr>
<tr><td>^\d{7,11}$</td><td>验证第 7～11 位的数字</td></tr>
<tr><td>^[0-9]+(.[0-9]{2})?$</td><td>验证有两位小数的正实数</td></tr>
<tr><td>^[A-Z]+$</td><td>验证由 26 个大写英文字母组成的字符串</td></tr>
<tr><td>^[A-Za-z0-9]+$</td><td>验证由数字和 26 个英文字母组成的字符串</td></tr>
<tr><td>^\w+$</td><td>验证由数字、26 个英文字母或者下画线组成的字符串</td></tr>
<tr><td>^[a-zA-Z][a-zA-Z0-9_]{4,15}$</td><td>验证用户名是否合法(字母开头,允许 5～16 字节,允许字母、数字、下画线)</td></tr>
<tr><td>^(\(\d{3,4}\)|\d{3,4}-)?\d{7,8}$</td><td>验证电话号码,如 0510-86022907</td></tr>
<tr><td>^\d{18}|\d{17}X$</td><td>验证身份证号码,中国的身份证为 18 位</td></tr>
<tr><td>^\d+\.\d+\.\d+\.\d+$</td><td>验证 IP 地址</td></tr>
<tr><td>^\w+([-+.]\w+)*@\w+([-.]\w+)*\.\w+([-.]\w+)*$</td><td>验证 E-mail 地址</td></tr>
<tr><td>^[a-zA-z]+://[^\s]*$</td><td>验证网址 URL</td></tr>
</table>

续表

正则表达式	说　　明
^(0? [1-9]|1[0-2]) $	验证一年的 12 个月
^((0? [1-9])|((1|2)[0-9])|30|31) $	验证一个月的 31 天

6. CustomValidator 控件

CustomValidator 控件可使用自己编写的验证逻辑检查用户输入，此类验证使用户能够检查在运行时派生的值。在页面设计视图中，先将 CustomValidator 控件从“工具箱”面板拖放到页面上，打开该控件的“属性”面板，从 ControlToValidate 属性下拉列表中选择要进行验证的控件；若要在客户端浏览器中验证该控件，需将 ClientValidationFunction 属性设置为要在验证中使用的 JavaScript 方法的名称。CustomValidator 控件常用的属性及事件如表 2-3-19 所示。

表 2-3-19　CustomValidator 控件常用的属性及事件

属　　性	说　　明
ControlToValidate	设置为需要被验证输入的控件 ID
ClientValidationFunction	设置执行客户端验证的脚本函数的名称
ServerValidate 事件	在服务器端执行验证时触发该事件

7. ValidationSummary 控件

ValidationSummary 控件不执行验证，但经常与其他验证控件一起用于显示来自页面上所有验证控件的 ErrorMessage 错误信息。如果要在消息框中显示错误信息摘要，需要将 ValidationSummary 控件的 ShowMessageBox 属性设置为 True，用户提交页面时，错误将同时显示在 ValidationSummary 控件和消息框中；若要只在消息框中显示错误信息摘要，则将 ShowSummary 属性设置为 False。ValidationSummary 控件常用的属性如表 2-3-20 所示。

表 2-3-20　ValidationSummary 控件常用的属性

属　　性	说　　明
ShowMessageBox	bool 类型，指示是否显示弹出的提示消息
ShowSummary	bool 类型，指示是否显示该报告内容
DisplayMode	显示 ErrorMessage 消息时的样式。 ① BulletList：默认值，每条错误信息都显示为单独的项 ② List：每条错误信息都显示在单独的行中 ③ SingleParagraph：以单行方式显示每条错误信息 提示：为避免多处提示验证错误信息，可将其他验证控件的 Text 属性设置为 *，作为提示消息

8. Page.Validate()方法

可以在服务器端自定义验证消息。在页面的 Page_Load 事件处理程序中，调用验证控件或页面的 Page.Validate()方法，检查验证控件或页面的 Page.IsValid 属性(bool 类型)，按条件通过文本或控件属性(如颜色)等方式提示错误消息。参考代码如下。

```
1   protected void Page_Load(object sender, EventArgs e)
2   {
3       if(IsPostBack)
4       {
5           Page.Validate();
6           if(Page.IsValid)
7           {
8               lblMessage.Text="页面数据验证通过";
9           }
10          else
11          {
12               lblMessage.Text="页面输入项至少有 1 个验证未通过。";
13          }
14      }
15  }
```

第 3 行：页面如果是回发加载(页面提交表单数据到服务器)，则服务器端验证并自定义验证消息。

第 6～13 行：页面上所有验证控件执行验证，在 IsValid 属性值为 True 时(页面控件通过验证)，或为 False 时(至少有一个页面控件未通过验证)，显示不同的验证消息。

职业能力拓展

2-3-6　使用第三方控件实现日期型数据输入

陈靓在审查和测试会员注册页面 UserRegister.aspx 功能时，发现一个比较普遍的问题，即日期型输入的输入体验问题。

程可儿对于“出生日期”输入项，使用 CompareValidator 控件进行日期类型检查(Operator 属性为 DataTypeCheck，Type 属性为 Date)，正常输入情况下都能很好地检查出不符合日期型格式数据的输入。但是，只要让用户输入，用户的输入习惯是不一样的。如图 2-3-4 所示，陈靓在测试时故意输入类似于“2005 年 3 月”这样的出生年月，发现验证控件显示了验证失败消息，用户可能会在没有合适提示的情况下反复“试错”，用户体验可能会非常不好。也就是说，页面设计未能很好地提示，或者预防用户输入那些看起来“合法”，但是不符合页面输入规则的数据。

对于类似这样的问题，陈靓和程可儿一起重新温习了关于用户体验“易用性”的几个 UI 设计原则，比如让 UI 元素不易误解，从用户角度分析使用习惯等。那么，在会员注册

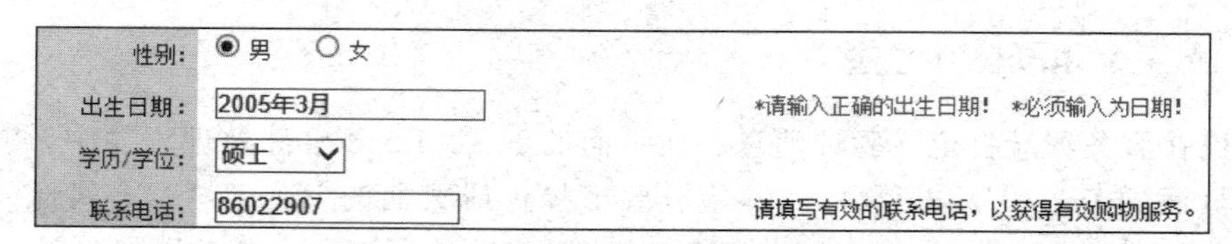

图 2-3-4 会员注册页面日期型数据输入参考

页面上如何体现呢?

陈靓给了程可儿一些建议,希望程可儿在页面详细设计过程中就要注意 UI 设计,尽量防止用户在输入日期型数据时出现类似的反复“试错”。比如,可以在 UI 设计时就用合适的控件,限定用户的输入数据范围,引导用户输入习惯。

(1) 用下拉列表控件限定日期输入方式和范围,如图 2-3-5(a)所示。

(2) 使用第三方日历控件,可以用 C# 封装公共辅助类作为第三方服务器控件,也可以采用开源的第三方 JQuery 日历控件,如图 2-3-5(b)所示。

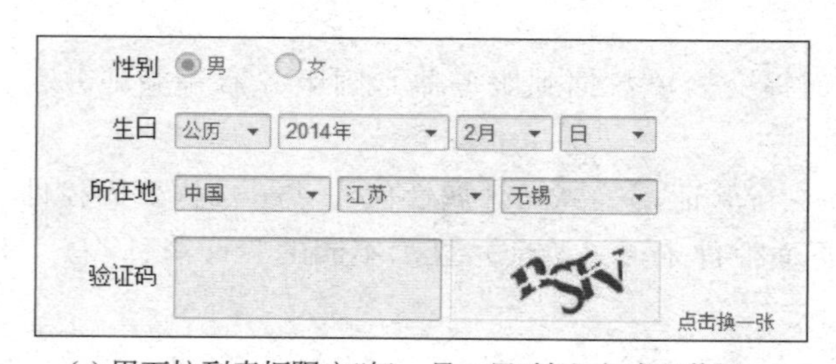

(a) 用下拉列表框限定“年—月—日”输入方式和范围

(b) 用第三方日历控件限定日期输入方式

图 2-3-5 日期型数据输入参考

2-3-7 验证和预处理管理后台新增图书数据

程可儿继续完善管理后台“新增图书”页,在原有表单输入和数据处理基础上,进一步完善页面 UI 设计,重点完善页面用户输入数据的验证策略,即用合适的验证控件实现页面各输入项的数据验证。

(1) 所有数据项:必须输入项,不得为空。

(2) 图书出版日期:日期型数据,不得晚于当前日期。

(3) 图书 ISBN:数字、“-”构成字符串。

(4) 图书价格:货币类型,小数点后 2 位。

(5) 封面图片:仅可上传.jpg、.png 格式的图片,且每张图片的数据量小于 2MB。

“新增图书”页面设计参考如图 2-3-6 所示。

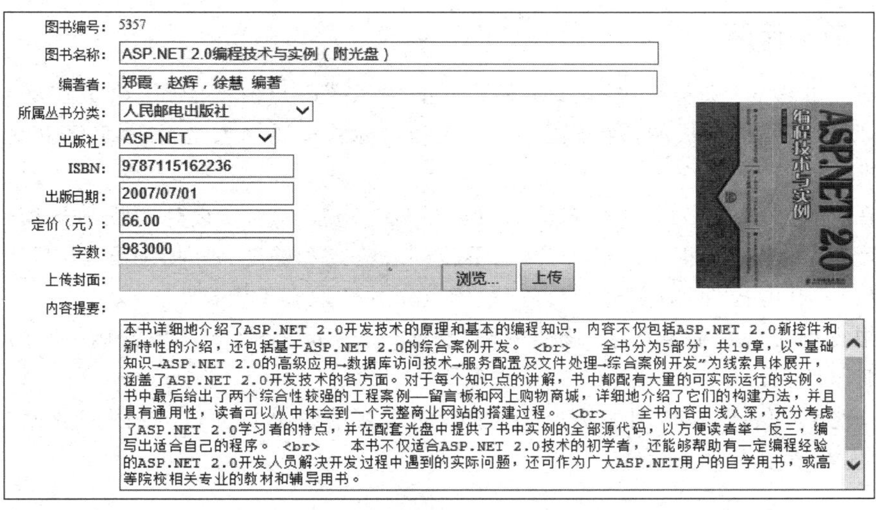

图 2-3-6 “新增图书”页面设计参考

模 块 小 结

这一周，程可儿收获甚丰，不仅开始独立完成了开发任务，能熟练使用服务器控件、验证控件，还结合实践更深刻地理解了用户交互界面设计的有关原则和理念。

该阶段工作完成后，研发团队初步达成以下目标。

（1）基本掌握并理解 ASP.NET 模型及工作原理。

（2）理解并掌握 ASP.NET WebForm 与 Page 类模型。

（3）初步掌握 ASP.NET Web 控件模型并熟练使用常用 ASP.NET Web 控件。

（4）熟练使用常用的 ASP.NET 验证控件。

（5）掌握基本的 Web 用户交互界面设计方法和技能。

（6）理解并初步掌握编码规范。

能 力 评 估

一、实训任务

1. 参考会员登录页原型设计，创建会员登录页面，实现会员登录业务逻辑。
2. 参考会员注册页原型设计，创建会员注册页，实现会员注册业务逻辑。
3. 完善会员登录页，实现会员登录数据的输入验证和预处理。
4. 完善会员注册页，实现会员注册数据的输入验证和预处理。

二、拓展任务

1. 进一步改进“会员登录”设计，为了防止“恶意”用户多次尝试，会员在登录或注册时，都需要根据随机生成的验证码图片，输入和校验验证码输入是否正确，若正确，才能提交登录或注册信息。

2. 在会员注册时，为防止用户输入日期型数据出错，在UI设计时提前采用合适的输入项设计方案，比如将年、月、日分开，用下拉列表输入和验证，或使用第三方日历控件(第三方 JQuery 开源控件等)实现，请自行检索资料并获取开发资源。

3. 根据前台门户业务需求“修改密码”功能，使用纸张手绘 UI 设计稿(快速原型)，并进行详细设计。

4. 参考管理后台新增图书页原型设计，创建新增图书页面，实现图书数据的输入验证，并实现新增图书业务逻辑。

三、简答题

1. 用户交互界面设计的原则有哪些？

2. 简述 ASP.NET Web 页事件与生命周期。

3. 常用的正则表达式字符有哪些？分别代表什么含义？

4. 查阅资料，简述什么是软件测试，什么是白盒测试，什么是黑盒测试，黑盒测试的主要方法有哪些。

四、选择题

1. Label 控件的(　　)属性用于指定控件显示的文字。

A. Width　　B. Alt　　C. Text　　D. Name

2. TextBox 控件的(　　)属性用于设置多行文本显示。

A. Text　　B. Password　　C. MaxLength　　D. Multiline

3. 判断 CheckBox 控件是否选中，是通过判断该控件的(　　)属性是否等于 True。

A. Checked　　B. Selected　　C. Text　　D. TextAlign

4. 使用 RadioButtonList 控件生成单选项列表，选中其中的某单选项时触发 SelectedIndexChanged 事件，则该控件的(　　)属性要设置为 True。

A. Checked　　B. Enable　　C. AutoPostBack　　D. Selected

5. WebForm 页面在被加载时，自动调用(　　)事件。

A. Page_OnLoad()　　B. Page_UnLoad()

C. Page_Load()　　D. Page_PostBack()

6. RegluarExpressionValidator 控件中可以加入正则表达式，下面对正则表达式的描述正确的是(　　)。

A. “.”表示任意数字

B. “*”和其他表达式一起，表示任意组合

C. “[A-Z]”表示 A～Z 有顺序的大写字母

D. “/d”表示任意字符

7. 使用 ValidatorSummary 控件时需要以对话框的形式来显示错误信息，需要(　　)。

A. 设置 ShowSummary 属性为 True　　B. 设置 ShowMessgeBox 属性为 True

C. 设置 ShowSummary 属性为 False　　D. 设置 ShowMessgeBox 属性为 False

8. 要将多个单选按钮分为一组，进行互斥选择时，则必须指定 RadioButton 控件的(　　)属性。

A. GroupName　　B. Id　　C. Text　　D. Checked

9. 要使文本框能够显示多行而且能够自动换行，应设置其(　　)属性。

A. MaxLength 和 Multiline　　B. Multiline 和 Wrap

C. PassWordChar 和 Multiline　　D. MaxLength 和 WordWrap

10. 要确保用户输入大于 50 的值，应该使用(　　)验证控件。

A. RequiredFieldValidator　　B. CompareValidator

C. RangeValidator　　D. RegularExpressionValidator

11. 以下(　　)验证控件的作用是限定用户按照一定模式进行输入的。

A. RegularExpressionValidator　　B. CompareValidator

C. RequiredFieldValidator　　D. ValidationSummary

12. 在 ASP.NET 中，文本框控件的(　　)属性是用来设置其是否是只读的。

A. ReadOnly　　B. Locked　　C. Lock　　D. Style

13. ValidatorSummary 验证控件的作用是(　　)。

A. 检查总和数　　B. 集中显示各个验证的结果

C. 判断有无超出范围　　D. 检查数值的大小

14. 当需要用控件输入性别(男、女)时，为了简化输入，应该选用的控件是(　　)。

A. RadioButton　　B. CheckBoxList

C. CheckBox　　D. RadioButtonList

15. 单击 Button 类型控件后能执行单击事件的是(　　)。

A. OnClientClick　　B. OnClick

C. OnCommandClick　　D. OnClientCommand

16. 比较两次密码输入是否相同，可以使用下面的(　　)验证控件来实现。

A. RequiredFieldValidator　　B. RegularExpressionValidator

C. CompareValidator　　D. RangeValidator

五、判断题

1. RequiredFieldValidator 允许用户自定义逻辑来验证输入，比如用户名、密码输入长度等。(　　)

2. Response.Redirect("～/index.aspx")的功能是将浏览器重定向到应用程序根目录下的 index.aspx 页面。(　　)

3. 正则表达式中“?”的匹配功能是零次或一次匹配前面的字符或子表达式。(　　)

模块3 维护“可可网上商城”登录状态

根据Sprint ＃2 Backlog，程可儿需要继续完善前台门户会员“状态管理”相关的功能设计。对于实习生程可儿而言，对于“状态管理”相关的任务需求，明显经验不足，程可儿感觉无从入手，他不清楚应该选择什么合适的技术方案来完成这些任务，他也不清楚具体要做哪些工作。程可儿只能借助于Scrum每日会议，继续向陈靓求助。

陈靓知道程可儿在大学期间学习过有关“状态维护技术”的知识，比如“HTTP无状态”、Cookie和Session等内容。陈靓喜欢通过列举一些生活常例来帮助团队成员理解一些晦涩的知识和技术点。

陈靓以常见的自动售货机来举例说明“HTTP无状态”：传统的自动售货机只负责售卖商品，是从不“记忆”谁曾经来买过什么商品的；“网上商城”项目这样的Web应用系统就类似于自动售货机，采用的是典型的B/S结构，用户在浏览器端发起访问请求，服务器响应结果，采用的是HTTP，本质上是无状态的，是不会“记忆”会员曾经登录、注销退出等任何交互状态信息的。

为了支持这种服务器端和浏览器端之间的状态信息交互，就需要采用一些技术方案来保存和交换这些状态，比如最常用的Cookie和Session等。

工作任务

任务3-1　维护会员登录状态

任务3-2　为会员设计登录状态导航

任务3-3　为后台管理员设计登录状态导航

学习目标

(1) 理解Web应用状态管理。

(2) 理解并掌握常用的ASP.NET状态维护技术。

(3) 理解主要状态维护技术的区别，并在实际应用中使用。

任务 3-1　维护会员登录状态

任务描述与分析

陈靓继续向程可儿介绍“状态管理”相关的概念。程可儿在大学期间一直对 Cookie 印象不好，因为老师曾告诉他“Cookie 不安全”。为了解答程可儿的疑惑，陈靓拿出了自 20 世纪 90 年代末以来“珍藏”了十几年的在大学期间使用过的“洗澡卡”举例对比。

陈靓上大学期间，计算机还是 286、386 时代，学校还没完全进入网络时代，大学澡堂管理用的是纸质卡片式的“洗澡卡”。“洗澡卡”放在学生身边，每张卡有 20 个方格，每次洗澡就交给管理员阿姨画掉一个格子。有些学生“调皮”，有时就会用橡皮把“洗澡卡”上划掉的勾擦掉。所以，为了防止篡改，管理员阿姨必须练就“火眼金睛”。

而现在暨阳大学已经完全进入“智慧校园”阶段，很多地方都采用“校园一卡通”。“校园一卡通”采用的是 RFID 卡，学生每次洗澡只要带上 RFID 卡，到读卡器上扫一下，在服务器上就有他的一条消费记录，同时从卡中余额扣掉一元。因为所有卡中余额和消费记录都保存在服务器上，学校管理员基本不用担心数据被篡改等问题。

陈靓很形象地介绍了“状态管理”的重要技术之一——Cookie。程可儿恍然大悟，Cookie 就类似于陈靓大学期间那张纸质的“洗澡卡”：保存在用户“身边”(客户端)，只能保存一些文本字符，容易被“恶意”篡改。但是 Cookie 并非一无是处，比如它简单，数据量小，对服务器没有性能影响，使得 Cookie 反而是目前应用最广泛的状态维护技术之一。

陈靓告诉程可儿，状态管理永远没有什么正确答案，只有哪种方案更合适，这也是为什么在会员登录业务中，陈靓要求程可儿用 Cookie 技术来维护会员登录状态。陈靓请程可儿一起边做边讨论。

开发任务单如表 3-1-1 所示。

表 3-1-1　开发任务单

任务名称	#301　维护会员登录状态		
相关需求	作为一名会员用户，我希望网上商城前台门户能保存我的登录状态，这样可以使得各个页面可以共享我的会员信息		
任务描述	(1) 完善会员登录页服务器端事件处理程序 (2) 会员登录后使用 Cookie 保存会员账户信息 (3) 读取 Cookie 中的会员账户信息 (4) 在会员登录页中，测试维护会员登录状态		
所属迭代	Sprint #2　设计“可可网上商城”用户交互		
指派给	程可儿	优先级	4
任务状态	□已计划　☑进行中　□已完成	估算工时	8

任务设计与实现

3-1-1 完善详细设计

(1) 完善会员登录页面 UI 设计:参考图 3-1-1。会员登录页详细设计说明请参阅任务 2-1。

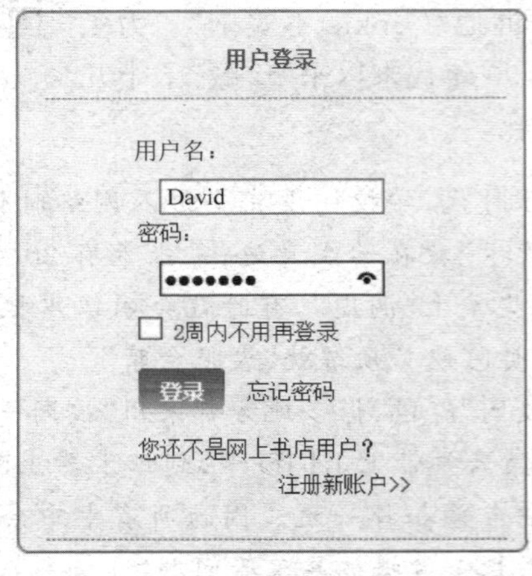

(a) 会员登录页面

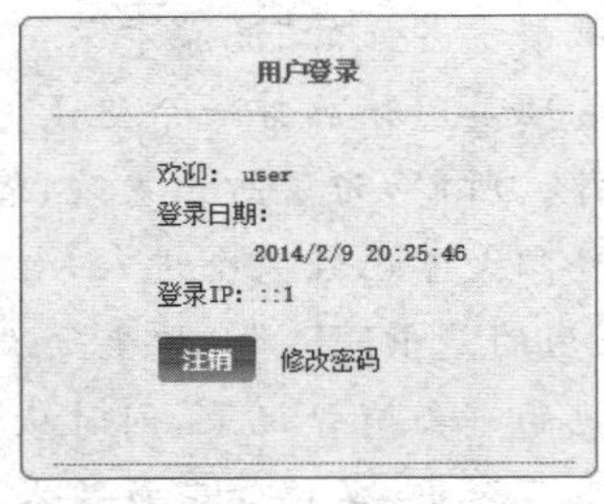

(b) 会员登录成功后的欢迎信息

图 3-1-1 "会员登录"页面设计参考

(2) 完善会员登录页功能操作主流程:

① 输入用户名、密码,根据需要勾选"2 周内不用再登录"复选框。

② 单击"登录"按钮,读取客户端输入,处理会员登录业务逻辑。

③ 会员用户名、密码校验通过,会员登录成功。

④ 将当前登录的会员用户名、登录时间保存在 Cookie 中。

(3) 完善会员登录页功能操作分支流程:

① 打开会员登录页时,如会员已登录成功,则在页面显示欢迎信息(已登录会员账号、登录时间)。

② 会员登录失败,弹出对话框提示错误(会员账户不存在或密码不正确)。

3-1-2 使用 Cookie 保存登录状态

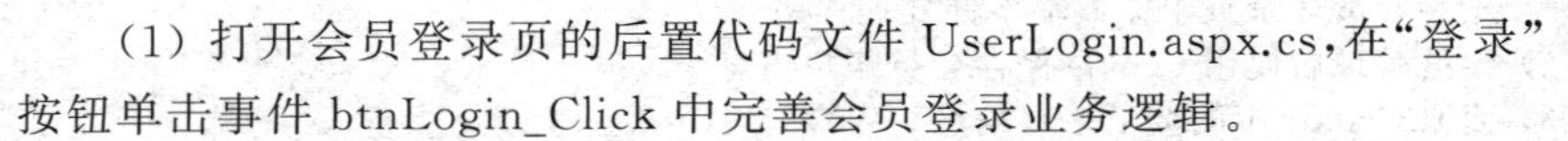

(1) 打开会员登录页的后置代码文件 UserLogin.aspx.cs,在"登录"按钮单击事件 btnLogin_Click 中完善会员登录业务逻辑。

(2) 在"任务 2-1 创建会员登录页"中,已经实现了会员登录的基本功能:当会员在会员登录页输入用户名、密码,单击"登录"按钮(btnLogin)后,服务器端读取用户在浏览器端输入的会员用户名、密码,调用会员登录业务逻辑以判断当前登录的用户是否合法,并根据返回值提示错误信息。

(3) 当会员登录成功,将当前登录会员的用户名、登录时间保存到 Cookie 后,浏览器重定向到首页(Default.aspx);如果勾选了“2 周内不用再登录”复选框,则 Cookie 过期时间为 2 周(14 天)。

```
1   protected void btnLogin_Click(object sender, EventArgs e)
2   {
3       string loginId=txtLoginId.Text.Trim();
4       string loginPwd=txtLoginPwd.Text.Trim();
5       int returnId=UserManager.Login(loginId, loginPwd);
6       if (returnId==-1)
7       {
8           lblMessage.Text="*用户名不存在!";
9           return;
10      }
11      if(returnId==-2)
12      {
13          lblMessage.Text="*密码不正确!";
14          return;
15      }
16
17      HttpCookie cookieLogin=new HttpCookie("loginUserInfo");
18      cookieLogin.Values["loginId"]=userId;
19      cookieLogin.Values["visitDate"]=DateTime.Now.ToString();
20      if(cbLoginExpires.Checked)
21      {
22          cookieLogin.Expires=DateTime.Now.AddDays(14);
23      }
24      else
25      {
26          cookieLogin.Expires=DateTime.Now.AddDays(1);
27      }
28      Response.Cookies.Add(cookieLogin);
29
30      Response.Redirect("~/Default.aspx");
31  }
```

第 3～15 行:在“任务 2-1　创建会员登录页”中,已经实现会员登录的基本功能。

第 17 行:会员登录成功,创建键名为 loginUserInfo 的多值 Cookie。

第 18、19 行:将当前登录会员的用户名、登录时间保存到 Cookie。

第 20～27 行:如果勾选了“2 周内不用再登录”复选框,则 Cookie 过期时间为 2 周(14 天);否则默认为 1 天。

第 28 行:将登录 Cookie 保存到客户端。

第 30 行:登录成功后,浏览器重定向到前台门户首页。

3-1-3　读取并显示会员登录状态信息

页面初始加载时,隐藏 lblMessage 文本控件,即不显示输入项检查错误信息。主要代码如下。

```
1   protected void Page_Load(object sender, EventArgs e)
2   {
3       HttpCookie cookieLogin=Request.Cookies["loginUserInfo"];
4       if(cookieLogin==Null)
5       {
6           lblMessage.Text="请登录...";
7       }
8       else
9       {
10          string userId=cookieLogin.Values["loginId"];
11          string userVisitDate=cookieLogin.Values["visitDate"];
12          lblMessage.Text="欢迎 "+userId+",登录于: "+userVisitDate;
13      }
14  }
```

第3行：从 Cookie 读取会员登录状态信息。

第4～7行：如 Cookie 为空，则提示登录信息。

第8～13行：Cookie 不为空，则会员已成功登录，从 Cookie 中读取会员账号、登录时间，通过 Label 控件显示登录欢迎信息。

第10、11行：从多值 Cookie 中读取会员账号值、登录时间值。

3-1-4 测试会员登录页状态维护

(1) 在"解决方案资源管理器"窗格中，右击 Web 窗体页 UserLogin.aspx，在快捷菜单中选择"在浏览器中查看"命令(或按 Ctrl＋F5 组合键)，在浏览器中打开了窗体页 UserLogin.aspx。

(2) 根据表3-1-2所示的测试操作，对用户登录页状态维护进行功能测试。

表3-1-2 测试操作

测试用例	TUC-0301 会员登录状态维护		
编号	测试操作	期望结果	检查结果
1	输入用户名 user，密码 password，单击"登录"按钮	登录成功，浏览器重定向到首页	通过
2	在浏览器中重新打开会员登录页 UserLogin.aspx	从 Cookie 读取会员登录状态信息，在会员登录页显示欢迎信息	通过

相关知识与技能

3-1-5 状态管理和状态维护技术

无论 Web 应用程序多么先进，但是目前都基于 HTTP——一种无状态的协议。每次 Web 请求以后，客户端和服务器端都断开，同时 ASP.NET 引擎会释放页面对象，如图3-1-2所示。这种架构保证了 Web 应用程序能够同时响应数千个以上并发请求，而不会导致服务器内存崩溃，带来的问题就是必须通过其他技术来保存 Web 请求之间的状态信息，并在需要的时候获取它们。

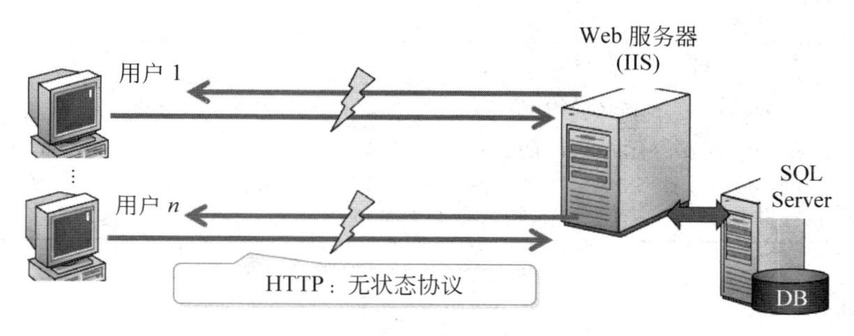

图 3-1-2 Web 应用程序请求-响应模型

因此，Web 应用程序本质上就是无状态的：Web 应用程序不自动指示序列中的请求是否全部来自相同的客户端（浏览器），或单个浏览器实例是否一致在查看页面或者站点。

ASP.NET 常用的状态维护技术通常可以从以下几个方面进行对比区分。

(1) 存储的物理位置：是存储在客户端还是服务器端？

(2) 存储的类型限制：是否可以存储任意类型，或仅存储特定类型（如字符串）？

(3) 状态使用的范围：是否可以跨应用程序、跨用户或者跨页面？

(4) 存储的大小限制：是否任意大小，或有一定字节限制？

(5) 生命周期：什么时候建立？什么时候销毁？

(6) 安全与性能：是否容易被窃取或篡改等？对服务器性能是否有影响？

3-1-6 客户端状态维护技术

客户端状态维护技术就是将状态信息保存在客户端的技术。ASP.NET 常用的客户端状态维护技术有视图状态（ViewState）、控件状态（ControlState）、隐藏域（HiddenField）、Cookie、查询字符串（QueryString）等。部分客户端维护技术对比如下。

1. 视图状态

视图状态是在单个页面保存状态信息的第一选择，ASP.NET Web 控件也使用视图状态在回发过程中保存其属性值。视图状态通过在页面中内建的 ViewState 属性及其键值对（字典集合），将用户自己的数据保存到视图状态集合中。视图状态的主要特征如表 3-1-3 所示。

表 3-1-3 视图状态的主要特征

特 征	说 明
存储位置	客户浏览器端，当前页面中（隐藏域）
存储类型	任意可序列化的.NET 数据类型
使用范围	当前浏览器页面（不能跨用户跨页面），即只能与特定页面紧密绑定，不能在不同页面间传送信息

续表

特　征	说　　明
存储大小	无限制
生命周期	在当前页面的回发过程中保持
安全与性能	存储大量信息会减慢传送速度
应用特点	单个页面保存用户自己的数据。ASP.NET Web 应用程序默认大量使用 ViewState（或者 ControlState），在页面回发到服务器之间保存页面及控件属性值等。建议通过有选择地禁用视图状态，削减不必要的视图状态，减少页面传送时间

2. Cookie

Cookie 是在用户计算机上创建的小文件（或者临时保存在客户计算机内存中）。Cookie 的主要特征如表 3-1-4 所示。

表 3-1-4　Cookie 的主要特征

特　征	说　　明
存储位置	客户端计算机中（特定位置的文本文件或内存）
存储类型	只能保存字符串数据（文本）
使用范围	用于单个 ASP.NET 应用程序，单用户独享、跨页面读写
存储大小	每个 Cookie 不超过 4KB，每个站点最多可以有 20 个 Cookie，所有站点累计保存的 Cookie 总和不能超过 300 个
生命周期	可在多个页面中使用，并在多次访问中保持
安全与性能	安全性低，容易被窃取和篡改；数据量小，保存在客户端，对服务器端没有影响
应用特点	站点的个性化设置，大量客户访问的状态保持（如大量会员登录状态等），但不建议在 Cookie 中保存隐私和保护数据，如密码、信用卡号等。用户可能会通过浏览器安全配置来禁用 Cookie，但建议启用 Cookie

3. 查询字符串

查询字符串通过 URL 在不同页面间传递消息。查询字符串的主要特征如表 3-1-5 所示。

表 3-1-5　查询字符串的主要特征

特　征	说　　明
存储位置	客户端浏览器的地址栏（URL）中
存储类型	字符串类型
使用范围	仅限于 URL 中指定的目标页面
存储大小	受限制（通常 1～2KB）
生命周期	用户输入新的 URL 或关闭浏览器时丢失
安全与性能	在 URL 中明文显示，容易被修改；数据量小，保存在客户端，对服务器端没有影响
应用特点	如将图书 ID 从列表页面传递到图书详情页面，需要在不同页面传递简单信息的场合

3-1-7 服务器端状态维护技术

服务器端状态维护技术就是将状态信息保存在服务器端的技术。ASP.NET 常用的服务器端状态维护技术有应用程序状态(Application)、会话状态(Session)、配置文件、缓存(Cache)、数据库等。部分服务器端维护技术对比如下。

1. 应用程序状态

应用程序状态基于 System.Web.HttpApplicationState 类,允许保存被所有客户访问的全局对象。应用程序状态的主要特征如表 3-1-6 所示。

表 3-1-6 应用程序状态的主要特征

特 征	说 明
存储位置	服务器内存
存储类型	任意.NET 数据类型
使用范围	整个 ASP.NET 应用程序,跨用户(对所有用户共享)
存储大小	无限制
生命周期	应用程序的生命周期(从应用程序运行第一次访问开始)
安全与性能	安全,数据保存在服务器;运行期间数据从来不会被移除或过期,存储大量数据会导致服务器性能下降
应用特点	存储全局数据,比如论坛中向所有用户共享当前访问人数

2. 会话状态

会话状态基于 System.Web.HttpSessionState 类,可以为每个用户单独保存会话信息。会话状态的主要特征如表 3-1-7 所示。

表 3-1-7 会话状态的主要特征

特 征	说 明
存储位置	服务器内存(默认)或专用的数据库
存储类型	所有可序列化的.NET 数据类型
使用范围	整个 ASP.NET 应用程序,单用户独享、跨页面读写
存储大小	无限制
生命周期	一段时间后超时(默认 20 分钟,可通过全局或编码设置)
安全与性能	安全,数据保存在服务器,但存在会话被劫持的可能性;存储大量数据会导致服务器性能下降,特别是同时有大量用户并发访问时,每个用户都有独立会话,对服务器性能影响较大
应用特点	对安全性要求较高的场合,比如管理后台管理员登录,在购物车中临时保存购物项等

3-1-8 Cookie 对象

Cookie 的一个优点就是简单,对用户透明,可以很方便地由 Web 应用程序的任意页面使用,甚至可以保存很久以便于用户使用。但是 Cookie 只能保存简单的字符串信息,也容易被用户在本地计算机上找到并随时访问和读取、修改,使得 Cookie 不适合保存复杂、私密的信息或者大量数据。

Cookie 基于 System.Web.HttpCookie 类,提供了一种在 Web 应用程序中存储用户特定信息的方法,伴随着用户请求和页面在 Web 服务器和浏览器之间传递。Cookie 包含每次用户访问站点时 Web 应用程序都可以读取的信息。例如,电子商务站点使用 Cookie"记住"和跟踪每位购物者,这样就可以管理购物车和其他的用户特定信息;或者要求用户登录站点,可以通过 Cookie 来记录用户是否已经登录,这样用户就不必每次都输入凭据。

Cookie 与 Web 应用程序关联,是跨页面的,而不是与特定的页面关联。因此,无论用户请求站点中的哪一个页面,浏览器和服务器都将交换该用户的 Cookie 信息。不同的 Web 应用程序不能共享 Cookie,用户访问不同站点时,各个站点都可能会向用户的浏览器发送一个 Cookie,但浏览器会分别存储所有 Cookie。

Cookie 存储有大小和个数限制。大多数浏览器支持最大为 4096B(4KB)的 Cookie。因此,一般用 Cookie 来存储少量数据,或者存储用户 ID 之类的标识符。同时,浏览器还限制站点可以在用户计算机上存储 20 个 Cookie;如果试图存储更多 Cookie,则最旧的 Cookie 便会被丢弃。有些浏览器还会对它们将接受的来自所有站点的 Cookie 总数作出绝对限制,通常为 300 个。

可以设置 Cookie 的到期日期和时间。如果没有设置 Cookie 的有效期,仍会创建 Cookie,但不会将其存储在用户的硬盘上,而会将该 Cookie 作为用户会话信息的一部分保存在客户端计算机的内存中。当用户关闭浏览器时,Cookie 便会被丢弃。这种非永久性 Cookie 很适合用来保存只需短时间存储的信息,或者保存由于安全原因不应该写入客户端计算机上的磁盘的信息。对于长时间不过期的 Cookie,可将到期日期设置为从现在起几个月或几年。

Cookie 可能会被用户禁用,用户可以将其浏览器设置为拒绝接受 Cookie。而且用户还可以随时清除其计算机上的 Cookie,即便存储的 Cookie 距到期日期还有很长时间。

Cookie 会有安全隐患,用户可以在自己的计算机上找到 Cookie 文件,读取或修改内容。因此,建议 Cookie 中保存的关键信息要经过加密处理,但仍不建议在 Cookie 中保存隐私和保护数据,如密码、信用卡号等内容。

1. Cookie 的常用属性和方法

Cookie 的常用属性和方法如表 3-1-8 所示。

表 3-1-8 Cookie 的常用属性和方法

属性/方法	说明
Expires	设置或获取 Cookie 的过期时间
Value	设置或获取单值 Cookie 的值
Values	设置或获取多值 Cookie 中的键值对集合

续表

属性/方法	说　　明
Add()	添加一个 Cookie 到 Cookies 集合中
Clear()	清除 Cookies 集合中的 Cookie
Remove()	在 Cookies 集合中移除某个键名的 Cookie

2. 设置 Cookie

浏览器负责管理所有 Cookie。ASP.NET 使用 HttpResponse 对象来设置 Cookie，要发送给浏览器的所有 Cookie 都必须添加到 Cookies 集合中。每个 Cookie 必须有一个唯一的名称，都需要设置键名称、值、过期时间等信息，以“键值对”形式保存。

(1) 创建单值 Cookie 的示例如下。

```
1  HttpCookie cookieLogin=new HttpCookie("userName ");
2  cookieLogin.Value="张三";
3  cookieLogin.Expires=DateTime.Now.AddDays(1);
4  Response.Cookies.Add(cookieLogin);
```

第1行：创建一个 Cookie 对象实例，初始化该 Cookie 对象的键名为 userName。

第2行：设置该 Cookie 对象的值。

第3行：设置该 Cookie 对象的过期时间(1天)。

第4行：使用 Response 对象，将该 Cookie 添加到 Cookies 集合中，即“写”到客户端计算机上。

(2) 创建多值 Cookie，可以在一个 Cookie 中存储多个名称/值对(称为子键)。例如会员登录后，需要保存登录用户 ID、本次登录时间等信息。创建多值 Cookie 的示例如下。

```
1  HttpCookie cookieLogin=newHttpCookie("loginUserInfo");
2  cookieLogin.Values["loginId"]="张三";
3  cookieLogin.Values["visitDate"]=DateTime.Now.ToString();
4  cookieLogin.Expires=DateTime.Now.AddDays(1);
5  Response.Cookies.Add(cookieLogin);
```

第1行：创建一个 Cookie 对象实例，初始化该 Cookie 对象的键名为 loginUserInfo。

第2行：设置该 Cookie 对象的子键值，用来保存登录用户 ID。

第3行：设置该 Cookie 对象的子键值，用来保存本次登录时间。

第4行：设置该 Cookie 对象的过期时间(1天)。

第5行：使用 Response 对象，将该 Cookie 添加到 Cookies 集合中，用来将响应的 Cookies 集合返回给浏览器端(设置 Cookie，保存到客户端计算机上)。

3. 读取 Cookie

浏览器向服务器发出请求时，会随请求一起将客户端上的 Cookie 发送到该服务器。在 ASP.NET 应用程序中，可以使用 HttpRequest 对象读取 Cookie。HttpRequest 对象的结构与 HttpResponse 对象的结构基本相同,因此,可以从 HttpRequest 对象中读取 Cookie。

(1) 读取单值 Cookie 的示例如下。

```
1  stringuserName;
2  HttpCookiecookieLogin=Request.Cookies["userName"];
3  if(cookieLogin !=Null)
4  {
5      userName=cookieLogin .Value;
6  }
```

第 2 行:创建一个 Cookie 对象的实例,从浏览器端发送的请求中,使用 Request 对象读取键名为 userName 的 Cookie。

第 3 行:在尝试读取 Cookie 值之前,首先判断 Cookie 是否存在,否则会触发异常。

第 5 行:读取该 Cookie 的值。

(2) 读取多值 Cookie 的示例如下。

```
1  stringuserId, userVisitDate;
2  HttpCookiecookieLogin=Request.Cookies["loginUserInfo"];
3  if(cookieLogin !=Null)
4  {
5      userId=cookieLogin.Values["loginId"];
6      userVisitDate=cookieLogin.Values["visitDate"];
7  }
```

第 2 行:创建一个 Cookie 对象的实例,从浏览器端发送的请求中,使用 Request 对象读取键名为 loginUserInfo 的 Cookie。

第 3 行:在尝试读取 Cookie 值之前,首先判断 Cookie 是否存在,否则会触发异常。

第 5、6 行:根据子键的键名读取该 Cookie 的子键值。

4. 删除 Cookie

删除 Cookie(即从用户计算机的硬盘中物理移除 Cookie)是修改 Cookie 的另一种形式。由于 Cookie 在用户的计算机中,因此无法将其直接移除。但是,可以让浏览器来删除 Cookie,即创建一个与要删除的 Cookie 同名的新 Cookie,并将该 Cookie 的到期日期设置为早于当前日期的某个日期,也就是让 Cookie 强制过期。当浏览器检查 Cookie 的到期日期时,浏览器便会丢弃这个现已过期的 Cookie。删除 Cookie 的示例如下。

```
1  HttpCookie cookieLogin=new HttpCookie("userName");
2  cookieLogin.Expires=DateTime.Now.AddDays(-1);
3  Response.Cookies.Add(cookieLogin);
```

第 1 行:创建一个 Cookie 对象的实例,初始化该 Cookie 对象的键名为 userName。注意,该新 Cookie 对象与要删除的 Cookie 同名。

第 2 行:设置该 Cookie 对象的过期时间早于当前日期(减 1 天)。

第 3 行:使用 Response 对象,将该 Cookie 重新添加到 Cookies 集合中,即将客户端计算机上的同名Cookie覆盖修改。

3-1-9 Response对象

Response对象是System.Web.HttpResponse类的实例，封装了Web服务器对客户端请求的响应。它用来操作HTTP相应的信息，用于将结果返回给请求者(浏览器端)。

1. Response常用的属性和方法

Response的常用属性和方法如表3-1-9所示。

表3-1-9 Response的常用属性和方法

属性/方法	说明
Cookies	获取响应的Cookies集合，用来将响应的Cookies集合返回给浏览器端(设置Cookie，保存到客户端计算机上)
Write()	将信息写入HTTP响应流，并输出到客户端浏览器
Redirect()	将客户端浏览器重定向到指定的URL

关于Response对象更详细的内容请参阅MSDN文档。

2. 使用Response对象举例

(1) 将客户端浏览器重定向到新的URL。

```
1  Response.Redirect("Index.aspx ");
2  Response.Redirect("~/MemberPortal/UserLogin.aspx ");
3  Response.Redirect("Http://www.asp.net ");
```

第1行：将浏览器重定向到Index.aspx页面。

第2行：将浏览器重定向到ASP.NET应用程序根目录下MemberPortal文件夹中的会员登录页面。

第3行：将浏览器重定向到微软ASP.NET官网网址。

(2) 向浏览器输出信息。

```
1  Response.Write("欢迎访问可可网上商城!");
2  Response.Write("<script>alert('登录失败,账户不存在或密码错误!')</script>");
3  Response.Write("<font color=red> * 必须输入用户名。</font>");
```

第1行：向浏览器输出并显示字符串。

第2行：向浏览器输出并执行JavaScript脚本(消息对话框)。

第3行：向浏览器输出并解释HTML元素。

3-1-10 Request对象

Request对象是System.Web.HttpRequest类的实例。当用户在客户端浏览器向Web应用程序发出请求时，会将客户端的信息发送到Web服务器。Web服务器将接收到一个HTTP请求，包含了所有查询字符串参数、表单参数、Cookie数据以及浏览器信息。在 ASP.NET 中运行时就把这些客户端浏览器的请求信息封装为 Request 对象。

Request 的常用属性和方法如表 3-1-10 所示。

表 3-1-10 Request 的常用属性和方法

属性/方法	说　明
Cookies	获取客户端浏览器请求的 Cookies 集合
QueryString	获取浏览器地址栏 URL 中的查询字符串参数键值
ServerVariables	获取服务器环境变量信息
Form	获取客户端浏览器表单中各元素信息
MapPath()	为当前请求 URL 中的虚拟路径映射为服务器上的物理路径

职业能力拓展

3-1-11 限制会员非法尝试登录次数

程可儿对状态管理和 Cookie 有了全新的认识。考虑到"可可网上商城"的用户访问安全性,程可儿跟陈靓讨论后,建议在会员尝试登录时,要有登录失败的次数限制,以防止用户反复"试错"尝试破解密码,需求如下。

(1) 用户输入用户名、密码等凭据后没有成功登录,系统要保存用户登录失败的状态信息,包含连续登录失败的次数、该用户尝试登录的客户端 IP 地址等。

(2) 如果连续 5 次没有成功登录,应弹出消息对话框提示,并在 15 分钟内禁止用户尝试登录;可以引导该会员去"找回密码"。

(3) 如果该会员成功登录,则清除登录失败的状态信息。

陈靓鼓励程可儿去尝试实现这个功能,建议可以用 Cookie 技术来保存登录失败的状态信息。当然,陈靓也提醒程可儿,在防范"非法"用户可能反复尝试登录以破解密码的同时,不能损伤了合法用户得到良好体验度的需求。

任务 3-2 为会员设计登录状态导航

任务描述与分析

程可儿虽然是实习生,但是项目中负责的几个任务质量都很好,陈靓和团队其他成员私下都很肯定程可儿。程可儿的自信心越来越足,如果有不懂的问题或遇到技术难题,可以在团队中迅速得到解答和指导,MSDN、技术论坛中也有许多好的帖子可以帮助他积累经验。

程可儿的下一个任务就是"为会员设计登录状态导航"。这个任务在技术上难度不高,主要是为了提高用户良好的体验度:在"可可网上商城"中,会员登录前或者成功登录以后,要能够提供相对应区分的、清晰易用的状态导航。

开发任务单如表 3-2-1 所示。

表 3-2-1　开发任务单

任务名称	＃302　为会员设计登录状态导航		
相关需求	作为一名会员用户，我想要在网上商城前台门户的登录页面中呈现我的登录状态，以便于我能快捷地访问会员登录、修改个人信息等页面		
任务描述	(1) 完善前台门户会员登录页 UI 设计 (2) 读取会员登录状态信息 (3) 根据会员登录状态展示导航链接 (4) 在前台门户会员登录页中测试登录状态导航		
所属迭代	Sprint ＃2　设计“可可网上商城”用户交互		
指派给	程可儿	优先级	4
任务状态	□已计划　☑进行中　□已完成	估算工时	8

任务设计与实现

3-2-1　完善详细设计

(1) 完善会员登录页面 UI 设计：参考图 3-2-1。

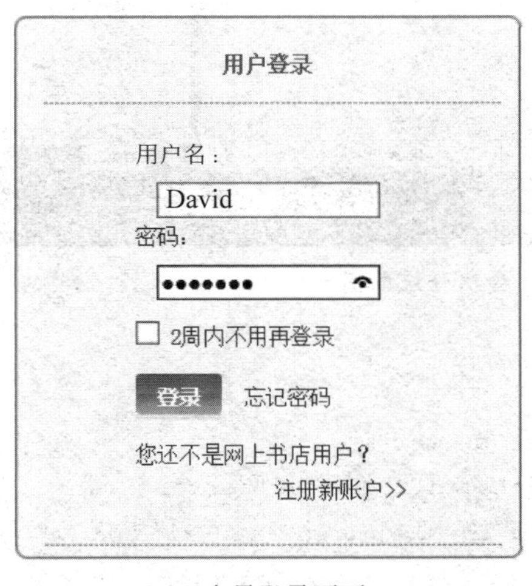

(a) 会员登录页面　　(b) 会员登录成功后的欢迎信息

图 3-2-1　会员登录页面设计参考

(2) 完善会员登录页功能操作。

① 如会员未登录，则显示会员登录面板，如图 3-2-1(a)所示，隐藏会员登录状态导航面板。

② 如会员已登录成功，则隐藏会员登录面板，显示会员登录状态导航面板，如图 3-2-1(b)所示，显示已登录会员用户名、登录时间、登录 IP 地址，提供“注销”按钮和“修改密码”链接。

3-2-2　完善会员登录交互界面

1. 完善会员登录面板交互界面

(1) 在 Visual Studio 中打开会员登录页 UserLogin.aspx,切换到设计视图。

(2) 打开"工具箱"面板,展开"标准"组,拖放服务器控件 Panel 到页面中,将该 Panel 控件的 ID 命名为 pnlLogin,作为会员登录面板区域。

(3) 把原会员登录页面的所有控件放置在该 Panel 中,如图 3-2-2 所示。

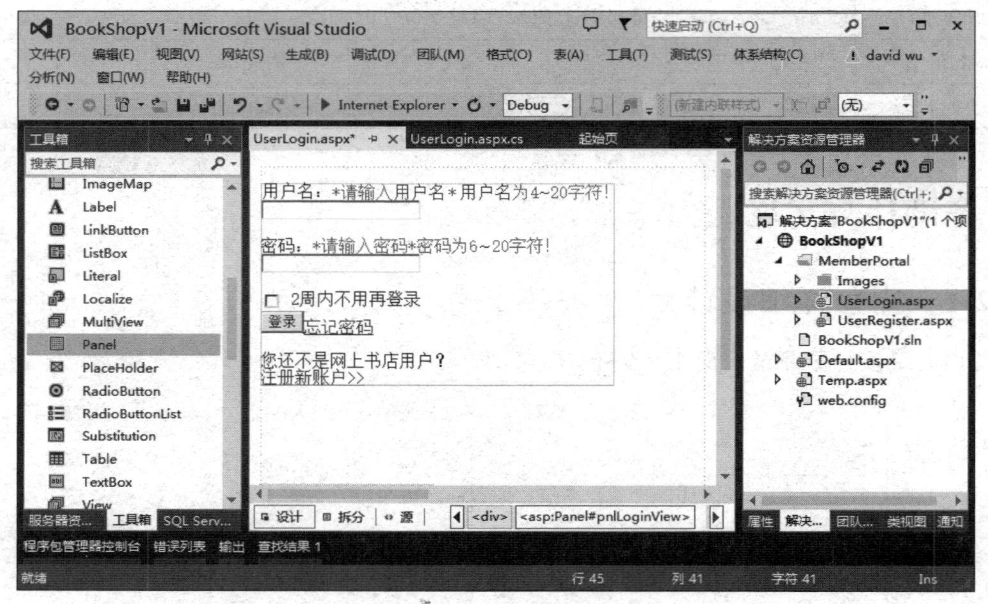

图 3-2-2　会员登录面板

会员登录面板部分代码清单如下。

```
1    <asp:Panel ID="pnlLogin" runat="server">
2        用户名: <asp:TextBox ID="txtLoginId" runat="server" />
3        <asp:RequiredFieldValidator ID="RequiredFieldValidator1"
             runat="server" ControlToValidate="txtLoginId"
4            Display="Dynamic" ForeColor="Red"
5            Text="* 请输入用户名" />
6        <asp:RegularExpressionValidator ID="RegularExpressionValidator1"
             runat="server" ControlToValidate="txtLoginId"
7            ValidationExpression="^[a-zA-Z0-9]\w{3,19}$ "
8            Display="Dynamic" Text="* 用户名为 4~20 字符!" ForeColor="Red" />
9        密码: <asp:TextBox ID="txtLoginPwd" runat="server" TextMode="Password" />
10       <asp:RequiredFieldValidator ID="RequiredFieldValidator2"
         runat="server"
```

```
11          ControlToValidate="txtLoginPwd" Display="Dynamic" ForeColor="Red"
12          Text="*请输入密码" />
13      <asp:RegularExpressionValidator ID="RegularExpressionValidator2"
            runat="server" ControlToValidate="txtLoginPwd"
14          ValidationExpression="^[a-z0-9A-Z]\w{5,19}$ "
15          Display="Dynamic" ForeColor="Red"  Text="*密码为 6~20 字符!" />
16      <asp:CheckBox ID="cbLoginExpires" runat="server"
            Text=" 2 周内不用再登录" />
17      <asp:Button ID="btnLogin" runat="server" Text="登录"
            OnClick="btnLogin_Click" />
18      <asp:HyperLink ID="hlnkGetPassword" runat="server" Text="忘记密码"
19          NavigateUrl="~/MemberPortal/GetPassword.aspx" />
20      您还不是网上书店用户?<br />
21      <asp:HyperLink ID="hlnkRegister" runat="server" Text="注册新账户>>"
22          NavigateUrl="~/MemberPortal/UserRegister.aspx" />
23  </asp:Panel>
```

2. 设计会员登录状态导航面板交互界面

(1) 如图 3-2-3 所示,参考交互界面设计,在会员登录面板区域下方,再拖放服务器控件 Panel 到页面中,将该 Panel 控件的 ID 命名为 pnlLoginView,作为会员登录状态导航面板区域。

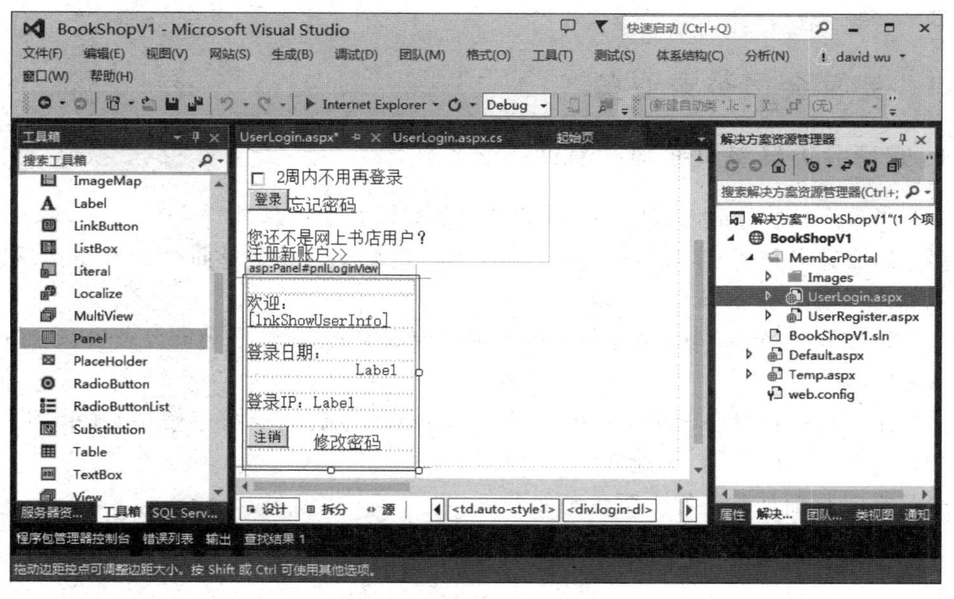

图 3-2-3　会员登录状态导航面板

(2) 将会员登录状态导航的控件拖放到页面中并设置属性。主要控件及属性如表 3-2-2 所示。

表 3-2-2　会员登录状态导航的主要控件及属性

控件 ID	控件类型	主要属性及说明
pnlLogin	Panel	会员登录面板
pnlLoginView	Panel	会员登录状态导航面板
lnkShowUserInfo	LinkButton	超链接,显示当前登录的会员用户名
lblLoginDate	Label	显示会员登录日期
lblLoginIP	Label	显示会员登录客户端 IP 的地址
btnLogout	Button	Text：注销；OnClick 事件
hlnkModifyPassword	HyperLink	Text：修改密码 NavigateUrl：～/MemberPortal/GetPassword.aspx

其代码如下。

```
1  <asp:Panel ID="pnlLoginView" runat="server">
2      欢迎: <asp:LinkButton ID="lnkShowUserInfo" runat="server" />
3      登录日期: <asp:Label ID="lblLoginDate" runat="server" />
4      登录 IP: <asp:Label ID="lblLoginIP" runat="server" />
5      <asp:Button ID="btnLogout" runat="server" Text="注销"
          OnClick="btnLogout_Click" />
6      <asp:HyperLink ID="hlnkModifyPassword" runat="server"
7          NavigateUrl="~/MemberPortal/GetPassword.aspx">修改密码
       </asp:HyperLink>
8  </asp:Panel>
```

3-2-3　完善会员登录业务

1. 完善会员登录页面加载事件

(1) 当页面初始加载时,从 Cookie 读取会员登录状态信息。

(2) 如会员未登录(读取的 Cookie 为 Null),则显示会员登录面板 pnlLogin,隐藏会员登录状态导航面板 pnlLoginView。

(3) 如会员已登录成功,则隐藏会员登录面板 pnlLogin,显示会员登录状态导航面板 pnlLoginView。

(4) 在会员登录状态导航面板中,读取 Cookie 中会员登录状态信息,显示已登录会员用户名、登录时间、登录 IP 地址。

会员登录页面加载事件主要代码如下。

```
1  protected void Page_Load(object sender, EventArgs e)
2  {
3      HttpCookie cookieLogin=Request.Cookies["loginUserInfo"];
4      if(cookieLogin==Null)
5      {
6          pnlLogin.Visible=True;
```

```
7           pnlLoginView.Visible=False;
8       }
9       else
10      {
11          string userId=cookieLogin.Values["loginId"];
12          string userVisitDate=cookieLogin.Values["visitDate"];
13          lnkShowUserInfo.Text=userId;
14          lblLoginDate.Text=userVisitDate;
15          lblLoginIP.Text=HttpContext.Current.Request.UserHostAddress;
16
17          pnlLogin.Visible=False;
18          pnlLoginView.Visible=True;
19      }
20  }
```

第3行：从Cookie读取会员登录状态信息。

第6、7行：如Cookie为空，则显示会员登录面板区域pnlLogin，隐藏会员登录状态导航面板区域pnlLoginView。

第9～19行：Cookie不为空，则会员已成功登录，则隐藏会员登录面板区域pnlLogin，显示会员登录状态导航面板区域pnlLoginView，并显示登录状态信息。

第11、12行：从多值Cookie中读取会员用户名、登录时间。

第13～15行：分别在控件中显示登录会员用户名、登录时间、登录客户端IP地址。

2. 处理“注销”按钮单击事件

单击“注销”按钮btnLogout后，强制Cookie过期，实现注销登录业务。主要代码如下。

```
1   protected void btnLogout_Click(object sender, EventArgs e)
2   {
3       HttpCookie cookieLogin=Request.Cookies["loginUserInfo"];
4       cookieLogin.Values["loginId"]=string.Empty;
5       cookieLogin.Values["visitDate"]=string.Empty;
6       cookieLogin.Expires=DateTime.Now.AddDays(-1);
7       Response.Cookies.Add(cookieLogin);
8
9       Response.Redirect("~/Default.aspx");
10  }
```

第6行：将Cookie生存期设置为当前日期的之前一天。

第7行：更新Cookie值，通过Cookie强制过期实现注销登录。

第9行：将浏览器重定向到前台门户首页。

3-2-4 测试会员登录状态导航

(1) 在“解决方案资源管理器”窗格中，右击Web窗体页UserLogin.aspx，在快捷菜单中选择“在浏览器中查看”命令(或按 Ctrl+F5 组合键),在浏览器中打开窗体页 UserLogin.aspx。

(2) 根据如表 3-2-3 所示的测试操作,对用户登录页状态导航进行功能测试。

表 3-2-3 测试操作

测试用例		TUC-0302 会员登录状态导航	
编号	测 试 操 作	期 望 结 果	检查结果
1	在浏览器中首次打开会员登录页 UserLogin.aspx	会员未登录,仅显示会员登录面板	通过
2	输入用户名 user,密码 password,单击“登录”按钮	登录成功,浏览器重定向到首页	通过
3	在浏览器中重新打开会员登录页 UserLogin.aspx	会员已登录,仅显示会员登录导航面板,读取 Cookie 值并显示登录状态信息	通过
4	单击“注销”按钮	注销会员登录,浏览器重定向到首页	通过

职业能力拓展

3-2-5 实现首页登录状态导航条

程可儿举一反三,发现前台门户导航区域的导航条与今天的任务非常相似:当会员登录前,如图 3-2-4(b)所示,显示“新用户注册”“登录”链接;会员成功登录后,如图 3-2-4(c)所示,显示会员欢迎信息和“注销”链接。几乎所有电商平台导航条都有这样的基本功能,程可儿非常感兴趣。

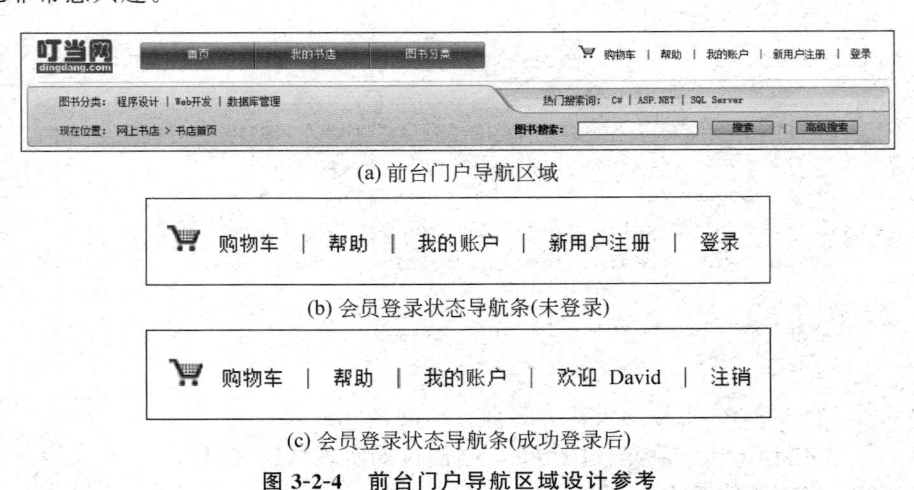

(a) 前台门户导航区域

(b) 会员登录状态导航条(未登录)

(c) 会员登录状态导航条(成功登录后)

图 3-2-4 前台门户导航区域设计参考

陈靓鼓励程可儿继续尝试去实现这个功能。

任务 3-3 为后台管理员设计登录状态导航

任务描述与分析

程可儿从项目看板上认领了一个需求点——“为后台管理员设计登录状态导航”。因为这个需求点与程可儿的前序任务的功能特点、技术都非常相似。

当然，陈靓继续和程可儿聊着“状态管理”的话题。之前，陈靓用大学期间纸质的“洗澡卡”来形象地解释了 Cookie 技术的特点。那么，现在陈靓就用“校园一卡通”那张 RFID 卡来类比解释 Session 状态：学生一直随身携带 RFID 卡(具有唯一的 ID 以便区分)，这个唯一 ID 就类似于 Session ID，用于标识每次活动的会话；学生将 RFID 卡放到读卡器上扫一下，机器读到该唯一 ID，由服务器负责处理数据，也形象地说明 Session 状态信息是保存在服务器上、不容易被篡改的。相比 Cookie 而言，Session 更安全。

对于管理后台的管理员登录状态管理，陈靓建议程可儿采用 Session 技术实现。开发任务单如表 3-3-1 所示。

表 3-3-1 开发任务单

任务名称	#303 为后台管理员设计登录状态导航		
相关需求	作为一名管理员用户，我希望在网上商城管理后台的页面导航栏中呈现我的登录信息，这样可以快捷地获取管理员信息等		
任务描述	(1) 在管理后台首页中完善状态导航栏设计 (2) 读取管理员登录状态信息 (3) 根据管理员登录状态展示状态信息和导航链接 (4) 在管理后台首页中测试状态导航		
所属迭代	Sprint #2 设计“可可网上商城”用户交互		
指派给	程可儿	优先级	4
任务状态	□已计划 ☑进行中 □已完成	估算工时	8

任务设计与实现

3-3-1 详细设计

(1) 用例名称：管理员登录(UC-0303)，如图 3-3-1 所示。

(2) 用例说明：此用例帮助管理员让系统管理平台识别自己的身份。管理员提供用户名和密码来通过身份验证。所有登录请求无论成功与否都将被日志记录。

(3) 页面导航：管理后台登录页 AdminLogin.aspx→管理后台首页 AdminDefault.aspx。

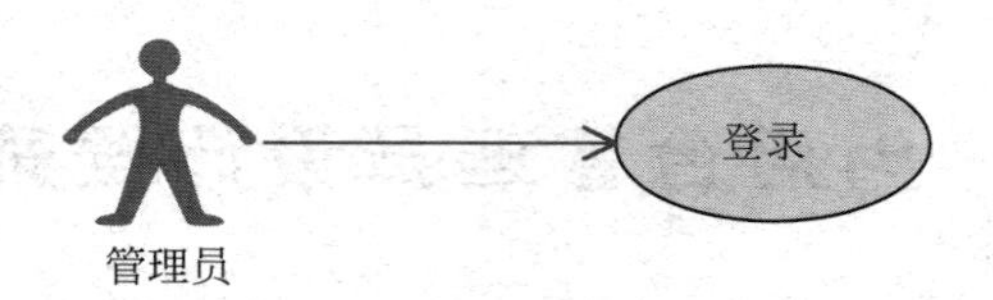

图 3-3-1 “管理员登录”用例

(4) 页面 UI 设计：参考图 3-3-2 和图 3-3-3。

(5) 功能操作：

① 在管理后台登录页中输入管理员用户名、密码，如图 3-3-2 所示。

② 单击“登录”按钮，读取客户端输入，处理管理后台登录业务逻辑。

③ 管理员成功登录，登录状态信息保存在 Session 中，浏览器跳转到管理后台首页。

④ 管理后台首页读取并显示管理员登录状态信息(管理员用户名、登录 IP 地址)，如图 3-3-3 所示。

⑤ 在管理后台首页单击“注销”超链接，管理员注销登录状态信息，浏览器跳转到管理后台登录页。

(6) 异常处理：

① 管理员用户名、密码未输入，提示输入数据验证错误。

② 管理员用户名不存在，弹出对话框提示错误。

③ 管理员密码不正确，弹出对话框提示错误。

(7) 输入项：

① 用户名——必输，单行文本框。

② 密码——必输，单行密码文本框。

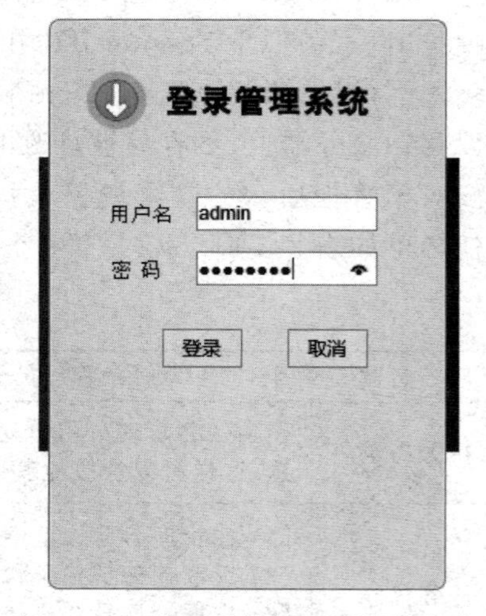

图 3-3-2 管理员登录页面设计参考

图 3-3-3 管理后台首页页面设计参考(管理员登录后)

(8) 控件：

① “登录”按钮——实现会员登录逻辑。

② “取消”按钮——清除所有输入项数据。

③ “注销”超链接——退出登录并导航到 AdminLogin.aspx。

3-3-2 创建并设计管理后台登录交互界面

(1) 在 Visual Studio 中打开项目解决方案 BookShop.sln。

(2) 在“解决方案资源管理器”窗格中，右击表示层项目 BookShop.WebUI，在快捷菜单中选择“添加”→“新建文件夹”命令，在项目 BookShop.WebUI 中新建文件夹 AdminPlatform，管理后台相关的所有 Web 窗体和资源都放在这个文件夹中。

(3) 在 AdminPlatform 文件夹中添加 Web 窗体 AdminLogin.aspx，并参照管理后台登录页 UI 设计，设计页面布局，如图 3-3-2 所示。

(4) 将服务器控件、验证控件拖放到 AdminLogin.aspx 页相应位置，并设置各控件属性。

管理后台登录页 AdminLogin.aspx 的主要控件及属性如表 3-3-2 所示。

表 3-3-2 管理后台登录页 AdminLogin.aspx 的主要控件及属性

控件 ID	控件类型	主要属性及说明
txtAdminId	TextBox	输入项“用户名”
rfvAdminId	RequiredFieldValidator	必需项验证 ControlToValidate：txtAdminId ValidationGroup：ValAdmin ErrorMessage：用户名必须输入!； Text= *
txtAdminPwd	TextBox	输入项“密码”
rfvAdminPwd	RequiredFieldValidator	必需项验证 ControlToValidate：txtAdminPwd ValidationGroup：ValAdmin ErrorMessage：用户名必须输入!； Text= *
btnLogin	Button	按钮“登录”；Text：登录；添加 OnClick 事件
btnCancel	Button	按钮“取消”；Text：取消；添加 OnClick 事件
ValidationSummary1	ValidationSummary	显示验证错误信息；ValidationGroup：ValAdmin

AdminLogin.aspx 的主要代码如下。

```
1   用户名:
2   <asp:TextBox ID="txtAdminId" runat="server" />
3       <asp:RequiredFieldValidator ID="rfvAdminId" runat="server"
4           ControlToValidate="txtAdminId" ErrorMessage="用户名必须输入!"
            Text="*"
5           Display="Dynamic" ValidationGroup="ValAdmin" ForeColor="Red">
6       </asp:RequiredFieldValidator>
7   密码:
8   <asp:TextBox ID="txtAdminPwd" runat="server" TextMode="Password" />
9   <asp:RequiredFieldValidator ID="rfvAdminPwd" runat="server"
10          ControlToValidate="txtAdminPwd" ErrorMessage="密码必须输入!"
            Text="*"
```

```
11          Display="Dynamic" ValidationGroup="ValAdmin" ForeColor="Red">
12  </asp:RequiredFieldValidator>
13  <asp:Button ID="btnLogin" runat="server" Text="登录"
        onclick="btnLogin_Click" />
14  <asp:Button ID="btnCancel" runat="server" Text="取消"
        onclick="btnCancel_Click" />
15  <asp:ValidationSummary ID="ValidationSummary1" runat="server"
        ValidationGroup="ValAdmin" ForeColor="Red" />
```

3-3-3　处理管理后台登录业务逻辑

1. 表示层

在管理员登录页设计视图下，双击“登录”按钮(btnLogin)后，Visual Studio 会在源文件中添加控件 OnClick 事件，在后置代码文件中添加该按钮的单击事件 btnLogin_Click 代码段。

在 btnLogin_Click 事件中，要实现这样的功能需求：单击“登录”按钮(btnLogin)后，服务器端读取用户在浏览器端输入的管理员用户名、密码，调用并执行管理员登录业务逻辑，以判断当前登录的用户是否合法；若合法性校验失败，则管理员登录未成功，根据返回值提示错误信息；若管理员登录成功，则将当前登录管理员的用户名等信息保存到 Session 中，浏览器重定向到管理后台首页(AdminDefault.aspx)。主要代码如下。

```
1   protected void btnLogin_Click(object sender, EventArgs e)
2   {
3       stringadminId=txtAdminId.Text.Trim();
4       string adminPwd=txtAdminPwd.Text.Trim();
5       intreturnId=UserManager.AdminLogin(adminId, adminPwd);
6       if(returnId==-1)
7       {
8           Response.Write("<script language='javascript'>
9                   alert('登录失败,该管理员不存在!')</script>");
10                  return;
11      }
12      if(returnId==-2)
13      {
14          Response.Write("<script language='javascript'>
15                      alert('登录失败,管理员密码错误!')</script>");
16          return;
17      }
18
19      Session["AdminId"]=adminId;
20      Response.Redirect("~/AdminPlatform/AdminDefault.aspx");
21  }
```

第 3、4 行：定义变量，分别读取 Web 窗体中输入项管理员用户名、密码的控件值。

第 5 行：调用业务逻辑层静态类 UserManager 的方法 AdminLogin()，处理管理员登录业务逻辑，并将返回值(int 类型)赋值给变量 returnId。

第6～17行：会员登录异常，如果返回值为－1，则弹出消息对话框以提示“管理员不存在”；如果返回值为－2，则弹出消息对话框以提示“密码不正确”。

第16行：会员登录成功，控件lblMessage显示文本以提示欢迎信息。

第19行：管理员登录成功，将账户信息保存到Session中。

第20行：浏览器重定向到管理后台首页。

2. 完善业务实体层

(1) 在项目BookShop.Model中，打开类文件UserInfo.cs(用户业务实体类)。

(2) 完善业务实体类UserInfo.cs，在类定义中添加属性UserRoleId(用户角色)。主要代码如下。

```
1   namespace BookShop.Model
2   {
3       [Serializable]
4       public class UserInfo
5       {
6           public int Id { get; set; }
7           public string LoginId { get; set; }
8           public string LoginPwd { get; set; }
9           public string TrueName { get; set; }
10          ...
11          public int UserRoleId { get; set; }
12      }
13  }
```

第11行：新增用户角色属性UserRoleId为int类型，值为3表示为管理员，值为1表示普通会员。

3. 业务逻辑层

(1) 在项目BookShop.BLL，打开类文件UserManager.cs(用户业务逻辑相关类)。

(2) 实现管理员登录业务逻辑。在UserManager类中，添加管理员登录方法AdminLogin()，实现管理员登录业务逻辑即管理员合法性校验：根据用户名从数据访问层获得该管理员信息；如果管理员不存在或用户角色不是管理员，则返回整型值－1；如果管理员存在但密码不正确，则返回整型值－2；如果用户名、密码都正确，则返回整型值0。主要代码如下。

```
1   using System;
2   using System.Collections.Generic;
3   using System.Linq;
4   using System.Text;
5   using System.Threading.Tasks;
6   using BookShop.DAL;
7   using BookShop.Model;
8
```

```
9   namespace BookShop.BLL
10  {
11      public static class UserManager
12      {
13          public static int AdminLogin(string loginId, string loginPwd)
14          {
15              UserInfouser=UserService.GetUserByLoginId(loginId);
16              if(user==Null || user.UserRoleId !=3)
17              {
18                  return -1;
19              }
20              if(user.LoginPwd !=loginPwd)
21              {
22                  return -2;
23              }
24              return 0;
25          }
26      }
27  }
```

第13行：新增业务逻辑方法AdminLogin()，用来处理管理员登录业务逻辑，形参分别是登录用户名、密码，返回整型值。

第15行：定义用户业务实体实例user；调用数据访问层静态类UserService的方法GetUserByLoginId()，根据用户名查询用户信息，将返回值(UserInfo类)赋值给user。

第16～19行：如果返回值为Null，或者该用户角色类型不是管理员，则表示该管理员不存在，返回整型值－1。

第20～23行：如果返回值不为Null，则该管理员存在，判断其属性LoginPwd(密码)值是否与实参loginPwd值一致。如果不一致，则返回整型值－2。

第24行：该管理员存在且密码一致，则返回整型值0。

提示 这里第15行的数据访问层静态类UserService的方法GetUserByLoginId()是复用的，该方法的定义已经在任务2-1中实现了。

但是，为了满足本任务功能测试的需要，UserService.GetUserByLoginId()需要适当修改，请阅读代码并思考如何完善。

3-3-4 实现管理后台首页登录状态导航

1. 创建并设计管理后台首页交互界面

(1) 在解决方案表示层项目BookShop.WebUI的AdminPlatform文件夹中添加Web窗体AdminDefault.aspx，并参照如图3-3-2所示的管理后台首页UI设计，设计页面布局。

(2) 将服务器控件拖放到AdminDefault.aspx页相应位置，并设置各控件属性。主要控件及属性如表3-3-3所示。

表 3-3-3　管理后台首页登录状态导航的主要控件及属性

控件 ID	控件类型	主要属性及说明
lblLoginAdminId	Label	文本标签，显示管理员用户名
lblLoginFromIP	Label	文本标签，显示管理员登录 IP 地址
lnkbtnLogout	LinkButton	“注销”按钮；Text：注销；添加 OnClick 事件

AdminLogin.aspx 的主要代码如下。

```
1    欢迎您: <asp:Label ID="lblLoginAdminId" runat="server" />
2    IP: <asp:Label ID="lblLoginFromIP" runat="server" />
3    <asp:LinkButton ID="lnkbtnLogout" runat="server"
         OnClick="lnkbtnLogout_Click">
4    注销</asp:LinkButton>
```

2. 管理后台首页加载事件

管理后台首页初始加载时，从 Session 获取管理员登录状态信息并展示状态导航。主要代码如下。

```
1    protected void Page_Load(object sender, EventArgs e)
2    {
3        if (!Page.IsPostBack)
4        {
5            if(Session["AdminId"] !=Null)
6            {
7              lblLoginAdminId.Text=Session["AdminId"].ToString();
8              lblLoginFromIP.Text=HttpContext.Current.Request.UserHostAddress;
9            }
10           else
11           {
12             Response.Redirect("~/AdminPlatform/AdminLogin.aspx");
13           }
14       }
15   }
```

第 5 行：从 Session 中读取键名为 AdminId 的值，如非空（Null）则表示管理员已成功登录（读取的 Session 不为空）。

第 7 行：管理员已成功登录，首页通过文本标签显示已登录管理员用户名（Session 键值）。

第 8 行：管理员已成功登录，通过 HTTP 上下文读取浏览器端 IP 地址并在首页显示。

第 10～13 行：管理员未登录（读取的 Session 为空），将浏览器重定向到管理后台登录页。

3. “注销”按钮单击事件

单击“注销”按钮(lnkbtnLogout)后,销毁 Session 实现注销登录业务,并将浏览器重定向到管理后台登录页。主要代码如下。

```
1    protected void lnkbtnLogout_Click(object sender, EventArgs e)
2    {
3        Session.Abandon();
4        Response.Redirect("~/AdminPlatform/AdminLogin.aspx");
5    }
```

第 3 行:调用 Abandon 方法销毁 Session。

3-3-5　测试管理后台登录状态导航

(1) 在“解决方案资源管理器”窗格中,右击 Web 窗体页 AdminLogin.aspx,在快捷菜单中选择“在浏览器中查看”命令(或按 Ctrl+F5 组合键),在浏览器中打开窗体页 AdminLogin.aspx。

(2) 根据如表 3-3-4 所示的测试操作,对管理后台登录状态导航进行功能测试。

表 3-3-4　测试操作

测试用例	TUC-0303　管理后台登录状态导航		
编号	测 试 操 作	期 望 结 果	检查结果
1	输入用户名 admin,密码 password,单击“登录”按钮	管理员登录成功,浏览器重定向到管理后台首页;管理后台显示欢迎信息	通过
2	在管理后台首页登录状态导航条中单击“注销”按钮	注销管理员登录,浏览器重定向到管理后台登录页	通过
3	在浏览器中输入 URL,重新打开管理后台首页 AdminDefault.aspx	管理员没有登录,不能浏览管理后台首页,浏览器重定向到管理后台登录页	通过

相关知识与技能

3-3-6　Session 对象

Session 是一种用于服务器端状态管理的机制,将来自限定时间范围内的同一浏览器的请求标识为一个会话,可以为每个用户单独保存会话信息。

Session 对象基于 System.Web.HttpSessionState 类,使用 Session 变量集合保存会话信息,按变量名称或整数索引进行索引。Session 变量可以是任何有效的.NET 框架类型。

1. Session 标识符

ASP.NET 采用一个具有 120 位的唯一标识符来跟踪每一个 Session,这个唯一标识符由专有算法生成，称为SessionID。浏览器的会话使用存储在SessionID属性中的唯一标识符进行标识，对于每一个客户端（或者说浏览器实例）是“人手一份”，用户首次与Web服务器建立连接时，服务器会给用户分发一个SessionID作为标识，以便于区分当前请求页面的是哪一个客户端。为ASP.NET应用程序启用会话状态后，将检查应用程序中每个页面请求是否有浏览器发送的SessionID值。如果未提供任何SessionID值，则ASP.NET将启动一个新会话，并将该会话的SessionID值随响应一起发送到浏览器。默认情况下，SessionID值存储在客户端的Cookie中（被命名为ASP.NET_SessionID）。如果将应用程序配置为“无Cookie会话”，ASP.NET将通过在页面的URL中自动插入唯一的SessionID来保持无Cookie会话状态。

无论是作为Cookie还是作为URL的一部分，SessionID值都以明文的形式发送。恶意用户通过获取SessionID值并将其包含在对服务器的请求中，可以访问另一位用户的会话。如果将敏感信息存储在会话状态中，建议使用SSL来加密浏览器和服务器之间包含SessionID值的任何通信。

为提高应用程序的安全性，应当允许用户从应用程序注销，此时应用程序应当调用Abandon()方法。这降低了恶意用户获取URL中的唯一标识符并用它检索存储在会话中的用户私人数据的风险。

2. Session的常用属性、方法和事件

Session的常用属性、方法和事件如表3-3-5所示。

表3-3-5 Session的常用属性、方法和事件

属性/方法/事件	说　明
TimeOut	Session对象的生存周期，以分钟为单位。默认是20分钟
SessionID	标识会话的唯一ID
Abandon()	结束当前会话并清除会话中所有信息
Clear()	清除当前会话状态集合中所有键值
Session_OnStart	启用一个会话时触发，在Global.asax全局文件中处理
Session_OnEnd	终止一个会话时触发（超时或Abandon时），在Global.asax全局文件中处理

3. 使用Session

Session状态值的类型为Object，在读取会话值时需要强制转换为适当的类型。

当Session过期，Abandon当前Session，或者关闭（重启、更换）浏览器时，Session会丢失。

典型的存储Session示例如下。

```
Session["AdminId"]=txtAdminId.Text.Trim();
```

该语句定义键名为 AdminId 的 Session 变量,将管理员用户名作为值保存到该变量。

典型的读取 Session 示例如下。

```
1  if(Session["AdminId"] !=Null)
2  {
3      stringadminId=Session["AdminId"].ToString();
4  }
```

第1行: 使用 Session 变量前首先判断是否存在,否则抛出异常。

第3行: 读取键名为 AdminId 的 Session 变量值。注意,读取会话值时需要强制转换为适当的类型。

职业能力拓展

3-3-7 防止用户绕过登录页面

陈靓提示程可儿注意一个问题: 如果恶意用户已经记住了各个关键页面的 URL,但是没有正常登录,而是直接在浏览器的地址栏中输入该 URL,那么就很可能绕过了用户登录页面(或管理员登录页面)这道“大门”,所有的登录页面、登录状态及访问安全都无从谈起。

陈靓请程可儿完善相关功能需求。

(1) 前台门户的部分页面,如修改密码页等,需要会员登录后才能访问,这些页面加载时需要读取和判断会员登录状态(会员是否登录成功)。

(2) 管理后台的所有页面,必须管理员登录后才能访问,这些页面加载时需要读取和判断管理员登录状态(管理员是否登录成功)。

模 块 小 结

Sprint #2 结束后,“可可网上商城”前台门户的许多基本功能逐渐完整地呈现在杨国栋面前。杨国栋和他的可可连锁书店团队非常期待。

这一周,我们和程可儿一起实现了会员登录状态管理,为会员和后台管理员设计了登录状态导航,同时,在开发过程中进一步深入理解了 ASP.NET 状态管理、常用状态维护技术并对比了其主要特征。

该阶段工作完成后,研发团队初步达成以下目标。

(1) 理解 Web 应用状态管理。

(2) 理解并掌握常用的 ASP.NET 状态维护技术。

(3) 理解主要状态维护技术的区别,并在实际应用中使用。

能力评估

一、实训任务

1. 完善会员登录页 UserLogin.aspx 设计,用 Cookie 技术实现会员登录状态维护,实现会员“注销”登录功能。

2. 进一步完善登录页 UserLogin.aspx 设计,为会员设计登录状态导航。

3. 创建管理后台管理员登录页 AdminLogin.aspx,实现管理员登录业务功能及状态导航。

二、拓展任务

1. 使用合适的状态管理技术,实现会员登录页登录失败次数限制,以防止恶意破解密码。如达到 5 次未成功登录,则在 15 分钟内,应禁止该用户尝试登录。

2. 完善测试首页 Index.aspx 设计,实现首页顶部的登录状态导航条。

3. 为防止用户绕过登录页面,请根据功能需求完善前台门户和管理后台的页面设计,限制用户必须在登录成功后才能访问其他关键的页面。

三、简答题

1. 为什么说 Web 应用程序本质上是“无状态”的?

2. 什么是 Web 应用程序状态管理?

3. 常用的状态维护技术有哪些? 服务器端状态维护和客户端状态维护有哪些本质的区别?

4. 什么是 Cookie? 其主要特征有哪些?

5. 什么是 Session? 其主要特征有哪些?

四、选择题

1. 用户登录部分设计中,拟采用 Session 保存登录用户信息。Session 对象默认生命周期为(　　)。

A. 10 分钟　　B. 20 分钟　　C. 20 秒　　D. 30 秒

2. 下面不是 ASP.NET 页面间传递参数的方式的是(　　)。

A. 使用 QueryString　　B. 使用 Session

C. 使用 Cookie　　D. 使用 ViewState

3. 员工编辑时,浏览器地址栏的 URL 地址为 http://localhost/friend_edit.aspx?Id=12,使用(　　)方法获取 Id 变量的值。

A. Session["Id"]　　B. Cookie["Id"].Value

C. Request.QueryString["Id"]　　D. Request.QueryString("Id")

4. 下列关于 Session 与 Cookie 的叙述正确的是(　　)。
A. Session 存放在客户端,Cookie 存放在服务器端
B. Session 存放在服务器端,Cookie 存放在客户端
C. Cookie 会随着页面的关闭自动销毁
D. Session 只能存储文本信息

5. Application 对象的默认有效期为(　　)。
A. 10 分钟　　B. 15 分钟
C. 20 分钟　　D. 应用程序从启动到结束

6. 下列不属于 Response 对象的方法的是(　　)。
A. Write()　　B. End()　　C. Abandon()　　D. Redirect()

7. 若要将虚拟路径转化为真实的物理路径,以下正确的是(　　)。
A. Response.MapPath(虚拟路径)　　B. Request.MapPath(虚拟路径)
C. Server.URLEncode(虚拟路径)　　D. Server.MapPath(虚拟路径)

8. (　　)对象不能使用键值对(Key/Value)方式保存数据。
A. Application　　B. Session　　C. ViewState　　D. 查询字符串

9. (　　)对象的数据不是保存在服务器中。
A. Application　　B. Session　　C. ViewState　　D. Cache

五、判断题

1. 调用 Response.Redirect()方法从 A 页面跳转到 B 页面后,A 页面已被丢弃。(　　)

2. ASP.NET 为每个客户端保存一份 Application,因此每个客户看到的 Application 是不相同的。(　　)

3. Session 与 Application 一样都为所有客户端共享。(　　)

学习情境 3 实现“可可网上商城”数据访问和处理

模块 4 “可可网上商城”会员个人信息管理

随着 Sprint ＃2 的完整交付，陈靓带领他的团队正式启动了 Sprint ＃3。

Sprint ＃3 计划为期 4 周(20 个工作日)，主要实现“可可网上商城”数据访问和处理，能够满足前台门户会员个人信息管理、图书信息展示和管理后台数据维护的业务管理需求。

在 Sprint ＃3 计划会议上，一系列准备工作被落实了：周德华按期把网上商城的数据库设计文档(数据字典及说明)整理好，王海负责部署好测试用的 SQL Server 数据库服务器，孙睿负责创建所有的数据库结构，包括所有数据表，批量导入一些测试数据等。

工作任务

任务 4-1　校验会员登录合法性

任务 4-2　实现会员注册业务

任务 4-3　实现会员修改密码业务

学习目标

(1) 理解 ADO.NET 数据访问模型。

(2) 熟练掌握常用 ADO.NET 对象及使用方法。

任务4-1　校验会员登录合法性

任务描述与分析

在上一个迭代 Sprint #2 中,程可儿已经完成了“会员登录页”用户界面的所有设计,包括会员登录页面的输入表单、数据验证和预处理、登录状态管理,而且业务逻辑层和数据访问层的测试方法也都已经写好。现在,程可儿只要根据数据库中 Users 表结构,在数据访问层(DAL)实现重构 GetUserByLoginId()方法,实现根据会员用户名查询并获取会员信息,由业务逻辑层进一步校验会员身份合法性即可,完整的会员登录业务功能就可以交付。

陈靓提醒程可儿,在经典的 ASP.NET 分层架构中,要尽量保证数据访问层中 CRUD 的原子性,也就是说,所有的方法尽量完成对单一业务实体对象的操作(查询、新增、修改、删除)。开发任务单如表4-1-1所示。

表4-1-1　开发任务单

任务名称	#401　校验会员登录合法性		
相关需求	作为一名会员用户,我希望使用用户名、密码登录到网上书店,这样可以让我能继续购买图书等业务		
任务描述	(1) 完善前台门户登录页界面设计 (2) 完善数据库会员表设计 (3) 实现会员合法性校验业务逻辑 (4) 测试会员登录合法性校验		
所属迭代	Sprint #3　实现“可可网上商城”数据访问和处理		
指派给	程可儿	优先级	4
任务状态	□已计划　☑进行中　□已完成	估算工时	8

任务设计与实现

4-1-1　完善详细设计

1. 会员登录业务数据库操作

(1) 数据库:MyBookShop。

(2) 源数据表:Users 表,表结构定义如表4-1-2所示。

(3) 源字段:LoginId、LoginPwd、UserRoleId、UserStatId。

表 4-1-2 Users 表结构定义

Key	字段名	数据类型	Null	默认值	说　明
🔑	Id	int			IDENTITY (1, 1)
	LoginId	nvarchar(50)			用户名
	LoginPwd	nvarchar(50)			密码
	UserRoleId	int		1	会员角色编码,外键
	UserStatId	int		1	会员状态编码,外键

2. 核心业务逻辑设计

(1) 会员访问登录页,输入用户名、密码,根据需要勾选"2 周内不用再登录"复选框。

(2) 会员确认输入信息,单击"登录"按钮,提交登录请求信息。

(3) 服务器端读取客户端输入数据,访问数据库,查询或获取该会员信息;如会员合法性校验通过,则返回值 0(登录成功);否则返回值 −1(账号不存在)或 −2(密码错误)。

(4) 如登录成功,浏览器重定向到首页;否则弹出错误信息提示对话框。

4-1-2 在表示层中配置连接字符串

(1) 在项目 BookShop.WebUI 中,打开 ASP.NET 站点配置文件 Web.config。

(2) 在配置文件<connectionStrings>节中配置数据库连接字符串。主要代码如下。

```
1   <?xml version="1.0" encoding="utf-8"?>
2   <!--
3     有关如何配置 ASP.NET 应用程序的详细信息,请访问
4     http://go.microsoft.com/fwlink/?LinkId=169433
5   -->
6   <configuration>
7     <connectionStrings>
8       <add name="BookShop.ConnectionString"
9             connectionString="Data Source=.;
10            Integrated Security=False;
11            Initial Catalog=MyBookShop;
12            User ID=AppUser; Password=user86022907"
13            providerName="System.Data.SqlClient"  />
14    </connectionStrings>
15  </configuration>
```

第 7～14 行: 数据库连接字符串配置节<connectionStrings>。

第 8 行: 新增键名为 BookShop.ConnectionString 的数据库连接字符串配置项。

第 9～12 行: 定义数据库连接字符串。

第 9 行: Data Source 代表数据源,即 SQL Server 数据库实例的名称或服务器 IP 地址,"."即默认为回环地址 127.0.0.1,表示 SQL Server 数据库实例位于本地服务器。

第 10 行：Integrated Security 项，不采用 Windows 集成验证(SQL Server 验证)。

第 11 行：Initial Catalog 项，使用数据库的名称 MyBookShop。

第 12 行：User ID、Password 项，设置 SQL Server 登录用户名、密码。尤其提醒注意数据库访问安全，Web 应用程序一般不使用 sa 账户来登录到 SQL Server 服务器。

第 13 行：providerName 项，使用 SQL Server 数据供应程序 System.Data.SqlClient。

4-1-3　在数据访问层中实现查询会员信息

(1) 在项目 BookShop.DAL 中，打开类文件 UserService.cs(用户数据访问相关类)。

(2) 在该类中引用命名空间 System.Data.SqlClient 等。主要代码如下。

```
1   using System.Data;
2   using System.Data.SqlClient;
3   using System.Configuration;
```

第 1 行：引用 System.Data，即使用 ADO.NET 组件。

第 2 行：引用 System.Data.SqlClient，即使用基于 SQL Server 的.NET 数据提供程序。

第 3 行：引用 System.Configuration，即提供用于处理配置数据的编程模型类。

(3) 完善获取会员信息的方法 GetUserByLoginId()，该方法将根据会员用户名，从数据库表中查询并返回会员信息，由业务逻辑层调用并执行。主要代码如下。

```
1   public static class UserService
2   {
3       public static UserInfo GetUserByLoginId(string loginId)
4       {
5           string strConn=ConfigurationManager.
6                       ConnectionStrings["BookShop.ConnectionString"].
                        ConnectionString;
7           using(SqlConnection conn=new SqlConnection(strConn))
8           {
9               conn.Open();
10
11              string strSQL="SELECT * FROM Users WHERE LoginId=@LoginId";
12              using(SqlCommand commUser=new SqlCommand(strSQL,conn))
13              {
14                  commUser.Parameters.Add("@LoginId",SqlDbType.NVarChar,50);
15                  commUser.Parameters[0].Value=loginId;
16
17                  SqlDataReader rdUser=commUser.ExecuteReader();
18
19                  if(rdUser.Read())
20                  {
21                      UserInfo user=new UserInfo();
22                      user.LoginId=rdUser["LoginId"].ToString();
23                      user.LoginPwd=rdUser["LoginPwd"].ToString();
24                      return user;
```

```
25                  }
26                  else
27                  {
28                      return Null;
29                  }
30              }
31          }
32      }
33  }
```

第3行：在任务2-1中已经定义有public的静态方法GetUserByLoginId()，用来获取会员信息，形参为会员用户名，返回UserInfo类对象实例。

第5、6行：定义数据库连接字符串，由ConfigurationManager类从配置文件Web.config中读取键名为BookShop.ConnectionString的数据库连接字符串。

第7行：定义SqlConnection对象实例conn，并在其构造方法中使用数据库连接字符串strConn初始化该实例。注意，这里将SqlConnection对象实例的作用域限制到using语句块，当离开using语句块时，自动调用Dispose()方法释放SqlConnection对象实例。

第9行：使用Open()方法打开该数据库连接。

第11行：定义SQL语句，从数据表Users中根据用户名loginId值查询会员信息。

第12行：定义SqlCommand对象实例commUser，并在其构造方法中初始化两个重要属性：CommandText属性(SQL语句)、Connection属性(连接对象实例)。

第14、15行：为SqlCommand对象实例添加SqlParameter参数，使用给SQL语句中的参数@loginId赋值。

第17行：调用SqlCommand对象实例的ExecuteReader()方法执行SQL语句，返回查询的结果数据行集为SqlDataReader类型。

第19行：调用SqlDataReader对象的Read()方法读取数据下一行记录，如存在行记录，则返回True，否则返回False。

第20～25行：数据行记录存在(True)，即根据loginID值查询到该会员账户。

第21行：定义UserInfo对象实例user。

第22、23行：给user对象赋值，分别将SqlDataReader对象结果行集中LoginId、LoginPwd列的值赋值给user对象的用户名和密码属性。

第24行：用Read()方法查询该会员，返回UserInfo对象实例user。

第26～29行：数据行记录不存在(False)，则该会员不存在，Read()方法返回Null。

4-1-4 测试会员登录合法性校验

(1) 在“解决方案资源管理器”窗格中，右击Web窗体页UserLogin.aspx，在快捷菜单中选择“在浏览器中查看”命令(或按Ctrl+F5组合键)，在浏览器中打开窗体页UserLogin.aspx。

(2) 在数据表Users中根据需要新增测试用的会员数据。

(3) 根据如表4-1-3所示的测试操作，对会员登录页合法性校验进行功能测试。

表 4-1-3 测试操作

测试用例	TUC-0401 会员登录合法性校验		
编号	测 试 操 作	期 望 结 果	检查结果
1	根据数据表 Users 中已有会员记录行,输入正确的用户名、密码,单击“登录”按钮	登录成功,浏览器重定向到首页	通过

相关知识与技能

4-1-5 ADO.NET 数据访问模型

ADO.NET 是对 Microsoft ActiveX data objects(ADO)一个跨时代的改进,它提供了平台互用性和可伸缩的数据访问。ADO.NET 提供对诸如 SQL Server 和 XML 这样的数据源,以及通过 OLE DB 和 ODBC 公开的数据源的一致访问。应用程序可以使用 ADO.NET 连接到这些数据源,并可以检索、新增、更新和删除其中包含的数据(CRUD)。

ADO.NET 组件将数据访问与数据处理分离,主要通过两个组件来完成,即.NET 数据提供程序和数据集(DataSet)。ADO.NET 组件结构图如图 4-1-1 所示,ADO.NET 对象可分为以下两大类。

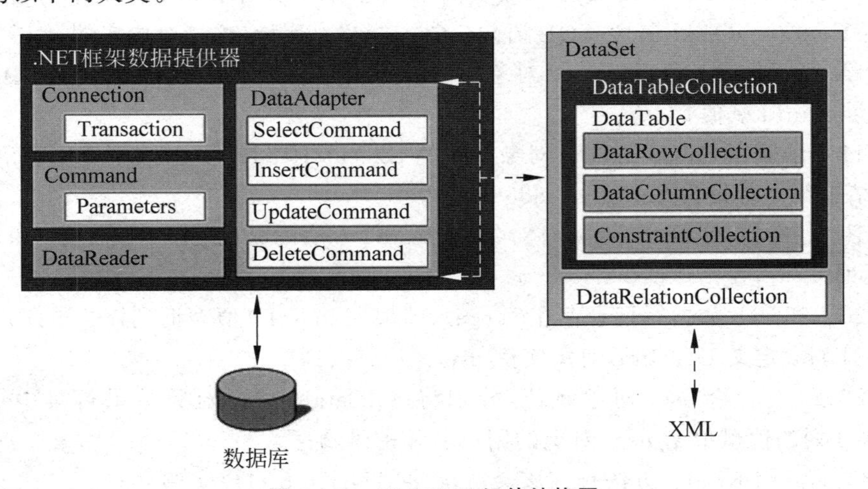

图 4-1-1 ADO.NET 组件结构图

(1) 面向连接的对象,即与数据库直接连接的数据访问方式,这类对象包含 Command(命令)、DataReader(数据读取器)、DataAdapter(数据适配器)。

(2) 面向非连接(断开连接)的对象,即与数据源无关的、断开连接的数据访问方式,比如在内存中模拟一个数据库副本,这类对象主要包括 DataSet(数据集)等。

ADO.NET 体系结构的一个核心元素是.NET 数据提供程序,它是专门为数据处理以及快速地只进、只读访问数据而设计的组件,包括 Connection、Command、DataReader 和 DataAdapter 对象组件。具体如表 4-1-4 所示。

表 4-1-4 .NET 数据提供程序的主要组件

对象名称	说明
Connection	建立与数据源的连接
Command	用于执行 SQL 命令、存储过程的命令
DataReader	从数据源中提供只读数据流，一次只能读取一行记录
DataAdapter	提供连接 DataSet 对象和数据源的桥梁，把从数据源获得的数据集合填充到 DataSet 中，或将 DataSet 中数据的更改与数据源保持一致

DataSet 是 ADO.NET 体系结构中另一个核心组件，它专门为各种数据源的数据访问独立性而设计的，所以它可以用于多个不同的数据源、XML 数据或管理应用程序的本地数据，如内存中的数据高速缓存。DataSet 包含一个或多个 DataTable（数据表）对象的集合，这些对象由 DataRow（数据行）集合、DataColumn（数据列）集合以及有关 DataTable 对象中数据的主键、外键、约束和 DataRelation（数据关系）集合等组成，本质上是一个内存中的数据库，但从不关心它的数据是从数据库中、XML 文件中还是从这两者中或者其他什么地方获得。

4-1-6 ADO.NET 命名空间

针对不同的数据源，ADO.NET 提供了不同数据库提供程序，但连接数据源的过程具有类似的方式，可以使用几乎同样的代码来完成数据源连接。数据提供器类都继承自相同的基类，实现同样的接口和包含相同的方法和属性。尽管某个针对特殊数据源的提供器可能具有自己独立的特性，例如 SQL Server 的提供器能够执行 XML 查询，但用来获取和修改数据的成员是基本相同的。

.NET 主要包含 4 个数据提供程序，如表 4-1-5 所示。

表 4-1-5 .NET 数据提供程序

.NET 数据提供程序	说明
SQL Server 提供程序	Microsoft SQL Server 数据源
OLE DB 提供程序	OLE DB 公开的数据源
Oracle 提供程序	Oracle 数据源
ODBC 提供程序	ODBC 公开的数据源

ADO.NET 组件包含在.NET 类库中的几个不同的命名空间中。常用的 ADO .NET 组件命名空间如表 4-1-6 所示。

表 4-1-6 ADO.NET 组件命名空间

命名空间	说明
System.Data	提供对表示 ADO.NET 结构的类的访问
System.Data.Common	包含由各种.NET 框架数据提供程序共享的类
System.Data.OleDb	用于 OLE DB 的.NET 框架数据提供程序
System.Data.SqlClient	用于 SQL Server 数据库的.NET 框架数据提供程序
System.Data.OracleClient	用于 Oracle 数据库的.NET 框架数据提供程序

4-1-7 SqlConnection

Connection 对象是连接应用程序和数据源的桥梁。在执行任何数据操作前(包括查询、新增、更新、删除数据等),都必须先建立与数据源之间的连接。其中,针对不同的 Provider 类型,SqlConnection 类用于对 SQL Server 数据库执行连接。

1. 连接字符串 ConnectionString

创建 SqlConnection 对象前,需要提供连接字符串 ConnectionString。连接字符串是用若干个分号分割的一系列键值对组成的子串组成。其主要参数及说明如表 4-1-7 所示。

表 4-1-7 连接字符串 ConnectionString 的主要参数及说明

参　　数	说　　明
Data Source | Server	SQL Server 数据库服务器名称或 IP 地址
Initial Catalog | Database	要使用的数据库的名称
Integrated Security	数据库验证是否采用集成验证方式,取值可以是 True、False 或 SSPI
User Id | uid	SQL Server 登录账户
Password | pwd	SQL Server 账户的登录密码

如果数据库不采用 Windows 用户身份验证方式(Integrated Security=False),那么数据库连接验证需要指定有效的 SQL Server 验证的用户名和密码。但是,不建议在连接字符串中直接使用 sa(SQL Server 系统管理员账户)。

2. 在 Web.config 中配置连接字符串

ASP.NET 应用程序会在配置文件(Web.config)的<connectionStrings>节点中配置各个数据库连接字符串,而不会将连接字符串通过硬编码的方式写在程序中。

<connectionStrings>节点主要用于配置数据库连接,用户可以在这个节点中增加节点用于保存针对不同数据源的不同连接字符串,在应用程序中可以通过代码读取并动态实例化 SqlConnection 对象。如果数据库连接信息(比如修改登录密码后),只需要在配置文件中修改即可,不必因此改动代码而重新编译和部署。

Web.config 中数据库连接字符串配置的典型代码示例如下。

```
1   <?xml version="1.0" encoding="utf-8"?>
2   <!--
3     有关如何配置 ASP.NET 应用程序的详细信息,请访问
4     http://go.microsoft.com/fwlink/?LinkId=169433
5   -->
6   <configuration>
7     <connectionStrings>
8       <add name=" BookShopConn"
9             connectionString="Data Source=127.0.0.1;
10            Integrated Security=False;
```

```
11            Initial Catalog=MyBookShop;
12            User ID=AppUser; Password=user86022907"
13            providerName="System.Data.SqlClient"  />
14    </connectionStrings>
15  </configuration>
```

在 Web 应用程序中，可以从 WebConfigurationManager.ConnectionStrings 集合中，通过节点名称(name)直接读取连接字符串(connectionString)。注意，这里需要在应用程序中引用 System.Web.Configuration 命名空间。示例代码如下。

```
1  string strConn=
2    ConfigurationManager.ConnectionStrings["BookShopConn"].ConnectionString;
```

3. 连接 SQL Server 数据库

在连接数据库之前，要使用构造函数来实例并初始化 SqlConnection 对象。同时，在应用程序中要引用 System.Data 和 System.Data.SqlClinet 命名空间。SqlConnection 类的主要属性和方法如表 4-1-8 所示。

表 4-1-8　SqlConnection 类的主要属性和方法

属性/方法	说　明
ConnectionString	设置或获取与 SQL Server 数据库连接的连接字符串
Open()	根据连接字符串，打开指定的数据源连接
Close()	关闭与数据源之间的连接
Dispose()	释放连接对象使用的所有资源

创建数据库连接的典型代码如下。

```
1  using System.Data;
2  using System.Data.SqlClient;
3  using System.Configuration;
4
5  public static classUserServiceTest
6  {
7      public static bool ConnectDBTest()
8      {
9          string strConn=ConfigurationManager.
10                     ConnectionStrings["BookShop.ConnectionString"].
                       ConnectionString;
11         SqlConnection conn=new SqlConnection(strConn);
12         try
13         {
14             conn.Open();
15             ...
16         }
17         catch(Exception)
```

```
18          {
19              ...
20          }
21          finally
22          {
23              conn.Close();
24              conn.Dispose();
25          }
26      }
27  }
```

第11行：实例并初始化SqlConnection对象。

第12～16行：打开数据库连接，并捕捉异常。

第17～20行：数据库连接失败，抛出异常并处理。

第21～25行：无论数据库连接是否成功，使用完该链接后都要关闭数据库连接并释放所有资源。

注意 这里不建议使用try语句捕捉并释放连接对象，而建议使用using语句，将SqlConnection对象实例的作用域限制到using语句块，当离开using语句块时，将自动调用Dispose()方法释放SqlConnection对象实例及资源。

4-1-8 SqlCommand 和数据访问

使用SqlConnection对象成功连接到数据库后，就可以使用SqlCommand对象对数据源执行CRUD(查询、新增、修改和删除)等SQL命令或存储过程。

1. SqlCommand

SqlCommand对象主要可以用来对数据库发出一些命令，比如对数据库下达查询、新增、更新和删除数据等命令，以及调用存在于数据库中的存储过程等。

SqlCommand类的常用属性如表4-1-9所示。

表4-1-9 SqlCommand类的常用属性

属　性	说　明
Connection	设置或获取需要使用的SqlConnection对象
CommandType	设置或获取命令的类型。该属性为枚举类型。 ① Text：表示执行一条SQL语句 ② StoredProcedure：表示执行一个存储过程 ③ TableDirect：表示查询表中所有记录 默认值为Text
CommandText	设置执行的命令，可以是SQL语句、存储过程或表。取决于CommandType值
CommandTimeOut	设置或获取命令等待执行的超时时间，默认为30秒
SqlParameters	命令的参数集合

SqlCommand类的主要方法如表4-1-10所示。

表 4-1-10 SqlCommand 类的主要方法

方　法	说　明
ExecuteReader()	执行 SELECT 查询。返回封装了的只读、只进的 SqlDataReader 对象
ExecuteScalar()	执行 SELECT 查询。返回生成结果集的第 1 行记录、第 1 列字段的值。常用于如 COUNT()、SUM()等聚合函数的 SELECT 语句
ExecuteNonQuery()	执行非 SELECT 语句(INSERT、UPDATE、DELETE 等)。也可以执行数据定义命令,创建修改数据库对象等。返回执行 SQL 语句后受影响的行数

2. SqlDataReader

SqlDataReader 对象的作用是从 SELECT 查询后返回的结果行集中,以只读、只进的方式每次读取一条记录。所谓“只读”,是指在数据阅读器 SqlDataReader 上不可更新、删除、增加记录。所谓“只进”是指记录的接收是单向顺序进行且不可后退的,数据阅读器 SqlDataReader 接收到的数据是以数据库的记录为单位的。查询结果在查询执行时返回,并存储在客户端的网络缓冲区中,直到使用 SqlDataReader 的 Read()方法对它们发出请求。使用 SqlDataReader 可以提高应用程序的性能,原因是它只要数据可用就立即检索数据,并且一次只在内存中存储一行,减少了系统开销。

SqlDataReader 类的主要属性如表 4-1-11 所示。

表 4-1-11 SqlDataReader 类的主要属性

属　性	说　明
FieldCount	获取当前行记录的字段数量。如果未放在有效的记录集中,则为 0;否则为当前行中的列数。默认值为－1
HasRows	表示 SqlDataReader 对象中是否包含一行或多行记录。如包含一行或多行,则值为 True;否则为 False
IsClosed	表示是否已经关闭指定的 SqlDataReader 实例。如果已关闭,则值为 True;否则为 False
Item	获取指定字段的内容值。 (1) Item[字段索引序号]:在给定列序号的情况下,获取指定列的内容值。如 Item[1],取得索引号为 1(第 2 列)字段的值 (2) Item["字段名称"]:在给定字段名称的情况下,获取指定列的内容值。如 Item["UserName"],取得字段名称 UserName 列的内容值

SqlDataReader 类的主要方法如表 4-1-12 所示。

表 4-1-12 SqlDataReader 类的主要方法

方　法	说　明
Close()	关闭 SqlDataReader 对象
Read()	将游标前进到下一条记录。在读取结果行集的第一条记录前,也必须调用这个方法

续表

方　　法	说　　明
IsDBNull()	指示指定的字段内容是否没有数据。如为没有数据(Null)则返回 True，否则返回 False
GetName()	获取字段的名称
GetFieldType()	获取字段的数据类型
NextResults()	如果执行命令返回的 SqlDataReader 对象包含多个行集，该方法将游标移动到下一个行集

3. 使用 Parameters 集合

SqlCommand 对象的 Parameters 集合主要用于在参数化 SQL 命令中传递参数。所谓参数化 SQL 命令，就是在 SQL 命令文本中使用有占位符。在执行 SQL 命令前，这些占位符需要动态替换为实际值。

例如，需要根据用户 ID 查询会员信息，SQL 命令代码如下。

```
1  //第一种写法
2  string strSQL="SELECT * FROM Users WHERE LoginId='"+loginId+"'";
3  //第二种写法
4  string strSQL="SELECT * FROM Users WHERE LoginId=@LoginId";
```

第 2 行：用字符串构造技术(字符串连接)来动态生成 SQL 命令，将变量 loginId 的值直接附加到字符串中，不推荐这种写法。

第 4 行：使用参数化 SQL 命令，SQL 命令文本中使用占位符@LoginId。更推荐第二种写法即使用参数化 SQL 命令，可以有效防范 SQL 注入攻击，书写方式也非常简洁明了。

提示　要防范 SQL 注入攻击，即开发人员要预先防范用户篡改 SQL 语句。

防范 SQL 注入攻击是每个开发人员都要高度重视的，并且在开发过程中不能过于随意，要遵循编码规范，并提高应用程序安全防范意识。

以上示例中，虽然 SQL 命令的两种写法实现的查询功能和结果都一样。但是，第一种写法将变量值使用字符串连接来动态生成 SQL 命令，有着很大的安全隐患。

恶意用户可能会在页面表单中输入这样的字符串。

```
admin' OR '1'='1
```

第一种写法最后动态生成的 SQL 命令是这样的。

```
SELECT * FROM Users WHERE LoginId='admin' OR '1'='1'
```

对于每一行用户记录而言，'1'='1'的条件永远是满足的(True)。这样产生的后果就是没有返回 admin 的用户资料，却把所有用户信息都返回给攻击者了。

防范 SQL 注入攻击的方法有很多，比如在文本框中通过 MaxLength 属性等限制输入过长的字符，减少用户贴入大量脚本的可能性；使用验证控件等检查错误的数据(如特殊字符、空格等);捕捉异常限制将 Exception.Message 属性中原始的错误信息显示给用户,等等。最好的解决方案就是使用参数化 SQL 命令。

除了防范 SQL 注入攻击以外,也要注意其他的攻击手段,比如 POST 注入攻击等。具体请查阅有关文档资料。

定义参数化 SQL 命令后,需要为每个参数创建一个 Parameter 对象,并将这些对象都添加到 SqlCommand.Parameters 集合中,各个参数的顺序必须与它们出现在 SQL 命令字符串中的位置一致。参考代码如下。

```
1  //第一种写法
2  SqlParameter para=new SqlParameter("@LoginId",SqlDbType.NVarChar,50);
3  para.Value=loginId;
4  commUser.Parameters.Add(para);
5  //第二种写法
6  commUser.Parameters.Add("@LoginId",SqlDbType.NVarChar,50);
7  commUser.Parameters[0].Value=loginId;
8  //第三种写法,多个参数的情况下推荐
9  SqlParameter[] paras=new SqlParameter[]
10 {
11     new SqlParameter("@LoginId", loginId)
12 };
13 commUser.Parameters.AddRange(paras);
```

第2~4行:第一种写法,实例化 SqlParameter 对象,在构造函数中设置该参数名字、类型、大小,并添加到 SqlCommand.Parameters 集合中。

第6、7行:第二种写法,用 SqlCommand.Parameters 集合属性的 Add()重载方法,将参数添加到 SqlCommand.Parameters 集合中。注意,给参数赋值时,Parameters 集合索引顺序必须与参数出现在 SQL 命令字符串中的位置一致。

第9~13行:第三种写法更适用于 SQL 命令中有多个参数的情况,使用 AddRange()方法将参数数组添加到 SqlCommand.Parameters 集合中。其中,在 SqlParameter 对象重载的构造函数中直接设置该参数名字和值。

职业能力拓展

4-1-9 校验后台管理员登录合法性

程可儿把前台门户“会员登录页”、管理后台的“管理员登录页”对比了一下,发现两者的业务需求其实非常相似,只是在登录合法性校验时,对登录者的身份有所区分。程可儿把业务逻辑的差异对比罗列下来。

(1) 数据表 Users 中,有两个字段分别区分了用户的角色和状态。

用户状态字段 UserStateId,int 类型,值为1代表正常,值为0代表账户暂停。

用户角色字段 UserRoleId,int 类型,值为1表示会员,值为3表示管理员。

(2) 前台门户仅支持会员提供用户名、密码等凭据进行登录,且该会员账户须为“正

常”状态;管理员账户不能在前台门户登录。

(3) 管理后台仅支持管理员提供用户名、密码等凭据进行登录,且该账户须为“正常”状态;会员账户不能在管理后台登录。

程可儿根据业务需求细化设计,尝试实现管理员登录合法性校验业务。在编码过程中,程可儿居然有点小兴奋,因为他又发现了一个小窍门,简单重构了数据访问层 GetUserByLoginId()方法,一下子少写了10行以上代码。这个时候,程可儿对分层架构的优势有了进一步的理解,比如代码的复用和可维护性。

那么程可儿是如何实现的呢?尝试一下,一起来挖掘一下这个小窍门。

任务 4-2 实现会员注册业务

任务描述与分析

同样,程可儿已经在上一个迭代中实现了“会员注册页”的用户界面的所有设计,包括会员注册页面的输入表单、数据验证和预处理,以及业务逻辑层和数据访问层的测试方法。今天,程可儿准备重构 DAL 层的 AddUser()方法,将用户在注册表单输入的注册信息插入数据库的 Users 表中,就可以完整交付会员注册业务了。

杨国栋对整个研发团队非常满意,因为现阶段各个任务的可交付程度很高,每天都随时能体验到项目进度,每个任务交付都能让杨国栋直观地感受到业务功能,并且能够随时反馈修改意见。当然,程可儿更有成就感,他已经开始找到一些程序员“大咖”的感觉了。

开发任务单如表 4-2-1 所示。

表 4-2-1 开发任务单

任务名称	#402 实现会员注册业务		
相关需求	作为一名匿名会员,我希望输入预设用户名、密码等信息后完成会员注册,这样可以让我能成为网上书店的正式会员		
任务描述	(1) 完善会员注册页界面设计 (2) 完善数据库会员表设计 (3) 实现新增会员业务逻辑 (4) 测试会员注册业务		
所属迭代	Sprint #3 实现“可可网上商城”数据访问和处理		
指派给	程可儿	优先级	4
任务状态	□已计划 ☑进行中 □已完成	估算工时	8

任务设计与实现

4-2-1 完善详细设计

1. 会员注册业务数据库操作

(1) 数据库：MyBookShop。

(2) 源数据表：Users 表完整的结构定义如表 4-2-2 所示。

(3) 源字段：LoginId、LoginPwd 等所有字段。

表 4-2-2 Users 表完整的结构定义

Key	字段名	数据类型	Null	默认值	说明
🔑	Id	int			IDENTITY (1, 1)
	LoginId	nvarchar(50)			用户名
	LoginPwd	nvarchar(50)			密码
	Name	nvarchar(50)			真实姓名
	Address	nvarchar(200)	√		联系地址
	Phone	nvarchar(100)			联系电话
	Mail	nvarchar(100)			E-mail
	RegDate	smalldatetime			注册日期
	UserRoleId	int		1	会员角色编码,外键
	UserStatId	int		1	会员状态编码,外键

2. 核心业务逻辑设计

(1) 匿名用户访问会员注册页,输入用户名、密码等会员信息。

(2) 确认输入信息,单击“确认注册”按钮,提交会员注册请求信息。

(3) 服务器端读取客户端输入数据,访问数据库,并在 Users 表中新增会员记录;如新增会员记录成功,则返回值 True(注册成功);否则返回值 False(注册失败)。

(4) 如注册成功,浏览器重定向到会员登录页;否则弹出错误信息提示对话框。

4-2-2 在数据访问层中实现新增会员

(1) 在项目 BookShop.DAL 中,打开类文件 UserService.cs(用户数据访问相关类)。在任务 4-1 中,已经在该类中引用命名空间 System.Data.SqlClient 等。

(2) 在任务 2-1 中,已经创建有新增会员方法 AddUser()。继续完善新增会员信息的方法 AddUser(),实现将会员信息插入到数据库对应数据表 Users 中,由业务逻辑层调用并执行。主要代码如下。

```
1   public static class UserService
2   {
```

```
3       public static int AddUser(UserInfo user)
4       {
5           string strConn=ConfigurationManager.
6                       ConnectionStrings["BookShop.ConnectionString"].
                        ConnectionString;
7           using (SqlConnection conn=new SqlConnection(strConn))
8           {
9               conn .Open();
10
11              string strSQL=@"INSERT Users (LoginId, LoginPwd, ..., UserStateId)
12                      VALUES (@LoginId, @LoginPwd,..., @UserStateId)";
13              using(SqlCommand comdUser=new SqlCommand(strSQL, conn))
14              {
15                  SqlParameter[] paras=new SqlParameter[]
16                  {
17                      new SqlParameter("@LoginId", user.LoginId),
18                      new SqlParameter("@LoginPwd", user.LoginPwd),
19                      ...
20                      new SqlParameter("@UserStateId", User.UserStateId),
21                      new SqlParameter("@UserRoleId", User.UserRoleId)
22                  };
23                  comdUser.Parameters.AddRange(paras);
24
25                  return comdUser.ExecuteNonQuery();
26              }
27          }
28      }
29  }
```

第3行:在任务2-2中已经定义有public的静态方法AddUser(),用来新增会员信息,形参为会员UserInfo类对象实例,返回值为int类型。

第5、6行:定义数据库连接字符串,由ConfigurationManager类从配置文件Web.config中读取键名为BookShop.ConnectionString的数据库连接字符串。

第7行:定义SqlConnection对象实例conn,并在其构造方法中使用数据库连接字符串strConn初始化该实例。注意,这里将SqlConnection对象实例的作用域限制到using语句块,当离开using语句块时,自动调用Dispose()方法释放SqlConnection对象实例。

第9行:使用Open()方法打开该数据库连接。

第11、12行:定义SQL语句,在数据表Users中插入会员数据行。

第13行:定义SqlCommand对象实例commUser,并在其构造方法中初始化两个重要属性:CommandText属性(SQL语句)、Connection属性(连接对象实例)。

第15~23行:为SqlCommand对象实例添加SqlParameter参数集合,给SQL语句中的参数赋值。

第25行:调用SqlCommand对象实例的ExecuteNonQuery()方法执行SQL语句(Insert),该方法返回受影响的行数。AddUser()方法返回该值,如大于0(为1)则新增会员数据行成功,否则新增会员数据行失败。业务逻辑层调用该AddUser()方法后获取该返回值,根据会员注册业务逻辑判断和处理。

4-2-3 测试会员注册业务

(1) 在“解决方案资源管理器”窗格中,右击 Web 窗体页 UserRegister.aspx,在快捷菜单中选择“在浏览器中查看”命令(或按 Ctrl+F5 组合键),在浏览器中打开窗体页 UserRegister.aspx。

(2) 根据表 4-2-3 所示的测试操作,对会员注册业务进行功能测试。

表 4-2-3 测试操作

测试用例	TUC-0402 会员注册业务		
编号	测 试 操 作	期 望 结 果	检查结果
1	输入正确的会员注册信息,单击“确认注册”按钮	提示“注册成功”信息,浏览器重定向到会员登录页	通过
2	输入之前注册成功的用户名、密码,单击“登录”按钮	登录成功,浏览器重定向到首页	通过

职业能力拓展

4-2-4 校验会员注册业务中的重复账户

程可儿准备交付完整的“会员注册”业务功能点。在项目团队中,周德华和程可儿结对做交叉功能测试。周德华发现,根据程可儿提供的两个测试用例,测试结果没有任何问题(通过)。但是,测试用例没有完全对照“会员注册”的需求设计,测试覆盖有遗漏的地方。周德华补充了测试用例,果然测出了 Bug(缺陷)。

周德华的测试结果如表 4-2-4 所示。

表 4-2-4 测试结果

测试用例	TUC-0402 会员注册业务		
编号	测 试 操 作	期 望 结 果	检查结果
1	输入正确的会员注册信息(用户名为 David),单击“确认注册”按钮	提示“注册成功”信息,浏览器重定向到会员登录页	通过
2	输入之前注册成功的用户名、密码,单击“登录”按钮	登录成功,浏览器重定向到首页	通过
3	再次输入会员注册信息,所有数据都符合页面输入数据验证规则,但是用户名与已存在的重复(用户名仍为 David)。单击“确认注册”按钮	应提示“会员不能重复注册”的错误提示消息,光标焦点在输入项“用户名”	失败

当周德华用已经存在的用户名去重复注册时,发现并没有出现预期的“会员不能重复注册”的错误提示消息,而是提示“注册成功”消息。虽然没有出现调试错误或异常,但非常明显,这是个业务逻辑 Bug。

周德华把这个 Bug 反馈给程可儿,程可儿去尝试细化业务逻辑设计,修复这个 Bug。

(1) 系统将会员注册信息插入到数据库 Users 表前，必须根据用户名查询是否有该会员。

(2) 如果查询到已经有该用户的信息，则提示“会员不能重复注册”，会员注册失败。

(3) 如果没有查询到该用户的信息，系统将会员注册信息插入到数据库 Users 表，会员注册成功。

任务 4-3　实现会员修改密码业务

任务描述与分析

“修改密码”是各个应用系统比较常见的功能点：用户登录到前台门户后，打开修改密码页面，需要用会员用户名和原密码确认身份后才能更新密码。

程可儿跟陈靓具体讨论了“修改密码”的详细需求。程可儿觉得任务需求点有些啰唆，比如，既然会员已经输入用户名和密码登录到了前台门户，为什么修改密码时还要用用户名和密码确认身份?

陈靓给程可儿介绍了这样一个实际使用场景：程可儿用自己的用户名和密码登录到了网上商城，正在选购图书时，突然接到领导电话，暂时离开工位有事；周德华喜欢搞点“恶作剧”，他马上到程可儿的计算机上，打开修改密码页面，连续两次输入新密码后保存，密码修改成功；然后，程可儿回到工位，发现需要重新登录，可是无论怎么尝试都无法登录了。也许，周德华只是“恶作剧”，如果是其他恶意用户，那么……

所以，“修改密码”虽然是一个常见的，也是比较简单的功能点，但是开发人员要考虑的内容一定不能“简单”。而且，陈靓提醒程可儿，修改密码时，同样的原因，用户名只能直接显示出来，而不能让用户自己输入。当然，技术上比较简单，因为 Cookie 中已经保存了会员成功登录后的账户信息。

开发任务单如表 4-3-1 所示。

表 4-3-1　开发任务单

任务名称	#403　实现会员修改密码业务		
相关需求	作为一名正式会员用户，我希望修改原来设置的密码，这样可以让我的用户名和密码更加安全		
任务描述	(1) 新建会员修改密码页面，完善界面设计 (2) 完善数据库会员表设计 (3) 实现修改密码业务逻辑 (4) 测试会员修改密码业务		
所属迭代	Sprint #3　实现“可可网上商城”数据访问和处理		
指派给	程可儿	优先级	4
任务状态	□已计划　☑进行中　□已完成	估算工时	8

任务设计与实现

4-3-1 详细设计

（1）用例名称：会员修改密码(UC-0403)，如图 4-3-1 所示。

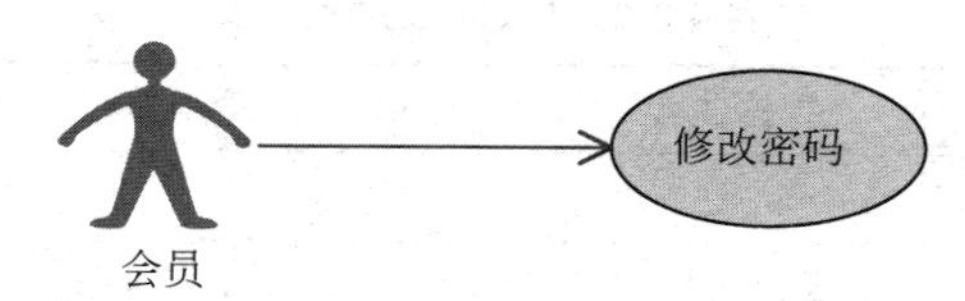

图 4-3-1 “会员修改密码”用例

（2）用例说明：此用例帮助会员修改自己的密码；该用例需要会员已经登录。

（3）页面导航：首页→修改密码→修改密码页 ModifyPassword.aspx。

（4）页面 UI 设计：参考图 4-3-2。

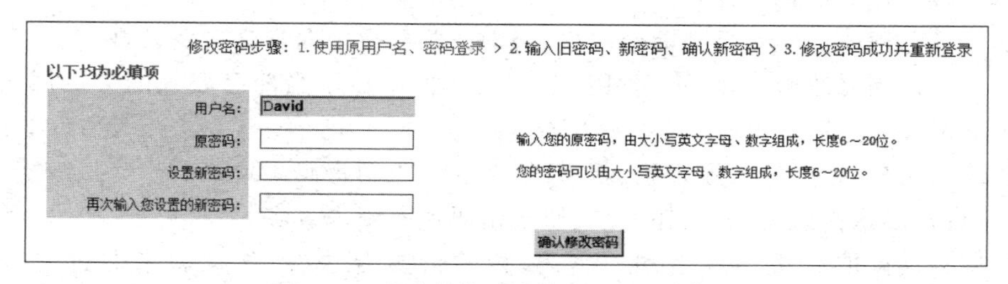

图 4-3-2 “会员修改密码”页面设计参考

（5）功能操作：

① 会员访问修改密码页。

② 会员确认用户名，并输入原密码、新密码(两次输入新密码一致)。

③ 单击“确认修改密码”按钮。

④ 更新该会员新密码，并提示修改密码成功消息。

（6）异常处理：

① 会员未登录，无法访问修改密码页，浏览器重定向到会员登录页。

② 会员原密码、新密码未输入，或两次输入新密码不一致，提示输入错误。

③ 会员不存在，或原密码错误，会员合法性校验未通过，弹出对话框提示错误。

④ 更新密码失败，弹出对话框提示错误。

（7）输入项：

① 用户名——从 Cookie 获取已登录的会员用户名，单行文本框。

② 原密码——必输，单行密码文本框，6～20 位字符。

③ 新密码——必输，单行密码文本框，6～20 位字符。

④ 再次输入新密码——必输，单行密码文本框，6～20 位字符。

（8）控件：

“确认修改密码”按钮——实现会员修改密码业务逻辑。

（9）会员修改密码业务数据库操作：

① 数据库——MyBookShop。

② 源数据表——Users 表结构定义如表 4-3-2 所示。

③ 源字段——LoginId、LoginPwd、UserRoleId、UserStatId。

表 4-3-2　Users 表结构定义

Key	字段名	数据类型	Null	默认值	说　明
🔑	Id	int			IDENTITY (1, 1)
	LoginId	nvarchar(50)			用户名
	LoginPwd	nvarchar(50)			密码
	UserRoleId	int		1	会员角色编码，外键
	UserStatId	int		1	会员状态编码，外键

（10）核心业务逻辑设计：

① 会员必须先成功登录到前台门户，否则浏览器重定向到会员登录页。

② 会员访问修改密码页，页面“用户名”文本框中显示当前已登录的会员用户名（从 Cookie 读取），不可修改。

③ 确认用户名，并输入原密码、新密码（两次输入新密码一致）。

④ 单击“确认修改密码”按钮，提交修改密码业务请求。

⑤ 服务器读取会员用户名和原密码，校验会员合法性；如校验未通过，提示错误信息。

⑥ 在数据表 Users 中更新该会员密码，浏览器重定向到会员登录页；如更新密码失败，弹出对话框提示错误。

4-3-2　创建会员修改密码页

（1）在 Visual Studio 中打开项目解决方案 BookShop。

（2）打开表示层项目 BookShop.WebUI，在 MemberPortal 文件夹中添加 Web 窗体 ModifyPassword.aspx。

（3）参照会员修改密码页 UI 设计，如图 4-3-2 所示，设计页面布局。

（4）将服务器控件拖放到 ModifyPassword.aspx 页相应位置，并设置各控件属性。

会员修改密码页 ModifyPassword.aspx 主要控件及属性如表 4-3-3 所示。

表 4-3-3　会员修改密码页 ModifyPassword.aspx 主要控件及属性

控件 ID	控件类型	主要属性及说明
txtLoginId	TextBox	输入项“用户名”；ReadOnly（只读）
txtOldPassword	TextBox	输入项“原密码”；TextMode：Password
RequiredFieldValidator1	RequiredFieldValidator	必需项验证；Text＝* ControlToValidate：txtOldPassword

续表

控件 ID	控件类型	主要属性及说明
RegularExpressionValidator1	RegularExpressionValidator	密码规则验证；Text＝ * 密码为 6～20 字符！ ControlToValidate：txtOldPassword ValidationExpression：^[a-z0-9A-Z]\w{5,19}$
txtNewPassword	TextBox	输入项“新密码”；TextMode：Password
RequiredFieldValidator2	RequiredFieldValidator	必需项验证；Text＝ * ControlToValidate：txtNewPassword
RegularExpressionValidator2	RegularExpressionValidator	密码规则验证；Text＝ * 密码为 6～20 字符！ ControlToValidate：txtOldPassword ValidationExpression：^[a-z0-9A-Z]\w{5,19}$
txtReNewPassword	TextBox	输入项“再次输入新密码”；TextMode：Password
CompareValidator1	CompareValidator	比较验证；Text＝ * ControlToCompare：txtReNewPassword ControlToValidate：txtNewPassword
btnModifyPassword	Button	按钮“确认修改密码” Text：确认修改密码；添加 OnClick 事件

ModifyPassword.aspx 的主要代码如下。

```
1   用户名：
2   <asp:TextBox ID="txtLoginId" runat="server"ReadOnly BackColor="#D3EAF3" />
3   原密码：
4   <asp:TextBox ID="txtOldPassword" runat="server" TextMode="Password" />
5   <asp:RequiredFieldValidator ID="RequiredFieldValidator1" runat="server"
6       ControlToValidate="txtOldPassword" Display="Dynamic" Text="*"
        ForeColor="Red">
7   </asp:RequiredFieldValidator>
8   <asp:RegularExpressionValidator ID="RegularExpressionValidator1"
        runat="server"
9       ControlToValidate="txtOldPassword"
            ValidationExpression="^[a-z0-9A-Z]\w{5,19}$ "
10      Display="Dynamic" Text="*密码为 6~20 字符!" ForeColor="Red">
11  </asp:RegularExpressionValidator>
12  设置新密码：
13  <asp:TextBox ID="txtNewPassword" runat="server" TextMode="Password" />
14  <asp:RequiredFieldValidator ID="RequiredFieldValidator2"
        runat="server" Text="*"
15      ControlToValidate="txtNewPassword" Display="Dynamic" Text="*"
        ForeColor="Red">
```

```
16 </asp:RequiredFieldValidator>
17 <asp:RegularExpressionValidator ID="RegularExpressionValidator2"
   runat="server"
18     ControlToValidate="txtReNewPassword" ValidationExpression="^[a-
       z0-9A-Z]\w{5,19}$ "
19     Display="Dynamic" Text="*密码为 6~20 字符!" ForeColor="Red">
20 </asp:RegularExpressionValidator>
21 再次输入您设置的新密码:
22 <asp:TextBox ID="txtReNewPassword" runat="server" TextMode="Password" />
23 <asp:CompareValidator ID="CompareValidator1" runat="server"
24     ControlToCompare="txtReNewPassword" ControlToValidate="txtNewPassword"
25     Display="Dynamic" Text="*" ForeColor="Red">
26 </asp:CompareValidator>
27 <asp:Button ID="btnModifyPassword" runat="server"
28 Text="确认修改密码" OnClick="btnModifyPassword_Click" />
```

4-3-3　实现修改密码业务

1. 表示层

(1) 在会员修改密码页加载事件中初始化页面控件。页初始加载时，在"用户名"文本框中需要显示已登录会员用户名。会员必须先成功登录到前台门户，才能使用修改密码功能。所以当修改密码页 ModifyPassword.aspx 首次加载时，需要从 Cookie 获取会员登录账户信息：如会员已成功登录，则从 Cookie 中读取会员用户名，并显示在"用户名"文本框(txtLoginId)中；否则，浏览器重定向到会员登录页 UserLogin.aspx。主要代码如下。

```
1  protected void Page_Load(object sender, EventArgs e)
2  {
3      HttpCookie loginCookie=Request.Cookies["loginUserInfo"];
4      if(loginCookie !=Null)
5      {
6          txtLoginId.Text=loginCookie.Values["loginId"];
7          txtOldPassword.Focus();
8      }
9      else
10     {
11         Response.Redirect("~/MemberPortal/UserLogin.aspx");
12     }
13 }
```

第 3 行：从 Cookie 中读取已登录的会员状态信息。

第 4～8 行：会员已登录(Cookie 不为空)，读取已登录会员的用户名并显示在页面"用户名"文本框 txtLoginId 中，同时将输入焦点设置在"旧密码"文本框 txtOldPassword。

第 9～12 行：会员未登录(Cookie 为空)，浏览器重定向到会员登录页。

(2) 处理"确认修改密码"按钮单击事件。单击"确认修改密码"按钮 btnModifyPassword

后，提交修改密码业务请求；服务器读取会员用户名和原密码，调用并执行会员修改密码业务逻辑，并根据返回值提示信息。主要代码如下。

```
1   protected void btnModifyPassword_Click(object sender, EventArgs e)
2   {
3       string loginId=txtLoginId.Text.Trim();
4       string oldPwd=txtOldPassword.Text.Trim();
5       string newPwd=txtNewPassword.Text.Trim();
6
7       int returnValue=UserManager.ModifyPassword(loginid, oldpwd, newpwd);
8       switch(returnValue)
9       {
10          case -1: Response.Write("<script>alert('用户名不存在!');</script>");
11                  break;
12          case -2: Response.Write("<script>alert('原密码不正确!');</script>");
13                  break;
14          case -3: Response.Write("<script>alert('密码修改失败!');</script>");
15                  break;
16          case 0: Response.Redirect("~/MemberPortal/UserLogin.aspx");
17                  break;
18      }
19  }
```

第 3～5 行：从控件读取会员用户名、原密码、新密码值。

第 7 行：调用业务逻辑层静态类 UserManager 的方法 ModifyPassword()处理会员修改密码业务逻辑，并将返回值(int 类型)赋值给变量 returnValue。

第 8～17 行：根据返回值弹出对话框提示消息；返回 0，表示修改密码成功，浏览器重定向到会员登录页。

2. 业务逻辑层

(1) 在项目 BookShop.BLL 中打开类文件 UserManager.cs(用户业务逻辑相关类)。

(2) 实现会员修改密码业务逻辑。在 UserManager 类中，添加会员修改密码方法 ModifyPwd()，实现会员修改密码业务逻辑：将用户名和新密码作为实参，由数据访问层执行更新会员数据(密码)；如果会员密码修改成功，则返回 0。主要代码如下。

```
1   public static class UserManager
2   {
3       public static int ModifyPwd(string loginId,string oldPwd,
                                    string newPwd)
4       {
5           UserInfo user=UserService.GetUserByLoginId(loginId);
6           if(user==Null)
7           {
8               return -1;
9           }
10          if (user.LoginPwd !=oldPwd)
11          {
12              return -2;
13          }
```

```
14
15          int num=UserService. UpdateUserPwd(loginId, newPwd);
16          if(num !=0)
17          {
18              return 0;
19          }
20          else
21          {
22              return -3;
23          }
24      }
25  }
```

第3行：定义public的静态方法ModifyPwd()，用来处理会员修改密码业务逻辑，形参是会员用户名、原密码、新密码，返回int类型值。

第5行：调用数据访问层静态类UserService的方法GetUserByLoginId()，根据会员用户名查询该会员信息，将返回值(UserInfo类)赋值给user。

第6～9行：如果该会员不存在(user为Null)，则返回int类型值－1。

第10～13行：如果该会员存在，但是原密码不正确，则返回int类型值－2。

第15行：该会员存在，且原密码正确，就调用数据访问层静态类UserService的方法UpdateUserPwd()，根据会员用户名更新其密码，将返回值(int类型)赋值给num变量。

第16～19行：如果更新密码成功(num变量值不为0)，返回int类型值0。

第20～23行：如果更新密码失败(num变量值等于0)，返回int类型值－3。

3. 数据访问层

(1) 在项目BookShop.DAL中，打开类文件UserService.cs(用户数据访问相关类)。

(2) 新增更新会员密码的方法UpdateUserPwd()，该方法将根据会员用户名，在数据表Users中更新会员的密码字段值，由业务逻辑层调用并执行。主要代码如下。

```
1   public static class UserService
2   {
3       public static int UpdateUserPwd(string loginId, string newPwd)
4       {
5           string strConn=ConfigurationManager.
6                       ConnectionStrings[ "BookShop. ConnectionString"].
                        ConnectionString;
7           using (SqlConnection conn=new SqlConnection(strConn))
8           {
9               conn.Open();
10
11              string strSQL=@"UPDATE Users SET LoginPwd=@newPwd
12                          WHERE LoginId=@loginId";
13              using (SqlCommand comdUser=new SqlCommand(strSQL, conn))
14              {
15                  SqlParameter[] paras=new SqlParameter[]
16                  {
17                      new SqlParameter("@newPwd", newPwd),
```

```
18                  new SqlParameter("@loginId", loginId)
19              };
20              comdUser.Parameters.AddRange(paras);
21
22              return comdUsers.ExecuteNonQuery();
23          }
24      }
25  }
26 }
```

第 3 行：定义 public 的静态方法 UpdateUserPwd()，用来更新会员密码，形参为会员用户名、新密码，返回值为 int 类型。

第 5、6 行：定义数据库连接字符串，由 ConfigurationManager 类从配置文件 Web.confi中读取键名为 BookShop.ConnectionString 的数据库连接字符串。

第 7 行：定义 SqlConnection 对象实例 conn，并在其构造方法中使用数据库连接字符串 strConn 初始化该实例。

第 9 行：使用 Open()方法打开该数据库连接。

第 11、12 行：定义 SQL 语句，在数据表 Users 中根据用户名更新会员密码字段值。

第 13 行：定义 SqlCommand 对象实例 commUser，并在其构造方法中初始化两个重要属性，即 CommandText 属性(SQL 语句)、Connection 属性(连接对象实例)。

第 15～20 行：为 SqlCommand 对象实例添加 SqlParameter 参数集合，给 SQL 语句中的参数赋值。

第 22 行：调用 SqlCommand 对象实例的 ExecuteNonQuery()方法执行 SQL 语句(Update)，该方法返回受影响的行数。UpdateUserPwd()方法返回该值，如大于 0(为 1)则更新会员密码字段值成功，否则失败。业务逻辑层调用该 UpdateUserPwd()方法后获取该返回值，根据会员修改密码业务逻辑判断和处理。

4-3-4 测试会员修改密码业务

(1) 在“解决方案资源管理器”窗格中，右击 Web 窗体页 ModifyPassword.aspx，在快捷菜单中选择“在浏览器中查看”命令(或按 Ctrl＋F5 组合键)，在浏览器中打开窗体页 ModifyPassword.aspx。

(2) 根据如表 4-3-4 所示的测试操作，对会员修改密码业务进行功能测试。

表 4-3-4 测试操作

测试用例	TUC-0403 会员修改密码		
编号	测试操作	期望结果	检查结果
1	会员未登录到前台门户，直接访问修改密码页	会员未登录，浏览器重定向到会员登录页	通过
2	会员登录到前台门户后，单击“修改密码”链接访问修改密码页	打开修改密码页，“用户名”文本框中显示当前登录的会员用户名	通过

续表

编号	测试操作	期望结果	检查结果
3	输入错误的原密码,两次输入一致的新密码,单击“确认修改密码”按钮	修改密码不成功,显示“用户名不存在或原密码错误!”提示对话框	通过
4	输入正确的原密码,两次输入一致的新密码,单击“确认修改密码”按钮	修改密码成功,显示“密码修改成功!”提示对话框	通过
5	访问会员登录页,输入会员用户名、刚修改的新密码,单击“登录”按钮	登录成功,浏览器重定向到首页	通过

职业能力拓展

4-3-5 对用户密码进行加密处理

程可儿承担了用户个人信息管理相关功能点的开发任务,包括会员登录、会员注册、修改密码等核心功能。陈靓在做代码评审时,发现程可儿在设计上有比较严重的安全漏洞:在数据库 Users 表中,所有用户密码都是以明文形式传输和保存的,没有做任何加密处理。

陈靓建议的技术方案如下。

(1) 数据表 Users 中 LoginPwd 字段值为加密存储,加密算法为 MD5。

(2) 会员注册业务中在数据表 Users 中新增会员记录,或修改密码业务中,在保存用户密码时,需要将表单中的会员密码先进行 MD5 加密后,才能保存或更新到数据表 Users 中。

(3) 会员登录业务或修改密码业务中,在校验用户身份时,需要对表单输入项“密码”进行 MD5 加密后,才能与数据表 Users 的 LoginPwd 字段值进行比对。

陈靓请程可儿编写辅助类 MD5Helper,实现 MD5 加密方法,并修改和完善设计。

模块小结

这一周,我们和程可儿一起实现完整交付与用户个人信息管理相关的业务功能,包括会员登录、会员注册、会员修改密码等。因为上一个迭代中已经处理了大量用户交互界面的设计,因此,程可儿在这里主要重构数据访问层的相关方法,就能完整交付各个任务点。

该阶段工作完成后,研发团队初步达成以下目标。

(1) 理解 ADO.NET 数据访问模型。

(2) 熟练掌握常用的 ADO.NET 对象及使用方法。

能 力 评 估

一、实训任务

1. 实现用户登录合法性校验，完善业务逻辑，具体需求如下。

(1) 除用户名、密码正确外，该账户须为“正常”状态，即表 Users 中会员 UserStatId 为 1(正常)；否则返回值－3(暂停)。

(2) 非会员(即匿名用户、管理员等)不能在书店前台门户登录，即表 Users 中会员 UseRoleId 为 1(会员)或为 2(VIP 会员)；否则返回值－4(该账户不具备访问权限!)。

2. 实现会员注册业务，完善业务逻辑，具体需求如下。

(1) 将注册信息插入到数据库 Users 表中，默认状态为 1(正常)，权限为 1(会员)。

(2) 注册成功后弹出对话框提示注册成功，页面跳转到会员登录页。

3. 参考会员修改密码页原型设计，实现会员密码修改业务。

二、拓展任务

1. 在会员注册业务中，实现同用户名注册检验，即在用户填写并确认注册信息后，必须验证没有同名用户名，方可确认注册。

2. 完善会员登录、注册、密码修改业务中的密码加密存储和处理。

(1) 会员注册业务中新增用户记录，或修改密码业务中更新用户密码时，须将会员密码 MD5 加密后存储到数据库 Users 表。

(2) 会员登录业务，或修改业务密码时，需对输入项“密码”进行 MD5 加密后校验。

三、简答题

1. 什么是 ADO.NET 数据访问模型？

2. 常用的 ADO.NET 对象模型有哪些？

3. 请写出 Web.config 中配置项，实现在 ASP.NET 配置文件中配置 SQL Server 数据库连接字符串。

4. 在数据访问层(DAL)中，要获取配置文件 Web.config 中的数据库连接字符串配置项值，请写出该部分代码行。

5. 以业务实体类 UserInfo 为例，在数据访问层(DAL)的 UserService 类中编程实现方法 GetUserById()，要求实现根据用户的 ID 查询并获得用户对象信息。

四、选择题

1. 在使用 ADO.NET 模型访问数据库(SQL Server)时，为提高系统性能，应创建(　　)对象并调用其 Open()方法以连接数据库。

A. Connection　　　　B. SqlConnection

C. SqlCommand　　　　　　　　D. SqlDataAdapter

2. 访问 SQL Server 数据库,需要使用的命名空间是(　　)。

A. System.Data　　　　　　　　B. System.Data.OleDB

C. System.Data.SqlClient　　　　D. System.OleDB

3. 执行 SqlCommand 的(　　)方法可以创建一个 SqlDataReader。

A. Fill()　　　　　　　　B. ExecuteNonQuery()

C. ExecuteReader()　　　　D. ExecuteScalar()

4. (　　)方法用来返回执行命令后受影响的数据行数。

A. ExecuteNonQuery()　　　　B. ExecuteScalar()

C. ExecuteReader()　　　　D. HasRow()

5. 为了获得某部门员工人数,用(　　)方法可以执行统计查询,执行后只返回查询所得到的结果集中第一行的第一列,忽略其他的行或列。

A. ExecuteReader()　　　　B. ExecuteScalar()

C. ExecuteSql()　　　　D. ExecuteNonQuery()

6. 通过用户指定的 SQL 语句从数据库中获取数据,并填充一个数据集,可以使用(　　)。

A. SqlCommand 类的 ExecuteNonQuery()方法

B. SqlCommand 类的 ExecuteReader()方法

C. SqlDataAdapter 类的 Fill()方法

D. SqlDataSet 类的 Fill()方法

7. 从 Web.config 文件中获取数据库连接字符串,正确的语句是(　　)。

A. ConfigurationManager.ConnectionStrings("connString").ConnectionString;

B. ConfigurationManager.ConnectionStrings["connString"].ConnectionString;

C. ConfigurationManager.ConnectionStrings("connString").Text;

D. ConfigurationManager.ConnectionStrings["connString"].Text;

8. .NET 框架中被用来访问数据库数据的组件集合名称为(　　)。

A. ADO　　　　B. ADO.NET　　　　C. COM+　　　　D. Service.NET

9. 在 ADO.NET 中,对于 Command 对象的 ExecuteNonQuery()方法和 ExecuteReader()方法,以下叙述错误的是(　　)。

A. INSERT、UPDATE、DELETE 等操作的 SQL 语句主要用 ExecuteNonQuery()方法来执行

B. ExecuteNonQuery()方法返回执行 SQL 语句所影响的行数

C. SELECT 操作的 SQL 语句只能由 ExecuteReader()方法来执行

D. ExecuteReader()方法返回一个 DateReader 对象

10. 在使用 ADO.NET 设计数据库应用程序时,可以通过设置 Connection 对象的(　　)属性来指定连接到数据库时的用户和密码信息。

A. ConnectionString　　　　B. DataSource

C. UserInformation D. Provider

五、判断题

1. DataSet 类将数据缓存在 Web 服务器内存中，是面向非连接的。 （ ）

2. 在 ADO.NET 数据访问模型中，SELECT 操作的 SQL 语句可以由 ExecuteReader()方法来执行。 （ ）

3. 访问 SQL Server 数据库，需要使用的命名空间是 System.Data.OleDB。 （ ）

模块5 “可可网上商城”前台门户展示图书信息

网上商城前台门户设计了一系列区域用各种方式来展示图书、图书分类等信息，同时也是会员选择商品和购买的主要入口。这有点类似于超市或书店，通过布置一系列别具特色的“展柜”，来针对性地展示商品，吸引买家或读者的视觉热点。

杨国栋在第一个迭代 Sprint #1 中做项目需求分析时，就和陈靓、程可儿一起确认了网上商城的快速原型，作为可可连锁书店的主要代表，当时他最感兴趣、讨论最多的也就是前台门户。杨国栋非常期待。

现在，程可儿只需要参照前期设计的页面原型，尽快帮杨国栋实现网上商城的各个“门面”。

工作任务

任务 5-1　按出版日期排序展示图书列表

任务 5-2　展示图书详细信息

任务 5-3　根据图书分类展示图书列表

学习目标

(1) 理解 ADO.NET 数据访问模型。

(2) 理解并掌握 DataSet 类的使用。

(3) 熟练掌握数据控件 DataList 的使用。

任务5-1 按出版日期排序展示图书列表

任务描述与分析

程可儿首先要做的就是实现前台门户首页各个关键的热点图书“展柜”。根据网上商城的业务需求，为了迎合会员用户的兴趣爱好，或者针对性地向会员推荐一些图书，前台门户设计了几个主要的区块，比如展示“最新图书”“热卖图书”“点击排行榜图书”“主编推荐图书”“推荐图书分类”等。

程可儿首先要实现的是“最新图书”区域功能，也就是按照出版日期排序，从数据库Books表中获取最新出版的4本图书优先推荐给会员。开发任务单如表5-1-1所示。

表5-1-1 开发任务单

任务名称	#501 按出版日期排序展示图书列表		
相关需求	作为一名用户，我希望按出版日期排序浏览最新图书，这样可以让我找到最新出版的图书		
任务描述	(1) 完善前台首页UI设计 (2) 完善数据库图书表结构设计 (3) 实现按出版日期排序获取图书数据集业务逻辑 (4) 测试按出版日期排序展示图书列表业务		
所属迭代	Sprint #3 实现“可可网上商城”数据访问和处理		
指派给	程可儿	优先级	4
任务状态	□已计划 ☑进行中 □已完成	估算工时	8

任务设计与实现

5-1-1 详细设计

(1) 用例名称：按出版日期排序展示图书列表(UC-0501)，如图5-1-1所示。

图5-1-1 “按出版日期排序展示图书列表”用例

(2) 用例说明：此用例帮助用户按出版日期排序展示图书列表。

(3) 页面导航：首页→本月新出版。

(4) 页面UI设计：参考图5-1-2。

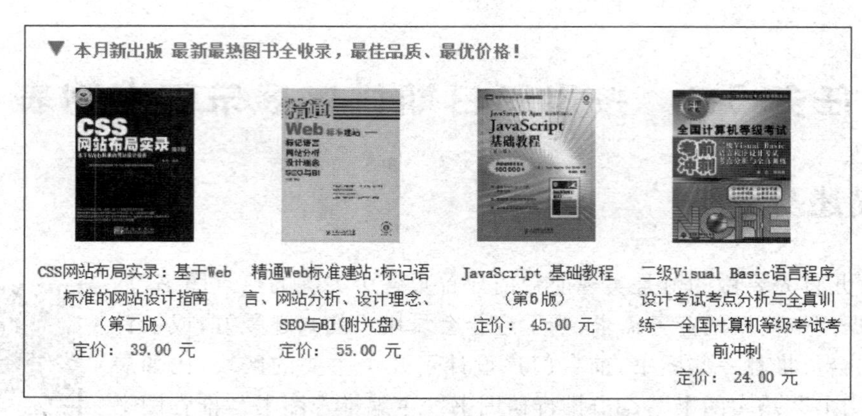

图 5-1-2 “按出版日期排序展示图书列表”页面设计参考

（5）功能操作：

① 用户（含匿名用户、会员）访问前台门户首页。

② 浏览“本月新出版”区域，按 1 行 4 列方式浏览最新出版的 4 本图书概要信息列表（包含图书封面图片图书名称和单价）。

③ 单击图书封面图片或图书名称，打开该图书详细信息页。

（6）控件：

① 图书封面图片超链接——单击后打开该图书详细信息页。

② 图书名称超链接——单击后打开该图书详细信息页。

（7）数据库操作：

① 数据库——MyBookShop。

② 源数据表——Books 表结构定义如表 5-1-2 所示。

③ 源字段——Id、Title、PublishDate、ISBN。

表 5-1-2 Books 表结构定义

Key	字段名	数据类型	Null	默认值	说明
🔑	Id	int			IDENTITY (1, 1)
	Title	nvarchar(200)			图书名称
	Author	nvarchar(200)			作者
	PublishDate	datetime			出版日期
	ISBN	nvarchar(50)			图书 ISBN
	WordsCount	int			字数
	UnitPrice	money			单价
	ContentDescription	nvarchar(MAX)	√		内容提要
	AuthorDescription	nvarchar(MAX)	√		作者简介
	EditorComment	nvarchar(MAX)	√		编辑推荐
	TOC	nvarchar(MAX)	√		目录
	Clicks	int			点击次数
	CategoryId	int			所属图书分类 Id,外键
	PublisherId	int			出版社 Id,外键

5-1-2 实现按出版日期排序检索图书业务逻辑

1. 业务实体层

(1) 在业务实体层项目中添加业务实体类。在“解决方案资源管理器”窗格中，打开项目 BookShop.Model，在右键快捷菜单中选择“添加”→“新项”命令。在“添加新项 - BookShop.Model”对话框中选择“类”模板，添加的类名称为 BookInfo.cs(图书业务实体类)。

(2) 定义图书业务实体 BookInfo 类。图书业务实体类 BookInfo.cs 中，主要定义了图书业务实体的主要属性，即图书名称、出版日期、单价、封面图片等。主要代码如下。

```
1   namespace BookShop.Model
2   {
3       [Serializable]
4       public class BookInfo
5       {
6           public int Id { get; set; }
7           public string Title { get; set; }                         //图书名称
8           public DateTime Publishdate { get; set; }                 //出版日期
9           public decimal Unitprice { get; set; }                    //单价
10          public string Imgurl { get; set; }                        //封面图片路径
11          public string ISBN { get; set; }                          //ISBN
12          public string Author { get; set; }                        //作者
13          public int WordsCount { get; set; }                       //字数
14          public string ContentDescription { get; set; }            //内容提要
15          public string AuthorDescription{ get; set; }              //作者简介
16          public string EditorComment { get; set; }                 //编辑推荐
17          public string TOC { get; set; }                           //目录
18          public int Clicks { get; set; }                           //点击数
19          public int CategoryId { get; set; }        //图书分类编码(对应数据表外键)
20          public int PublisherId { get; set; }       //出版社编码(对应数据表外键)
21
22          public CategoryInfo Category { get; set; }                //图书分类导航属性
23          public PublisherInfo Publisher { get; set; }              //出版社导航属性
24      }
25  }
```

第 22、23 行：定义两个“一对多”的导航属性，分别为图书分类业务实体 CategoryInfo 类、出版社业务实体 PublisherInfo 类的对象引用，与数据表 Books、Categories、Publishers 的表之间“一对多”主外键关系对应。

(3) 定义关联的图书分类业务实体 CategoryInfo 类。主要代码如下。

```
1   namespace BookShop.Model
2   {
3       [Serializable]
4       public class CategoryInfo
5       {
```

```
6           public int Id { get; set; }            //图书分类 ID
7           public string Name { get; set; }       //图书分类名称
8       }
9   }
```

(4) 定义关联的出版社业务实体 PublisherInfo 类。主要代码如下。

```
1   namespace BookShop.Model
2   {
3       [Serializable]
4       public class PublisherInfo
5       {
6           public int Id { get; set; }           //出版社 ID
7           public string Name{get;set;}          //出版社名称
8       }
9   }
```

2. 数据访问层

(1) 在数据访问层项目中添加图书数据访问处理相关类。在“解决方案资源管理器”窗格中,打开项目 BookShop.DAL,添加类 BookService.cs(图书数据访问处理相关类)。

(2) 实现图书数据访问。在 BookService 类中,定义按出版日期排序检索图书信息的方法 GetNewBookList(),实现在数据表 Books 中按出版日期排序检索,以获取最新出版的 4 本图书数据集。主要代码如下。

```
1   namespace BookShop.DAL
2   {
3       public class BookService
4       {
5           public static List<BookInfo>GetNewBookList()
6           {
7               string strConn=ConfigurationManager.
8                           ConnectionStrings[ "BookShop. ConnectionString"].
                            ConnectionString;
9               using(SqlConnection conn=new SqlConnection(strConn))
10              {
11                  conn.Open();
12
13                  string strSQL=@"SELECT TOP 8
14                          Id,Title,UnitPrice,ImgUrl,PublishDate,ISBN
15                          FROM Books ORDER BY PublishDate DESC ";
16                  DataSet dasBooks=new DataSet();
17                  SqlDataAdapter datBooks=new SqlDataAdapter(strSQL, conn);
18                  datBooks.Fill(dasBooks);
19
20                  List<BookInfo>list=new List<BookInfo>()
21                  foreach (DataRow row in dasBooks.Tables[0].Rows)
22                  {
23                      BookInfo book=new BookInfo();
```

```
24                  book.Id=Convert.ToInt32(row["Id"]);
25                  book.Title=row["Title"].ToString();
26                  book.Imgurl=row["ImgUrl"].ToString();
27                  book.Publishdate=
28                      DateTime.Parse(row["PublishDate"].ToString());
29                  book.Unitprice=Decimal.Parse(row["UnitPrice"].
                       ToString());
30                  book.Isbn=row["ISBN"].ToString();
31
32                  list.Add(book);
33              }
34              return list;
35          }
36      }
37   }
38 }
```

第5行：定义public的静态方法GetNewBookList()，用来按出版日期排序检索图书信息，返回值为泛型集合类型(List<BookInfo>)。

第7、8行：定义数据库连接字符串，由ConfigurationManager类从配置文件Web.config中读取键名为BookShop.ConnectionString的数据库连接字符串。

第9行：定义SqlConnection对象实例conn，并在其构造方法中使用数据库连接字符串strConn初始化该实例。

第11行：使用Open()方法打开该数据库连接。

第13～15行：定义SQL语句，在数据表Books中按出版日期排序检索，以获取最新出版的4本图书数据集。

第16行：定义DataSet对象实例。

第17行：定义SqlDataAdapter对象实例，并在其构造方法中初始化两个重要属性，即sqlCommandText属性(SQL语句)、sqlConnection属性(连接对象实例)。

第18行：调用SqlDataAdapter对象实例的Fill()方法将数据行填充到数据集中。

第20行：定义BookInfo类型的泛型集合。

第21行：遍历访问图书数据集的每一行。

第23行：定义BookInfo对象实例book。

第24～30行：将当前图书数据行中对应列值赋值给图书book的各个基本属性。

第32行：将当前book添加到图书泛型集合中。

第34行：返回图书泛型集合。业务逻辑层调用该GetNewBookList()方法后获取该泛型集合，根据图书展示业务需求处理。

3. 业务逻辑层

(1) 在业务逻辑层项目中添加图书业务逻辑相关类。在“解决方案资源管理器”窗格中，打开项目BookShop.BLL，添加类BookManager.cs(图书业务逻辑相关类)。

(2) 实现图书查询业务逻辑。在BookManager类中，定义按出版日期排序检索图书信息的业务逻辑方法 GetNewBookList()，仅需要调用数据访问层的方法获取图书泛型集合。主要代码如下。

```
1   namespace BookShop.BLL
2   {
3       public class BookManager
4       {
5           public static IList<BookInfo>GetNewBookList()
6           {
7               return BookService.GetNewBookList();
8           }
9       }
10  }
```

第 5 行：定义 public 的静态方法 GetNewBookList()，用来处理按出版日期排序获取图书信息，返回值为泛型集合类型(IList<BookInfo>)。

第 7 行：调用数据访问层静态类 BookService 的方法 GetNewBookList()，根据出版日期排序检索图书信息(图书泛型集合)。

5-1-3　将图书数据集绑定到数据展示控件

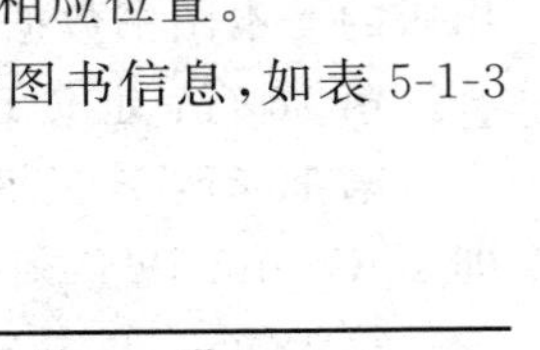

(1) 打开表示层项目 BookShop.WebUI，在 MemberPortal 文件夹中添加 Web 窗体 RecentNewBookShow.aspx。

(2) 参照按出版日期排序展示图书列表页 UI 设计，如图 5-1-2 所示，设计页面布局。在 Visual Studio“工具箱”面板中展开“数据”组，将服务器控件 DataList 拖放到 Web 窗体 RecentNewBookShow.aspx 相应位置。

(3) 设置 DataList 控件属性。按 1 行 4 列水平方向表布局展示图书信息，如表 5-1-3 所示。

表 5-1-3　DataList 控件主要属性值

属　性	属 性 值	说　明
ID	dlstNewBooks	DataList 控件 ID
RepeatDirection	Horizontal	默认按照水平方向排列
RepeatColumns	4	重复 4 列布局

(4) 绑定数据源。在 RecentNewBookShow.aspx 页首次加载时，调用业务逻辑层图书相关类 BookManager 的 GetNewBookList()方法，将其返回的图书泛型集合作为数据源绑定到 DataList 控件。主要代码如下。

```
1   protected void Page_Load(object sender, EventArgs e)
2   {
3       if(!Page.IsPostBack)
4       {
5           dlstNewBooks.DataSource=BookManager.GetNewBookList();
6           dlstNewBooks.DataBind();
```

```
7            }
8        }
```

第5行：将业务逻辑层方法GetNewBookList()返回的图书泛型集合设置为DataList控件的数据源。

第6行：用DataBind()方法将DataSource属性指定的数据源绑定到DataList控件。

(5) 自定义DataList控件的项模板。如图5-1-3所示，通过DataList任务菜单切换到模板编辑模式，选择并显示项模板ItemTemplate，参照页面UI设计自定义模板，即每个图书项由图书封面、图书名称、图书单价三部分组成。

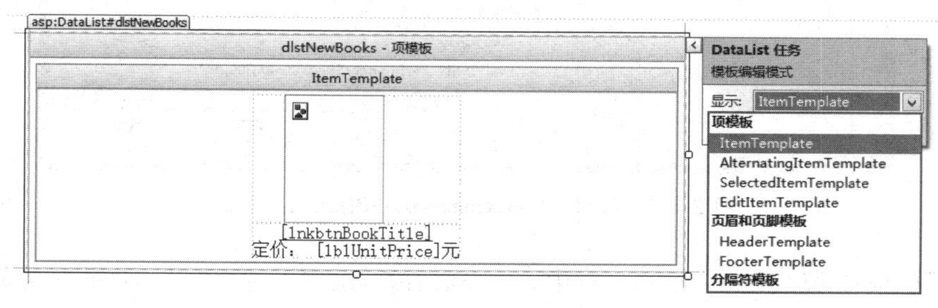

图5-1-3 “DataList任务”菜单及模板编辑模式

DataList项模板中的主要控件及属性如表5-1-4所示。

表5-1-4 DataList项模板中的主要控件及属性

控 件 ID	控件类型	主要属性及说明
imgbtnBookImage	ImageButton	图书封面图片超链接
lnkbtnBookTitle	LinkButton	链接图书名称超链接
lblUnitPrice	Label	文本标签“图书单价”

(6) 在项模板(ItemTemplate)中，为imgbtnBookImage控件ImageUrl属性绑定数据项ISBN，并设置格式化字符串为～/Images/BookCovers/{0}.jpg。打开项模板中ImageButton控件任务菜单，选择“编辑DataBindings”选项，如图5-1-4所示，打开该控件的DataBindings对话框。在“可绑定属性”列表中选择ImageUrl属性，选择“自定义绑定”单选按钮，在“代码表达式”文本框中输入数据绑定代码表达式Eval("ISBN","～/Images/BookCovers/{0}.jpg")，如图5-1-5所示。

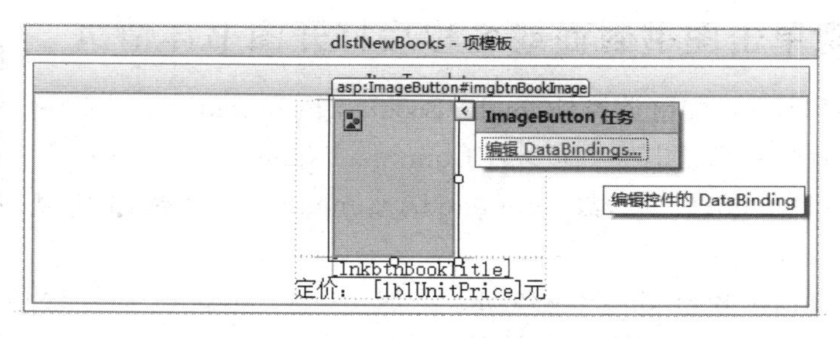

图5-1-4 选择“编辑DataBindings”选项

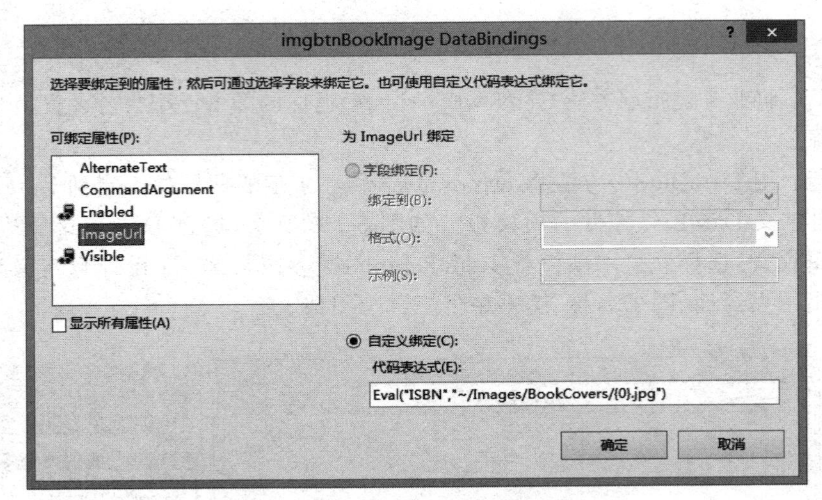

图 5-1-5　imgbtnBookImage DataBindings 对话框

(7) 在项模板(ItemTemplate)中，为 lnkbtnBookTitle 控件 Text 属性绑定数据项 Title，为 lblUnitPrice 控件 Text 属性绑定数据项 UnitPrice(并格式化字符串为{0:f})。

RecentNewBookShow.aspx 的主要代码如下。

```
1  <asp:DataList ID="dlstNewBooks" runat="server"
2      RepeatColumns="4" RepeatDirection="Horizontal">
3      <ItemTemplate>
4          <asp:ImageButton ID="imgbtnBookImage" runat="server"
5              Width="88px" Height="117px"
6              AlternateText='<%#Eval("Title") %>' ToolTip='<%#Eval("Title") %>'
7              ImageUrl='<%#Eval("ISBN","~/Images/BookCovers/{0}.jpg") %>'  />
8          <asp:LinkButton ID="lnkbtnBookTitle" runat="server"
9              Text='<%#Eval("Title") %>' ToolTip='<%#Eval("Title") %>'  />
10         定价: <asp:Label ID="lblUnitPrice" runat="server"
11                 Text='<%#Eval("UnitPrice","{0:f}")%>'>
12         </asp:Label>元
13     </ItemTemplate>
14 </asp:DataList>
```

第 3～13 行：DataList 控件的项模板(ItemTemplate)标签。

5-1-4　实现单击图书封面或名称后打开图书详情页

(1) 为项模板中的按钮类控件 imgbtnBookImage 和 lnkbtnBookTitle 添加命令名和命令参数。其中，命令名 CommandName 设置为自定义命令 ShowBookDetails；命令参数 CommandArgument 绑定到数据项 Id (图书唯一编号)。

(2) 为 DataList 控件 dlstNewBooks 添加 ItemCommand 事件处理程序。当单击 DataList 控件中任何一个按钮(图书封面或名称)时，将触发该事件处理程序，生成图书详情页 URL(通过查询字符串传递图书 ID 值),并将浏览器重定向到该图书详情页。主要代码如下。

```
1  protected void dlstNewBooks_ItemCommand(object source,
   DataListCommandEventArgs e)
2  {
3      if(e.CommandName=="ShowBookDetails")
4      {
5          //URL 示例 http://.../MemberPortal/BookDetails.aspx?BookId=493
6          Response.Redirect("~/MemberPortal/BookDetails.aspx?BookId="
7                                                      +e.CommandArgument.ToString());
8      }
9  }
```

第 3 行:判断触发 ItemCommand 事件时所关联的控件命令是否为 ShowBookDetails。

第 5 行:URL 举例,其中通过查询字符串 BookId 将图书 ID 值传递到图书详情页。

第 6、7 行:将命令参数合并字符串,生成图书详情页 URL,并将浏览器重定向到图书详情页。

RecentNewBookShow.aspx 完整的代码如下。

```
1   <asp:DataList ID="dlstNewBooks" runat="server" RepeatColumns="4"
2       RepeatDirection="Horizontal"
3       OnItemCommand="dlstNewBooks_ItemCommand">
4       <ItemTemplate>
5           <asp:ImageButton ID="imgbtnBookImage" runat="server"
6               Width="88px" Height="117px"
7               AlternateText='<%#Eval("Title") %>' ToolTip='<%#Eval("Title") %>'
8               CommandName="ShowBookDetails"
9               CommandArgument='<%#Eval("Id") %>'
10              ImageUrl='<%#Eval("ISBN","~/Images/BookCovers/{0}.jpg") %>'  />
11          <asp:LinkButton ID="lnkbtnBookTitle" runat="server"
12              CommandArgument='<%#Eval("Id") %>'
13              CommandName="ShowBookDetails"
14              Text='<%#Eval("Title") %>' ToolTip='<%#Eval("Title") %>'  />
15          定价:<asp:Label ID="lblUnitPrice" runat="server"
16                  Text='<%#Eval("UnitPrice","{0:f}")%>'>
17          </asp:Label>元
18      </ItemTemplate>
19  </asp:DataList>
```

第 3 行:DataList 控件的 OnItemCommand 事件。

第 8、9、12、13 行:为项模板中的按钮控件添加自定义命令名和命令参数。

5-1-5 测试按出版日期排序展示图书列表业务

(1) 在“解决方案资源管理器”窗格中,右击 Web 窗体页 RecentNewBookShow.aspx,在快捷菜单中选择“在浏览器中查看”命令,在浏览器中打开窗体页 RecentNewBookShow.aspx。

(2) 根据如表 5-1-5 所示的测试操作,对按出版日期排序展示图书列表业务进行功能测试。

表 5-1-5　测试操作

测试用例	TUC-0501　按出版日期排序展示图书列表		
编号	测 试 操 作	期 望 结 果	检查结果
1	打开最新图书展示页 RecentNewBookShow.aspx	按 1 行 4 列水平布局,展示最新出版的 4 本图书信息	通过
2	单击图书封面图片	浏览器重定向到图书详情页,URL 中包含查询字符串即图书 Id 值	通过
3	单击图书名称链接	浏览器重定向到图书详情页,URL 中包含查询字符串即图书 Id 值	通过

相关知识与技能

5-1-6　DataSet

DataSet 是数据库数据的内存驻留表示形式,无论数据源是什么,都会提供一致的关系编程模型。它可以用于多种不同的数据源,用于 XML 数据,或用于管理应用程序本地的数据。DataSet 中的方法和对象与关系数据库模型中的方法和对象一致。

DataSet 对象模型如图 5-1-6 所示。

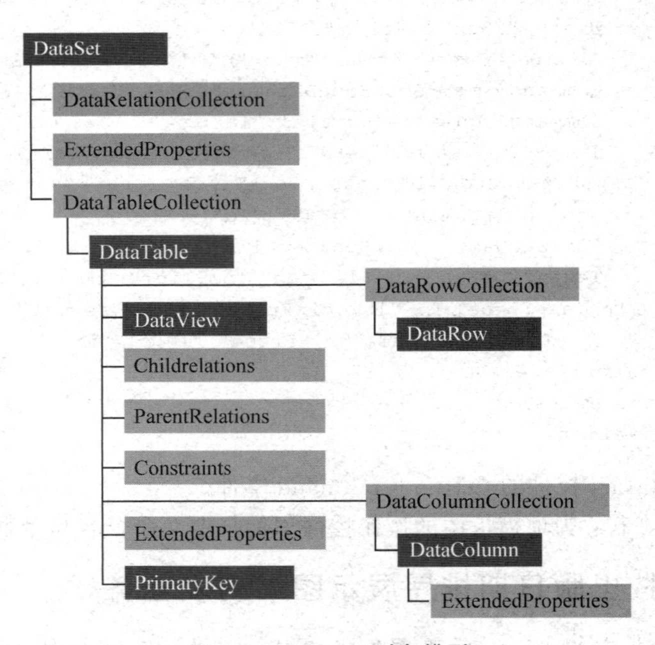

图 5-1-6　DataSet 对象模型

(1) DataSet 表示包括 DataTableCollection(数据表集合)、Contraint(约束)和表间

DataRelation(关系)在内的整个数据集。

(2) DataTableCollection(数据表集合)包含 DataSet 中的零个或多个 DataTable(数据表)对象。

(3) DataTable(数据表)是最重要的对象之一,它表示内存驻留数据的单个表,包含由 DataColumnCollection(数据列集合)和 ConstraintCollection(约束集合)共同定义的表的架构,还包含 DataRowCollection(数据行集合)表示的表中的数据。

(4) 每个 DataTable 包含多个 DataRow(数据行)和 DataColumn(数据列)。DataRow 是 DataTable 中的一行数据,或者说是一条记录。

1. DataSet 类的部分属性和方法

DataSet 类的部分属性和方法如表 5-1-6 所示。

表 5-1-6 DataSet 类的部分属性和方法

属性/方法	说　明
Tables	获取 DataSet 中的 DataTable 集合
Clear()	通过移除表中所有行来清除任何 DataSet 的数据

2. DataTable 类的部分属性和方法

DataTable 类的部分属性和方法如表 5-1-7 所示。

表 5-1-7 DataTable 类的部分属性和方法

属性/方法	说　明
TableName	设置或获取 DataTable 的名称
Rows	获取该表的 DataRow 行集合
Columns	获取该表的 DataColumn 列集合
Primarykey	设置或获取该数据表主键的列的数据
Clear()	清除 DataTable 的所有数据行
NewRow()	创建与该表具有相同架构的新的 DataRow

3. DataRow 类的部分属性和方法

DataRow 类的部分属性和方法如表 5-1-8 所示。

表 5-1-8 DataRow 类的部分属性和方法

属性/方法	说　明
Item	设置或获取数据指定列中的数据
IsNull()	判断该数据行指定的列是否包含一个 Null 值
Delete()	清除 DataTable 中的该数据行

5-1-7 SqlDataAdapter

SqlDataAdapter（数据适配器）对象是 DataSet 和数据源之间的桥梁，可以用来从数据库中将数据填充到 DataSet，也可以将 DataSet 中已经更改的数据更新到数据库中。

SqlDataAdapter 类的部分属性和方法如表 5-1-9 所示。

表 5-1-9 SqlDataAdapter 类的部分属性和方法

属性/方法	说　明
SelectCommand	设置或获取 SQL 语句或存储过程，用于在数据源中查询记录
InsertCommand	设置或获取 SQL 语句或存储过程，用于在数据源中新增记录
UpdateCommand	设置或获取 SQL 语句或存储过程，用于在数据源中更新记录
DeleteCommand	设置或获取 SQL 语句或存储过程，用于在数据源中删除记录
Fill()	添加或更新 DataSet 中的数据行，与数据源中对应的表保持一致
Update()	将 DataSet 中指定表中已修改的数据行更新到数据源对应的表

5-1-8 数据绑定

ASP.NET 提供了丰富的数据绑定模型，允许将获得的数据对象绑定到一个或多个服务器控件并自动格式化呈现数据。ASP.NET 的大多数服务器控件都支持数据绑定，可以简单归纳为两种数据绑定方式：单值数据绑定、重复值绑定。

1. 单值数据绑定

单值数据绑定，即使用数据绑定表达式将数据项绑定到控件的部分属性。比如，将图书名称值绑定到超链接 HyperLink.Text 属性上，将图书详情页的 URL 值绑定到超链接 HyperLink.NavigateUrl 属性上，用于显示超链接文本，设置超链接目标的 URL。

数据绑定表达式可以在 Web 窗体页(.aspx)标记部分输入，由“<%＃”和“%>”分隔符包含。典型数据绑定表达式示例如下。

```
<%# 表达式 %>
```

单值数据绑定的表达式可以是属性值、成员变量、函数的返回值，也可以是其他运行时可计算的表达式。

2. 重复值绑定

重复值绑定可以一次把包含一系列项的数据对象绑定到列表控件，可以是自定义对象的集合（如 ArrayList、List<T>、HashTable 等），也可以是数据行的集合（如 DataSet、DataTable、DataReader 等）。

支持重复值绑定的控件有列表控件（如 DropDownList、CheckBoxList 等）、富数据控件（如 DataList、GridView、Repeater 等）。这类控件的基本数据属性和方法如表 5-1-10

表 5-1-10 数据绑定控件的基本数据属性和方法

属性/方法	说明
DataSource	设置或获取要显示数据的数据源
DataSourceID	设置数据源控件 ID
DataTextField	用于列表控件,设置显示的单个数据项字段
DataTextFormatString	定义可选的格式化字符串,格式化显示数据项文本
DataValueField	用于列表控件,设置绑定的单个数据项值
DataBind()	将数据源绑定到控件及其所有子控件

所示。

必须注意的是,在指定了需要绑定的数据源之后,要使用控件或页面的 DataBind()方法来实现控件的数据绑定。

5-1-9 DataList 控件

ASP.NET 提供了丰富的数据控件,用于格式化显示来自数据源的数据。DataList 控件可以用自定义的格式显示数据源中的数据:可以按不同的布局显示数据行,比如按列或行进行排序;显示数据的格式可以在模板中定义,可以为项、交替项、选定项和编辑项创建模板;也可以使用标题、脚注和分隔符模板自定义 DataList 的整体外观;显示数据的格式可以通过 HTML 元素、控件等来定义数据项的布局,比如可以使用 TextBox 等服务器控件来绑定和显示某个数据项。

1. 将数据源绑定到控件

要使用 DataList 展示数据,必须将数据源绑定到 DataList 控件。绑定数据源有以下两种方式。

(1) 最常用的数据源是数据源控件,如 SqlDataSource 或 ObjectDataSource 控件,将 DataList 控件的 DataSourceID 设置为数据源控件的 ID。

(2) 将 DataList 控件绑定到任何实现 IEnumerable 接口的类,该接口包括 ADO .NET 数据集(DataSet 类)、数据读取器(SqlDataReader 类)或大部分集合(ArrayList、List<T>、HashTable 等)。

绑定数据时,需要为 DataList 控件整体绑定一个数据源,同时需要利用绑定表达式为模板项中的子控件(属性)绑定当前数据项的字段。项模板中为子控件绑定数据要使用 Eval()和 Bind()方法。Eval()方法用于定义单向(只读)绑定;Bind()方法用于定义双向(可更新)绑定。示例代码如下。

```
1 <asp:DataList ID=" dlstNewBooks" DataKeyNames="ID" runat="server">
2     <ItemTemplate>
3         图书 ID:          <%#Eval("ProductID") %>
4         图书名称:         <%#Eval("Title") %>
5         图书单价:         <%#Eval("UnitPrice","{0:f}")%>
```

```
6      </ItemTemplate>
7  </asp: DataList>
```

第3～5行：Eval()方法用来计算数据绑定控件DataList项模板中的后期绑定数据表达式。在运行时，Eval()调用DataBinder对象的Eval()方法，同时引用命名容器(DataList控件的项)的当前数据项。所谓命名容器，通常是包含完整记录的数据绑定控件的最小组成部分，如DataList控件中的一项(Item)。因此，只能对数据绑定控件的模板内的绑定使用Eval()方法。

在这里，Eval()方法以数据字段的名称作为参数，从数据源的当前记录返回一个包含该字段值的字符串。如果需要自定义格式化显示，可以提供第二个参数来指定返回字符串的格式，即使用字符串格式字符(如以上示例代码第5行中的"{0:f}")。有关字符串格式字符请查阅有关文档。

2. 为 DataList 项定义模板

在DataList控件中，可以使用模板来自定义数据展示的布局和样式。DataList控件支持的模板项如表5-1-11所示。

表 5-1-11　DataList 控件支持的模板项

模　板　项	说　　明
ItemTemplate	包含一些HTML元素和控件，将为数据源中的每一行呈现这些HTML元素和控件
AlternatingItemTemplate	通常使用此模板来为交替行创建不同的外观，例如指定一个与在ItemTemplate属性中指定的颜色不同的背景色
SelectedItemTemplate	包含一些元素，当用户选择DataList控件中的某一项时将呈现这些元素。通常可以使用此模板来通过不同的背景色或字体颜色直观地区分选定的行。还可以通过显示数据源中的其他字段来展开该项
EditItemTemplate	指定当某项处于编辑模式中时的布局。此模板通常包含一些编辑控件，如TextBox控件
HeaderTemplateFooterTemplate	包含在列表的开始和结束处分别呈现的文本和控件
SeparatorTemplate	包含在每项之间呈现的元素，如一条直线(hr元素)

3. 项布局

DataList控件使用HTML表对应用模板的项的呈现方式进行布局，可以控制各个表单元格的顺序、方向和列数，这些单元格用于呈现DataList项。DataList控件支持的布局选型如表5-1-12所示。

4. DataList 的事件

DataList控件支持多种事件，主要的事件如表5-1-13所示。

表 5-1-12 DataList 控件支持的布局选项

模板属性	说明
流布局	列表项在行内呈现
表布局	列表项在 HTML 表(Table)元素中呈现
垂直布局水平布局	默认情况下,DataList 控件中的项在单个垂直列中显示。也可以指定该控件包含多个列,需进一步指定这些项是垂直排序(Vertical)还是水平排列(Horizontal)
列数	列表项是垂直或水平方向上的列数

表 5-1-13 DataList 控件的主要事件

事件	说明
DataBinding	当服务器控件绑定到数据源时,触发该事件
ItemCreated	当创建项(Item)时,触发该事件
ItemDataBound	当项(Item)被绑定数据时,触发该事件
ItemCommand	当项(Item)中按钮被单击时,触发该事件。需设置该按钮的 CommandName 值,以便于在 ItemCommand 事件处理程序中区分是哪个按钮触发该事件
EditCommand DeleteCommand UpdateCommand CancelCommand	当项(Item)中设置有预置命令(edit、delete、update 或 cancel)的按钮被单击时,触发该事件。需设置该按钮 CommandName 值为预置的某个关键字,如 edit、delete、update 或 cancel。当用户单击项中的某个按钮时,就会向该按钮的容器(DataList 控件)发送事件

职业能力拓展

5-1-10 在前台门户展示图书分类

程可儿很有成就感,前台门户首页的各个“展柜”从他手上交付,杨国栋很直观地看到了图书展示的效果。现在,程可儿需要继续完成许多相似的任务,实现前台门户的各个核心区域。

(1) 实现前台门户按主编推荐展示图书列表,UI 设计参考图 5-1-7。

图 5-1-7 展示主编推荐图书列表

(2) 实现前台门户按热卖展示图书列表,UI 设计参考图 5-1-8。

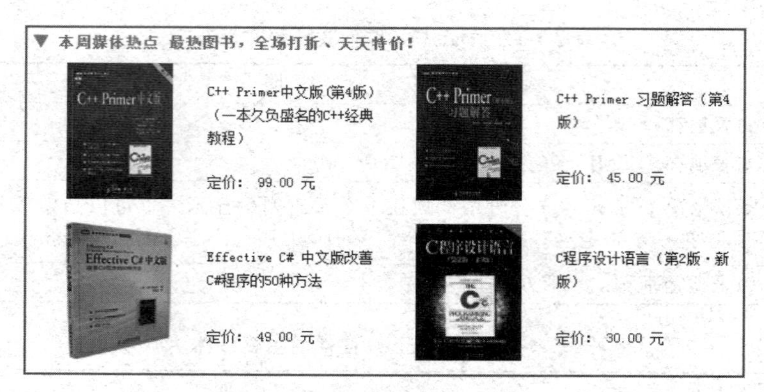

图 5-1-8 展示热卖图书列表

(3) 实现前台门户按点击排行展示图书列表,UI 设计参考图 5-1-9。

(4) 实现前台门户按图书分类展示列表,UI 设计参考图 5-1-10。

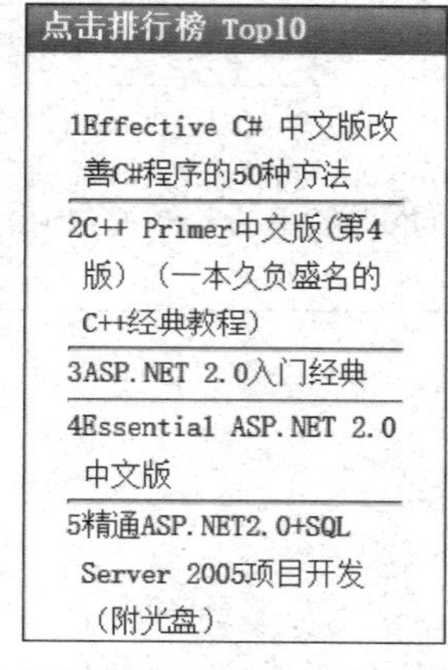

图 5-1-9 展示图书点击排行榜列表

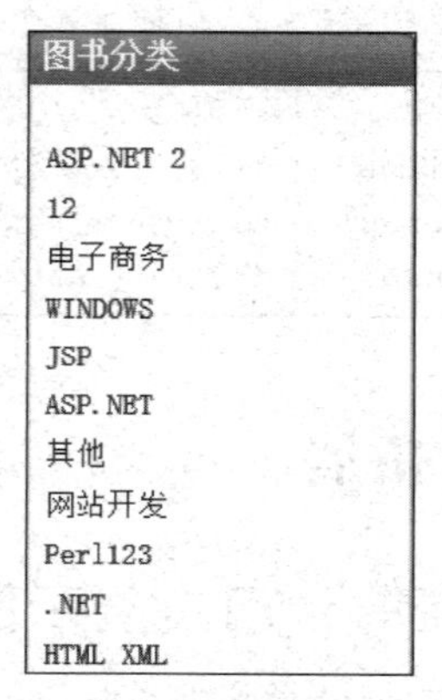

图 5-1-10 展示图书分类列表

从需求分析技术方案上分析,这些任务都非常相似。程可儿参考 UI 设计,边完善详细设计、边实现这些业务功能。

任务 5-2 展示图书详细信息

任务描述与分析

网上商城前台门户首页的各个区域功能已经比较完善,通过丰富多样的布局方式展示了图书封面,名称和价格等概要信息。程可儿接下来要实现的就是展示图书详细信息。也就是说,当会员单击图书封面或图书名称后,要打开图书的详细信息页面,方便会员详细浏览图书信息。

程可儿简单分析了今天的任务:在任务 5-1 的图书展示页面,单击图片封面、图书名称后会打开 URL 目标页为 BookDetails.aspx 的图书详情页，同时 URL 中包含查询字符串(传送了对应的图书 ID)；图书详情页的功能不算复杂，只要在页面加载时获取查询字符串中的这个图书 ID，从而在数据库 Books 表中查询这本图书并显示完整的图书信息。开发任务单如表 5-2-1 所示。

表 5-2-1 开发任务单

<table>
<tr><td>任务名称</td><td colspan="3">#502 展示图书详细信息</td></tr>
<tr><td>相关需求</td><td colspan="3">作为一名用户，我希望浏览所选择的图书详细信息，这样可以让我全面了解该图书</td></tr>
<tr><td>任务描述</td><td colspan="3">(1) 创建图书详情页，完善 UI 设计
(2) 完善数据库图书表结构设计
(3) 实现按图书编号获取图书信息业务逻辑
(4) 完善首页图书列表区域 UI 设计
(5) 测试展示图书详细信息业务</td></tr>
<tr><td>所属迭代</td><td colspan="3">Sprint #3 实现“可可网上商城”数据访问和处理</td></tr>
<tr><td>指派给</td><td>程可儿</td><td>优先级</td><td>4</td></tr>
<tr><td>任务状态</td><td>□已计划 ☑进行中 □已完成</td><td>估算工时</td><td>8</td></tr>
</table>

任务设计与实现

5-2-1 详细设计

(1) 用例名称：展示图书详细信息(UC-0502)，如图 5-2-1 所示。

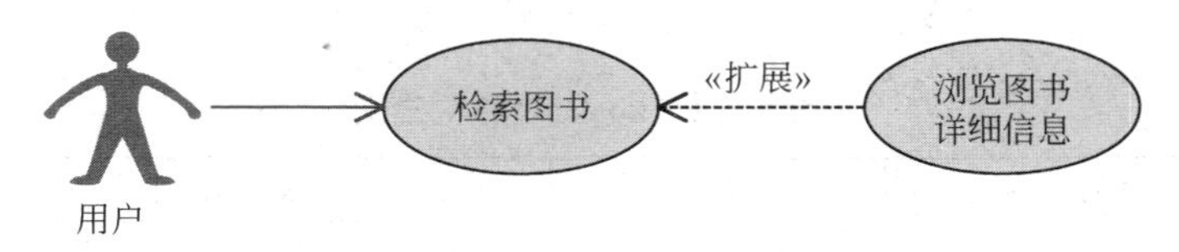

图 5-2-1 “展示图书详细信息”用例

(2) 用例说明：此用例帮助用户检索图书后，浏览图书详细信息。

(3) 页面导航：首页→本月新出版→图书详细信息页。

(4) 页面 UI 设计：参考图 5-2-2。

(5) 功能操作：

① 用户(含匿名用户、会员)访问前台门户“本月新出版”区域，浏览图书列表。

② 在图书列表中单击图书封面图片或图书名称，打开该图书详细信息页。

(6) 异常处理：

① 在浏览器中输入 URL 直接打开图书详情页，且 URL 中没有包含查询字符串(图书 Id 值)，浏览器重定向到图书列表页。

② 浏览器 URL 地址中查询字符串不正确，提示错误并将浏览器重定向到图书列表页。

(7) 控件：

“购买”按钮——单击后打开“我的购物车”页。

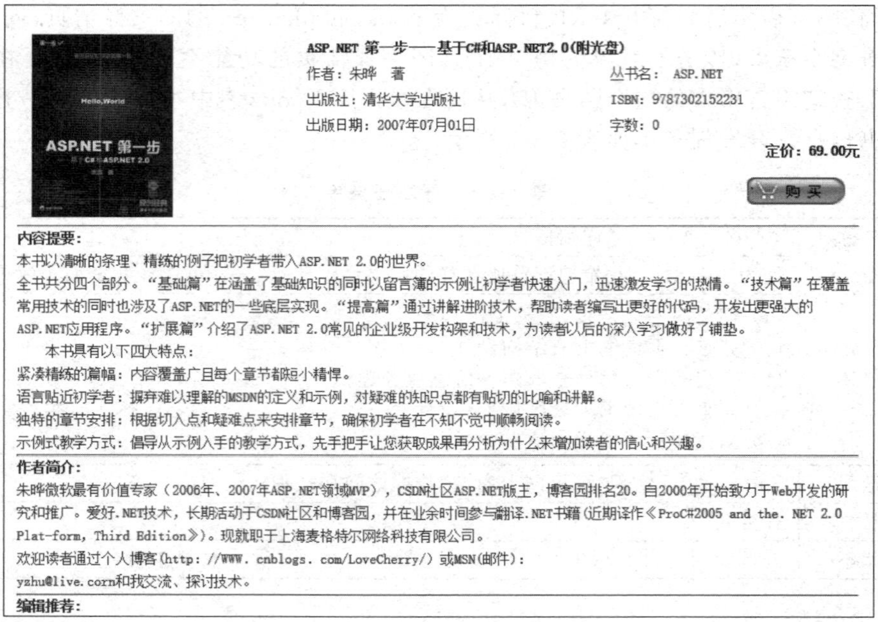

ASP.NET 第一步——基于C#和ASP.NET2.0(附光盘)
作者：朱晔　著　　丛书名： ASP.NET
出版社：清华大学出版社　　ISBN: 9787302152231
出版日期：2007年07月01日　　字数：0
定价：69.00元
购 买

内容提要：
本书以清晰的条理、精练的例子把初学者带入ASP.NET 2.0的世界。
全书共分四个部分。"基础篇"在涵盖了基础知识的同时以留言簿的示例让初学者快速入门，迅速激发学习的热情。"技术篇"在覆盖常用技术的同时也涉及了ASP.NET的一些底层实现。"提高篇"通过讲解进阶技术，帮助读者编写出更好的代码，开发出更强大的ASP.NET应用程序。"扩展篇"介绍了ASP.NET 2.0常见的企业级开发构架和技术，为读者以后的深入学习做好了铺垫。
　本书具有以下四大特点：
紧凑精练的篇幅：内容覆盖广且每个章节都短小精悍。
语言贴近初学者：摒弃难以理解的MSDN的定义和示例，对疑难的知识点都有贴切的比喻和讲解。
独特的章节安排：根据切入点和疑难点来安排章节，确保初学者在不知不觉中顺畅阅读。
示例式教学方式：倡导从示例入手的教学方式，先手把手让您获取成果再分析为什么来增加读者的信心和兴趣。

作者简介：
朱晔微软最有价值专家（2006年、2007年ASP.NET领域MVP），CSDN社区ASP.NET版主，博客园排名20。自2000年开始致力于Web开发的研究和推广。爱好.NET技术，长期活动于CSDN社区和博客园，并在业余时间参与翻译.NET书籍(近期译作《ProC#2005 and the. NET 2.0 Plat-form, Third Edition》)。现就职于上海麦格特尔网络科技有限公司。
欢迎读者通过个人博客(http: //WWW. cnblogs. com/LoveCherry/) 或MSN(邮件)：
yzhu@live.corn和我交流、探讨技术。

编辑推荐：

图 5-2-2 "图书详细信息"页面设计参考

(8) 数据库操作：

① 数据库——MyBookShop。

② 源数据表——Books 表、Categories 表、Publishers 表。其中，Books 表结构定义如表 5-2-2 所示(Categories 表、Publishers 表结构略)。

表 5-2-2 Books 表结构定义

Key	字段名	数据类型	Null	默认值	说明
🔑	Id	int			IDENTITY (1, 1)
	Title	nvarchar(200)			图书名称
	Author	nvarchar(200)			作者
	PublishDate	datetime			出版日期
	ISBN	nvarchar(50)			图书 ISBN
	WordsCount	int			字数
	UnitPrice	money			单价
	ContentDescription	nvarchar(MAX)	√		内容提要
	AuthorDescription	nvarchar(MAX)	√		作者简介
	EditorComment	nvarchar(MAX)	√		编辑推荐
	TOC	nvarchar(MAX)	√		目录
	Clicks	int			点击次数
	CategoryId	int			所属图书分类 Id,外键
	PublisherId	int			出版社 Id,外键

③ 源字段——所有字段。

5-2-2 实现检索图书详细信息业务逻辑

1. 数据访问层

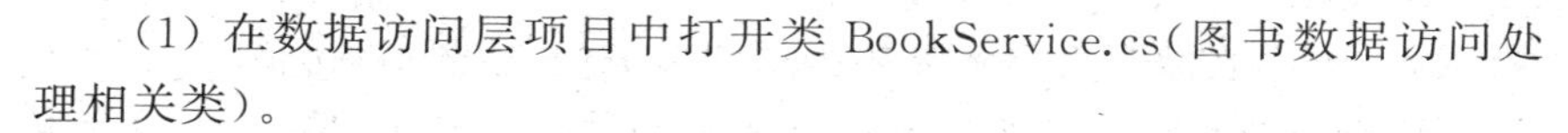

(1) 在数据访问层项目中打开类 BookService.cs(图书数据访问处理相关类)。

(2) 在 BookService 类中,定义检索图书信息的方法 GetBookById(),实现在数据表 Books 中按图书 ID 检索图书信息。主要代码如下。

```
1   namespace BookShop.DAL
2   {
3       public class BookService
4       {
5           public static BookInfo GetBookById(int bookId)
6           {
7               BookInfo book=new BookInfo();
8   
9               string strConn=ConfigurationManager.
10                          ConnectionStrings["BookShop.ConnectionString"].
                            ConnectionString;
11              using(SqlConnection conn=new SqlConnection(strConn))
12              {
13                  conn.Open();
14  
15                  string strSQL=@" SELECT * FROM Books WHERE Id=@BookId ";
16                  using (SqlCommand cmdBook=new SqlCommand(strSQL, conn))
17                  {
18                      cmdBook.Parameters.Add(new SqlParameter("@BookId",
                        bookId));
19                      SqlDataReader drBook=cmdBook.ExecuteReader();
20                      if(drBook.Read())
21                      {
22                          book.Id=Convert.ToInt32(drBook ["Id"]);
23                          ...
24                          book.Isbn=drBook ["ISBN"].ToString();
25                      }
26                  }
27              }
28              return book;
29          }
30      }
31  }
```

第5行：定义 public 的静态方法 GetBookById(),用来按图书 ID 检索图书信息,形参为 Id,返回值为图书业务实体类(BookInfo)对象实例。

第7行：定义图书业务实体类(BookInfo)对象实例。

第 9、10 行：定义数据库连接字符串，由 ConfigurationManager 类从配置文件 Web.config 中读取键名为 BookShop.ConnectionString 的数据库连接字符串。

第 11 行：定义 SqlConnection 对象实例 conn，并在其构造方法中使用数据库连接字符串 strConn 初始化该实例。

第 13 行：使用 Open()方法打开该数据库连接。

第 15 行：定义 SQL 语句，在数据表 Books 中根据图书 ID 检索图书数据行。

第 16 行：定义 SqlCommand 对象实例 commUser，并在其构造方法中初始化两个重要属性，即 CommandText 属性(SQL 语句)、Connection 属性(连接对象实例)。

第 18 行：为 SqlCommand 对象实例添加 SqlParameter 参数，给 SQL 语句中的参数@BookId 赋值。

第 19 行：调用 SqlCommand 对象实例的 ExecuteReader()方法执行 SQL 语句，返回查询的结果数据行集为 SqlDataReader 类型。

第 20 行：调用 SqlDataReader 对象的 Read()方法读取数据下一行记录，如存在行记录，则返回 True，否则返回 False。

第 22～24 行：数据行记录存在(True)，给对象 book 赋值，分别将 SqlDataReader 对象结果行集中各列的值赋值给 book 对象的各个属性。

第 28 行：方法返回 BookInfo 类对象实例 book(如 book 未赋值则为 Null)。

2. 业务逻辑层

(1) 在业务逻辑层项目中打开图书业务逻辑相关类 BookManager.cs。

(2) 在 BookManager 类中，定义按图书 Id 获取图书的业务逻辑方法 GetBookById()，仅需要调用数据访问层(DAL)方法获取单个图书对象。主要代码如下。

```
1   namespace BookShop.BLL
2   {
3       public class BookManager
4       {
5           public static BookInfo GetBookById(int bookId)
6           {
7               return BookService.GetBookById(bookId);
8           }
9       }
10  }
```

第 5 行：定义 public 的静态方法 GetBookById()，用来处理按图书 Id 获取图书信息，形参为图书 Id，返回值为 BookInfo 类对象实例。

第 7 行：调用数据访问层静态类 BookService 的方法 GetBookById ()，根据图书 Id 检索图书信息。

5-2-3 将图书信息绑定到 DataList 控件

(1) 打开表示层项目 BookShop.WebUI，在 MemberPortal 文件夹中添加 Web 窗体页 BookDetails.aspx。

(2) 参照图书详细信息页UI设计,如图5-2-2所示,设计页面布局。将服务器控件DataList拖放到BookDetails.aspx页相应位置。

(3) 设置DataList控件属性,按1行1列水平方向表布局展示图书信息。

(4) 在BookDetails.aspx页首次加载时,将方法GetBookById()返回的图书信息作为数据源绑定到DataList控件。主要代码如下。

```
1   protected void Page_Load(object sender, EventArgs e)
2   {
3       if(!IsPostBack)
4       {
5           //URL 举例:  http://.../MemberPortal/BookDetails.aspx?BookId=493
6           string strBookId=Request.QueryString["BookId"].ToString();
7           if(string.IsNullOrEmpty(strBookId))
8           {
9               Response.Redirect("~/MemberPortal/BookLists.aspx");
10          }
11
12          int bookId=Convert.ToInt32(strBookId);
13          BookInfo book=BookManager.GetBookById(bookId);
14
15          List<BookInfo>books=new List<BookInfo>();
16          books.Add(book);
17          dlsBook.DataSource=books;
18          dlsBook.DataBind();
19      }
20  }
```

第5行:图书详情页URL举例,用户在图书列表页单击图书封面或图书名称后,通过查询字符串BookId将图书Id值传递到图书详情页。

第6行:从查询字符串中获取图书ID(BookId值)。

第7～10行:判断查询字符串是否存在,如果不存在,则浏览器重定向到图书列表页。

第12行:将查询字符串键值(图书ID)转换为int类型值。

第13行:根据图书ID值,调用业务逻辑层静态类BookManager的方法GetBookById(),根据Id属性的值检索图书信息,获得该图书对象实例。

第15、16行:将该图书对象实例添加到图书泛型集合中。

第17、18行:将图书泛型集合作为数据源绑定到DataList控件。注意,DataList控件只能将DataSet、List＜T＞、ArrayList等集合类型作为数据源,单个图书对象实例不能直接作为数据源绑定到该控件。

(5) 自定义DataList控件的项模板并为各控件绑定数据项。如图5-2-3所示,在DataList控件模板编辑模式下选择项模板ItemTemplate,参照如图5-2-2所示页面UI设计自定义模板,完整展示图书详细信息。

主要控件及属性、数据项绑定如表5-2-3所示。

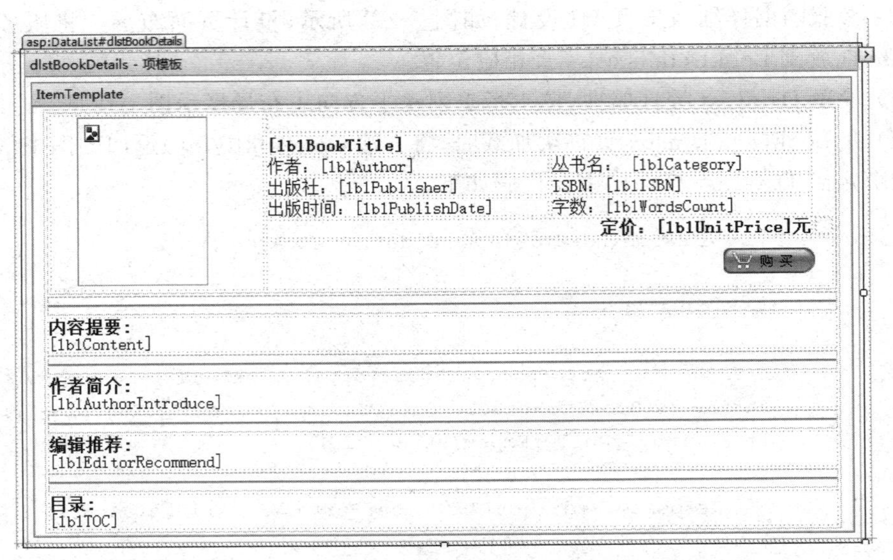

图 5-2-3 “图书详细信息”页面 DataList 控件项模板编辑模式

表 5-2-3 DataList 控件项模板中主要控件及属性、数据项绑定

控 件 ID	控件类型	主要属性、数据项绑定及说明
imgBookImage	Image	图书封面图片 ImageUrl：Eval("ISBN","~/Images/BookCovers/{0}.jpg")
lblBookTitle	Label	图书书名；Text：Eval("Title")
lblAuthor	Label	作者；Text：Eval("Author")
lblCategory	Label	图书分类；Text：Eval("CategoryName")
lblPublisher	Label	出版社；Text：Eval("PublisherName")
lblISBN	Label	图书 ISBN；Text：Eval("ISBN")
lblPublishDate	Label	出版日期 Text：Eval("PublishDate","{0:yyyy 年 MM 月 dd 日}")
lblWordsCount	Label	字数；Text：Eval("WordsCount")
lblUnitPrice	Label	单价；Text：Eval("UnitPrice","{0:f}")
imgbtnBuy	ImageButton	“购买”按钮 ImageUrl："~/MemberPortal/images/Sale.gif" CommandArgument：Eval("Id") CommandName："BuyThisBook"
lblContent	Label	内容提要；Text：Eval("ContentDescription")
lblAuthorIntroduce	Label	作者简介；Text：Eval("AuthorDescription")
lblEditorRecommend	Label	编辑推荐；Text：Eval("EditorComment")
lblTOC	Label	目录；Text：Eval("Toc")

BookDetails.aspx 的主要代码如下。

```
1   <asp:DataList ID="dlstBookDetails" runat="server" Width="98%"
2       OnItemCommand="dlstBookDetails_ItemCommand">
3       <ItemTemplate>
4           <asp:Image ID="imgBookImage" runat="server" Height="160px"
                Width="120px"
5               ImageUrl='<%#Eval("ISBN","~/Images/BookCovers/{0}.jpg") %>' />
6           <asp:Label ID="lblBookTitle" runat="server"
                Text='<%#Eval("Title") %>' />
7           作者: <asp:Label ID="lblAuthor" runat="server"
                Text='<%#Eval("Author") %>' />
8           丛书名: <asp:Label ID="lblCategory" runat="server"
9                   Text='<%#Eval("CategoryName") %>' />
10          出版社: <asp:Label ID="lblPublisher" runat="server"
11                  Text='<%#Eval("PublisherName") %>' />
12          ISBN:<asp:Label ID="lblISBN" runat="server"
                Text='<%#Eval("ISBN") %>' />
13          出版时间: <asp:Label ID="lblPublishDate" runat="server"
14              Text='<%#Eval("PublishDate","{0:yyyy年MM月dd日}") %>' />
15          字数: <asp:Label ID="lblWordsCount" runat="server"
16                  Text='<%#Eval("WordsCount") %>' />
17          定价: <asp:Label ID="lblUnitPrice" runat="server"
18                 Text='<%#Eval("UnitPrice","{0:f}") %>'/>元
19          <asp:ImageButton ID="imgbtnBuy" runat="server"
20              ImageUrl="~/MemberPortal/images/Sale.gif"
21              CommandArgument='<%#Eval("Id") %>'
22              CommandName="BuyThisBook" />
23          内容提要: <asp:Label ID="lblContent" runat="server"
24              Text='<%#Eval("ContentDescription") %>' />
25          作者简介: <asp:Label ID="lblAuthorIntroduce" runat="server"
26              Text='<%#Eval("AuthorDescription") %>' />
27          编辑推荐: <asp:Label ID="lblEditorRecommend" runat="server"
28              Text='<%#Eval("EditorComment") %>' />
29          目录: <asp:Label ID="lblTOC" runat="server" Text='<%#Eval("Toc") %>'/>
30      </ItemTemplate>
31  </asp:DataList>
```

5-2-4 实现单击“购买”按钮后打开“我的购物车”页

(1) 在项模板中,为“购买”按钮 imgbtnBuy 自定义命令名和命令参数。其中,CommandName 设置为自定义命令 BuyThisBook;CommandArgument 绑定到数据项 Id(图书唯一编号)。

(2) 为 DataList 控件 dlstBookDetails 添加 ItemCommand 事件处理程序。当单击 DataList 控件中的“购买”按钮时,将触发该事件处理程序,将浏览器重定向到“我的购物车”页。主要代码如下。

```
1   protected void dlstBookDetails_ItemCommand(object source,
    DataListCommandEventArgs e)
```

```
2  {
3      if(e.CommandName=="BuyThisBook")
4      {
5          //URL 举例:  http://.../MemberPortal/ ShoppingCart.aspx?BookId=493
6          Response.Redirect("~/MemberPortal/ShoppingCart.aspx? BookId="
7                              +e.CommandArgument.ToString());
8      }
9  }
```

第 3 行:判断触发 ItemCommand 事件时所关联的控件命令是否为 BuyThisBook。

第 5、6 行:生成“我的购物车”页 URL(通过查询字符串传递图书 Id 值),并将浏览器重定向到“我的购物车”页。

5-2-5 测试展示图书详细信息业务

(1) 在“解决方案资源管理器”窗格中,右击 Web 窗体页 BookDetails.aspx,在快捷菜单中选择“在浏览器中查看”命令(或按 Ctrl+F5 组合键),在浏览器中打开窗体页 BookDetails.aspx。

(2) 根据如表 5-2-4 所示的测试操作,对会员修改密码业务进行功能测试。

表 5-2-4 测试操作

测试用例	TUC-0502 展示图书详细信息		
编号	测 试 操 作	期 望 结 果	检查结果
1	打开最新图书展示页,单击图书封面图片或名称	浏览器重定向到图书详情页,URL 中包含查询字符串即图书 Id 值,页面显示该图书所有详细信息	通过
2	在浏览器 URL 地址栏的查询字符串中,随意更改 BookId 值,按 Enter 键确认并提交页面请求	浏览器打开图书详情页,页面显示空白	通过
3	在浏览器 URL 中删除查询字符串,按 Enter 键确认并提交页面请求	浏览器重定向到图书列表页	通过

相关知识与技能

5-2-6 查询字符串 QueryString

查询字符串(QueryString)就是 URL 中最后附加的信息,以问号“?”开始,用“&”符号分隔多个参数键值对。在 URL 中使用查询字符串是页面之间传送少量信息的最常用的方法之一。典型的查询字符串示例如下。

```
1  http://www.cocoStore.com/MemberPortal/BookDetails.aspx?BookId=493
2  http://www. cocoStore.com/BookList.aspx?category=csharp & title=mvc
```

第 1 行：URL 的“?”后包含一个键值对，参数名为图书编号 BookId、值为“493”。当浏览器打开 URL 中目标页面 BookDetails.aspx 时，该图书编号值“493”就同时传送到该页，由该页读取查询字符串中图书编号值“493”并查询该图书详细信息。

第 2 行：URL 的“?”后包含两个键值对，用“&”分隔。参数 1 为分类名称 category，值为 csharp；参数 2 为标题 title，值为 mvc。

其中，要注意的是，查询字符串中传送的参数值总是 string 类型（虽然“493”看起来好像就是整数），目标页面获得该值后通常都要根据需要进行类型转换。代码示例如下。

```
1  int bookId=Convert.ToInt32(Request.QueryString["BookId"]);
2  string bookTitle=Request.QueryString["title"];
```

第 1 行：目标页面通过 ASP.NET 内置对象 Request 对象从 QueryString 集合中获取键名为 BookId 的参数的值，同时转换为 int 类型。

查询字符串也是一种状态信息管理和维护的主要技术，这种方法很简单，但在使用上有一定的限制。

（1）大多数浏览器和客户端设备会将 URL 的最大长度限制为 2083 个字符，因此查询字符串只能在页面间传输有限的数据。

（2）在查询字符串中传递的信息可能会被恶意用户篡改，不要依靠查询字符串来传递重要的或敏感的数据。

（3）查询字符串的一个潜在问题就是使用 URL 中不允许存在的字符。大多数浏览器地址栏 URL 中所有字符必须是字母、数字以及少量的特殊字符（$ _ —. + !等），比如用“&”分隔多个查询字符串参数，用“+”表示空格，用“#”号指向书签。

职业能力拓展

5-2-7 编写数据库访问辅助类 SQLHelper

在最近的开发过程中，虽然各个任务实现都很顺利，测试下来也没有 Bug，程可儿总感觉自己的编码质量有点什么问题，但似乎也说不出什么。无论是首页的展示图书的各个区域，还是今天的图书详情页，程可儿发现难度并不是很大，很多编码工作都集中在数据访问层的各个查询方法上，而且每个查询方法的差异都不大（只需要改一下 SQL 语句），程可儿一直在不断地复制、粘贴类似的代码。

程可儿带着这个疑惑，找到了陈靓。陈靓帮程可儿集中做了代码评审。

陈靓觉得他自己需要检讨，在 Sprint #1 做开发框架和团队培训时，准备工作还是比较粗糙的，很多重复的代码完全可以预先写好辅助类，后期开发人员只要调用就可以了。比如，数据访问层有大量的数据访问和处理的方法，归纳一下无非就是各种类型的 CRUD，完全可以编写 SQL Server 数据库访问辅助类来提高代码复用率，减少开发人员的工作量。

陈靓还是委托程可儿在 BookShop.Common 项目中实现这个 SQL Server 数据库访

问辅助类 DBHelper,然后去重构整个数据访问层。辅助类 DBHelper 的主要方法可参考如下。

(1) Connection 属性,获取数据库连接对象,如果数据库连接对象为空则创建数据库连接并打开连接,如果数据库连接状态为关闭,则重新打开连接。

(2) CloseConnection()方法,关闭数据库连接。

(3) ExecuteCommand()方法,创建不带参数的 SqlCommand 对象,并执行 SQL 语句。该方法通常用作对数据库进行添加、删除和修改操作,并返回受影响的结果行数。

(4) ExecuteCommand()重载方法,创建带参数的 SqlCommand 对象,并执行 SQL 语句。该方法通常用作对数据库进行添加、删除和修改操作。

(5) GetScalar()方法,创建不带参数的 SqlCommand 对象,并执行 SQL 语句,返回首行首列的值。

(6) GetScalar()重载方法,创建带参数的 SqlCommand 对象,并执行 SQL 语句,返回首行首列的值。

(7) GetReader()方法,创建不带参数的 SqlCommand 对象,并执行 SQL 语句,返回 SqlDataReader 对象。

(8) GetReader()重载方法,创建带参数的 SqlCommand 对象,并执行 SQL 语句,返回 SqlDataReader 对象。

(9) GetDataSet()方法,创建不带参数的 SqlCommand 对象,并执行 SQL 语句,返回 DataSet 对象。

(10) GetDataSet()重载方法,创建带参数的 SqlCommand 对象,并执行 SQL 语句,返回 DataSet 对象。

任务 5-3　按图书分类展示图书列表

任务描述与分析

前台门户的图书列表页更全面地展示了网上商城的所有图书信息。比如,单击分类名称后,可以浏览该类别的所有图书列表;单击出版社名称后,可以浏览该出版社出版的所有图书列表。

程可儿刚刚领到这个任务,其实心里有点发怵,因为从页面原型来看,好像今天的任务比较复杂。陈靓指导程可儿,开发过程中要学会“解剖”任务,也就是可以将图书列表页面分为 3 个区域,即图书分类列表展示区域、主要出版社列表展示区域、图书列表展示区域,然后找到每个区域的关系,比如单击图书分类后,需要生成查询字符串,继续请求图书分类列表页,根据图书分类 ID 更新对应分类的图书列表。

程可儿首先从根据图书分类展示图书列表入手。开发任务单如表 5-3-1 所示。

表 5-3-1 开发任务单

<table>
<tr><td>任务名称</td><td colspan="3">#501 按图书分类展示图书列表</td></tr>
<tr><td>相关需求</td><td colspan="3">作为一名用户，我希望根据图书分类浏览图书，这样可以让我找到指定图书分类的图书</td></tr>
<tr><td>任务描述</td><td colspan="3">(1) 创建图书列表页，完善 UI 设计
(2) 完善数据库图书表结构设计
(3) 实现按图书分类编号获取图书数据集业务逻辑
(4) 完善首页图书分类展示区域 UI 设计
(5) 测试按图书分类展示图书列表业务</td></tr>
<tr><td>所属迭代</td><td colspan="3">Sprint #3 实现“可可网上商城”数据访问和处理</td></tr>
<tr><td>指派给</td><td>程可儿</td><td>优先级</td><td>4</td></tr>
<tr><td>任务状态</td><td>□已计划 ☑进行中 □已完成</td><td>估算工时</td><td>16</td></tr>
</table>

任务设计与实现

5-3-1 详细设计

(1) 用例名称：根据图书分类展示图书列表(UC-0503)，如图 5-3-1 所示。

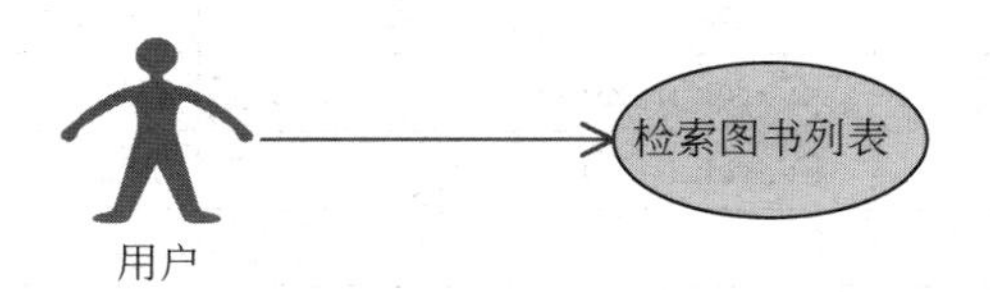

图 5-3-1 “展示图书列表”用例

(2) 用例说明：此用例帮助用户检索并获取图书列表。

(3) 页面导航：首页→图书分类→图书列表页 BookList.aspx。

(4) 页面 UI 设计：参考图 5-3-2。

(5) 功能操作：

① 用户(含匿名用户、会员)访问前台门户首页，单击导航菜单“图书分类”，打开图书列表页，并展示所有图书列表。

② 在图书分类列表中单击图书分类，检索该分类所有图书并展示图书列表。

③ 在图书列表中单击图书封面图片或图书名称，打开该图书详细信息页。

(6) 控件：

① 图书封面图片超链接——单击后打开该图书详细信息页。

② 图书名称超链接——单击后打开该图书详细信息页。

③ 图书分类超链接——单击后检索该分类所有图书并展示图书列表。

(7) 数据库操作：

① 数据库——MyBookShop。

② 源数据表——Books 表结构定义如表 5-3-2 所示。

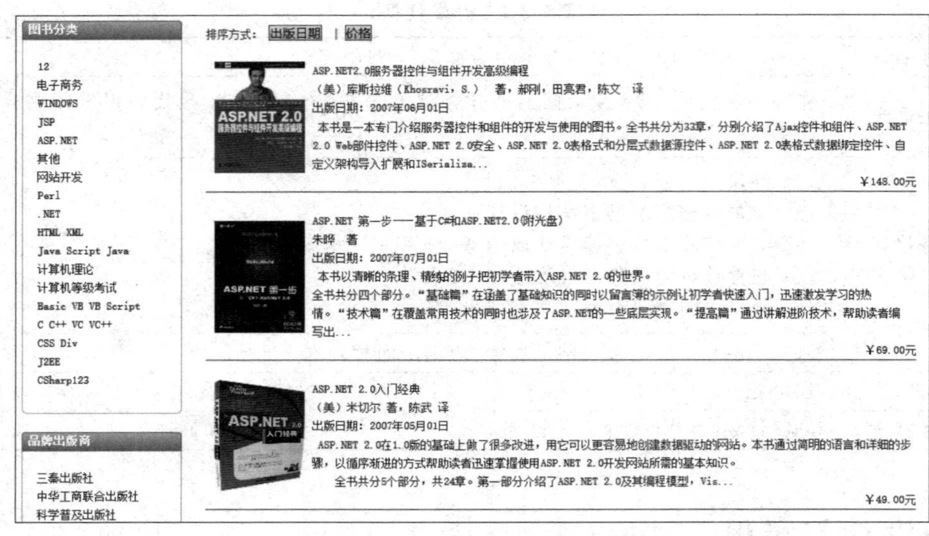

图 5-3-2 “展示图书列表”页面设计参考

表 5-3-2 Books 表结构定义

Key	字 段 名	数据类型	Null	默认值	说 明
🔑	Id	int			IDENTITY (1, 1)
	Title	nvarchar(200)			图书名称
	Author	nvarchar(200)			作者
	PublishDate	datetime			出版日期
	ISBN	nvarchar(50)			图书 ISBN
	WordsCount	int			字数
	UnitPrice	money			单价
	ContentDescription	nvarchar(MAX)	√		内容提要
	AuthorDescription	nvarchar(MAX)	√		作者简介
	EditorComment	nvarchar(MAX)	√		编辑推荐
	TOC	nvarchar(MAX)	√		目录
	Clicks	int			点击次数
	CategoryId	int			所属图书分类 Id,外键
	PublisherId	int			出版社 Id,外键

③ 源字段——所有字段。

5-3-2 实现图书分类列表展示

1. 业务实体层

在任务 5-1 中,已经实现了图书分类业务实体 CategoryInfo 类。对照数据表 Categories(图书分类表),其主要属性及代码如下。

```
1  namespace BookShop.BookInfo
2  {
3      [Serializable]
4      public class CategoryInfo
5      {
6          public int Id { get; set; }              //图书分类 Id
7          public string Name { get; set; }         //图书分类名称
8      }
9  }
```

2. 数据访问层

(1) 在数据访问层项目中添加图书分类数据访问处理相关类。在“解决方案资源管理器”窗格中，打开项目 BookShop.DAL，添加类 CategoryService.cs(图书分类数据访问处理相关类)。

(2) 实现图书分类数据访问。在 CategoryService 类中，定义获取所有图书分类信息的方法 GetCategoryList()，实现在数据表 Categories 中检索并获取所有图书分类数据集。主要代码如下。

```
1   namespace BookShop.DAL
2   {
3       public class CategoryService
4       {
5           public static IList<CategoryInfo>GetCategoryList()
6           {
7               string strConn=ConfigurationManager.
8                           ConnectionStrings[ "BookShop. ConnectionString"].
                            ConnectionString;
9               using (SqlConnection conn=new SqlConnection(strConn))
10              {
11                  conn.Open();
12
13                  string strSQL=@"SELECT Id,Name FROM Categories
14                                  ORDER BY Id DESC";
15                  DataSet dasCates=new DataSet();
16                  SqlDataAdapter datCates=new SqlDataAdapter(strSQL, conn);
17                  datCates.Fill(dasCates);
18
19                  List<CategoryInfo>list=new List<CategoryInfo>();
20                  foreach (DataRow row in dasCates.Tables[0].Rows)
21                  {
22                      CategoryInfo cat=new CategoryInfo ();
23                      cat.Id=Convert.ToInt32(row["Id"]);
24                      cat.Name=row["Name"].ToString();
25
26                      list.Add(cat);
27                  }
28              }
```

```
29                return list;
30            }
31        }
32    }
```

第 5 行：定义 public 的静态方法 GetCategoryLiset()，用来检索并获取所有图书分类信息，返回值为图书分类泛型集合类型(IList<CategoryInfo>)。

第 13、14 行：定义 SQL 语句，在数据表 Categoris 中检索并获取所有图书分类数据集。

第 19～28 行：遍历访问图书分类数据集的每一行，将每行图书分类数据封装为图书分类对象实例，并添加到图书分类泛型集合中。

第 29 行：方法返回图书分类泛型集合。业务逻辑层调用 GetCategoryList()方法后获取该泛型集合，根据图书列表展示业务需求处理。

3. 业务逻辑层

(1) 在业务逻辑层项目中添加图书分类业务逻辑相关类。在"解决方案资源管理器"窗格中，打开项目 BookShop.BLL，添加类 CategoryManager.cs(图书业务逻辑相关类)。

(2) 实现图书分类查询业务逻辑。在 CategoryManager 类中，定义检索并获取所有图书分类的业务逻辑方法 GetCategoryList()，仅需要调用数据访问层(DAL)方法获取图书分类泛型集合。主要代码如下。

```
1   namespace BookShop.BLL
2   {
3       public class CategoryManager
4       {
5           public static IList<CategoryInfo>GetCategoryList()
6           {
7               return CategoryService.GetCategoryList();
8           }
9       }
10  }
```

第 5 行：定义 public 的静态方法 GetCategoryList()，用来处理检索并获取所有图书分类信息，返回值为泛型集合类型(IList<CategoryInfo>)。

第 7 行：调用数据访问层静态类 CategoryService 的方法 GetCategoryList()，检索并获取所有图书分类信息(图书分类泛型集合)。

4. 表示层

(1) 打开表示层项目 BookShop.WebUI，在 MemberPortal 文件夹中添加 Web 窗体页 BookList.aspx。

(2) 参照图书列表页 UI 设计，如图 5-3-2 所示，设计页面布局。将用于展示图书分类列表的服务器控件 DataList 拖放到 BookList.aspx 页相应位置(左侧)。设置 DataList 控件属性，按垂直方向布局，并自定义项模板，为控件绑定数据项。主要控件及属性、数据项绑定如表 5-3-3 所示。

表 5-3-3 图书分类列表展示的主要控件及属性、数据项绑定

控 件 ID	控件类型	主要属性、数据项绑定及说明
dlstCategory	DataList	呈现图书分类,自定义项模板 RepeatDirection:垂直“Vertical”(默认)
lnkbtnGotoCategory	LinkButton	图书分类名称;Text:Eval("Name") CommandName:"GotoCategory" CommandArgument:Eval("Id")

(3) 绑定数据源。在 BookList.aspx 页首次加载时,将业务逻辑层图书分类相关类 CategoryManager 的 GetCategoryList()方法返回的图书分类泛型集合作为数据源绑定到该 DataList 控件。主要代码如下。

```
1    protected void Page_Load(object sender, EventArgs e)
2    {
3        if (!Page.IsPostBack)
4        {
5            dlstCategory.DataSource=CategoryManager.GetCategoryList();
6            dlstCategory.DataBind();
7        }
8    }
```

第 5 行:调用业务逻辑层方法 GetCategoryList()并将其返回的图书分类泛型集合设置为 DataList 控件的数据源。

第 6 行:用 DataBind()方法将 DataSource 属性指定的数据源绑定到 DataList 控件。

(4) 为 DataList 控件 dlstCategory 添加 ItemCommand 事件处理程序。当单击 DataList 控件中“图书分类”超链接时,将触发该事件处理程序,将浏览器重定向到图书列表页,根据图书分类 ID 展示该分类图书列表。主要代码如下。

```
1    protected void dlstCategory_ItemCommand(object source,
     DataListCommandEventArgs e)
2    {
3        if(e.CommandName=="GotoCategory")
4        {
5            //URL 示例 http://.../MemberPortal/ BookList.aspx? CatId=12
6            Response.Redirect("~/MemberPortal/BookList.aspx?CatId="+
7                              e.CommandArgument.ToString());
8        }
9    }
```

第 3 行:判断触发 ItemCommand 事件时所关联的控件命令是否为 GotoCategory。

第 5、6 行:生成图书列表页 URL(通过查询字符串传递图书分类 Id 值),并将浏览器重定向到图书列表页。

BookList.aspx 图书分类展示区域的主要代码如下。

```
1   <asp:DataList ID="dlstCategory" runat="server" Width="135px"
2           OnItemCommand="dlstCategory_ItemCommand">
3       <ItemTemplate>
4           <asp:LinkButton ID="lnkbtnGotoCategory" runat="server"
5               CommandName="GotoCategory"
6               CommandArgument='<%#Eval("Id") %>'  >
7               <%#Eval("Name")%>
8           </asp:LinkButton>
9       </ItemTemplate>
10  </asp:DataList>
```

5-3-3 实现图书列表展示

1. 数据访问层

(1) 在数据访问层项目中打开类 BookService.cs(图书数据访问处理相关类)。

(2) 在 BookService 类中,定义检索图书信息的方法 GetBookListByCatId(),实现在数据表 Books 中按图书分类 ID 检索图书信息。主要代码如下。

```
1   namespace BookShop.DAL
2   {
3       public class BookService
4       {
5           public static IList<BookInfo>GetBookListByCatId(int catId)
6           {
7               string strConn=ConfigurationManager.
8                           ConnectionStrings["BookShop.ConnectionString"].
                            ConnectionString;
9               using (SqlConnection conn=new SqlConnection(strConn))
10              {
11                  conn.Open();
12
13                  string strSQL=@"SELECT * FROM Books
14                              WHERE CategoryId=@CategoryId ";
15                  DataSet dasBooks=new DataSet();
16                  SqlDataAdapter datBooks=new SqlDataAdapter(strSQL, conn);
17                  SqlParameter[] pars=new SqlParameter[] {
18                      new SqlParameter("@CategoryId",catId)
19                  };
20                  datBooks.SelectCommand.Parameters.AddRange(pars);
21                  datBooks.Fill(dasBooks);
22
23                  foreach(DataRow row in dasBooks.Tables[0].Rows)
24                  {
25                      BookInfo book=new BookInfo();
26                      book.Id=Convert.ToInt32(row["Id"]);
27                      ...
28                      book.Category=CategoryService.
```

```
29                         GetCategoryById(Convert.ToInt32(row["CategoryId"]));
30
31                     list.Add(book);
32                 }
33             }
34             return list;
35         }
36     }
37 }
```

第5行：定义public的静态方法GetBookListByCatId()，用来根据图书分类ID检索并获取图书信息，形参为图书分类ID，返回值为图书泛型集合类型(IList<BookInfo>)。

第13、14行：定义SQL语句，在数据表Books中根据图书分类ID检索并获取图书数据集。

第23～32行：遍历访问图书数据集的每一行，将每行图书数据封装为图书对象实例，并添加到图书泛型集合中。

第29行：方法返回图书泛型集合。业务逻辑层调用该GetBookListByCatId()方法后获取该泛型集合，根据图书列表展示业务需求处理。

2. 业务逻辑层

(1) 在业务逻辑层项目中打开类BookManager.cs(图书业务逻辑相关类)。

(2) 实现图书查询业务逻辑。在BookManager类中，定义根据图书分类ID检索并获取图书的业务逻辑方法GetBookListByCatId()，仅需要调用数据访问层(DAL)方法获取图书泛型集合。主要代码如下。

```
1  namespace BookShop.BLL
2  {
3      public class BookManager
4      {
5          public static IList<BookInfo>GetBookListByCatId(int catId)
6          {
7              return BookService.GetBookListByCatId(catId);
8          }
9      }
10 }
```

第5行：定义public的静态方法GetBookListByCatId()，用来处理根据图书分类ID检索并获取图书信息，返回值为泛型集合类型(IList<BookInfo>)。

第7行：调用数据访问层静态类BookService的方法GetBookListByCatId()，根据图书分类ID检索并获取图书信息(图书泛型集合)。

3. 表示层

(1) 打开表示层项目BookShop.WebUI，打开MemberPortal文件夹中的Web窗体页BookList.aspx。

(2) 参照图书列表页UI设计,如图5-3-2所示,设计页面布局。将用于展示图书列表的服务器控件DataList拖放到BookList.aspx页相应位置(右侧主要区域)。设置该DataList控件属性,按垂直方向布局,并自定义项模板,为控件绑定数据项。图书列表展示页的主要控件及属性、数据项绑定如表5-3-4所示。

表5-3-4 图书列表展示页的主要控件及属性、数据项绑定

控件ID	控件类型	主要属性、数据项绑定及说明
dlstBookList	DataList	呈现图书列表,自定义项模板 RepeatDirection: 垂直"Vertical"(默认)
imgbtnBookImage	ImageButton	图书封面 CommandArgument: Eval("Id") CommandName: "ShowBookDetails" ImageUrl: Eval("ISBN","~/Images/BookCovers/{0}.jpg")
lnkbtnBookTitle	LinkButton	书名;Text: Eval("Title") CommandArgument: Eval("Id") CommandName: "ShowBookDetails"
lblAuthor	Label	作者;Text: Eval("Author")
lblPublishDate	Label	出版日期 Text: Eval("PublishDate","{0:yyyy年MM月dd日}")
lblContentDescription	Label	内容提要;Text: Eval("ContentDescription")
lblPrice	Label	图书单价;Text: Eval("UnitPrice","{0:f}")

(3) 绑定数据源。在BookList.aspx页首次加载时,如果URL中查询字符串CatId有效,调用业务逻辑层BookManager类的GetBookListByCatId()方法,将返回的指定分类的图书泛型集合作为数据源绑定到DataList控件。主要代码如下。

```
1   protected void Page_Load(object sender, EventArgs e)
2   {
3       if(!Page.IsPostBack)
4       {
5           dlstCategory.DataSource=CategoryManager.GetCategoryList();
6           dlstCategory.DataBind();
7
8           BindBookListData();
9       }
10  }
11
12  private void BindBookListData()
13  {
14      if(Request.QueryString["CatId"] !=Null)
15      {
16          int catId=Convert.ToInt32(Request.QueryString["CatId"]);
17          dlstBookList.DataSource=BookManager.GetBookListByCatId(CatId);
18      }
19      else
```

```
20        {
21            dlstBookList.DataSource=BookManager.GetBookList();
22        }
23        dlstBookList.DataBind();
24    }
```

第5、6行：调用业务逻辑层图书分类相关类CategoryManager的GetCategoryList()方法，将返回的图书分类泛型集合作为数据源绑定到DataList控件，用于展示图书分类。

第8行：调用方法BindBookListData()，为DataList控件绑定图书数据源，用于展示特定的图书信息。

第12～24行：调用方法BindBookListData()将图书泛型集合绑定到DataList控件。

第14～18行：判断查询字符串键值(图书分类ID)是否存在。如果存在并有效，取CatId值即图书分类编号，调用业务逻辑层BookManager类的GetBookListByCatId()方法，将返回的图书泛型集合作为数据源。

第20～22行：如果不存在查询字符串键值(图书分类ID)，则调用业务逻辑层BookService类的GetBookList()方法，将返回的图书泛型集合作为数据源。注意，该GetBookList()方法请读者自行设计，需要实现功能需求：检索并获取所有分类的图书信息，默认按出版日期降序排序。

第23行：用DataBind()方法将DataSource属性指定的数据源绑定到DataList控件，用于展示图书列表信息。

(4) 为DataList控件dlstBookList添加ItemCommand事件处理程序。当单击DataList控件中图书封面图片或图书名称超链接时，将触发该事件处理程序，将浏览器重定向到图书详细信息页。该事件处理程序与任务5-1类似，主要代码如下。

```
1    protected void dlstBookList_ItemCommand(object source,
     DataListCommandEventArgs e)
2    {
3        if(e.CommandName=="ShowBookDetails")
4        {
5            Response.Redirect("~/MemberPortal/BookDetails.aspx?BookId="+
6                                          e.CommandArgument.ToString());
7        }
8    }
```

第3行：判断触发ItemCommand事件时所关联的控件命令是否为ShowBookDetails。

第5、6行：生成图书详细信息页URL(通过查询字符串传递图书Id值)，并将浏览器重定向到图书详细信息页。

BookList.aspx图书信息列表区域的主要代码如下。

```
1   <asp:DataList ID="dlstBookList" runat="server" Width="100%"
2           OnItemCommand="dlstBookList_ItemCommand">
3       <ItemTemplate>
4           <asp:ImageButton ID="imgbtnBookImage" runat="server" Width="95"
            Height="121"
5               AlternateText='<%#Eval("Title") %>'
```

```
6                 ToolTip='<%#Eval("Title") %>'
7                 CommandArgument='<%#Eval("Id") %>'
8                 CommandName="ShowBookDetails"
9                 ImageUrl='<%#Eval("ISBN","~/Images/BookCovers/{0}.jpg") %>'  />
10            <asp:LinkButton ID="lnkbtnBookTitle" runat="server"
11                CommandArgument='<%#Eval("Id") %>'
12                CommandName="ShowBookDetails"
13                Text='<%#Eval("Title") %>' ToolTip='<%#Eval("Title") %>'  />
14            <asp:Label ID="lblAuthor" runat="server"
                  Text='<%#Eval("Author") %>' />
15            出版日期:<asp:Label ID="lblPublishDate" runat="server"
16                Text='<%#Eval("PublishDate","{0:yyyy年MM月dd日}") %>' />
17            <asp:Label ID="lblContentDescription" runat="server"
18                Text='<%#Eval("ContentDescription") %>' />
19            ¥<asp:Label ID="lblPrice" runat="server"
20                Text='<%#Eval("UnitPrice","{0:f}") %>' />元
21            </ItemTemplate>
22        <SeparatorTemplate>
23            <hr />
24        </SeparatorTemplate>
25    </asp:DataList>
```

5-3-4　测试按图书分类展示图书列表业务

(1) 在"解决方案资源管理器"窗格中,右击 Web 窗体页 BookList.aspx,在快捷菜单中选择"在浏览器中查看"命令(或按 Ctrl+F5 组合键),在浏览器中打开窗体页 BookList.aspx。

(2) 根据如表 5-3-5 所示的测试操作,对根据图书分类展示图书列表进行功能测试。

表 5-3-5　测试操作

测试用例	TUC-0503　按图书分类展示图书列表		
编号	测试操作	期望结果	检查结果
1	访问首页,单击导航菜单"图书列表"	浏览器重定向到图书列表页,分别展示图书分类和所有图书列表信息	通过
2	单击图书分类名称超链接	浏览器重定向到图书列表页,URL 中包含查询字符串即图书分类 Id 值,页面显示该图书分类下所有图书列表信息	通过

职业能力拓展

5-3-5　实现按排序条件浏览图书列表

程可儿检查了图书列表页的页面设计原型(见图 5-3-2),发现今天的任务还有一些重要的功能点。

(1) 图书列表页上方“排序方式”区域设计有两个按钮,分别是“出版日期”“价格”。

(2) 打开图书列表页时,默认按照图书出版日期降序排序(最新的图书在前)。

(3) 单击一次“出版日期”按钮,图书列表页将在原图书列表基础上,按照出版日期降序或升序重新排序后展示图书。

(4) 单击一次“价格”按钮,图书列表页将在原图书列表基础上,按照价格降序或升序重新排序后展示图书。

程可儿继续完善图书列表页设计。

模块小结

程可儿和团队一起,顺利完成了 Sprint ♯3 中前台门户各个“展柜”的开发,网上商城前台门户部分交付给了杨国栋。对于杨国栋来说,这个时候是最值得兴奋的,因为辛苦了一个多月,可可连锁书店的网上商城前台门户已经能够真实地展示在眼前,所有的设想已经部分实现。杨国栋和同事一起,可以从一个最终用户的视角,来尝试访问和测试网上商城前台门户,同时也可以开始不断地想办法来美化自己的商城门户。

程可儿也很开心,他实现了前台门户的各个关键“展柜”,把图书信息通过各种方式展示在最终用户浏览器端,相当有成就感。尤其是杨国栋的肯定,这是对他以及整个团队的鼓励。

该阶段工作完成后,研发团队初步达成以下目标。

(1) 理解 ADO.NET 数据访问模型。

(2) 理解并掌握 DataSet 类的使用。

(3) 熟练掌握数据控件 DataList 的使用。

能力评估

一、实训任务

1. 参考前台门户首页原型设计,实现按出版日期排序展示图书列表(最新的 4 本图书信息)。

2. 参考前台门户图书详情页原型设计,实现图书详细信息的展示。

3. 参考前台门户图书列表页原型设计,实现图书列表的展示。

二、拓展任务

1. 参考前台门户首页原型设计,实现网上书店前台展示主编推荐图书列表。

2. 参考前台门户首页原型设计,实现网上书店前台展示热卖图书列表。

3. 参考前台门户首页原型设计,实现网上书店前台展示图书分类列表。

4. 参考前台门户首页原型设计,实现网上书店前台展示出版社列表。

5. 参考前台门户首页原型设计,实现网上书店前台展示图书点击排行榜列表。

6. 参考前台门户首页原型设计,实现根据图书名称关键词查询图书业务。

7. 编写数据库访问辅助类 SQLHelper,实现公共的数据访问方法。

三、简答题

1. DataReader 与 DataSet 的主要差异有哪些?

2. 简要阐述 DataList 控件的常用属性(DataSource)、常用方法(DataBind())、常用事件(ItemCommand、ItemCreate、ItemDataBound)的含义。

3. 简要阐述数据绑定方法 Eval()的定义及用法。

4. 简要说明数据格式字符串 DataFormatString 中常用的格式字符及用法。

5. ASP.NET 应用程序中页面间传值的方法有哪些? 简要说明查询字符串的主要特征。

6. 在业务实体层中编程,对照数据库表结构及关系,编写代码实现业务实体类 BookInfo、PublisherInfo、CategoryInfo,并实现各业务实体之间的关系。

四、选择题

1. 假设有一个 DataList 对象,并已设置 DataKeyField 属性的值为数据集的主键字段,若想从 DataList 控件中把某一条记录的主键字段的值读取出来,应使用(　　)属性。

A. DataKeyField　　B. DataKeys　　C. DataMember　　D. DataSource

2. DataSet 对象是(　　)对象的集合。

A. DataColumn　　B. DataRow　　C. DataTable　　D. DataSete

3. 泛型集合 List＜T＞中的 T 代表的是(　　)。

A. 元素类型　　B. 元素结构　　C. 元素下标　　D. 无特别含义

4. 在 ADO.NET 中,执行数据库的某个操作,则至少需要创建(　　)并设置它们的属性,调用合适的方法。

A. 1 个 Connection 对象和 1 个 Command 对象

B. 1 个 Connection 对象和 1 个 DataSet 对象

C. 1 个 Command 对象和 1 个 DataSet 对象

D. 1 个 Command 对象和 1 个 DataAdapter 对象

5. 将数据源中的数据填充到数据集中,应该调用 DataAdapter 的(　　)方法。

A. Fill　　B. Dispose　　C. Update　　D. Insert

6. 下面(　　)模板用来设置 DataList 控件的数据项显示格式。

A. HeaderTemplate　　B. ItemTemplate

C. FooterTemplate　　D. EditItemTemplate

7. DataList 控件的(　　)属性控制显示的列数。

A. RepeatLayout　　B. RepateDirection

C. RepeatColumns　　D. DataSource

8. 将一个 Button 按钮加入到 DataList 控件的模板中，其 CommandName 属性设置为 comBuy，它被单击时将引发 DataList 控件的(　　)事件。

A. DeleteCommand　　B. ItemCommand

C. CancelCommand　　D. EditCommand

五、判断题

1. 使用 DataSet 对象可以直接显示或者访问数据库中的数据。　(　　)
2. DataSet 通过 DataAdapter 对象从数据库中获取数据。　(　　)
3. DataSet 保存更新的数据时，与数据源建立临时连接，完成更新后再次断开。　(　　)
4. DataList 控件的项模板编辑器中既可以输入文本，也可以放入子控件。　(　　)

模块 6 “可可网上商城”管理后台数据维护

陈靓开始安排整个团队进入 Sprint ＃3 的最后一个环节——实现“可可网上商城”管理后台的数据管理和维护。

可可连锁书店的网上商城系统中，所有的核心数据管理和维护都集中在管理后台的各个业务功能模块中。杨国栋需要管理后台来支撑各个业务部门的协作，比如商品专员负责维护图书分类，发布和管理图书商品，客服专员负责管理所有会员信息，销售专员负责查阅并及时处理各个订单，等等。

程可儿主要负责在管理后台中管理维护图书信息的开发任务。

工作任务

任务 6-1　分页展示图书信息列表

任务 6-2　实现删除图书信息业务

学习目标

(1) 理解 ADO.NET 数据访问模型。

(2) 熟练掌握常用 ADO.NET 数据访问对象的使用。

(3) 熟练掌握数据控件 GridView 的使用。

任务6-1 分页展示图书信息列表

任务描述与分析

程可儿负责管理后台的展示图书信息列表的开发任务。其实，对于这个任务，程可儿表示压力不大，因为在前台门户开发过程中，程可儿实现了各种方式的图书“展柜”开发，所有任务的业务逻辑其实大同小异，很多时候只是用户界面的表现方式不同。

比如今天的任务，程可儿需要做的就是用表格的方式，在管理后台展示图书信息列表，让可可连锁书店的管理员能够一目了然地浏览所有图书信息。

不过，陈靓也提醒程可儿，虽然任务不复杂，但是类似的任务一定要注意，图书信息列表并不是一股脑儿地把所有图书信息都通过表格呈送给使用者，而是要准确、简洁地提供使用者最关心的数据，这样才能让用户感受到良好的体验度。还是举个例子：图书列表中并不需要提供图书“目录”“简介”等具体的图书信息，使用者要求一眼看到的就是最关注的图书名称、作者、价格、出版社、出版日期等关键数据；如果使用者需要，可以通过单击“详细”超链接等方式，进一步阅读图书的详细信息。陈靓非常有经验，因为刚入行的开发者在这个地方往往是最疏忽的：他们只是关注开发技术，很少从使用者的角度观察和理解需求，恨不得把所有数据都一次性呈现给使用者，让人眼花缭乱。

开发任务单如表6-1-1所示。

表6-1-1 开发任务单

任务名称	#601 分页展示图书信息列表		
相关需求	作为一名管理员，我希望获取所有图书列表，这样可以让我找到需要维护的图书信息		
任务描述	(1) 创建管理后台图书列表页，完善UI设计 (2) 完善数据库图书表结构设计 (3) 实现按图书编号排序获取所有图书数据集业务逻辑 (4) 测试管理后台图书列表页		
所属迭代	Sprint #3 实现“可可网上商城”数据访问和处理		
指派给	程可儿	优先级	4
任务状态	□已计划 ☑进行中 □已完成	估算工时	8

任务设计与实现

6-1-1 详细设计

(1) 用例名称：分页展示图书信息列表(UC-0601)，如图6-1-1所示。

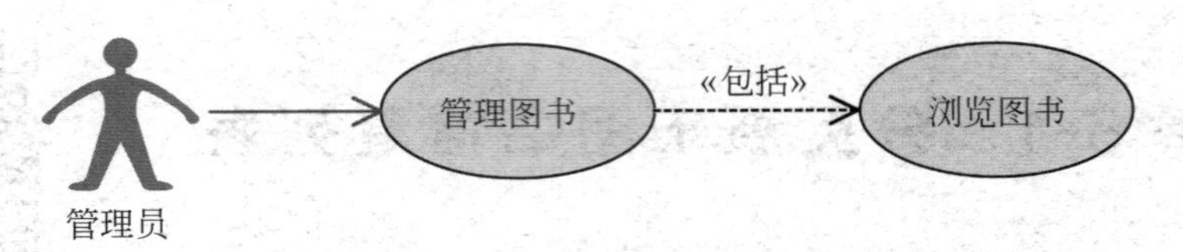

图 6-1-1 “分页展示图书信息列表”用例

(2) 用例说明：此用例帮助管理员分页浏览所有图书信息。

(3) 页面导航：管理后台首页→图书管理→图书列表 BookList.aspx。

(4) 页面 UI 设计：参考图 6-1-2。

书名	作者	出版社	单价	出版日期	浏览
CSS网站布局实录：基于Web标准的网站设计...	李超 编著	科学出版社	39.00	2007/9/1	详细
精通Web标准建站:标记语言、网站分析、设计...	王建 编著	人民邮电出版社	55.00	2007/9/1	详细
JavaScript 基础教程（第6版）	（美）内格里诺，...	人民邮电出版社	45.00	2007/9/1	详细
二级Visual Basic语言程序设计考试...	李鑫　等编著	水利水电出版社	24.00	2007/8/20	详细
程序设计基础实践教程 V isual Basic	伍建青　主编	上海交通大学出版社	24.00	2007/8/1	详细
Visual Basic.NET 2005数...	刘珊　编著	人民邮电出版社	45.00	2007/8/1	详细
XHTML网页开发与设计基础（第3版）	（美）莫里斯 ...	清华大学出版社	65.00	2007/8/1	详细
Java XML 应用程序设计	侯要红，栗松涛　...	机械工业出版社	38.00	2007/8/1	详细
12345678910...					

图 6-1-2 “分页展示图书信息列表”页面设计参考

(5) 功能操作：

① 打开管理后台首页，在导航菜单中选择“图书管理”命令，打开图书列表页，以每页8行记录、分页列表的方式展示所有信息。

② 单击“书名”列中的图书名称超链接，打开图书详情页。

③ 单击“浏览”列中的“详细”超链接，打开图书详情页。

④ 单击底部页码区域的页码超链接，展示指定页码的图书信息列表。

(6) 异常处理：没有任何图书信息，则显示“没有检索到数据”。

(7) 控件：

① 图书名称超链接——打开图书详情页。

② “详细”超链接——打开图书详情页。

③ 页码超链接——展示指定页码的图书信息列表。

(8) 数据库操作：

① 数据库——MyBookShop。

② 源数据表——Books 表、Categories 表、Publishers 表，Books 表结构定义如表 6-1-2 所示(Categories 表、Publishers 表结构略)。

③ 源字段——Id、Title、Author、PublisherId、PublishDate、UnitPrice 等。

表 6-1-2 Books 表结构定义

Key	字段名	数据类型	Null	默认值	说明
🔑	Id	int			IDENTITY (1, 1)
	Title	nvarchar(200)			图书名称
	Author	nvarchar(200)			作者
	PublishDate	datetime			出版日期
	ISBN	nvarchar(50)			图书 ISBN
	WordsCount	int		0	字数
	UnitPrice	money		0	单价
	ContentDescription	nvarchar(MAX)	√		内容提要
	AuthorDescription	nvarchar(MAX)	√		作者简介
	EditorComment	nvarchar(MAX)	√		编辑推荐
	TOC	nvarchar(MAX)	√		目录
	Clicks	int		0	点击次数
	CategoryId	int			所属图书分类 Id,外键
	PublisherId	int			出版社 Id,外键

6-1-2 实现检索图书信息业务逻辑

1. 数据访问层

(1) 在数据访问层项目中打开类 BookService.cs(图书数据访问处理相关类)。

(2) 在 BookService 类中,定义检索图书信息的方法 GetBookList(),实现在数据表 Books 中检索并获取图书信息。主要代码如下。

```
1    namespace BookShop.DAL
2    {
3        public class BookService
4        {
5            public static IList<BookInfo>GetBookList()
6            {
7                string strConn=ConfigurationManager.
8                           ConnectionStrings["BookShop.ConnectionString"].
                            ConnectionString;
9                using(SqlConnection conn=new SqlConnection(strConn))
10               {
11                   conn.Open();
12
13                   string strSQL=@" SELECT a.Id, Title,Author,PublishDate,
14                               UnitPrice,b.Name AS PublisherName,
15                               c.Name AS CategoryName
```

```
16                          FROM Books AS a,
17                                Publishers AS b, Categories AS c
18                          WHERE a.PublisherId=b.Id  AND
19                                a.CategoryId=c.Id
20                          ORDER BY PublishDate DESC ";
21                 DataSet dasBooks=new DataSet();
22                 SqlDataAdapter datBooks=new SqlDataAdapter(strSQL, conn);
23                 datBooks.Fill(dasBooks);
24
25                 foreach (DataRow row in dasBooks.Tables[0].Rows)
26                 {
27                     BookInfo book=new BookInfo();
28                     book.Id=Convert.ToInt32(row["Id"]);
29                     ...
30                     book.Category=CategoryService.
31                         GetCategoryById(Convert.ToInt32(row["CategoryId"]));
32
33                     list.Add(book);
34                 }
35             }
36             return list;
37         }
38     }
39 }
```

第 5 行：定义 public 的静态方法 GetBookList()，用来检索并获取图书信息，返回值为图书泛型集合类型(IList<BookInfo>)。

第 13～20 行：定义 SQL 语句，在数据表 Books 中检索并获取图书数据集。

第 25～34 行：遍历访问图书数据集的每一行，将每行图书数据封装为图书对象实例，并添加到图书泛型集合中。

第 36 行：方法返回图书泛型集合。业务逻辑层调用 GetBookList()方法后获取该泛型集合，根据图书列表展示业务需求处理。

2. 业务逻辑层

(1) 在业务逻辑层项目中打开类 BookManager.cs(图书业务逻辑相关类)。

(2) 实现图书查询业务逻辑。在 BookManager 类中，定义检索并获取图书的业务逻辑方法 GetBookList()，仅需要调用数据访问层方法获取图书泛型集合。主要代码如下。

```
1  namespace BookShop.BLL
2  {
3      public class BookManager
4      {
5          public static IList<BookInfo>GetBookList()
```

```
6            {
7                return BookService.GetBookList();
8            }
9        }
10   }
```

第 5 行：定义 public 的静态方法 GetBookList()，用来检索并获取图书信息，返回值为泛型集合类型(IList＜BookInfo＞)。

第 7 行：调用数据访问层静态类 BookService 的方法 GetBookList()，检索并获取图书信息(图书泛型集合)。

6-1-3 将图书信息绑定到 GridView 控件

(1) 打开表示层项目 BookShop.WebUI，添加 AdminPlatform 文件夹，在该文件夹中添加管理后台图书列表页 BookList.aspx。

(2) 参照图书列表页 UI 设计，如图 6-1-2 所示，设计页面布局。将服务器控件 GridView 拖放到 BookList.aspx 页相应位置。

(3) 在“GridView 任务”菜单中选择“编辑列”命令，如图 6-1-3 所示，自定义 GridView 控件数据绑定列，并为各列绑定数据项。

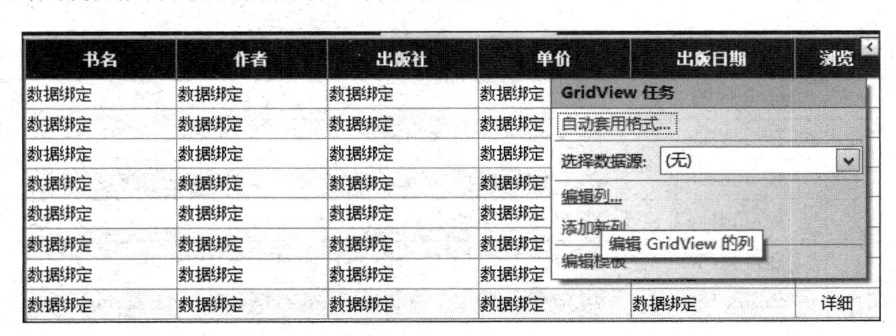

图 6-1-3 “GridView 任务”菜单

(4) 打开“字段”对话框，如图 6-1-4 所示，参照页面 UI(见图 6-1-2)设计，选定需显示的字段，并设置该字段的标题行文本(HeaderText)、需绑定的数据字段(DataField)和数据格式字符串(DataFormatString)。

GridView 控件主要属性如表 6-1-3 所示。

表 6-1-3 GridView 控件主要属性值

属　性	属　性　值	说　明
Id	gvwBookList	
AutoGenerateColumns	False	取消自动生成字段列(重要)
DataKeyNames	Id	将 Id 列设为数据主键

GridView 控件主要绑定列及属性、数据项绑定如表 6-1-4 所示。

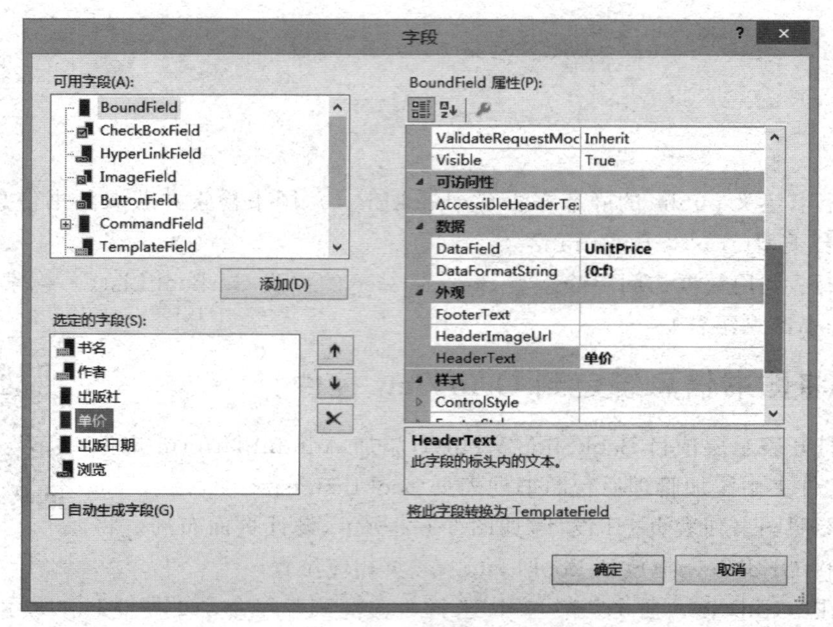

图 6-1-4 GridView 编辑列"字段"对话框

表 6-1-4 GridView 控件主要绑定列及属性、数据项绑定

绑定列	绑定列类型	主要属性、数据项绑定及说明
书名	BoundField	绑定到数据项 Title
作者	BoundField	绑定到数据项 Author
出版社	BoundField	绑定到数据项 PublisherName
单价	BoundField	绑定到数据项 UnitPrice;DataFormatString:{0:f}
出版日期	BoundField	绑定到数据项 PublisherName;DataFormatString:{0:d}

(5) 绑定数据源。在 BookList.aspx 页首次加载时,调用业务逻辑层 BookService 类的 GetBookList()方法,将返回的图书泛型集合作为数据源绑定到 GridView 控件。主要代码如下。

```
1   protected void Page_Load(object sender, EventArgs e)
2   {
3       if (!IsPostBack)
4       {
5           BindBookListData ();
6       }
7   }
8
9   private voidBindBookListData ()
10  {
11      gvwBookList.DataSource=BookManager.GetBookList();
12      gvwBookList.DataBind();
13  }
```

第 5 行：调用方法 BindBookListData()，为 GridView 控件绑定图书数据源，用于展示图书信息。

第 9～13 行：单独提取方法 BindBookListData()，实现将图书泛型集合绑定到 GridView 控件。

第 11 行：调用业务逻辑层 BookManager 类的方法 GetBookList()，并将其返回的图书泛型集合设置为 GridView 控件的数据源。

第 12 行：用 DataBind()方法将 DataSource 属性指定的数据源绑定到 GridView 控件。

管理后台图书列表页 BookList.aspx 的主要代码如下。

```
1   <asp:GridView ID="gvwBookList" runat="server" AutoGenerateColumns="False"
2                  AllowPaging =" True " AllowSorting =" True " PageSize =" 8 "
                   DataKeyNames="Id">
3     <Columns>
4       <asp:BoundField DataField="Title" HeaderText="书名" />
5       <asp:BoundField DataField="Author" HeaderText="作者" />
6       <asp:BoundField DataField="PublisherName" HeaderText="出版社" />
7       <asp:BoundField DataField="UnitPrice" DataFormatString="{0:f}"
           HeaderText="单价" />
8       <asp:BoundField DataField="PublishDate" DataFormatString="{0:d}"
9          HeaderText="出版日期" />
10    </Columns>
11    <HeaderStyle BackColor="#355366" ForeColor="White"
         HorizontalAlign="Center" />
12    <FooterStyle BackColor="#B7CEDC" />
13    <SelectedRowStyle BackColor="#F6A302" />
14    <AlternatingRowStyle BackColor="#FFFFCC" />
15    <EmptyDataTemplate>
16        没有检索到数据！
17    </EmptyDataTemplate>
18  </asp:GridView>
```

第 3～10 行：GridView 控件的列集合。

第 4～9 行：使用 BoundField 列绑定各主要数据项，分别将“单价”“出版日期”列指定数据格式字符串。

第 11～14 行：分别设置 GridView 控件的标题行、脚注行、选中行、交替数据行的样式。

第 15～17 行：当 GridView 控件绑定到不包含任何记录的数据源时，自定义呈现空数据行的提示内容。

6-1-4 单击页码导航按钮实现分页浏览

GridView 控件中启用分页需要设置两个属性，分别是，将 AllowPaging 设置为 True，并设置 PageSize 值即每页显示的记录数。主要属性如表 6-1-5 所示。

表 6-1-5 GridView 控件中的主要分页属性值

属　性	属 性 值	说　明
Id	gvwBookList	
AllowPaging	True	启用分页
PageSize	8	每页 8 条记录

当单击某个页码导航超链接时，需在 GridView 控件处理分页操作之前，触发并处理 PageIndexChanging 事件。主要代码如下。

```
1    ///<summary>
2    ///GridView 控件 PageIndexChanging 事件
3    ///</summary>
4    protected void gvwBookList_PageIndexChanging(object sender,
     GridViewPageEventArgs e)
5    {
6        gvwBookList.PageIndex=e.NewPageIndex;
7        BindBookListData ();
8    }
```

第 6 行：将 GridView 控件当前显示页的索引设置为用户在 GridView 控件中单击页码导航按钮所选择的新页码。

第 7 行：调用之前实现的 BindBookListData()方法重新为 GridView 绑定数据源。

6-1-5 实现数据浏览时的“光棒”效果

浏览图书信息时，当光标在 GridView 控件数据行上移动时，可以改变行的背景色，即所谓“光棒”效果。这需要在呈现 GridView 控件之前，即将某个数据行绑定到 GridView 控件中时，触发并处理 RowDataBound 事件，为数据行(DataRow)添加浏览器端鼠标事件。

GridView 控件 RowDataBound 事件处理程序的主要代码如下。

```
1    ///<summary>
2    ///GridView 控件 RowDataBound 事件
3    ///</summary>
4    protected void gvwBookList_RowDataBound(object sender,
     GridViewRowEventArgs e)
5    {
6        if (e.Row.RowType==DataControlRowType.DataRow)
7        {
8            e.Row.Attributes.Add("onmouseover",
9                "currentcolor=this.style.backgroundColor;this.style.
                 backgroundColor='#D3D7F5'");
10           e.Row.Attributes.Add("onmouseout", "this.style.backgroundColor=
             currentcolor");
11       }
12   }
```

第6行：判断GridView控件数据行绑定时的当前行是否为数据行(DataRow)类型。

第8、9行：为当前行添加客户端鼠标onmouseover事件，实现当光标移到数据行上方时改变该行的背景色。

第10行：为当前行添加客户端鼠标onmouseout事件，实现当光标离开数据行时恢复该行的背景色。

6-1-6 单击图书名称或“详细”超链接导航到图书详情页

(1) 将“书名”字段转换为TemplateField类型。在“GridView任务”菜单中选择“编辑列”命令，打开“字段”对话框。

(2) 参考图6-1-4，在“选定的字段”列表中选择字段“书名”，单击“BoundField属性”列表下方的“将此字段转换为TemplateField”超链接，或直接在图书列表页源视图中编辑修改。

(3) 在“书名”字段ItemTemplate模板中拖放服务器控件HyperLink，并绑定数据项Title，将链接到的URL设置为管理后台图书详情页(将数据项Id格式化为查询字符串值)。请读者参考任务5-2，自行设计并实现管理后台图书详情页BookDetails.aspx。

(4) 在“字段”对话框或源视图中添加HyperLinkField列“浏览”。将该列文本设置为“详细”，将链接目标的URL格式化为管理后台图书详情页(将数据项Id格式化为查询字符串值)。

GridView控件中的“书名”和“浏览”字段的主要属性、数据项绑定如表6-1-6所示。

表6-1-6 GridView控件中的“书名”和“浏览”字段的主要属性、数据项绑定

绑定列	绑定列类型	主要属性、数据项绑定及说明
书名	TemplateField	自定义列模板，用HyperLink控件绑定数据项 Text: Eval("Title") NavigateUrl: Eval("Id", "BookDetails.aspx?BookId={0}")
浏览	HyperLinkField	将数据项Id的值作为查询字符串值构造为URL Text: 详细; DataNavigateUrlFields: Id DataNavigateUrlFormatString: BookDetails.aspx?BookId={0}

完整的管理后台图书列表页BookList.aspx的主要代码如下。

```
1   <asp:GridView ID="gvwBookList" runat="server"
      AutoGenerateColumns="False"
2             AllowPaging="True" AllowSorting="True" PageSize="8">
3     <Columns>
4       <asp:TemplateField HeaderText="书名">
5         <ItemTemplate>
6           <asp:HyperLink ID="HyperLink1" runat="server"
7              NavigateUrl='<%#Eval("Id", "BookDetails.aspx?BookId={0}") %>'
8              Text='<%#Eval("Title")%>'  ToolTip='<%#Eval("Title") %>'>
9           </asp:HyperLink>
```

```
10          </ItemTemplate>
11        </asp:TemplateField>
12        <asp:TemplateField HeaderText="作者">
13          <ItemTemplate>
14            <asp:Label ID="lblAuthor" runat="server"
15                Text='<%#Eval("Author")%>' ToolTip='<%#Eval("Author") %>'>
16            </asp:Label>
17          </ItemTemplate>
18        </asp:TemplateField>
19        <asp:BoundField DataField="PublisherName" HeaderText="出版社" />
20        <asp:BoundField DataField="UnitPrice" DataFormatString="{0:f}"
              HeaderText="单价" />
21        <asp:BoundField DataField="PublishDate" DataFormatString="{0:d}"
22            HeaderText="出版日期" />
23        <asp:HyperLinkField DataNavigateUrlFields="Id"
24              DataNavigateUrlFormatString="BookDetails.aspx?BookId={0}"
25              HeaderText="浏览" Text="详细">
26              <ItemStyle HorizontalAlign="Center" />
27        </asp:HyperLinkField>
28      </Columns>
29      <HeaderStyle BackColor="#355366" ForeColor="White"
            HorizontalAlign="Center" />
30      <FooterStyle BackColor="#B7CEDC" />
31      <SelectedRowStyle BackColor="#F6A302" />
32      <AlternatingRowStyle BackColor="#FFFFCC" />
33      <EmptyDataTemplate>
34            没有检索到数据!
35      </EmptyDataTemplate>
36    </asp:GridView>
```

第3～28行：GridView控件的列集合。

第4～11行：TemplateField列——“书名”。在其ItemTemplate项模板中，使用HyperLink控件，将数据项Id格式化为查询字符串值，设置导航URL地址后，实现单击该控件超链接后导航到管理后台图书详情页。

第12～18行：TemplateField列——“作者”。

第23～27行：HyperLinkField列——“浏览”，显示“详细”超链接，将数据项Id格式化为查询字符串值，设置导航URL地址后，同样实现单击后导航到管理后台图书详情页。其中，第26行将该列样式设置为水平居中。

6-1-7 测试分页展示图书信息列表

(1) 在“解决方案资源管理器”窗格中，右击管理后台图书列表页BookList.aspx，在快捷菜单中选择“在浏览器中查看”命令（或按Ctrl+F5组合键），在浏览器中打开窗体页BookList.aspx。

(2) 根据如表6-1-7所示的测试操作，对分页展示图书信息列表业务进行功能测试。

表 6-1-7 测试操作

测试用例	TUC-0601 分页展示图书信息列表		
编号	测试操作	期望结果	检查结果
1	打开管理后台图书列表页	页面 GridView 中展示图书信息列表	通过
2	单击书名或“详细”超链接	浏览器重定向到管理后台图书详情页，URL 中查询字符串包含图书 ID	通过
3	单击页码超链接	页面展示指定页码的图书信息列表	通过
4	单击列表中图书名称超链接或“浏览”超链接	浏览器重定向到图书详情页，浏览器地址栏包含查询字符串，键值为图书 ID，页面呈现该图书 ID 对应的图书详细信息	通过

相关知识与技能

6-1-8 GridView 控件

GridView 控件以表格式布局显示数据。默认情况下，GridView 以只读模式显示数据，但是 GridView 也能在运行时完成大部分的数据处理工作，包括添加、删除、修改、选择和排序等功能。

1. 使用 GridView 控件进行数据绑定

GridView 控件与 DataList 控件类似，提供了两个用于绑定到数据的选项。

（1）使用 DataSourceID 属性进行数据绑定，将 GridView 控件的 DataSourceID 设置为数据源控件的 ID，允许 GridView 控件利用数据源控件的功能并提供了内置的排序、分页和更新功能。GridView 控件支持双向数据绑定，可以使它自动支持对绑定数据的更新和删除操作。

（2）使用 DataSource 属性进行数据绑定，绑定到包括 ADO.NET 数据集和数据读取器在内的各种对象，如 ADO.NET 数据集（DataSet 类）、数据读取器（SqlDataReader 类）或大部分集合（ArrayList、List＜T＞、HashTable 等）。此方法需要为所有附加功能（如排序、分页和更新）编写代码。

GridView 控件支持大量属性，包括行为、样式、状态、模板和可视化设置等几大类。GridView 控件的常用属性如表 6-1-8 所示。

表 6-1-8 GridView 控件的常用属性

属性	说明
DataSource	设置或获取要显示数据的数据源
DataSourceID	设置数据源控件 ID
AllowPaging	获取或设置一个值，指示是否启用分页功能

续表

属　性	说　明
AllowSorting	获取或设置一个值,指示是否启用排序功能
AutoGenerateColumns	获取或设置一个值,指示是否为数据源中的每个字段自动创建绑定字段
AutoGenerateDeleteButton	获取或设置一个值,指示每个数据行都带有“删除”按钮的 CommandField 字段列是否自动添加到 GridView 控件
AutoGenerateEditButton	获取或设置一个值,指示每个数据行都带有“编辑”按钮的 CommandField 字段列是否自动添加到 GridView 控件
AutoGenerateSelectButton	获取或设置一个值,指示每个数据行都带有“选择”按钮的 CommandField 字段列是否自动添加到 GridView 控件
DataMember	当数据源包含多个不同的数据项列表时,获取或设置数据绑定控件绑定到的数据列表的名称
DataKeys	获取一个 DataKey 对象集合。表示 GridView 控件中的每一行的数据键值
DataKeyNames	获取或设置一个数组,包含了显示在 GridView 控件中的项的主键字段的名称
Rows	获取一套 GridViewRow 对象。其中,GridViewRow 对象表示 GridView 控件中的数据行
Columns	获得一个表示该网格中的列的对象的集合。如果这些列是自动生成的,则该集合总是空的

2. 定义数据列

默认情况下,GridView 控件显示的列是自动生成的。也就是说,在为 GridView 控件绑定数据源时,AutoGenerateColumns(自动生成列)属性值默认为 True,即 GridView 控件将检查数据源中所有字段或属性,并按照顺序为每个字段(属性)自动创建绑定字段。自动生成列对于快速创建页面很有效,但是很多时候缺乏灵活性,比如需要隐藏一些列,改变列显示的顺序等。

在将 AutoGenerateColumns 属性值设为 False 后,可以通过自定义数据列来绑定和显示数据。GridView 控件的自定义列的主要类型如表 6-1-9 所示。

表 6-1-9　GridView 控件的自定义列的主要类型

列 类 型	说　明
BoundField	默认列类型,显示数据源中某个字段的值(文本)
ButtonField	为 GridView 控件中的每个项显示一个命令按钮,可以创建一列自定义按钮控件,如“添加”按钮或“移除”按钮
CheckBoxField	为 GridView 控件中的每一项显示一个复选框,通常用于显示具有布尔值的字段
CommandField	显示用来执行选择、编辑或删除操作的预定义命令按钮
HyperLinkField	将数据源中某个字段的值显示为超链接,允许将另一个字段绑定到超链接的 URL

续表

列 类 型	说 明
ImageField	为 GridView 控件中的每一项显示一个图像
TemplateField	根据指定的模板为 GridView 控件中的每一项显示用户定义的内容，即创建自定义的列字段

GridView 控件中，最基本的列类型为 BoundField。BoundField 列的主要属性如表 6-1-10 所示。

表 6-1-10 GridView 控件中 BoundField 列的主要属性

属 性	说 明
DataField	设置列中要显示的数据行的字段或属性名称
DataFormatString	设置格式化字符串，用于格式化显示列文本
HeaderText	设置标题行的文字
NullDisplayText	设置列值为空值时显示的文本

3. 格式化字符串 DataFormatString

GridView 控件还允许指定列的显示格式，比如保证日期、货币等数值以合适的方式显示。每个 BoundField 都提供了 DataFormatString 属性，可以通过格式化字符串来自定义数据显示的格式。

格式化字符串通常由一个占位符和格式指示器组成，用一组花括号“{}”包含，如“{0:C}”。其中，“0”是要格式化的字符占位符，“C”为预定义的格式化样式(本例是货币格式)。

常用的数字格式化字符串如表 6-1-11 所示。

表 6-1-11 常用的数字格式化字符串

格式化字符串	说 明
{0:C}或{0:c}	货币。例如： 123.456 ("C")→￥23 123.456 ("C2")→￥123.46
{0:D}或{0:d}	整型数字。例如： 1234 ("D")→1234 −1234 ("D6")→−001234
{0:E}或{0:e}	科学(指数)计数法。例如： −1052.0329112756 ("e2")→−1.05e+003
{0:P}或{0:p}	百分比。例如： 0.39678 ("P")→39.68% −0.39678 ("P1")→−39.7%
{0:F}或{0:f}	固定浮点数。例如： 1234.567 ("F")→1234,57 −1234.56 ("F4")→−1234,5600

常用的日期和时间格式化字符串如表6-1-12所示。

表 6-1-12 常用的日期和时间格式化字符串

格式化字符串	说明
{0:d}	短日期模式。例如,用于 en-US 区域的自定义格式字符串"MM/dd/yyyy"返回04/10/2008
{0:D}	长日期模式。例如,用于 en-US 区域的自定义格式字符串"dddd, dd MMMM yyyy"返回"Thursday,April 10,2008"
{0:f}	完整日期/时间模式(短时间),表示长日期(D)和短时间(t)模式的组合,由空格分隔。例如,用于 en-US 区域的自定义格式字符串"dddd,dd MMMM yyyy HH:mm"返回"Thursday,April 10,2008 6:30 AM"
{0:F}	完整日期/时间模式(长时间)。例如,用于 en-US 区域的自定义格式字符串"dddd,dd MMMM yyyy HH:mm:ss"返回"Thursday,April 10,2008 6:30:00 AM"
{0:g}	常规日期/时间模式(短时间),短日期(d)和短时间(t)模式的组合,由空格分隔。返回:4/10/2008 6:30 AM
{0:G}	常规日期/时间模式(长时间),短日期(d)和长时间(T)模式的组合,由空格分隔。返回:04/10/2008 06:30:00
{0:M}或{0:m}	月日模式。例如,用于 en-US 区域的自定义格式字符串"MMMM dd"返回"April 10"
{0:t}	短时间模式。例如,用于 en-US 区域的自定义格式字符串"HH:mm"返回"6:30 AM"
{0:T}	长时间模式。例如,用于 en-US 区域的自定义格式字符串"HH:mm:ss"返回"6:30:00 AM"
{0:Y}或{0:y}	年月模式。例如,用于 en-US 区域的自定义格式字符串"yyyy MMMM"返回"2008 April"

4. 设置 GridView 控件中数据显示格式

GridView 控件可以指定行的布局、颜色、字体和对齐方式,包括行中包含的文本和数据的显示。另外,可以指定将数据行显示为项目、交替项、选择的项还是编辑模式项。

GridView 控件有一个重要的 Rows 属性。该 GridView.Rows 属性用来获取一套 GridViewRow 对象。其中,GridViewRow 对象表示 GridView 控件中的数据行,可以通过 GridViewRow.RowType 属性获取该对象的行类型。GridView 控件的主要数据行类型如表6-1-13所示。

表 6-1-13 GridView 控件的主要数据行类型

RowType 属性值	说明
DataRow	GridView 控件中的数据行
Footer	GridView 控件中的脚注行
Header	GridView 控件中的标头行

续表

RowType 属性值	说　明
EmptyDataRow	GridView 控件中的空行。当控件中没有要显示的任何记录时，将显示该空行
Pager	GridView 控件中的页导航行
Separator	GridView 控件中的分隔符行

GridView 控件的样式定义属性如表 6-1-14 所示。

表 6-1-14　GridView 控件的样式定义属性

样式定义属性	说　明
AlternatingRowStyle	定义表中每隔一行的样式属性
EditRowStyle	定义正在编辑的行的样式属性
FooterStyle	定义网格的页脚的样式属性
HeaderStyle	定义网格的标题的样式属性
EmptyDataRowStyle	定义空行的样式属性，这是在 GridView 绑定到空数据源时生成的
PagerStyle	定义网格的分页器的样式属性
RowStyle	定义表中的行的样式属性
SelectedRowStyle	定义当前所选行的样式属性

GridView 控件的外观定义属性如表 6-1-15 所示。

表 6-1-15　GridView 控件的外观定义属性

外观定义属性	说　明
BackImageUrl	指示要在控件背景中显示的图像的 URL
Caption	在该控件的标题中显示的文本
CaptionAlign	标题文本的对齐方式
CellPadding	指示一个单元的内容与边界之间的间隔(以像素为单位)
CellSpacing	指示单元之间的间隔(以像素为单位)
GridLines	指示该控件的网格线样式
HorizontalAlign	指示该页面上的控件水平对齐
EmptyDataText	指示当该控件绑定到一个空的数据源时生成的文本
ShowFooter	指示是否显示页脚行
ShowHeader	指示是否显示标题行

5. 设置 GridView 控件的分页

1）启用分页

GridView 控件提供一个内置的分页功能，只须将其 AllowPaging 属性设置为 True，即可设置为启用分页，可支持基本的分页功能。GridView 控件可以使用默认分页样式，也可以使用其 PagerTemplate 属性来自定义 GridView 控件的分页界面。

GridView 控件的分页相关属性如表 6-1-16 所示。

表 6-1-16　GridView 控件的分页相关属性

分页属性	说　明
AllowPaging	获取或设置一个值，指示是否启用分页功能
PageCount	获得显示数据源的记录所需的页面数
PageIndex	获得或设置基于 0 的索引，标识当前显示的数据页
PageSize	指示在一个页面上要显示的记录数
PagerSettings	引用一个允许设置分页器按钮的属性的对象。可以设置其 Mode 属性来自定义分页模式，常用的有 NextPrevious、NextPreviousFirstLast、Numeric、NumericFirstLast

2）自定义分页样式

可以通过多种方式自定义 GridView 控件的分页界面。其中，通过使用 PageSize 属性来设置页的大小(即每次显示的项数)；通过设置 PageIndex 属性来设置 GridView 控件的当前页；使用 PagerSettings 属性或通过提供页导航模板来指定更多的自定义行为。

GridView 控件可显示允许向前和向后导航的方向控件，以及允许用户移动到特定页的数字控件。可以通过设置 GridView 控件的 PagerSettings.Mode 属性来自定义分页模式。

GridView 控件可以通过其他属性为不同的页导航模式自定义文本和图像。例如，如果既想允许使用方向按钮进行导航，又想自定义显示的文本，则可以通过设置 NextPageText 和 PreviousPageText 属性来自定义按钮文本。

自定义分页模式和分页界面的示例如下。

```
1  GridView1.PagerSettings.Mode=PagerButtons.NextPreviousFirstLast
2  GridView1.PagerSettings.NextPageText="下一页"
3  GridView1.PagerSettings.PreviousPageText="上一页"
```

GridView 控件可以通过添加 PagerTemplate 模板来自定义用于分页的用户界面。在分页模板中，可以指定执行哪个分页操作的 Button 控件，将其 CommandName 属性设置为 Page，并将其 CommandArgument 属性设置为以下任一值：First，移动到第一页；Last，移动到最后一页；Prev，移动到上一页；Next，移动到下一页；一个数字，移动到某个特定页。

3）分页事件

当 GridView 控件移动到新的数据页时，该控件会引发两个事件：PageIndexChanging 事件，在 GridView 控件执行分页操作之前发生；PageIndexChanged 事件，在新的数据页返回到 GridView 控件之后发生。

如果需要，可以使用 PageIndexChanging 事件取消分页操作，或在 GridView 控件请求新的数据页之前执行某项任务；可以使用 PageIndexChanged 事件在用户移动到另一个数据页之后执行某项任务。

GridView 控件的主要分页事件如表 6-1-17 所示。

表 6-1-17 GridView 控件的主要分页事件

事　件	说　明
PageIndexChanged	在单击某一页导航按钮时，但在 GridView 控件处理分页操作之后发生。此事件通常用于以下情形：在用户定位到该控件中的另一页之后，需要执行某项任务
PageIndexChanging	在单击某一页导航按钮时，但在 GridView 控件处理分页操作之前发生。此事件通常用于取消分页操作

6. 设置 GridView 控件的排序

通过将 GridView 控件的 AllowSorting 属性设置为 True，即可启用该控件中的默认排序行为。将此属性设置为 True 会使 GridView 控件将 LinkButton 控件呈现在列标题中，并将每一列的 SortExpression 属性隐式设置为它所绑定到的数据字段的名称。例如，如果网格所包含的一列显示的是 Books 数据表的 PublishDate 列，则该列的 SortExpression 属性将被设置为 PublishDate。

在运行时，用户可以单击某列标题中的 LinkButton 控件按该列排序。单击该链接会使页面执行回发并引发 GridView 控件的 Sorting 事件。执行完查询后，将引发网格的 Sorted 事件，可以执行查询后逻辑，如显示一条状态消息等。最后，数据源控件将 GridView 控件重新绑定到已重新排序的查询的结果。但是，内置排序功能依赖于数据源控件支持排序，否则 GridView 控件执行排序操作时将会引发 NotSupportedException 异常。

7. GridView 控件的常用方法和事件

GridView 控件的部分常用方法如表 6-1-18 所示。

表 6-1-18 GridView 控件的部分常用方法

方　法	说　明
DataBind()	将数据源绑定到 GridView 控件
DeleteRow()	从数据源中删除位于指定索引位置的记录
FindControl()	在当前的命名容器中搜索指定的服务器控件
Focus()	为控件设置输入焦点
GetType()	获得当前实例的类型
HasControls()	确定服务器控件是否包含任何子控件
IsBindableType()	确定指定的数据类型是否能绑定到 GridView 控件中的列
Sort()	根据指定的排序表达式和方向对 GridView 控件进行排序
UpdateRow()	使用行的字段值更新位于指定行索引位置的记录

GridView 控件的部分常用事件如表 6-1-19 所示。

表 6-1-19　GridView 控件的部分常用事件

事　件	说　明
RowCancelingEdit	在单击某一行的“取消”按钮时，但在 GridView 控件退出编辑模式之前发生。此事件通常用于停止取消操作
RowCommand	当单击 GridView 控件中的按钮时发生。此事件通常用于在控件中单击按钮时执行某项任务
RowCreated	当在 GridView 控件中创建新行时发生。此事件通常用于在创建行时修改行的内容
RowDataBound	在 GridView 控件中将数据行绑定到数据时发生。此事件通常用于在行绑定到数据时修改行的内容
RowDeleted	在单击某一行的“删除”按钮时，但在 GridView 控件从数据源中删除相应记录之后发生。此事件通常用于检查删除操作的结果
RowDeleting	在单击某一行的“删除”按钮时，但在 GridView 控件从数据源中删除相应记录之前发生。此事件通常用于取消删除操作
RowEditing	发生在单击某一行的“编辑”按钮以后，GridView 控件进入编辑模式之前。此事件通常用于取消编辑操作
RowUpdated	发生在单击某一行的“更新”按钮，并且 GridView 控件对该行进行更新之后。此事件通常用于检查更新操作的结果
RowUpdating	发生在单击某一行的“更新”按钮以后，GridView 控件对该行进行更新之前。此事件通常用于取消更新操作
SelectedIndexChanged	发生在单击某一行的“选择”按钮，GridView 控件对相应的选择操作进行处理之后。此事件通常用于在该控件中选定某行之后执行某项任务
SelectedIndexChanging	发生在单击某一行的“选择”按钮以后，GridView 控件对相应的选择操作进行处理之前。此事件通常用于取消选择操作
Sorted	在单击用于列排序的超链接时，但在 GridView 控件对相应的排序操作进行处理之后发生。此事件通常用于在用户单击用于列排序的超链接之后执行某个任务
Sorting	在单击用于列排序的超链接时，但在 GridView 控件对相应的排序操作进行处理之前发生。此事件通常用于取消排序操作或执行自定义的排序例程

职业能力拓展

6-1-9　按图书分类展示图书列表

在管理后台图书列表页面中，有一个重要的功能区域：为了方便管理员查询到需要管理的图书，页面上方专门设计有查询条件区域，用来提供根据图书分类查询和获取图书列表的功能。当然,具体的查询条件可以根据客户需求拓展,比如,根据图书名称关键词、作者关键词、出版日期(范围)等条件来检索图书。

图书列表页面设计原型可参考图6-1-5。

□ 您现在所在的位置: 后台管理 > 图书管理 > **图书列表**

-所有分类-

□全选 删除所选 新增

选择	书名	作者	出版日期	单价	浏览	操作
□	C++ Primer中文版(第4版)(一本久负盛名的C++经典教程)	(美) Stanl...	2006/3/1	99.00	详细	删除 编辑
□	C++ Primer 习题解答(第4版)	蒋爱军,李师贤,...	2007/2/1	45.00	详细	删除 编辑
□	Effective C# 中文版改善C#程序的50种方法	(美) 瓦格纳 ...	2007/5/1	49.00	详细	删除 编辑
□	C程序设计语言(第2版·新版)	(美) 克尼汉,(...	2004/1/1	30.00	详细	删除 编辑
□	C++Primer Plus(第五版)中文版	(美) 普拉塔(P...	2005/5/1	72.00	详细	删除 编辑
□	框架设计(第2版): CLR Via C#	(美) 瑞奇特(R...	2006/11/1	68.00	详细	删除 编辑
□	C++程序设计教程(第二版)	钱能 著	2005/9/1	39.50	详细	删除 编辑
□	深度探索 C++ 对象模型	(美) Stanl...	2001/5/1	54.00	详细	删除 编辑

当前第 1 页 / 总共 135 页 每页 8 条记录 |<首页 <前一页 后一页> 尾页>| 转到第 1 页 转

图 6-1-5 管理后台中根据图书分类查询图书列表

程可儿针对这个功能点做了分析设计。

(1) 图书列表页面上方有查询条件区域,提供有“图书分类”下拉列表框。

(2) 页面加载时,将数据表 Categories 的图书分类数据集绑定并加载到“图书分类”下拉列表框。

(3) 页面首次加载时,“图书分类”下拉列表框默认选项为“所有分类”(值为-1),页面查询并显示所有分类的图书列表,按出版日期降序排序。

(4) 选择“图书分类”下拉列表框中某个图书分类选项,页面回发并提交数据,页面查询并显示所选分类的图书列表,按出版日期降序排序。

程可儿逐渐细化设计、并开始实现这个功能。

任务6-2 实现删除图书信息业务

任务描述与分析

图书管理业务“删除图书”是比较常见的一个功能点,常常发生于这样的业务场景:在添加图书时数据输入有误,或者图书已经更新,不再出版,等等,管理员往往需要把这类图书信息删除,不用再显示在图书列表清单中。当然,有些系统会提供商品“上架”“下架”的功能,比如通过“下架”来暂时停止商品的销售。

程可儿负责实现图书管理中“删除图书”业务。开发任务单如表6-2-1所示。

表 6-2-1　开发任务单

任务名称	＃602　实现删除图书信息业务		
相关需求	作为一名管理员,我希望删除指定的图书,这样可以让我维护图书信息		
任务描述	(1) 完善管理后台图书列表页 UI 设计 (2) 完善数据库图书表结构设计 (3) 实现根据图书编号删除图书的业务逻辑 (4) 测试管理后台图书列表页删除图书信息业务		
所属迭代	Sprint ＃3　实现"可可网上商城"数据访问和处理		
指派给	程可儿	优先级	4
任务状态	□已计划　☑进行中　□已完成	估算工时	8

任务设计与实现

6-2-1　完善详细设计

(1) 用例名称：删除图书信息(UC-0602),如图 6-2-1 所示。

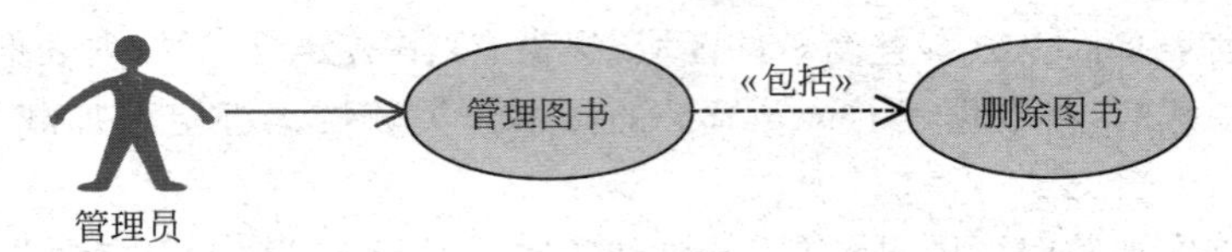

图 6-2-1　"删除图书"用例

(2) 用例说明：此用例帮助管理员删除图书信息。

(3) 页面导航：管理后台首页→图书管理→图书列表 BookList.aspx。

(4) 页面 UI 设计：参考图 6-2-2。

您现在所在的位置：后台管理 > 图书管理 > 图书列表

-所有分类-

全选　删除所选　新增

选择	书名	作者	出版日期	单价	浏览	操作
□	C++ Primer中文版(第4版)(一本久负盛名的C++经典教程)	(美) Stanl...	2006/3/1	99.00	详细	删除 编辑
□	C++ Primer 习题解答(第4版)	蒋爱军,李师贤,...	2007/2/1	45.00	详细	删除 编辑
□	Effective C# 中文版改善C#程序的50种方法	(美) 瓦格纳 ...	2007/5/1	49.00	详细	删除 编辑
□	C程序设计语言(第2版·新版)	(美) 克尼汉,(...	2004/1/1	30.00	详细	删除 编辑
□	C++Primer Plus(第五版)中文版	(美) 普拉塔 (P...	2005/5/1	72.00	详细	删除 编辑
□	框架设计(第2版):CLR Via C#	(美) 瑞奇特 (R...	2006/11/1	68.00	详细	删除 编辑
□	C++程序设计教程(第二版)	钱能 著	2005/9/1	39.50	详细	删除 编辑
□	深度探索 C++ 对象模型	(美) Stanl...	2001/5/1	54.00	详细	删除 编辑

当前第 1 页 / 总共 135 页　每页 8 条记录　|<首页 <前一页 后一页> 尾页>|　转到第 1 页 转

图 6-2-2　"分页展示图书信息列表"页面设计参考

（5）功能操作：

① 打开管理后台图书列表页，分页展示图书信息列表。

② 单击数据行中“操作”列的“删除”超链接，确认并删除该行图书信息，并刷新图书信息列表。

③ 勾选数据行中“选择”列的复选框后，单击“删除所选”超链接，确认并删除所有选中的图书信息，并刷新图书信息列表。

④ 勾选“全选”复选框以全部选中当前页码中所有数据行，单击“删除所选”超链接，确认并删除所有选中的图书信息，并刷新图书信息列表。

⑤ 如“全选”复选框被勾选，取消勾选“全选”复选框，当前页码中所有数据行同时被取消选中。

（6）异常处理：

在“删除图书信息”对话框中单击“取消”按钮，则取消删除图书信息操作。

（7）控件：

① “删除”超链接——单击后确认并删除该行图书信息。

② “选择”列复选框——单击后选中或取消选中该行图书信息。

③ “全选”复选框——单击后选中或取消选中当前页码中所有数据行。

④ “删除所选”超链接——单击后确认并删除当前页码所有选中的图书信息。

（8）数据库操作：

① 数据库——MyBookShop。

② 源数据表——Books 表、Categories 表、Publishers 表（表结构略）。

③ 源字段——Id、Title、Author、PublisherId、PublishDate、UnitPrice 等。

6-2-2　实现删除图书业务逻辑

1. 数据访问层

（1）在数据访问层项目中打开类 BookService.cs（图书数据访问处理相关类）。

（2）在 BookService 类中，定义删除一本图书信息的方法 DeleteBookById()，实现在数据表 Books 中根据图书 ID 删除一本图书数据行。主要代码如下。

```
1   namespace BookShop.DAL
2   {
3       public class BookService
4       {
5           public static int DeleteBookById(int bookId)
6           {
7               string strConn=ConfigurationManager.
8                           ConnectionStrings["BookShop.ConnectionString"].
                            ConnectionString;
9               using (SqlConnection conn=new SqlConnection(strConn))
10              {
```

```
11                    conn.Open();
12
13                    string strSQL=@"DELETE FROM books WHERE id=@bookId";
14                    SqlCommand comdUsers=new SqlCommand(strSQL, conn));
15                    SqlParameter para=new SqlParameter("@bookId", bookId);
16                    comdUsers.Parameter.Add(para);
17
18                    return comdUsers.ExecuteNonQuery();
19                }
20            }
21        }
22    }
```

第5行:定义public的静态方法DeleteBookById(),实现根据图书ID删除一本图书数据行,返回值为int类型。

第13行:定义SQL语句,在数据表Books中根据图书ID删除一本图书数据行。

第18行:方法返回执行SQL语句后受影响的行数(int类型)。业务逻辑层调用该DeleteBookById ()方法后获取返回值,根据删除图书信息业务需求判断和处理。

2. 业务逻辑层

(1) 在业务逻辑层项目中打开类BookManager.cs(图书业务逻辑相关类)。

(2) 实现删除一本图书的业务逻辑。在BookManager类中,定义删除一本图书的业务逻辑方法DeleteBookById(),调用数据访问层(DAL)方法实现在数据表Books中删除一本图书数据行,如果删除成功,返回True,否则返回False。主要代码如下。

```
1   namespace BookShop.BLL
2   {
3       public class BookManager
4       {
5           public static bool DeleteBookById(int bookId)
6           {
7               int returnValue=BookService.DeleteBookById(bookId);
8
9               if(returnValue==0)
10              {
11                  return False;
12              }
13              return True;
14          }
15      }
16  }
```

第5行:定义public的静态方法DeleteBookById(),用来删除一本图书信息,返回值为bool类型。

第7行:调用数据访问层静态类BookService的方法DeleteBookById(),在数据表Books中删除一本图书信息数据行。

第11行：删除失败(数据访问层方法返回0)，返回False。

第13行：删除成功(数据访问层方法返回非0)，返回True。

6-2-3 单击“删除”超链接删除一本图书信息

(1) 打开表示层项目BookShop.WebUI，打开AdminPlatform文件夹中的管理后台图书列表页BookList.aspx。

(2) 在GridView控件中增加“操作”列。在“GridView任务”菜单中选择“编辑列”命令，打开“字段”对话框，或在图书列表页源视图中，参照页面UI设计，在最后添加TemplateField列“操作”，如图6-2-2所示。在该列的ItemTemplate模板中拖放服务器控件LinkButton(“删除”按钮)，并设置其主要属性、数据项绑定，如表6-2-2所示。

表6-2-2 ItemTemplate模板中“删除”按钮控件的主要属性值、数据行绑定

属性	属性值	说明
Id	lnkbtnDeleteBook	
Text	删除	
CommandName	DeleteBook	自定义命令
CommandArgument	Eval("Id")	自定义命令参数
OnClientClick	javascript:return confirm('确认删除该图书吗?');	

管理后台图书列表页GridView控件列“操作”的主要代码如下。

```
1  <asp:GridView ID="gvwBookList" runat="server" AutoGenerateColumns="False"
2          AllowPaging="True" AllowSorting="True" PageSize="8">
3    <Columns>
4      ...
5      <asp:TemplateField HeaderText="操作">
6        <ItemTemplate>
7          <asp:LinkButton ID="lnkbtnDeleteBook" runat="server"
8            CommandName="DeleteBook"
9            CommandArgument='<%#Eval("Id") %>'
10           OnClientClick="javascript:return confirm('确认删除该图书吗?');"
11           Text="删除">
12         </asp:LinkButton>
13       </ItemTemplate>
14     </asp:TemplateField>
15   </Columns>
16     ...
17 </asp:GridView>
```

第5～14行：定义GridView控件的TemplateField列“操作”，其ItemTemplate模板中有超链接“删除”。

第8行：“删除”超链接的自定义命令名为DeleteBook。

第9行：“删除”超链接的自定义命令参数绑定到数据项Id即图书的ID值。

第 10 行：当浏览器端单击按钮时，响应 OnClientClick 客户端单击事件，用 JavaScript 脚本弹出确认删除对话框。在对话框中，单击“确定”按钮则提交服务器端处理数据行删除业务逻辑，单击“取消”按钮则忽略操作。最终功能演示示例如图 6-2-3 所示。

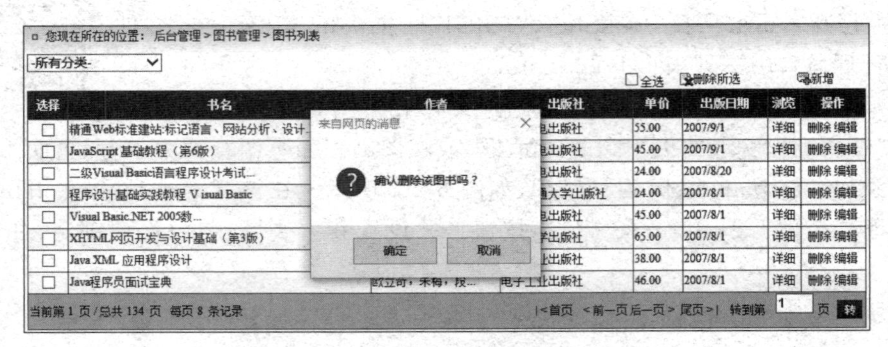

图 6-2-3 “图书列表”页面“删除”图书示例

(3) 单击 GridView 控件中的“删除”超链接，在消息对话框中单击“确认”按钮后，将触发并处理 GridView 控件的 RowCommand 事件，以判断自定义命令并处理删除数据行业务。主要代码如下。

```
1   ///<summary>
2   ///GridView 控件 RowCommand 事件
3   ///</summary>
4   protected void gvwBookList_RowCommand(object sender,
    GridViewCommandEventArgs e)
5   {
6       if(e.CommandName=="DeleteBook")
7       {
8           BookManager.DeleteBookById(e.CommandArgument.ToString());
9           BindBookListData();
10      }
11  }
```

第 6 行：判断触发 RowCommand 事件时所关联的控件命令是否为 DeleteBook。

第 8 行：调用业务逻辑层静态类 BookManager 的方法 DeleteBookById()，根据“删除”超链接所关联的自定义命令参数(图书 ID)，删除该图书信息数据行。

第 9 行：刷新图书信息列表，即调用任务 6-1 所实现的 BindBookListData()方法重新为 GridView 绑定数据源。

6-2-4 实现图书列表“全选”功能

(1) 在 GridView 控件中增加“选择”列。在“GridView 任务”菜单中选择“编辑列”命令，打开“字段”对话框，或在图书列表页源视图中，参照页面 UI 设计，在“书名”列之前添加 TemplateField 列“选择”，参考图 6-2-2。在该列的 ItemTemplate 模板中拖放服务器控件 CheckBox，并将其 Id 设置为 chkSelect。

(2) 参考页面的 UI 设计，如图 6-2-2 所示，在页面中 GridView 控件的右上方拖放服务器控件 CheckBox 并设置其属性，如表 6-2-3 所示。

表 6-2-3 ItemTemplate 模板中“全选”复选框控件主要属性值

属　性	属 性 值	说　明
Id	chkSelectAll	
Text	全选	
AutoPostBack	True	启用回发

(3) 当单击“全选”复选框时，复选框选中状态改变，将触发并处理该复选框控件的 CheckedChanged 事件，通过遍历 GridView 控件每个数据行，使得其“选择”列所有复选框状态与“全选”复选框的选中状态(Checked 属性值)一致，即都选中(True)或取消选中(False)。主要代码如下。

```
1   ///<summary>
2   ///"全选"复选框 CheckedChanged 事件
3   ///</summary>
4   protected void chkSelectAll_CheckedChanged(object sender, EventArgs e)
5   {
6       for (int i=0; i<=gvwBookList.Rows.Count-1; i++)
7       {
8               CheckBox chkSel = (CheckBox) gvwBookList. Rows[i]. FindControl ("
                                  chkSelect");
9           chkSel.Checked=chkSelectAll.Checked;
10      }
11  }
```

第 6 行：获取数据行集合属性 Rows 中数据行的数目，使用 for 循环语句遍历该 GridView 控件的每个数据行。

第 8 行：在 GridView 控件的当前数据行中，搜索 Id 为 chkSelect 的控件对象，并强制类型转换为 CheckBox 类型。

第 9 行：将当前数据行中复选框 chkSelect 的状态与“全选”复选框保持一致，即“全选”复选框被选中(Checked 属性为 True)，则该数据行复选框也为选中状态(Checked 属性值为 True)；反之都为取消选中状态(Checked 属性值都为 False)。

管理后台图书列表页“全选”复选框及 GridView 控件“选择”列的主要代码如下。

```
1   <asp:CheckBox ID="chkSelectAll" runat="server" AutoPostBack="True"
2           Text="全选" OnCheckedChanged="chkSelectAll_CheckedChanged" />
3   <asp:GridView ID="gvwBookList" runat="server"
        AutoGenerateColumns="False"
4           AllowPaging="True" AllowSorting="True" PageSize="8">
5       <Columns>
6           <asp:TemplateField HeaderText="选择">
7               <ItemTemplate>
8                   <asp:CheckBox ID="chkSelect" runat="server" />
9               </ItemTemplate>
```

```
10          </asp:TemplateField>
11          ...
12      </Columns>
13          ...
14  </asp:GridView>
```

第 1、2 行：定义“全选”复选框控件 chkSelectAll。

第 6～10 行：GridView 控件的 TemplateField 列“选择”，其 ItemTemplate 模板中有复选框控件 chkSelect。

6-2-5 实现图书列表中多选后“删除所选”功能

1. 数据访问层

(1) 在数据访问层项目中打开类 BookService.cs(图书数据访问处理相关类)。

(2) 在 BookService 类中，新增批量删除图书信息的方法 DeleteBooksByIdlist()，实现在数据表 Books 中批量删除多本图书数据行。主要代码如下。

```
1   namespace BookShop.DAL
2   {
3       public class BookService
4       {
5           public static int DeleteBooksByIdlist (string idList)
6           {
7               string strConn=ConfigurationManager.
8                               ConnectionStrings["BookShop.ConnectionString"].
                                ConnectionString;
9               using(SqlConnection conn=new SqlConnection(strConn))
10              {
11                  conn.Open();
12
13                  string strSQL=@"DELETE FROM books
14                                  WHERE Id IN ("+idList+")";
15                  SqlCommand comdUsers=new SqlCommand(strSQL, conn));
16                  return comdUsers.ExecuteNonQuery();
17              }
18          }
19      }
20  }
```

第 5 行：定义 public 的静态方法 DeleteBooksByIdlist()，实现根据图书 ID 列表(用“,”分割)，批量删除多本图书数据行，形参为 string 类型(图书 ID 列表)，返回值为 int 类型。

第 13、14 行：定义 SQL 语句，在数据表 Books 中批量删除多本图书数据行。

第 16 行：方法返回执行 SQL 语句后受影响的行数(int 类型)。业务逻辑层调用该 DeleteBooksByIdlist()方法后获取返回值，根据批量删除图书信息业务需求判断和处理。

2. 业务逻辑层

(1) 在业务逻辑层项目中打开类 BookManager.cs(图书业务逻辑相关类)。

(2) 实现批量删除多本图书的业务逻辑。在 BookManager 类中，定义删除一本图书的业务逻辑方法 DeleteBooksByIdlist()，调用数据访问层(DAL)方法实现在数据表 Books 中批量删除多本图书数据行，如果删除成功，返回 True，否则返回 False。主要代码如下。

```
1   namespace BookShop.BLL
2   {
3       public class BookManager
4       {
5           public static bool DeleteBooksByIdlist (string idList)
6           {
7               int returnValue=BookService. DeleteBooksByIdlist(idList);
8
9               if(returnValue==0)
10              {
11                  return False;
12              }
13              return True;
14          }
15      }
16  }
```

第5行：定义 public 的静态方法 DeleteBooksByIdlist()，用来批量删除多本图书信息，返回值为 bool 类型。

第7行：调用数据访问层静态类 BookService 的方法 DeleteBooksByIdlist()，在数据表 Books 中批量删除多本图书信息数据行。

第11行：删除失败(数据访问层方法返回0)，返回 False。

第13行：删除成功(数据访问层方法返回非0)，返回 True。

3. 表示层

(1) 打开表示层项目 BookShop.WebUI，打开 AdminPlatform 文件夹中的管理后台图书列表页 BookList.aspx。

(2) 参考页面的 UI 设计，如图 6-2-2 所示，在页面中 GridView 控件的右上方拖放服务器控件 LinkButton，设置其属性 Id 为 lnkbtnDelete，显示文本为“删除所选”。

(3) 将 GridView 控件的属性 DataKeyNames 设置为 Id，即为 GridView 控件指定表示数据源主键的字段 Id。

管理后台图书列表页“删除所选”超链接及 GridView 控件主要代码如下。

```
1   <asp:CheckBox ID="chkSelectAll" runat="server" AutoPostBack="True"
2           Text="全选" OnCheckedChanged="chkSelectAll_CheckedChanged" />
3   <asp:LinkButton ID="lnkbtnDelete" runat="server"
4           OnClick="lnkbtnDelete_Click"
5           OnClientClick="return confirm('确认删除所选图书吗?')"
6           Text="删除所选">
7   </asp:LinkButton>
```

```
8   <asp:GridView ID="gvwBookList" runat="server"
        AutoGenerateColumns="False"
9       AllowPaging="True" AllowSorting="True" PageSize="8"
        DataKeyNames="Id">
10      <Columns>
11          <asp:TemplateField HeaderText="选择">
12              <ItemTemplate>
13                  <asp:CheckBox ID="chkSelect" runat="server" />
14              </ItemTemplate>
15          </asp:TemplateField>
16          ...
17      </Columns>
18      ...
19  </asp:GridView>
```

第3～7行：定义“删除所选”超链接 lnkbtnDelete。

第5行：当浏览器端单击“删除所选”超链接时，响应 OnClientClick 客户端单击事件，用 JavaScript 脚本弹出确认删除对话框。在对话框中，单击“确定”按钮则提交服务器端处理删除所有选中数据行的业务逻辑，单击“取消”按钮则忽略操作。

第9行：将 GridView 控件属性 DataKeyNames 设置为 Id(数据源主键字段)。

(4) 当单击“删除所选”超链接时，实现批量删除选中数据行业务。主要代码如下。

```
1   ///<summary>
2   ///"删除所选"按钮事件
3   ///</summary>
4   protected void lnkbtnDelete_Click(object sender, EventArgs e)
5   {
6       stringidLists="-1";
7       for(int i=0; i<=gvwBookList.Rows.Count-1; i++)
8       {
9           CheckBox chkSel=(CheckBox)gvwBookList.Rows[i].
                            FindControl("chkSelect");
10          if(chkSel.Checked==True)
11          {
12              int selId=(int)gvwBookList.DataKeys[i].Value;
13              idLists=idLists+","+selId.ToString();
14          }
15      }
16      BookManager. DeleteBooksByIdlist(idLists);
17      BindBookListData();
18  }
```

第7行：获取数据行集合属性 Rows 中数据行的数目，使用 for 循环语句遍历该 GridView 控件的每个数据行。

第9行：在 GridView 控件的当前数据行中，搜索 Id 值为 chkSelect 的控件对象，并强制类型转换为 CheckBox 类型。

第 10～14 行：判断当前数据行中复选框 chkSelect 是否为选中状态（Checked 属性为 True），如是，则读取当前数据行的主键值即图书 ID 值，并构成图书 ID 值列表（多个图书 ID 以英文逗号“,”分隔，如“－1,9201,9202,9203”，其中“－1”没有实际意义）。

第 16 行：调用业务逻辑层 BookManager 类的方法 DeleteBooksByIdlist()，在数据表 Books 中批量删除多条图书信息。

第 17 行：刷新图书信息列表，即调用任务 6-1 实现的方法 BindBookListData()重新为 GridView 绑定数据源。

6-2-6 测试删除图书信息业务

（1）在“解决方案资源管理器”窗格中，右击管理后台图书列表页 BookList.aspx，在快捷菜单中选择“在浏览器中查看”命令（或按 Ctrl＋F5 组合键），在浏览器中打开窗体页 BookList.aspx。

（2）根据如表 6-2-4 所示的测试操作，对删除图书信息业务进行功能测试。

6-2-4 测试操作

测试用例	TUC-0602 删除图书信息业务		
编号	测 试 操 作	期 望 结 果	检查结果
1	打开管理后台图书列表页	页面 GridView 中展示图书信息列表	通过
2	在“操作”列中单击“删除”超链接	浏览器弹出“确认删除”对话框	通过
3	在“确认删除”对话框中单击“确定”按钮	该行图书信息被删除，页面中刷新图书信息列表	通过
4	单击选中/取消选中“全选”复选框	图书信息列表中“选择”列所有复选框被选中或被取消选中	通过
5	通过单击选中“全选”复选框，或单击选中数据行“选择”列复选框，全选或者选中部分数据行后，单击“删除所选”超链接	所有被选中的图书信息被删除，页面中刷新图书信息列表	通过

职业能力拓展

6-2-7 实现逻辑删除图书

程可儿理解业务需求时还是有疏漏的地方。程可儿将任务交付给陈靓做评审时，陈靓马上就发现了一个问题：程可儿实现了所有的“删除”“多选删除”功能，但是他是按照常规做的“物理”删除，也就是说，被删除的图书数据行会在数据表 Books 中完全删除。

陈靓向程可儿详细地剖析问题所在：“如果被删除的图书没有产生过任何交易记录等，被物理删除则问题不大；但是，往往很多删除的图书已经被会员选中产生过购买交易记录，也就是说历史订单中往往都有这本图书的关联信息。从技术方案上讲，以数据库设计为例，订单和图书相关数据表之间的关系往往就是一对多关系，技术上主要是依赖于主外键约束实现。那么，一旦物理删除图书数据行，如果没有做关联删除，那么数据库端就会提示主外键约束异常；但是如果做了关联删除，那么订单表中相关交易记录也会被物理删除，历史订单数据是不完整、不准确的。”

对于这个问题，在实际开发中，开发者会根据业务需求决定技术方案，往往这里实现的是“逻辑删除”功能。也就是说，图书数据是“删除”了，在图书列表页面也不会显示已经“删除”的图书，但是在数据库相关的表（如订单表和图书表）中，这些图书的数据行还在，并没有被真正地物理删除。技术上非常简单，就是在图书 Books 表结构上增加一个 bit 类型的“是否删除”字段 IsDeleted，默认为 0（正常未删除），逻辑删除后则为 1（已删除）。原来的“物理删除”功能执行的是 SQL 命令 DELETE，现在实质上执行的 SQL 命令 UPDATE。

实际上，这不是什么技术难题，对于刚入行的程可儿来说，可以在开发过程中更多地积累实践经验。陈靓请程可儿继续完善。

6-2-8 实现图书分类管理

程可儿继续完成管理后台主要业务功能。图书分类管理业务原型如图 6-2-4 所示，其基本功能如下。

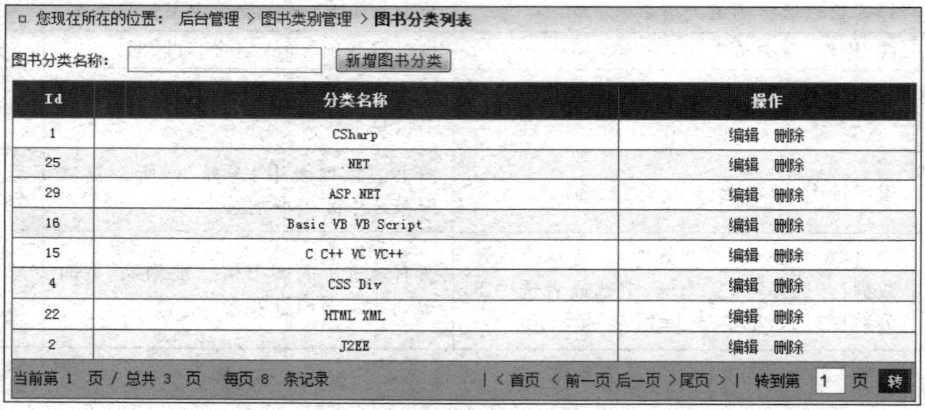

□ 您现在所在的位置： 后台管理 > 图书类别管理 > **图书分类列表**

图书分类名称： [ ] [新增图书分类]

Id	分类名称	操作
1	CSharp	编辑 删除
25	.NET	编辑 删除
29	ASP.NET	编辑 删除
16	Basic VB VB Script	编辑 删除
15	C C++ VC VC++	编辑 删除
4	CSS Div	编辑 删除
22	HTML XML	编辑 删除
2	J2EE	编辑 删除

当前第 1 页 / 总共 3 页 每页 8 条记录 | < 首页 < 前一页 后一页 > 尾页 > | 转到第 1 页 转

图 6-2-4 “图书分类列表”页面设计参考

（1）操作区可以新增图书分类：“图书分类名称”输入项（TextBox 控件），输入项不能为空；单击“新增图书分类”按钮（Button 控件），将数据新增到数据表 Categories（图书分类表）中。

（2）列表区展示图书分类列表：默认按图书分类 ID 降序排序；分页展示数据，每页 8 条记录；利用 GridView 控件的内置编辑功能，实现图书分类的编辑、删除功能；图书分类的删除功能为物理删除，但是如果 Books（图书）表已经有属于该图书分类的图书，则该图书分类不能删除，页面弹出消息对话框提示消息。

6-2-9 实现用户管理业务

程可儿继续完成管理后台主要业务功能。用户管理业务原型如图 6-2-5 所示，其基本功能如下。

□ 您现在所在的位置：后台管理 > 用户管理 > 用户列表

□全选 删除所选

选择	用户名	姓名	电话	EMail	注册日期	级别	状态	浏览	操作
□	jingjing	王晶	86022807	jingjing@sina.com	2009/09/29	普通用户	正常	详细	删除 暂停
□	bobo	张博	010 5555555	bobo3@d.c	2009/09/29	VIP 用户	正常	详细	删除 暂停
□	user	测试		user@sina.com	2009/09/29	普通用户	正常	详细	删除 暂停
□	tutu	涂靖宇	13774210000	qiximao@163.com	2009/09/29	普通用户	正常	详细	删除 暂停
□	wangqiang	王强强	12334567891	wangqiang@163.com	2009/09/29	普通用户	正常	详细	删除 暂停
□	shenbo	沈波	010-64324947	shenbo@263.com	2009/09/29	普通用户	暂停	详细	删除 启用
□	zhangya	张亚		sdfa@neto.cn	2009/09/29	普通用户	暂停	详细	删除 启用
□	david	吴刚		wmg@net.cn	2009/09/29	普通用户	正常	详细	删除 暂停

当前第 1 页 / 总共 2 页 每页 8 条记录 |< 首页 < 前一页 后一页 > 尾页 >| 转到第 1 页 转

图 6-2-5 “用户列表”页面设计参考

(1) 列表区展示用户信息列表：默认按用户注册日期降序排序；分页展示数据，每页 8 条记录。

(2) 用户的状态管理功能：“状态”列显示该会员的当前状态(正常或暂停)；“操作”列的超链接类似于“开关”，用来切换该会员的状态，其显示与该会员当前状态相关，如会员状态为“正常”则显示“暂停”超链接，如会员状态为“暂停”则显示“启用”超链接。

模块小结

Sprint ＃3 集中交付网上商城前台门户和管理后台的所有数据访问处理业务。

这一周，程可儿和团队一起实现了管理后台中图书管理业务相关的分页展示图书信息列表、删除图书等功能，还逐步实现了图书分类管理、会员管理等主要业务功能。该阶段工作完成后，研发团队初步达成以下目标。

(1) 理解 ADO.NET 数据访问模型。

(2) 熟练掌握常用 ADO.NET 数据访问对象的使用。

(3) 熟练掌握数据控件 GridView 的使用。

能力评估

一、实训任务

1. 参考管理后台图书管理页面原型设计，实现分页展示图书信息列表，并实现自定义分页样式。

2. 参考管理后台图书管理页面原型设计,实现删除图书信息业务,要求能够实现逻辑删除图书信息。

二、拓展任务

1. 在图书管理页面,实现根据图书分类、图书名称关键词查询图书信息列表的功能。

2. 创建管理后台修改图书页面,实现修改图书业务功能。

3. 实现后台管理平台图书分类列表页 CategoryList.aspx,具体功能需求如下。

(1) 通过分页列表展示图书分类信息。

(2) 页面上方设计操作区域,可以新增图书分类。

(3) 使用 GridView 内置功能,实现图书分类的编辑、删除等管理业务。

4. 实现后台管理平台用户列表页 UserList.aspx,具体功能需求如下。

(1) 列表展示用户信息(不能显示管理员信息)。

(2) 可以"逻辑删除"用户。

(3) 实现用户状态编辑"正常""暂停"的管理。

三、简答题

1. 简要说明 GridView 常用的事件及其触发条件。

2. 编写典型的数据库服务器端分页查询语句。

四、选择题

1. 在 GridView 控件中展示列表数据,如图书列表,并启用了内置编辑功能,但单击任何一个内置超链接("修改""查看""删除")时,都会触发(　　)事件。

A. SelectCommand　　B. ItemCommand

C. CancelCommand　　D. EditCommand

2. 若要启用列表页 GridView 分页,应将(　　)属性值设置为 True。

A. AllowSorting　　B. Pagesize　　C. AllowPaging　　D. PageIndex

3. 要使 GridView 控件能够排序,要将下面(　　)属性值改为 True。

A. AutoGenerateColumns　　B. AllowPaging

C. AllowSorting　　D. ShowHeader

4. GridView 控件的(　　)属性用来设置获取当前页的索引号。

A. AllowPaging　　B. AutoGenerateColumns

C. CurrentPageIndex　　D. PageIndex

5. 在 GridView 控件中设定显示学生的学号、姓名、出生日期等字段。现要将出生日期设定为短日期格式,则应将数据格式表达式设定为(　　)。

A. {0:d}　　B. {0:c}　　C. {0:yy-mm-dd}　　D. {0:p}

6. GridView 控件启用分页后,默认每页显示记录的条数是(　　)。

A. 5　　B. 10　　C. 15　　D. 20

7. GridView 控件的基类是(　　)。

A. System.Web.UI.WebContrls

B. System.Data.OdbcConnection

C. System.Web.UI

D. System.Web.UI.WebControls.DataGrid

学习情境4 实现“可可网上商城”购物车

模块7 “可可网上商城”购物车管理与结算

Sprint ＃4 计划为期2周(10个工作日),实现“可可网上商城”购物车,能够满足完整的购买图书业务流。购物车是会员用户在网上商城购买图书的核心工具。Sprint ＃4 的主要需求点都围绕购物车开展,比如购物车管理、购物车结算、订单管理等。

对于购物车,程可儿已经有点无从入手的感觉,他只能向陈靓请教。

陈靓还是从用户需求分析入手展开讨论。关于购物车,陈靓提醒程可儿可以从生活中提取经验。

当然,程可儿对于购物车的第一印象就是他在超市中购物的场景:程可儿进入超市,首先就是去推一辆购物车;当他挑选到中意的商品后,把商品放到购物车中;选购结束后,他把购物车推到收银台结算;收银台打印的结算小票上,清晰地列出了程可儿购买的所有商品清单、商品总数、总金额等信息。

程可儿在“网上商城”购物,其实和在超市推着购物车购物非常相似:首先进入“网上商城”,选中合适的图书以后,单击“购买”按钮,这本图书就出现在购物车中;重复购买一本书,购物车中这本图书的数量会变成2本。

从陈靓讲的生活案例中,程可儿一下子就明白了:程可儿在超市里推着的购物车是真实的,而网上商城的购物车是虚拟的,表现出来的就是“我的购物车”页面,两者所呈现的特征非常相似。

程可儿从分析和设计购物车结构入手,开始 Sprint ＃4 的各个任务。

工作任务

任务7-1　实现购物车管理业务
任务7-2　实现购物车结算业务

学习目标

(1) 理解ADO.NET数据访问模型。
(2) 熟练掌握数据控件GridView的使用。
(3) 进一步掌握Web应用系统业务流程分析的方法。

任务7-1　实现购物车管理业务

任务描述与分析

程可儿首先从购物车结构的分析设计入手开始今天的任务。程可儿打开原型中的“我的购物车”页面,用面向对象的分析设计方法,观察这个虚拟的购物车实例。陈靓请程可儿尝试一下,能“看”到有哪些具体的实体“对象”?

程可儿尝试回忆超市中的购物车,真实的购物车中放着一件件商品。对比“我的购物车”页面,就像超市中购物的结算小票,要把购物车划分成3个部分。

(1) 首先是整体的购物车,是由购买的“购物项”清单、购买合计数量和合计金额组成的。

(2) 购物车中的每一行都可以看作为一个“购物项”。

(3) 每一个“购物项”表示买了一种图书,以及这种图书的购买数量和小计金额。

因此,采用面向对象的分析设计方法,程可儿可以“看”到3类对象,分别是购物车、购物项、图书。程可儿总结了一下这些对象的关系。

(1) 购物车是由1个或多个购物项组成的,是1对多关系。

(2) 每个“购物项”只能是一种图书,是1对1关系。

陈靓指导程可儿进一步分析和整理3类对象的属性特征。

(1) “图书”类,程可儿已经在前面的开发任务中实现了,这里要用到“图书”类的编号、名称和单价3个属性。

(2) “购物项”类,包含“图书”、购买数量和小计金额3个属性。陈靓提醒程可儿要注意这里的“图书”属性,是对“图书”类的引用。

(3) “购物车”类,包含“购物项”集合、购买合计数量和合计金额3个属性。同样,程可儿需要重点考虑如何实现“购物项”集合这个属性。

还有一个关键的问题,陈靓拿来考验程可儿:购物车是会员共享的还是私有的?程可儿没有任何迟疑,肯定地回答是会员私有的。那么,陈靓提醒程可儿,在分析设计购物车时，是不是应该考虑如何保存会员私有的购物车呢？

程可儿在陈靓的引导下“脑洞大开”，综合以往的知识和实践经验，提出了很多可行的方案，比如，将购物车保存到数据库，或者保存在 Session 中……陈靓建议程可儿结合可可连锁书店的业务需求，采用比较简单的方案，就是将购物车保存到会员的 Session 中。开发任务单如表 7-1-1 所示。

表 7-1-1　开发任务单

<table>
<tr><td>任务名称</td><td colspan="3">#701　实现购物车管理业务</td></tr>
<tr><td>相关需求</td><td colspan="3">作为一名会员用户，我希望使用和维护购物车，这样可以让我在网上书店中购买图书</td></tr>
<tr><td>任务描述</td><td colspan="3">(1) 分析和设计购物车结构
(2) 创建我的购物车页面，完善 UI 设计
(3) 实现购物车维护的核心业务逻辑
(4) 测试购物车管理业务</td></tr>
<tr><td>任务名称</td><td colspan="3">#701　实现购物车管理业务</td></tr>
<tr><td>所属迭代</td><td colspan="3">Sprint #4　实现“可可网上商城”购物车</td></tr>
<tr><td>指派给</td><td>程可儿</td><td>优先级</td><td>4</td></tr>
<tr><td>任务状态</td><td>□已计划　☑进行中　□已完成</td><td>估算工时</td><td>16</td></tr>
</table>

任务设计与实现

7-1-1　详细设计

(1) 用例名称：管理购物车(UC-0701)，如图 7-1-1 所示。

(2) 用例说明：此用例帮助会员管理维护自己的购物车。

(3) 页面导航：前台门户首页→我的购物车 ShoppingCart.aspx。

(4) 页面 UI 设计：参考图 7-1-2。

图 7-1-1　“管理购物车”用例

(5) 功能操作：

① 会员在前台门户登录成功，检索并打开图书详细信息页面浏览图书。

② 在图书详细信息页面单击“购买”按钮，将该图书信息添加到购物车，并跳转到“我的购物车”页面。

③ 会员在前台门户，单击导航条“购物车”超链接直接进入“我的购物车”页面。

④ 在“我的购物车”页面单击图书名称超链接，打开相应图书详细信息页面浏览图书。

⑤ 在“我的购物车”页面单击“编辑”超链接，购物车相应购物项的“数量”列为编辑状态，会员可以修改购买的图书数量，单击“更新”按钮或“取消”按钮以确认修改。

⑥ 在“我的购物车”页面单击“删除”超链接，可删除相应购物项。

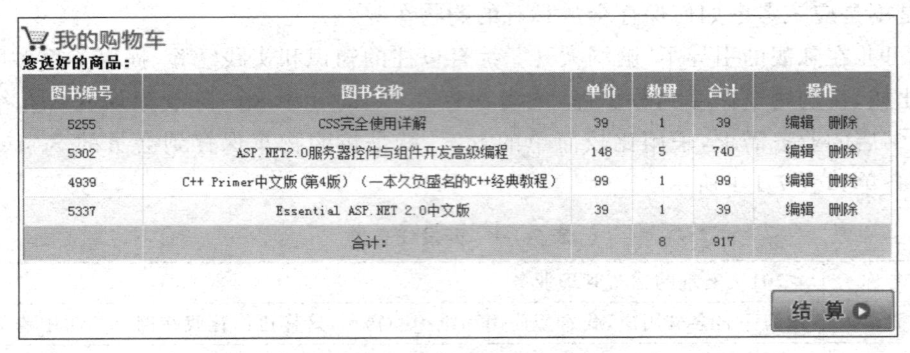
我的购物车

您选好的商品：

图书编号	图书名称	单价	数量	合计	操作
5255	CSS完全使用详解	39	1	39	编辑 删除
5302	ASP.NET2.0服务器控件与组件开发高级编程	148	5	740	编辑 删除
4939	C++ Primer中文版(第4版)(一本久负盛名的C++经典教程)	99	1	99	编辑 删除
5337	Essential ASP.NET 2.0中文版	39	1	39	编辑 删除
	合计：		8	917	

结 算

图 7-1-2 “我的购物车”页面设计参考

⑦ 在“我的购物车”页面单击“结算”按钮，生成购物结算订单，将购物车清空。

(6) 异常处理：

① 会员没有登录，浏览器重定向到会员登录页面。

② 购物车内没有购物项，单击“结算”按钮，则提示“购物车为空”。

(7) 控件：

① “图书名称”超链接——打开图书详情页面。

② “编辑”超链接——修改购物项中图书数量。

③ “删除”超链接——删除购物项。

④ “结算”按钮——生成购物结算订单，清空购物车。

(8) 业务逻辑：“购买图书”业务流程如图 7-1-3 所示。

① 会员登录到前台门户，检索并浏览图书详细信息，在图书详情信息页单击“购买”按钮，开始购买该本图书，如图 7-1-4 所示。

② 将图书添加到购物车时，首先判断购物车是否存在，如果不存在则创建购物车；如果购物车已存在，则再检查购物车中是否已经存在相同的图书(图书 ID 重复)，如果不存在相同 ID 图书则将该本图书追加到购物车中(新的购物项)，如果已存在相同 ID 图书则默认将该本图书的购买数量增加 1 本。

③ 会员继续选购并将意向购买的图书陆续追加到购物车中。选购结束后，会员单击“结算”按钮，生成购物结算订单，清空购物车。

7-1-2 实现购物车业务实体类

(1) 在业务实体层项目中添加购物车业务实体相关类。在“解决方案资源管理器”窗格中，打开项目 BookShop.Model(购物车业务实体相关类)。

(2) 定义“购物项”业务实体类。在业务实体层项目中添加业务实体类 CartItemInfo.cs (购物项业务实体类)。购物项是由 1 本或多本“图书”构成的，因此主要定义有图书、购买数量、小计金额共 3 个属性。主要代码如下。

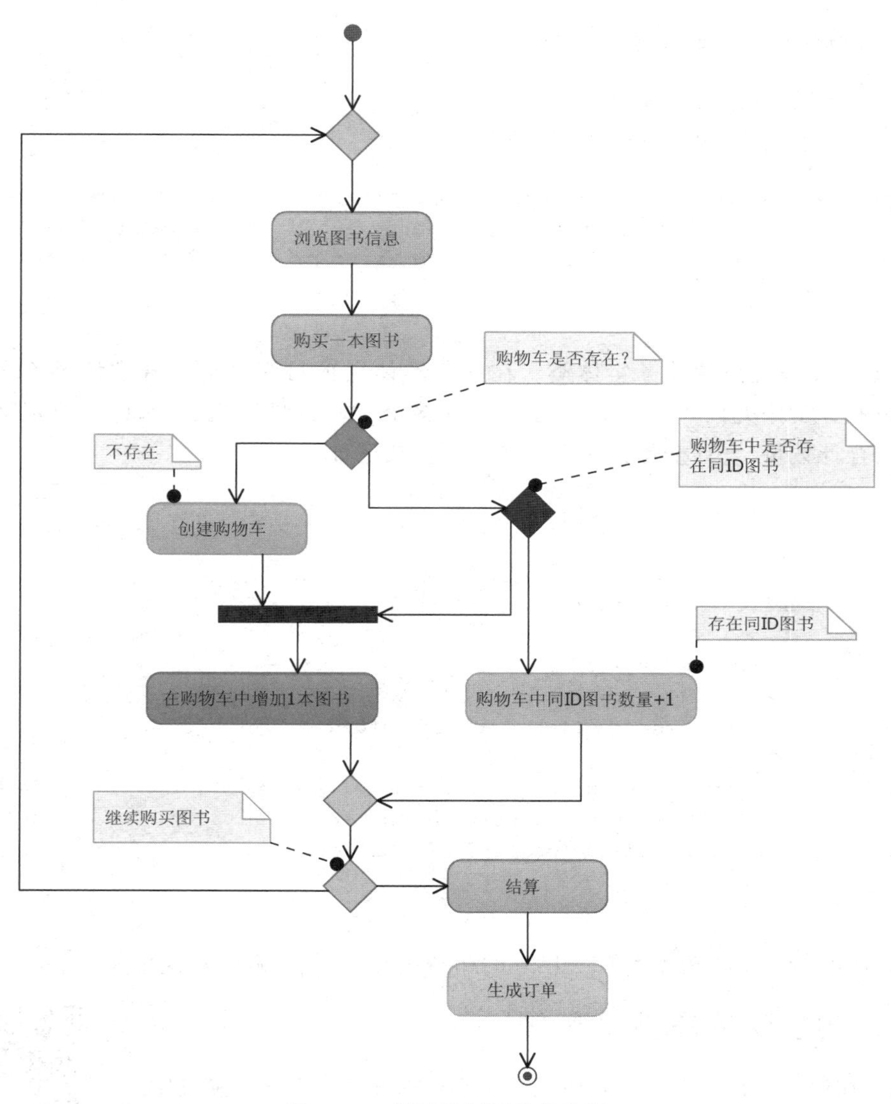

图 7-1-3 “购买图书”业务流程

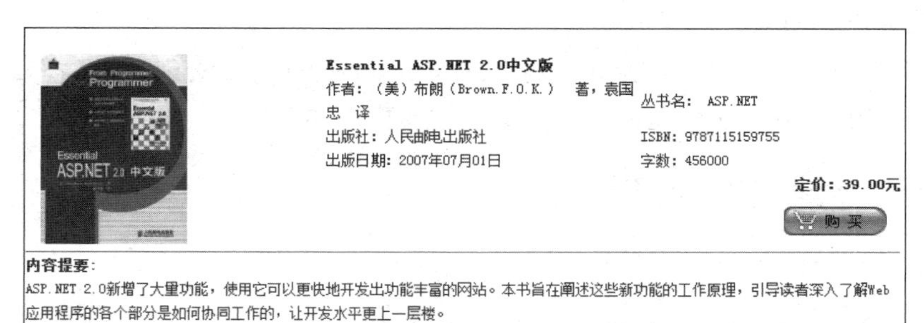

图 7-1-4 在图书详情页购买图书

```
1   namespace BookShop.Model
2   {
3       [Serializable]
4       Public class CartItemInfo
5       {
6           public BookInfo Book{ get; set; }           //所购买图书
7           public int Quantity{ get; set; }            //购买数量
8           public decimal SubTotal{ get; set; }        //小计金额
9       }
10  }
```

(3) 定义“购物车”业务实体类。在业务实体层项目中添加业务实体类 CartInfo.cs(购物车业务实体类)。“购物车”是由 1 个或多个“购物项”组成的,因此主要定义有购物项集合、合计数量、合计金额共 3 个属性。主要代码如下。

```
1   namespace BookShop.Model
2   {
3       [Serializable]
4       public class CartInfo
5       {
6           public CartInfo()
7           {
8               Items=new List<CartItemInfo>();
9           }
10          public List<CartItemInfo>Items { get; set; }          //购物项集合
11          public int TotalQuantity{ get; set; }                 //合计数量
12          public decimal TotalPrice{ get; set; }                //合计金额
13      }
14  }
```

第 6～9 行:业务实体类 CartInfo 的构造函数,实例化购物项泛型集合。

7-1-3 实现购物车业务逻辑

(1) 在业务逻辑层项目中添加“购物车”业务逻辑相关类。在“解决方案资源管理器”窗格中,打开项目 BookShop.BLL,添加类 CartManager.cs(购物车业务逻辑相关类)。

(2) 实现创建购物车业务逻辑。在 CartManager 类中,定义创建购物车结构的业务逻辑方法 BuildCart(),实例化购物车对象。主要代码如下。

```
1   namespace BookShop.BLL
2   {
3       public class CartManager
4       {
5           public static CartInfo BuildCart()
6           {
7               CartInfo cart=new CartInfo();
8               return cart;
```

```
9            }
10       }
11   }
```

第 5 行：定义 public 的静态方法 BuildCart()，用来创建购物车结构并初始化，返回值为购物车业务实体类型(CartInfo)。

(3) 实现追加图书到购物车的业务逻辑。在 CartManager 类中，定义业务逻辑方法 AppendBook()，将图书封装为购物项并追加到购物车中。主要代码如下。

```
1    namespace BookShop.BLL
2    {
3        public class CartManager
4        {
5            public static CartInfo AppendBook(CartInfo cart, BookInfo book,
             int number)
6            {
7                CartItemInfo item=new CartItemInfo();
8                item.Book=book;
9                item.Quantity=number;
10               item.SubTotal=item.Book.UnitPrice * item.Quantity;
11
12               cart.Items.Add(item);
13               cart.TotalQuantity+=item.Quantity;
14               cart.TotalPrice+=item.SubTotal;
15
16               return cart;
17           }
18       }
19   }
```

第 5 行：定义 public 的静态方法 AppendBook()，用来将图书封装为购物项并追加到购物车，形参为购物车对象实例、图书对象实例、追加数量，返回值为购物车业务实体类型(CartInfo)。

第 7～10 行：实例化购物项并给 3 个属性(图书、数量、小计金额)赋值。

第 12 行：将购物项添加到购物车的购物项集合属性中。

第 13 行：累加计算购物车合计数量。

第 14 行：累加计算购物车合计金额。

第 16 行：返回值为追加图书后的购物车对象实例。

(4) 实现在购物车中检查是否存在相同 ID 图书的业务逻辑。在 CartManager 类中，定义业务逻辑方法 ExistBook()，在购物车的购物项集合中检查是否有相同 ID 的图书，如果有相同 ID 图书则返回 True，否则返回 False。主要代码如下。

```
1    namespace BookShop.BLL
2    {
3        public class CartManager
4        {
```

```
5          public static bool ExistBook(CartInfo cart, BookInfo book)
6          {
7              foreach(CartItemInfo item in cart.Items)
8              {
9                  if(item.Book.Id==book.Id)
10                 {
11                     return True;
12                 }
13             }
14             return False;
15         }
16     }
17 }
```

第5行：定义public的静态方法ExistBook()，用来在购物车的购物项集合中检查是否有相同ID的图书，形参为购物车对象实例、图书对象实例，返回值为bool类型。

第7～13行：遍历访问购物车中购物项集合的每个购物项；如果购物项中有相同ID的图书，则方法返回True。

第14行：在购物车中没有找到相同ID的图书，方法返回False。

(5) 实现在购物车中增加某本图书购买数量的业务逻辑。在CartManager类中，定义业务逻辑方法IncreaseBook()，在购物车的购物项集合中检查是否有相同ID的图书，如果找到相同ID图书，则增加该本图书的购买数量。主要代码如下。

```
1  namespace BookShop.BLL
2  {
3      public class CartManager
4      {
5          public static CartInfo IncreaseBook(CartInfo cart, BookInfo book,
           int number)
6          {
7              foreach(CartItemInfo item in cart.Items)
8              {
9                  if(item.Book.Id==book.Id)
10                 {
11                     item.Quantity+=number;
12                     item.SubTotal=item.Book.UnitPrice * item.Quantity;
13
14                     cart.TotalQuantity+=number;
15                     cart.TotalPrice  +=item.Book.UnitPrice * number;
16                 }
17             }
18             return cart;
19         }
20     }
21 }
```

第5行：定义public的静态方法IncreaseBook()，用来在购物车中增加某本图书购买数量，形参为购物车对象实例、图书对象实例、增加数量，返回值为购物车业务实体类型

(CartInfo)。

第 7 行：遍历访问购物车中购物项集合的每个购物项。

第 9～17 行：检查购物项中是否有相同 ID 的图书，如果有，则累计更新购物项中图书购买数量，计算该购物项小计金额，并累加更新购物车合计数量、合计金额。

第 18 行：返回值为更新图书数量后的购物车对象实例。

7-1-4 实现购买图书业务

(1) 打开表示层项目 BookShop.WebUI，在 MemberPortal 文件夹中添加 Web 窗体 ShoppingCart.aspx。

(2) 参照“我的购物车”页 UI 设计，如图 7-1-2 所示，设计页面布局。将服务器控件 GridView 拖放到 Web 窗体 ShoppingCart.aspx 相应位置，自定义 GridView 控件数据绑定列，并为各列绑定数据项。

GridView 控件的主要属性如表 7-1-2 所示。

表 7-1-2 购物车页中 GridView 控件的主要属性

属　性	属性值	说　明
Id	GvwCart	
AutoGenerateColumns	False	取消自动生成字段列(重要)

GridView 控件主要绑定列及属性、数据项绑定如表 7-1-3 所示。

表 7-1-3 购物车页中 GridView 控件主要绑定列及属性、数据项绑定

绑定列	绑定列类型	主要属性、数据项绑定及说明
图书编号	BoundField	绑定到数据项 Book.Id
图书名称	HyperLinkField	绑定到数据项 Book.Title DataNavigateUrlFields="BookId" DataNavigateUrlFormatString：～/MemberPortal/BookDetails.aspx?BookId={0}
单价	BoundField	绑定到数据项 Book.UnitPrice ;DataFormatString：{0:f}
数量	TemplateField	自定义列模板，用 Label 控件绑定数据项 Text：Eval("Quantity")
小计	BoundField	绑定到数据项 SubTotal;DataFormatString：{0:f}

(3) “我的购物车”页加载事件。参考任务 5-2，如图 7-1-4 所示，当会员在图书详情页面单击“购买”按钮时，生成“我的购物车”页 URL(如“http://.../MemberPortal/ShoppingCart.aspx? BookId=493”，通过查询字符串传递图书 ID)，浏览器重定向到“我的购物车”页。

在“我的购物车”页(ShoppingCart.aspx)，需要首次加载时，根据图书详情页生成的 URL 以及图书 ID，实现购买图书业务流，将图书添加到购物车，并从 Session 中读取购物车，作为数据源绑定到 GridView 控件，以显示“我的购物车”，如图 7-1-2 所示。主要代码如下。

```
1   protected void Page_Load(object sender, EventArgs e)
2   {
3       HttpCookie cookieLogin=Request.Cookies["loginUserInfo"];
4       if(cookieLogin==Null)
5       {
6           Response.Redirect("~/MemberPortal/UserLogin.aspx");
7       }
8
9       if(!IsPostBack)
10      {
11          if(Request.QueryString["BookId"]!=Null)
12          {
13              int bookId=Convert.ToInt32(Request.QueryString["BookId"]);
14              BuyBook(bookId);
15          }
16
17          if(Session["Cart"]!=Null)
18          {
19              BindCart();
20          }
21          else
22          {
23              lblShowNon.Visible=True;
24              lblShowNon.Text="目前您还没有购买任何图书!";
25          }
26      }
27  }
28
29  private void BindCart()
30  {
31      CartInfo cart=Session["Cart"] as CartInfo;
32      gvwCart.DataSource=cart.Items;
33      gvwCart.DataBind();
34  }
```

第3～7行：从Cookie读取会员登录状态，如会员未登录，则浏览器重定向到会员登录页UserLogin.aspx。

第11～15行：URL中查询字符串键值中图书ID(BookId)有效，则调用BuyBook()方法实现购买图书业务流，将图书添加到购物车。

第17～25行：如果从Session中读取购物车有效，则调用BindCart()方法将购物车作为数据源绑定到GridView控件，以显示“我的购物车”页；否则购物车不存在，提示购物车为空。

第29～34行：定义BindCart()方法，实现从Session中读取购物车，将购物车对象实例的购物项集合(Items属性)作为数据源绑定到GridView控件。

(4) 实现购买图书方法BuyBook()。在“我的购物车”页(ShoppingCart.aspx)定义方法BuyBook()，调用购物车业务逻辑相关类CartManager.cs中的业务逻辑方法，实现购买图书业务流，将图书添加到购物车。主要代码如下。

```
1   private void BuyBook(int bookId)
2   {
3       if(Session["Cart"] !=Null)
4       {
5           CartInfo cart=Session["Cart"] as CartInfo;
6       }
7       else
8       {
9           CartInfo cart=CartManager.BuildCart();
10      }
11
12      BookInfobook=BookManager.GetBookById(bookId) ;
13      if(CartManager.ExistBook(cart, book))
14      {
15          cart=CartManager.IncreaseBook(cart, book, 1) ;
16      }
17      else
18      {
19          cart=CartManager.AppendBook(cart, book, 1);
20      }
21
22      Session["Cart"]=cart;
23  }
```

第3～11行：从Session读取购物车，如购物车存在(非Null)则赋值给购物车对象实例cart；如购物车不存在，则调用购物车业务逻辑相关类CartManager的BuildCart()方法创建购物车。

第12行：调用图书业务逻辑相关类BookManager的GetBookById()方法，根据实参Id查询并获取图书对象实例。

第13行：调用购物车业务逻辑相关类CartManager的ExistBook()方法，判断该图书是否在购物车中已经存在(相同图书ID)。

第13～16行：如果购物车中已经存在相同ID的图书，则调用购物车业务逻辑相关类CartManager的IncreaseBook()方法，将该图书ID对应的购物项购买数量累加1本。

第17～20行：购物车中没有同ID的图书，则调用购物车业务逻辑相关类CartManager的AppendBook()方法，将该本图书封装为购物项并追加到购物车。

第22行：将购物车保存回Session中。

(5) 在购物车页显示“合计”项(合计数量、合计金额)。为GridView控件gvwCart添加RowDataBound事件处理程序。当GridView控件行数据绑定时，将购物车合计数量、合计金额显示在GridView控件的Footer行指定的单元格中。主要代码如下。

```
1   protected void gvwCart_RowDataBound(object sender, GridViewRowEventArgs e)
2   {
3       if(e.Row.RowType==DataControlRowType.Footer)
4       {
5           CartInfo cart=Session["Cart"] as CartInfo;
```

```
6           if(cart !=Null)
7           {
8               e.Row.Cells[1].Text="合计: ";
9               e.Row.Cells[3].Text=cart.TotalQuantity ;
10              e.Row.Cells[4].Text=cart.TotalPrice ;
11          }
12      }
13  }
```

第 3 行：判断当前行类型(RowType)是否为 Footer 行。

第 5～11 行：从 Session 读取购物车，在 Footer 行第 3 个单元格显示购物车“合计数量”文本值，在第 4 个单元格显示购物车“合计金额”文本值。

ShoppingCart.aspx 的主要代码如下。

```
1   <asp:GridView ID="gvwCart" runat="server"
2       ShowFooter="True" AutoGenerateColumns="False"
3       OnRowDataBound="gvwCart_RowDataBound">
4       <Columns>
5           <asp:BoundField DataField="Book.Id" HeaderText="图书编号"
                ReadOnly="True" />
6           <asp:HyperLinkField DataTextField="Book.Title" HeaderText="图书名称"
7               DataNavigateUrlFields="Book.Id"
8               DataNavigateUrlFormatString=
9                             "~/MemberPortal/BookDetails.aspx?BookId={0}"
10              Target="_blank" />
11          <asp:BoundField DataField="Book.UnitPrice" DataFormatString="{0:f}"
12              HeaderText="单价" ReadOnly="True" />
13          <asp:TemplateField HeaderText="数量">
14              <ItemTemplate>
15                  <asp:Label ID="lblNumber" runat="server"
16                      Text='<%#Bind("Quantity") %>'></asp:Label>
17              </ItemTemplate>
18          </asp:TemplateField>
19          <asp:BoundField DataField="SubTotal " DataFormatString="{0:f}"
20              HeaderText="小计" ReadOnly="True" />
21          <asp:CommandField HeaderText="编辑" ShowEditButton="True" />
22          <asp:CommandField HeaderText="删除" ShowDeleteButton="True" />
23      </Columns>
24  </asp:GridView>
```

第 21、22 行：为 GridView 控件添加 CommandFiled 列，为购物车启用内置编辑功能，用于编辑、删除购物项。具体功能请读者参考 GridView 控件说明自行设计实现。

7-1-5 测试购物车管理业务

(1) 在“解决方案资源管理器”窗格中，右击前台门户首页 Index.aspx，在快捷菜单中选择“在浏览器中查看”命令(或按 Ctrl+F5 组合键)，在浏览器中打开窗体页 Index.aspx。

(2) 在首页导航条单击“购物车”超链接，打开购物车页 ShoppingCart.aspx。

(3) 根据如表 7-1-4 所示的测试操作，对购物车管理业务进行功能测试。

表 7-1-4 测试操作

测试用例	TUC-0701 购物车管理业务		
编号	测试操作	期望结果	检查结果
1	打开前台门户首页,单击导航条“购物车”超链接	会员未登录,页面重定向到会员登录页 UserLogin.aspx	通过
2	会员登录到前台门户,打开前台门户首页,单击导航条“购物车”超链接	浏览器打开“我的购物车”页,页面显示“目前您还没有购买任何图书!”	通过
3	在首页单击图书展示区域的图书封面或名称超链接,打开图书详情页,单击“购买”按钮	浏览器打开“我的购物车”页,地址栏 URL 中包含图书 Id 值,一本图书被添加到购物车中	通过
4	重复 3,选择同一本书,打开图书详情页,单击“购买”按钮	浏览器打开“我的购物车”页,地址栏 URL 中包含图书 Id 值,购物车中同一本图书的购买数量默认增加 1 本	通过
5	打开“我的购物车”页	购物车中每行购物项小计数量、小计金额正确,购物车合计数量、合计金额正确	通过

职业能力拓展

7-1-6 实现购物车的内置编辑功能

程可儿已经实现了购物车管理业务的核心部分,包括“购物车”结构的分析,购物车相关业务实体类的设计,购买图书业务流分析以及主要的业务逻辑。现在,程可儿需要完成购物车的基本管理行为,如删除一个购物项、更改某个购物项的数量等,如图 7-1-5 所示。

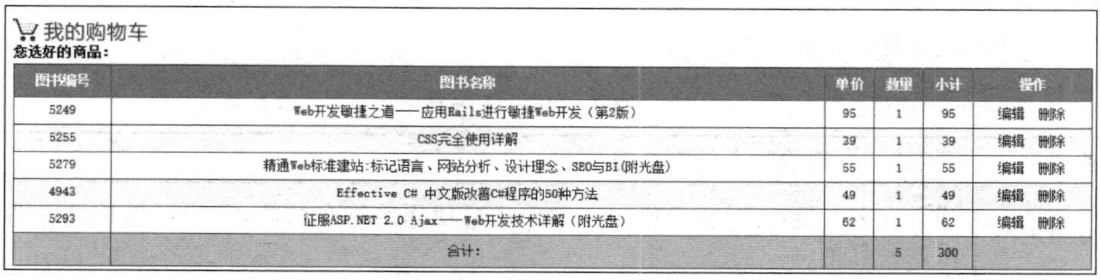

我的购物车
您选好的商品:

图书编号	图书名称	单价	数量	小计	操作
5249	Web开发敏捷之道——应用Rails进行敏捷Web开发(第2版)	95	1	95	编辑 删除
5255	CSS完全使用详解	39	1	39	编辑 删除
5279	精通Web标准建站:标记语言、网站分析、设计理念、SEO与BI(附光盘)	55	1	55	编辑 删除
4943	Effective C# 中文版改善C#程序的50种方法	49	1	49	编辑 删除
5293	征服ASP.NET 2.0 Ajax——Web开发技术详解(附光盘)	62	1	62	编辑 删除
	合计:		5	300	

(a) 正常浏览状态

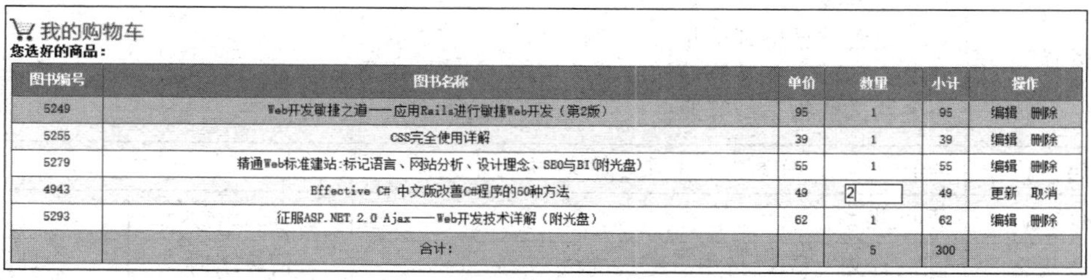

我的购物车
您选好的商品:

图书编号	图书名称	单价	数量	小计	操作
5249	Web开发敏捷之道——应用Rails进行敏捷Web开发(第2版)	95	1	95	编辑 删除
5255	CSS完全使用详解	39	1	39	编辑 删除
5279	精通Web标准建站:标记语言、网站分析、设计理念、SEO与BI(附光盘)	55	1	55	编辑 删除
4943	Effective C# 中文版改善C#程序的50种方法	49	2	49	更新 取消
5293	征服ASP.NET 2.0 Ajax——Web开发技术详解(附光盘)	62	1	62	编辑 删除
	合计:		5	300	

(b) 编辑状态

图 7-1-5 “购物车”编辑视图

（1）单击购物项“删除”超链接，则该购物项从购物车中删除。

（2）单击购物项“编辑”超链接，则该行购物项进入编辑状态。其中，“数量”列变更为可编辑文本框，“操作”列变更为“更新”“取消”超链接；如单击“更新”超链接则修改该购物项数量，单击“取消”超链接则撤销编辑操作。

任务 7-2　实现购物车结算业务

任务描述与分析

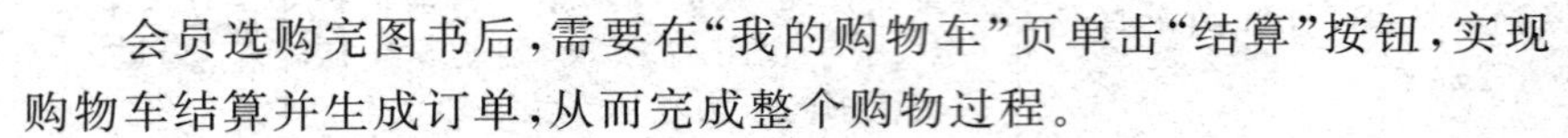

会员选购完图书后，需要在“我的购物车”页单击“结算”按钮，实现购物车结算并生成订单，从而完成整个购物过程。

程可儿在这里遇到的主要问题就是，如何根据会员的“购物车”生成订单？

陈靓把数据库设计文档拿过来，和程可儿一起结合业务需求进行分析设计。

（1）购物车结算业务，需要用到数据库的 Orders 表和 OrderBooks 表，用来保存生成的结算订单。其中，Orders 表存储订单的概要信息，OrderBooks 表存储订单的明细信息，两个数据表是一对多的关系（订单 ID 为外键）。

（2）订单是会员私有的，因此 Users 表与 Orders 表是一对多关系（用户 ID 为外键）。

（3）“我的购物车”页面已经完整包含了订单概要及订单明细的信息。这些信息中，部分是显性的，比如购物车与订单相对应的“总数量”“总金额”以及“购物项”（订单明细项）。有些信息是隐性的，比如购物车结算后该订单的拥有者就是当前已经登录的会员，可以从 Cookie 中读取该会员的信息；订单的订购日期就是单击“结算”按钮提交并生成订单时的系统日期。

开发任务单如表 7-2-1 所示。

表 7-2-1　开发任务单

<table>
<tr><td>任务名称</td><td colspan="3">＃702　实现购物车结算业务</td></tr>
<tr><td>相关需求</td><td colspan="3">作为一名会员用户，我希望在选购完成后使用购物车结算，这样可以让我确认并生成购买订单</td></tr>
<tr><td>任务描述</td><td colspan="3">（1）完善我的购物车页 UI 设计
（2）完善数据库订单相关表结构设计
（3）实现购物车结算的核心业务逻辑
（4）测试购物车结算业务</td></tr>
<tr><td>所属迭代</td><td colspan="3">Sprint ＃4　实现“可可网上商城”购物车</td></tr>
<tr><td>指派给</td><td>程可儿</td><td>优先级</td><td>4</td></tr>
<tr><td>任务状态</td><td>□已计划　☑进行中　□已完成</td><td>估算工时</td><td>16</td></tr>
</table>

任务设计与实现

7-2-1 详细设计

（1）用例名称：购物车结算（UC-0702），如图 7-2-1 所示。

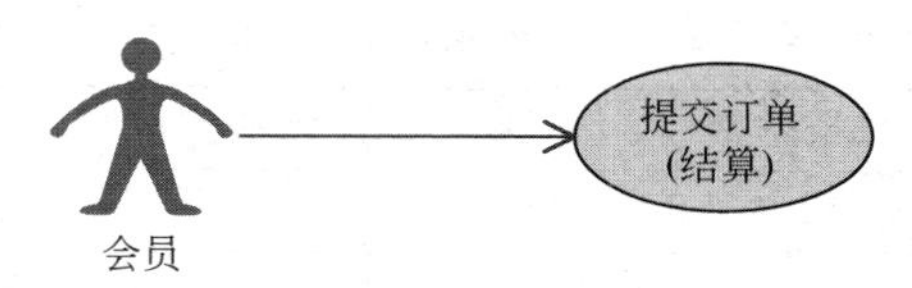

图 7-2-1 “提交订单（结算）”用例

（2）用例说明：此用例帮助会员在购物车提交订单并结算。

（3）页面导航：前台门户首页→我的购物车 ShoppingCart.aspx。

（4）页面 UI 设计：参考图 7-2-2。

我的购物车

您选好的商品：

图书编号	图书名称	单价	数量	合计	操作
5255	CSS完全使用详解	39	1	39	编辑 删除
5302	ASP.NET2.0服务器控件与组件开发高级编程	148	5	740	编辑 删除
4939	C++ Primer中文版（第4版）（一本久负盛名的C++经典教程）	99	1	99	编辑 删除
5337	Essential ASP.NET 2.0中文版	39	1	39	编辑 删除
	合计：		8	917	

结 算

图 7-2-2 “我的购物车”页面设计参考

（5）功能操作：

① 会员登录到前台门户，选购图书并添加到购物车。

② 会员选购完毕，在“我的购物车”页面单击“结算”按钮。

③ 根据该会员及购物车中“购物项”信息生成结算订单，清空购物车。

（6）异常处理。购物车内没有购物项，单击“结算”按钮，则提示“购物车为空”。

（7）控件：

“结算”按钮——生成购物结算订单，清空购物车。

（8）数据库操作：

① 数据库——MyBookShop。

② 源数据表——Orders、OrderBooks 表，表结构定义如表 7-2-2 和表 7-2-3 所示。

③ 目标字段——Id、OrderDate、UserId 等所有字段。

表 7-2-2 Orders 表结构定义

Key	字段名	数据类型	Null	默认值	说 明
🔑	Id	int			订单编号，IDENTITY (1, 1)
	OrderDate	datetime			订购日期

续表

Key	字段名	数据类型	Null	默认值	说　明
	UserId	int			订单用户编号,外键
	TotalPrice	decimal(10,2)			总金额
	OrderState	int			订单状态

表 7-2-3　OrderBooks 表结构定义

Key	字段名	数据类型	Null	默认值	说　明
🔑	Id	int			明细编号,IDENTITY (1, 1)
	OrderId	int			订单编号,外键
	BookId	int			图书编号,外键
	Quantity	int			购买数量
	UnitPrice	decimal(10,2)			单价

7-2-2　实现购物车结算业务逻辑

1. 数据访问层

(1) 在数据访问层项目中添加订单数据访问处理相关类。在"解决方案资源管理器"窗格中,打开项目 BookShop.DAL,添加类 OrderServicee.cs(订单数据访问处理相关类)。

(2) 实现新增订单方法。在 OrderService 类中,定义数据访问方法 AddOrder(),实现在数据表 Orders 中新增订单概要信息,并返回订单编号。主要代码如下。

```
1   namespace BookShop.DAL
2   {
3       public class OrderService
4       {
5           public static int AddOrder(int userId, DateTime orderDate, decimal
            totalPrice)
6           {
7               string strConn=ConfigurationManager.
8                   ConnectionStrings["BookShop.ConnectionString"].ConnectionString;
9               using(SqlConnection conn=new SqlConnection(strConn))
10              {
11                  conn.Open();
12
13                  string strSQL=@" INSERT Orders (OrderDate, UserId, TotalPrice)
14                          VALUES (@OrderDate, @UserId, @TotalPrice) ;
15                          SELECT  @@IDENTITY";
16                  SqlCommand commOrder=new SqlCommand(strSQL, conn);
17                  SqlParameter[] paras=new SqlParameter[]
18                  {
```

```
19                        new SqlParameter("@UserId", userId),
20                        new SqlParameter("@OrderDate", orderDate),
21                        new SqlParameter("@TotalPrice", totalPrice)
22                    };
23                    commOrder.Parameters.AddRange(paras);
24
25                    return Convert.ToInt32(commOrder.ExecuteScalar());
26                }
27            }
28        }
29    }
```

第 5 行：定义 public 的静态方法 AddOrder()，用来新增订单概要信息，形参为会员账号、订单日期、订单总金额，返回值为订单编号(int 类型)。

第 13～15 行：定义 SQL 语句，在数据表 Orders 中插入订单概要信息，并通过系统变量获取自增类型的订单编号值。

第 25 行：调用 Command 对象的 ExecuteScalar()方法执行 SQL 语句，获取并返回新生成的订单编号。

(3) 实现插入订单明细方法。在 OrderServicee 类中，定义数据访问方法 AddOrderBook()，实现在数据表 OrderBooks 中新增订单明细信息(购物项)。主要代码如下。

```
1     public class OrderService
2     {
3         public static int AddOrderBook(int orderId,CartItemInfo cartItem)
4         {
5             string strConn=ConfigurationManager.
6                    ConnectionStrings["BookShop.ConnectionString"].ConnectionString;
7             using(SqlConnection conn=new SqlConnection(strConn))
8             {
9                 conn.Open();
10
11                 string strSQL=@"INSERT OrderBooks(OrderID, BookID, Quantity,
                                             UnitPrice)
12                           VALUES (@OrderID, @BookID, @Quantity,@UnitPrice) ";
13                SqlCommand commOrder=new SqlCommand(strSQL, conn);
14                SqlParameter[] paras=new SqlParameter[]
15                {
16                    new SqlParameter("@OrderID", orderId), //FK
17                    new SqlParameter("@BookID", cartItem.Book.Id), //FK
18                    new SqlParameter("@Quantity", cartItem.Quantity),
19                    new SqlParameter("@UnitPrice", cartItem.Book.UnitPrice)
20                };
21                commOrder.Parameters.AddRange(paras);
22                returncomm.ExecuteNonQuery();
23            }
24        }
```

```
25  }
```

第 3 行：定义 public 的静态方法 AddOrderBook(),用来新增订单明细信息,形参为订单编号、购物项对象实例,返回值为 int 类型。

第 11～13 行：定义 SQL 语句,在数据表 OrderBooks 中插入订单明细信息(购物项)。注意,订单概要表 Orders 与订单明细表 OrderBooks 为 1 对多关系。

第 22 行：调用 Command 对象的 ExecuteNonQuery()方法。执行 SQL 语句并返回受影响的行数。

2. 业务逻辑层

(1) 在业务逻辑层项目中添加订单业务逻辑相关类。在"解决方案资源管理器"窗格中,打开项目 BookShop.BLL,添加类 OrderManager.cs(订单业务逻辑相关类)。

(2) 实现生成订单的业务逻辑。在 OrderManager 类中,定义业务逻辑方法 CreateOrder(),根据会员用户及其购物车,生成并创建订单。主要代码如下。

```
1   namespace BookShop.BLL
2   {
3       public class CartManager
4       {
5           public static int CreateOrder(string userId, DateTime orderDate,
                                          CartInfo cart)
6           {
7               int orderId=0;
8               orderId=OrderService.AddOrder(user.Id, orderDate, cart.
                                                 TotalPrice);
9
10              foreach(CartItemInfo item in cart.Items)
11              {
12                  OrderBookService.AddOrderBook(orderId, item);
13              }
14
15              return orderId;
16          }
17      }
18  }
```

第 5 行：定义 public 的静态方法 CreateOrder(),根据会员用户及其购物车,生成并创建订单,形参为会员用户名、提交订单日期、购物车对象实例,返回值为 int 类型。

第 8 行：调用数据访问层静态类 OrderService 的方法 AddOrder(),新增订单概要信息,并获取订单编号。

第 10～13 行：遍历访问购物车中的每个购物项,调用数据访问层静态类 OrderService 的方法 AddOrderBook(),新增订单明细信息(购物项)。

第 15 行：方法返回该订单编号。

7-2-3 编写购物车结算业务代码

(1) 在表示层项目 BookShop.WebUI 中打开 Web 窗体 ShoppingCart.aspx。

(2) 参照“我的购物车”页的 UI 设计,如图 7-2-2 所示,在 Web 窗体 ShoppingCart.aspx 相应位置添加“结算”按钮(Id: imgbtnOrder)。

(3) 添加“结算”按钮单击事件处理程序,结算并生成订单,主要代码如下。

```
1  protected void imgbtnOrder_Click(object sender, ImageClickEventArgs e)
2  {
3      HttpCookie cookieLogin=Request.Cookies["loginUserInfo"];
4      string userId=cookieLogin.Values["loginId"].ToString();
5
6      CartInfo cart=Session["cart"] as CartInfo;
7      int orderId=OrderManager.CreateOrder(userId, DateTime.Now, cart);
8
9      Session.Remove("Cart");
10 }
```

第 3、4 行: 从 Cookie 读取登录的会员信息,获取该会员的用户名。

第 6 行: 从 Session 读取购物车。

第 7 行: 调用业务逻辑层静态类 OrderService 的方法 CreateOrder(),根据会员用户名、提交结算日期、购物车生成结算订单。

第 9 行: 结算并生成订单后清空购物车。

7-2-4 测试购物车结算业务

(1) 在“解决方案资源管理器”窗格中,右击前台门户首页 Index.aspx,在快捷菜单中选择“在浏览器中查看”命令(或按 Ctrl+F5 组合键),在浏览器中打开窗体页 Index.aspx。

(2) 在前台门户选择购买一批图书,将图书添加到购物车页 ShoppingCart.aspx。

(3) 根据如表 7-2-4 所示的测试操作,对购物车结算业务进行功能测试。

表 7-2-4 测试操作

测试用例		TUC-0702 购物车结算业务	
编号	测试操作	期望结果	检查结果
1	打开“我的购物车”页,浏览购物项,单击“结算”按钮	提示购物车结算成功,数据表 Orders、OrderBooks 已增加订单概要和订单明细数据,管理后台可以浏览到订单明细	通过
2	在前台门户单击导航条“购物车”超链接,打开购物车页	购物车页显示为空,提示消息“购物车为空”	通过
3	单击“结算”按钮	提示消息“购物车为空”	通过

相关知识与技能

7-2-5 事务

1. 事务

事务是一组必须全部执行成功或全部失败的操作。事务的目标是保证数据总能处于有效一致的状态。

例如,学生 A 要向学生 B 转账 1000 元的事务,需要有以下两个步骤。

(1) 要从学生 A 的账户中取出 1000 元。

(2) 向学生 B 的账户入账 1000 元。

假设账务处理系统成功地完成了第一步,但是,由于某些原因(或故障),第二步操作失败了,学生 A 已经转出 1000 元,但是学生 B 没有转入。那么,系统就会产生不一致的数据,因为系统转出和转入的金额不符,整整有 1000 元就这么"消失"了。

事务可以帮助避免这样的问题,用来确保所有的操作和步骤都成功时,才将变更提交给数据源。还是以上述案例为例,如果第二步操作失败了,第一步的操作就不会提交给数据库,所有的操作都撤销(回滚),从而保证系统总是处于两个有效状态之一,即要么全部成功到最终状态(从一个 A 账户成功转入另一个 B 账户),要么全部回滚到初始状态(没有转出也没有转入)。

因此,事务实际上就是由作为包执行的单个命令或一组命令组成,通过事务可以将多个操作合并为单个工作单元。如果在事务中的某一点(操作)发生故障,则所有更新都可以回滚到其事务前的一个初始状态。

2. 事务的 ACID 属性

事务必须符合 ACID 属性(原子性、一致性、隔离性和持久性)才能保证数据的一致性。

(1) 原子性(atomic)。事务中所有操作必须同时成功或失败。只有事务中所有操作步骤都完成,才能认为一个事务结束。

(2) 一致性(consist)。事务使得底层数据库在稳定状态间转换。

(3) 隔离性(isolated)。每个事务都是独立的实体,一个事务不应该影响同时运行的其他事务。

(4) 持久性(durable)。在事务成功前,事务产生的变化永久地存储在介质上,通常是在硬盘上永久保存。必须维护日志以保证即使出现硬件或网络故障,数据库能恢复到有效状态。

3. 事务支持类型

事务有以下两种主要的支持方式。

(1) 数据库事务。大多数关系数据库系统(如 Microsoft SQL Server)都可在客户端应用程序执行更新、插入或删除操作时为事务提供锁定、日志记录和事务管理功能，以此来支持事务。

(2) 应用程序事务。使用ADO.NET中的事务，在Web应用程序中通过编程来封装和控制。例如，假设应用程序执行两个任务。首先使用订单信息更新表，然后更新包含库存信息的表，将已订购的商品记入借方；如果任何一项任务失败，两个更新均将回滚。其特点就是在事务开始和提交时都需要额外往返数据库。

尽管ADO.NET对事务提供良好的支持，但是不应该随意随处使用。每次使用事务都会给系统带来额外的开销，也会锁定表中的特定行，不必要的事务会损害系统的性能。

因此，使用事务时应遵循以下一些实践原则。

(1) 使事务尽量短。

(2) 不要在事务中使用SELECT查询返回数据，减少事务锁定的数据的数目。

(3) 如果事务确实需要获取记录，则仅获取需要的记录，可以减小锁定的资源数。

(4) 可能的情况下，尽量使用存储过程事务，而不使用ADO.NET事务，保证事务可以更快地启动和编译。

(5) 避免使用多个独立批处理任务的事务，把各个批处理任务作为单个事务。

(6) 尽量避免大批量记录的更新。

4. 在ASP.NET Web应用程序中处理事务

ADO.NET中，调用SqlConnection对象的BeginTransaction()方法，以标记事务的开始。该方法返回一个与提供程序相关的Transaction对象，即返回对事务的引用，用于管理事务。将Transaction对象分配给要执行的SqlCommand的Transaction属性。如果在具有活动事务的连接上执行命令，并且尚未将Transaction对象配给Command.Transaction属性，则会引发异常。

SqlTransaction类有以下两个关键方法。

(1) Commit()方法，表示完成事务，所有未决的变更将永久保存到数据源中。

(2) Rollback()方法，事务没有成功，结束事务。未决的变更需要取消，数据库状态保持不变。

如果在Commit()或Rollback()方法执行之前连接关闭或断开，事务将回滚。

以下是ADO.NET事务逻辑的典型代码。

```
1   using (SqlConnection connection=new SqlConnection(connectionString))
2   {
3       connection.Open();
4
5       SqlTransaction sqlTran=connection.BeginTransaction();
6
7       SqlCommand command=connection.CreateCommand();
8       command.Transaction=sqlTran;
9
10      try
11      {
```

```
12            command.CommandText=
13                "INSERT INTO Production.ScrapReason(Name) VALUES('错误的尺码')";
14            command.ExecuteNonQuery();
15            command.CommandText=
16                "INSERT INTO Production.ScrapReason(Name) VALUES('错误的颜色')";
17            command.ExecuteNonQuery();
18
19            sqlTran.Commit();
20                Console.WriteLine("所有数据行更新到数据库。");
21        }
22        catch(Exception ex)
23        {
24            Console.WriteLine(ex.Message);
25
26            try
27            {
28                sqlTran.Rollback();
29            }
30            catch(Exception exRollback)
31            {
32                Console.WriteLine(exRollback.Message);
33            }
34        }
35    }
```

第5行：开始一个事务。

第7、8行：在当前事务中实例化一个Command对象。

第12～17行：执行两个独立的SQL命令。

第19行：提交事务。

第24行：如果事务失败，则处理异常。

第28行：回滚事务。

第32行：如果数据库连接已关闭，或事务已经回滚到服务器，则抛出异常。

职业能力拓展

7-2-6 实现管理后台订单管理

可可连锁书店管理员需要能够在管理后台浏览到所有会员的订单列表和订单明细，以便于安排专员处理订单，统计销售业绩。

(1) 管理后台"订单列表"页面设计参考图7-2-3，要求以订购时间降序排序、分页展示所有订单列表，可以单击"订单明细"超链接浏览订单明细信息。

(2) 管理后台"订单明细"页面设计参考图7-2-4，设计为两个区域，即订单概要信息区域和订单明细项信息区域。

陈靓请程可儿和周德华完成整个订单管理的相关需求点。

□ 您现在所在的位置：后台管理 > 订单管理 > 订单列表

订单号	订购时间	用户账户	用户姓名	订购总价	浏览
1275	2010/11/26 23:02:49	david	吴刚	223.00	订单明细
1274	2010/11/4 10:50:41	david	吴刚	4719.00	订单明细
1273	2010/11/4 8:19:13	david	吴刚	273.00	订单明细
1272	2010/11/3 18:35:17	david	吴刚	5541.00	订单明细
1271	2010/11/3 8:53:27	david	吴刚	917.00	订单明细
1270	2010/11/2 20:16:58	david	吴刚	592.00	订单明细
1269	2010/11/2 17:59:29	david	吴刚	95.00	订单明细
1268	2010/11/2 17:47:05	david	吴刚	229.00	订单明细

当前第 2 页 / 总共 155 页 每页 8 条记录 |<首页 <前一页 后一页> 尾页>| 转到第 2 页 转

图 7-2-3 管理后台“订单列表”页面设计参考

订单明细

订单编号：1271　订购日期：2010/11/3　订购总价：917.00
用户账户：david　用户姓名：wmg
联系电话：sdfds　电子邮件：wmg@net.cn
联系地址：dsfa

图书编号	图书名称	单价	数量	小计
5337	Essential ASP.NET 2.0中文版	39	1	39
5302	ASP.NET2.0服务器控件与组件开发高级编程	148	5	740
5255	CSS完全使用详解	39	1	39
4939	imer中文版(第4版）（一本久负盛名的C++经典教程）	99	1	99
	合计：		8	917

图 7-2-4 管理后台“订单明细”页面设计参考

7-2-7 处理购物车结算业务中的事务

在购物车结算业务测试过程中，程可儿有点摸不着头脑，感觉系统“抽风”了：有的时候测试一切正常，有的时候就莫名丢失数据，比如“购物车”中有 4 行购物项，结算后数据库 Orders 表中订单概要信息的总计金额、总数量都正确，但是 OrderBooks 表中却只有 2 行记录，购物数据莫名其妙地少了。

程可儿把这个困惑提交到陈靓这里。陈靓初审代码后，很快指出这是典型的“事务”处理问题：在处理订单数据时，订单概要信息、订单明细信息都是各自分别提交到数据库处理的，由于服务器负载、网络传输等原因，很容易导致部分 SQL 命令执行成功，而部分 SQL 命令可能操作失败(如个别购物项新增到 OrderBooks 表时失败)。

陈靓请程可儿重构业务逻辑层和数据访问层中关于购物车结算(生成订单)的方法，重点关注和实现订单处理中的事务，即将新增订单概要信息、订单明细信息的 SQL 命令放在一个事务中，要么全部执行成功，要么全部撤销操作(回滚)。

模块小结

程可儿和团队一起,在 Sprint ＃4 从“购物车”结构的分析设计入手,逐步实现了购物车管理、购物车结算(生成订单)等主要业务功能。交付 Sprint ＃4 后,杨国栋就可以带领可可连锁书店的员工一起参与完整的购物流程测试了。

该阶段工作完成后,研发团队初步达成以下目标。

(1) 理解 ADO.NET 数据访问模型。

(2) 熟练掌握数据控件 GridView 的使用。

(3) 进一步掌握 Web 应用系统业务流程分析的方法。

能力评估

一、实训任务

1. 参考前台门户“我的购物车”页面原型设计,实现购物车管理业务功能。

2. 参考前台门户“我的购物车”页面,以及管理后台订单管理相关页面的原型设计,实现购物车结算(生成订单)业务功能。

二、拓展任务

1. 在“我的购物车”页面实现购物车的内置编辑功能,即能够删除或修改购物项。

2. 参考管理后台订单管理相关页面的原型设计,实现管理后台订单管理业务功能。

3. 在实现购物车结算业务功能中,通过重构业务逻辑层和数据访问层有关方法,实现订单生成中的事务处理。

三、简答题

请编写代码,设计购物车业务实体类、购物项业务实体类。

学习情境5

优化和交付“可可网上商城”

模块8 优化“可可网上商城”设计

可可连锁书店的“可可网上商城”的最后一个冲刺 Sprint #5 开始了。Sprint #5 是令人兴奋、充满期待的，项目即将交付。Sprint #5 计划为期 2 周(10 个工作日)，主要任务是优化和发布“可可网上商城”，对前台门户的布局、样式、导航及功能部件进行重构，完善和优化系统设计，并发布和部署“网上商城”到服务器。

可可连锁书店的网上商城项目所有业务功能已经基本开发完成，经历了 Sprint #1～Sprint #4 共 4 个冲刺，项目团队进入最后攻坚阶段。杨国栋全程参与其中，完全胜任了产品负责人(PO)这个角色的职责，对项目需求的把握非常准确，能很好地把可可连锁书店的需求传达和解释到项目团队。

Sprint #5 的主要目标就是在把产品正式发布试用之前，进一步优化可可连锁书店的“网上商城”设计。程可儿需要对照最初的原型设计和开发框架要求，进一步完善前台门户页面样式和布局、导航设计以及各个页面标准化内容的重用。

工作任务

任务 8-1　前台门户页复用和样式控制

任务 8-2　前台门户页导航设计

任务 8-3　前台门户功能复用

学习目标

(1) 理解母版页的工作原理。

(2) 理解并掌握母版页、内容页的使用。

(3) 熟练掌握站点地图、导航控件的使用。

(4) 理解用户控件应用场景，熟练掌握用户控件的使用。

任务 8-1 前台门户页复用和样式控制

任务描述与分析

可可连锁书店网上商城发布之前有很多细节上的工作，第一步就是让前台门户看起来具有一致的样式和布局。这个工作一般在项目准备阶段(Sprint #1)就要完成的。但是，很多时候客户要在项目大多数开发任务已经完成，可以“眼见为实”体验时，才会提出很多所谓“美观”“客户体验”的元素。所以，最终交付之前，来自客户的各方面反馈恰恰是最频繁、最琐碎，也是让开发者最“不胜其烦”的。

好在陈靓采纳了业界广泛应用的 Scrum 框架。杨国栋作为可可连锁书店方的产品负责人，随时能够参与到项目开发的各个环节，比如他频繁地参加每日站会、Scrum 评审会议、Scrum 回顾会议等，许多问题已经提前得到反馈和采纳。

现在，程可儿就要和王海一起，根据网上商城原型设计和可可连锁书店的最终意见，为网上商城确定最终的布局和样式。程可儿和王海的任务目标就是要用 ASP.NET 母版页技术，为网上商城定义一个可操作而且灵活的界面布局和样式解决方案。

(1) 能够定义一个页面模板，用来单独定义前台门户各个页面的公共部分，并能够在这些页面中重复使用这些公共部分的元素，比如站点 Logo、导航、版权信息等。

(2) 除了这些公共部分以外，页面模板中间能够创建一些定义了可编辑区的封闭区域，其他页面复用这个模板的页面后，只能够在这个许可区域内添加或修改内容。

(3) 可以通过声明，或者在运行时动态将这个页面模板绑定到页面，这样以后可以随时更改布局或样式。

开发任务单如表 8-1-1 所示。

表 8-1-1 开发任务单

任务名称	#801 前台门户页复用和样式控制		
相关需求	作为一名软件工程师，我希望为前台门户创建一致的页面布局和样式，这样可以为网上书店所有页面定义统一的外观和标准行为		
任务描述	(1) 完善前台门户页设计 (2) 创建前台门户母版页 (3) 基于前台门户母版页，创建前台门户首页 (4) 测试前台门户母版页和首页设计		
所属迭代	Sprint #5 优化和交付“可可网上商城”		
指派给	程可儿	优先级	4
任务状态	□已计划 ☑进行中 □已完成	估算工时	16

任务设计与实现

8-1-1　详细设计

（1）页面 UI 设计：如图 8-1-1 所示，前台门户的每个页面都保持一致的页面布局和样式。

图 8-1-1　前台门户首页设计参考

（2）页面设计说明：

① 前台门户所有页面都有一致的设计和布局，从上到下分成 3 个主要功能区域：头部(header)、中部(content)和脚部(footer)。

② 前台门户所有页面都具有相同的功能区域，即头部显示站点 Logo、导航条与搜索区域等，脚部显示版权信息等。

8-1-2　创建前台门户母版页

（1）打开表示层项目 BookShop.WebUI，在 MemberPortal 文件夹中添加前台门户 Web 窗体母版页 MainSite.master，如图 8-1-2 所示。

（2）参照前台门户母版页 UI 设计，设计母版页布局，完善各部分界面元素。如图 8-1-3 所示，母版页布局分成头部导航区(header)、中部主体内容区(content)和脚部版本信息区(footer)3 个部分。中间内容区(content)使用内容占位控件(ContentPlaceHolder 控件)进行占位。

前台门户母版页 MainSite.master 主要代码如下。

```
1   <%@Master Language="C#" AutoEventWireup="True"
2             CodeFile="MainSite.master.cs"
```

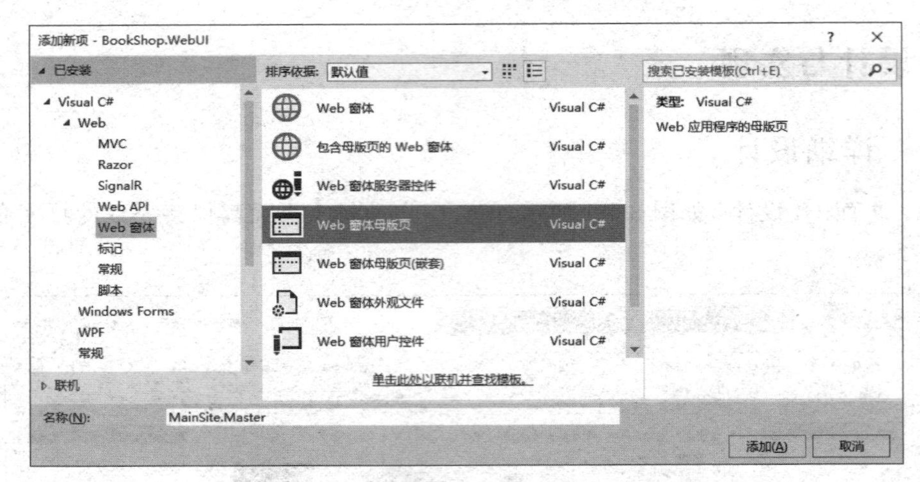

图 8-1-2 “添加新项-BookShop.WebUI”对话框

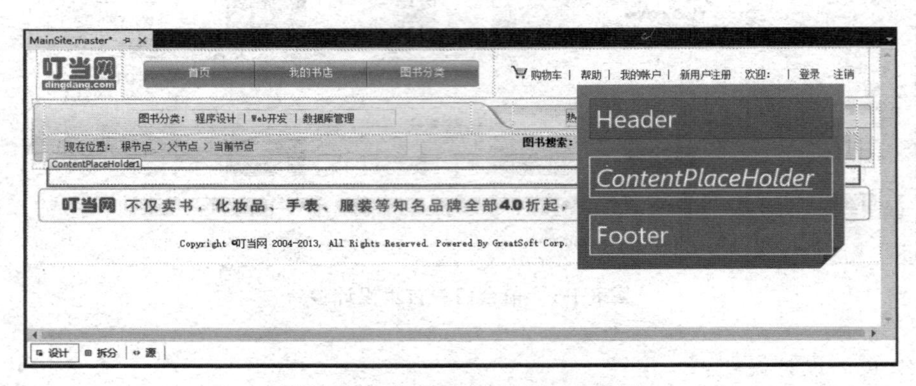

图 8-1-3 前台门户母版页 UI 设计

```
3              Inherits="BookShop.WebUI.MemberPortal.MainSite" %>
4   <html xmlns="http://www.w3.org/1999/xhtml">
5   <head runat="server">
6   <meta http-equiv="Content-Type" content="text/html; charset=utf-8"/>
7       <title>叮当网——我的网上商城</title>
8       <asp:ContentPlaceHolder ID="head" runat="server">
9       </asp:ContentPlaceHolder>
10  </head>
11  <body>
12      <form id="form1" runat="server">
13          <!--头部导航区 Header,此处略-->
14          <div id="header" align="center">
15              ...
16          </div>
17          <!--中部内容区 Content,此处略-->
18          <div>
19              <asp:ContentPlaceHolderID="MainContent"  runat="server">
20              </asp:ContentPlaceHolder>
21          </div>
```

```
22            <!--脚部版本信息区 Footer,此处略-->
23            <div id="footer" align="center">
24                ...
25            </div>
26        </form>
27    </body>
28    </html>
```

第 1～3 行：母版页 Master 指令。

第 19、20 行：母版页内容区域，使用内容占位控件(ContentPlaceHolder 控件)。

8-1-3　用母版页重构前台门户首页

(1) 在“解决方案资源管理器”窗格中，右击表示层项目 BookShop.WebUI，在快捷菜单中选择“添加”→“新建项”命令，打开“添加新项-BookShop.WebUI”对话框，在模板列表中选择模板“包含母版页的 Web 窗体”，如图 8-1-4 所示，在“名称”文本框中输入前台门户首页名称 Default.aspx。

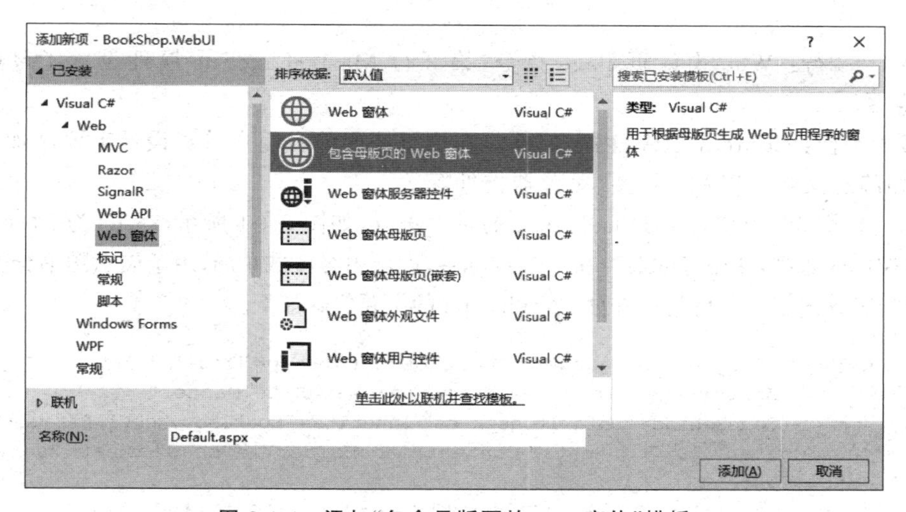

图 8-1-4　添加“包含母版页的 Web 窗体”模板

(2) 单击“添加”按钮，打开“选择母版页”对话框，如图 8-1-5 所示，在项目文件夹 MemberPortal 中选择已经创建的母版页 MainSite.Master，单击“确定”按钮。

在表示层项目 BookShop.WebUI 中创建使用母版页的 Web 窗体页 Default.aspx，其主要代码如下。

```
1  <%@ Page Title="" Language="C#" AutoEventWireup="True"
2          MasterPageFile="~/MemberPortal/MainSite.Master"
3          CodeBehind="Default.aspx.cs" Inherits="BookShop.WebUI.Default" %>
4  <asp:Content ID="Content1" ContentPlaceHolderID="head" runat="server">
5  </asp:Content>
6  <asp:Content ID="Content2" ContentPlaceHolderID="MainContent"
       runat="server">
7  </asp:Content>
```

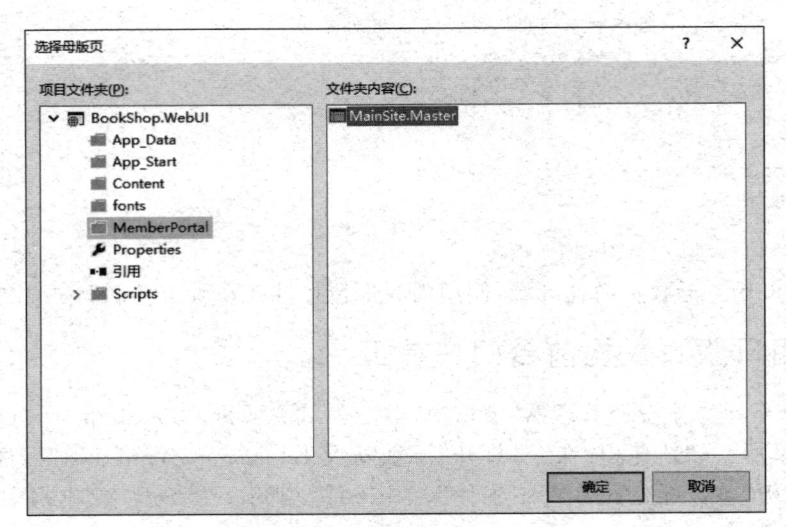

图 8-1-5　“选择母版页”对话框

第 1～3 行：Web 窗体页 Page 指令，第 2 行 MasterPageFile 属性设置了母版页的 URL 路径。

第 6、7 行：Content 控件(内容控件)，在这里按照前台门户首页设计需要添加展示的内容，如静态文本、HTML 标签、服务器控件等。

(3) 参考前台门户首页 Default.aspx 的页面设计，如图 8-1-1 所示，在 ID 为 MainContent 的内容控件区域中，使用<table>和<div>标签，设计内容区域布局，用于展示图书分类列表、出版社列表等内容。前台门户首页 Default.aspx 的主要代码如下。

```
1   <%@ Page Title="" Language="C#" AutoEventWireup="True"
2         MasterPageFile="~/MemberPortal/MainSite.Master"
3         CodeBehind="Default.aspx.cs" Inherits="BookShop.WebUI.Default" %>
4   <asp:Content ID="Content1" ContentPlaceHolderID="head" runat="server">
5   </asp:Content>
6   <asp:Content ID="Content2" ContentPlaceHolderID="MainContent"
      runat="server">
7       <table width="950" border="0" cellspacing="0" cellpadding="0"
          align="center">
8       <tr>
9           <!--首页左边部分-->
10          <td width="150px" valign="top">
11              <!--图书分类列表-->
12              <div id="category"></div>
13              <!--出版社列表-->
14          <div id="publisher"></div>
15          <td>
16          <!--首页中间部分-->
17              <td valign="top" width="630px">
18              <!--主编推荐-->
19              <div id="login"></div>
20              <!--最新图书-->
```

```
21              <div id="clicktop"></div>
22              <!--热销图书-->
23              <div id="clicktop"></div>
24          </td>
25          <!--首页右边部分-->
26          <td valign="top" width="170px">
27              <!--用户登录-->
28              <div id="login"></div>
29              <!--点击排行榜-->
30              <div id="clicktop"></div>
31          </td>
32      </tr>
33      </table>
34  </asp:Content>
```

第 7～33 行：前台门户首页内容区域为采用 Table 进行 1 行 3 列布局，如图 8-1-1 所示，即分为左侧展示图书分类列表、出版社列表等；中间部分展示最新出版图书、热销图书等内容；右侧展示用户登录表单、图书点击排行榜等。

8-1-4　测试前台门户页复用和样式控制

(1) 在“解决方案资源管理器”窗格中，右击 Web 窗体页 Default.aspx，在弹出的快捷菜单中选择“在浏览器中查看”命令(或按 Ctrl＋F5 组合键)，在浏览器中打开窗体页 Default.aspx。

(2) 根据如表 8-1-2 所示的测试操作，对前台门户页复用和样式控制进行功能测试。

表 8-1-2　测试操作

测试用例	TUC-0801　前台门户页复用和样式控制		
编号	测 试 操 作	期 望 结 果	检查结果
1	打开前台门户首页 Default.aspx	前台门户首页为上、中、下三部分布局，上部 header 和下部 footer 位置分别呈现母版页设计内容，中部 content 位置呈现首页内容(展示图书分类列表等)	通过

相关知识与技能

8-1-5　ASP.NET 母版页

ASP.NET 母版页是 ASP.NET 的一个重要特性，专门设计用于标准化 Web 页面布局，即可以创建一个重复应用到整个网站的简单而灵活的布局，如网站的标题、导航等在每个页面都出现在相同的位置。

1. 母版页的工作原理

ASP.NET 定义了两种新的页面类型：母版页和内容页(使用母版页的 Web 页面)。

ASP.NET 母版页是一个 Web 页模板，可以为应用程序中的页面创建一致的布局，为应用程序中的所有页面（或一组页面）定义所需的外观和标准行为。和普通的 ASP.NET Web 窗体页一样，母版页可以包含任何 HTML 元素、Web 控件、代码等的组合，还可以包含允许修改区域的内容占位符。如果在整个网站中使用同一个母版页，就可以确保获得同样的布局。最妙的是，应用母版页后，如果修改它的定义，所有应用它的页面就会自动跟着变化。

每个内容页（使用母版页的 Web 页面）引用一个母版页，并获得该母版页的布局和内容，能够在任意的占位符中加入页面自定义的内容。当用户请求内容页时，这些内容页与母版页合并，将母版页的布局与内容页的内容组合在一起输出到浏览器。换言之，内容页将母版页没有定义的和缺失的内容填入母版页。

其他页面应用母版页后，如果修改了母版页的定义，所有使用该母版页的页面会自动跟着变化。ASP.NET 母版页工作原理如图 8-1-6 所示。

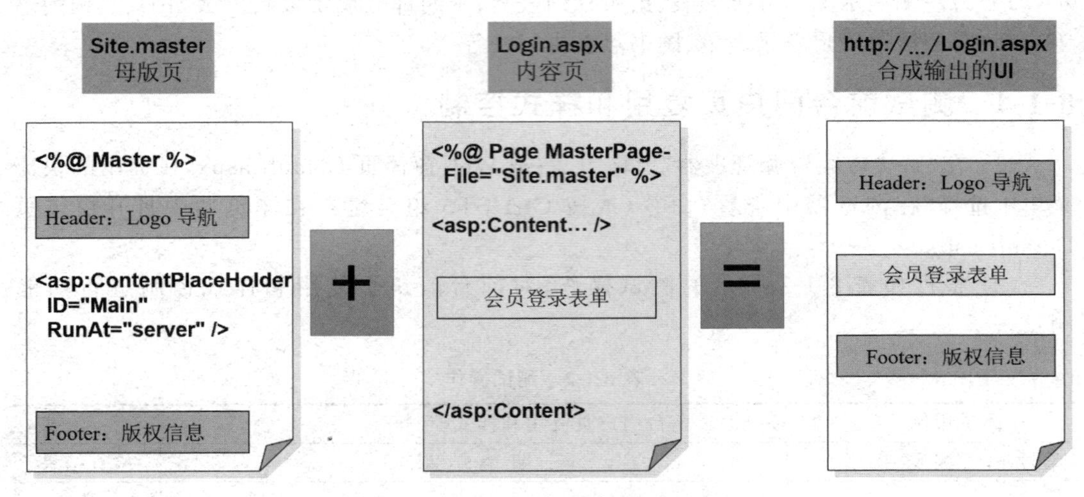

图 8-1-6　ASP.NET 母版页工作原理

2. 母版页

母版页和普通的 ASP.NET Web 窗体页一样，可以包含 HTML 元素、Web 控件和代码组合。两者的区别如下。

（1）母版页文件的扩展名是.master，是包括静态文本、HTML 元素和服务器控件等的预定义布局。

（2）母版页由@Master 指令识别，该指令替换了用于普通 Web 窗体页（.aspx）的@Page 指令，其包含的属性与@Page 指令包含的属性大多数是相同的。

（3）母版页还包括一个或多个 ContentPlaceHolder 控件，而 Web 窗体中不可以使用它。ContentPlaceHolder 控件定义可替换内容出现的区域。

（4）母版页不能被直接请求访问。要使用母版页，必须要创建一个关联的内容页。

在 Visual Studio 中可以方便地创建母版页：从项目快捷菜单中选择“添加新项”命

令,在打开的“添加新项-Web窗体母版页”对话框中选择“Web窗体母版页”选项,指定一个母版页名称(如Main.master),然后单击“添加”按钮即可,如图8-1-2所示。

添加ASP.NET母版页后,默认母版页代码如下。

```
1   <%@Master Language="C#" AutoEventWireup="True"
2       CodeFile="MasterPage.master.cs" Inherits="MasterPage" %>
3   <html xmlns="http://www.w3.org/1999/xhtml">
4     <head runat="server">
5       <title></title>
6       <asp:ContentPlaceHolder id="head" runat="server">
7       </asp:ContentPlaceHolder>
8     </head>
9     <body>
10      <form id="form1" runat="server">
11      <div>
12        <asp:ContentPlaceHolder id="ContentPlaceHolder1" runat="server">
13          </asp:ContentPlaceHolder>
14      </div>
15      </form>
16    </body>
17  </html>
```

第6、7行:第一个在<head>区域定义的ContentPlaceHolder,可以让内容页面增加页面元数据,如搜索关键字、样式表链接和JavaScript代码。

第12、13行:第二个更重要的ContentPlaceHolder被定义在<body>区域,它代表页面显示的内容。当然,要创建更加复杂的页面布局时,可以添加其他标签和更多ContentPlaceHolder控件。

3. 内容页

内容页就是使用了母版页的ASP.NET Web窗体页。内容页与普通ASP.NET Web窗体页的区别如下。

(1) 内容页要使用母版页,必须在其Page指令中加入MasterPage属性,用于指示所使用的母版页的文件名(路径)并建立绑定。

(2) 内容页包含一个或多个Content控件。Content和母版页中的ContentPlaceHolder具有一一对应的关系。对于母版页中的每个ContentPlaceHolder,内容页会提供一个对应的Content控件。ASP.NET通过匹配Content的ContentPlaceHolderID属性把Content控件关联到ContentPlaceHolder。

(3) 内容页要在Content控件内自定义内容。内容页无须定义页面,因为母版页已经提供了一致外壳。如果试图加入html、head、body之类的元素,则会产生错误,因为它们已经在母版页中定义了。如果母版页已经包含form runat="server"元素,在内容页中再添加form元素也会产生错误,因为合成的页面等同于ASP.NET Web窗体页,一个Web窗体页有且只能有一个form元素。

以下代码创建了使用母版页MasterPage.master的内容页。

```
1  <%@ Page Title="" Language="C#" MasterPageFile="~/MasterPage.master"
2      AutoEventWireup="True" CodeFile="Default.aspx.cs"
          Inherits="Default" %>
3  <asp:Content ID="Content1" ContentPlaceHolderID="head" Runat="Server">
4  </asp:Content>
5  <asp:Content ID="Content2" ContentPlaceHolderID="ContentPlaceHolder1"
   Runat="Server">
6  //内容部分
7  </asp:Content>
```

第1、2行:@Page 指令,通过 MasterPageFile 属性指定了母版页的路径。

第5、6行:Content 控件,与母版页 ContentPlaceHolder1 区域一一对应,定义替换的内容。

4. 母版页的运行时行为

在运行时,母版页的处理步骤可参考图 8-1-6。

(1) 用户通过输入内容页的 URL 来请求某页,如 http://.../login.aspx。

(2) 获取该页(Login.aspx)后,读取@Page 指令。如果该指令引用一个母版页,则也读取该母版页(Site.master)。如果这是第一次请求这两个页面,则两个页面都要进行编译。

(3) 包含更新的内容的母版页合并到内容页的控件树中。

(4) 各个 Content 控件的内容合并到母版页中相应的 ContentPlaceHolder 控件中。

(5) 浏览器中呈现得到的合并页 http://.../login.aspx。

从用户的角度来看,合并后的母版页和内容页是一个单独而离散的页面。该页面的 URL 是内容页的 URL。从编程的角度来看,这两个页面用作其各自控件的独立容器。内容页用作母版页的容器。注意,母版页成为内容页的一部分。

在母版页和内容页中都可以响应 Page_Load 事件。ASP.NET 首先创建母版页控件,然后添加内容的子控件。因此首先触发的是母版页的 Page_Load 事件,随后是内容页的 Page_Load 事件。如果有冲突,在内容页进行的自定义(如修改页面标题)会覆盖在母版页所做的修改。

母版页的优点如下。

(1) 使用母版页可以集中处理页的通用功能,以便可以只在一个位置上进行更新。

(2) 使用母版页可以方便地创建一组控件和代码,并将结果应用于一组页面。例如,可以在母版页上使用控件来创建一个应用于所有页面的菜单。

(3) 通过允许控制占位符控件的呈现方式,母版页可以在细节上控制最终页的布局。

(4) 母版页提供一个对象模型,使用该对象模型可以从各个内容页自定义母版页。

职业能力拓展

8-1-6 在会员登录页中使用母版页

在刚刚的任务中,程可儿为前台门户创建了母版页,同时重构了前台门户首页

Default.aspx，为前台门户构建了一致的布局和样式。

在之前的开发任务中，程可儿已经完成前台门户的很多页面(比如会员登录页)。当时的任务目标，陈靓要求大家暂时不关注页面样式，重点实现业务功能，样式等都留到 Sprint ＃5 来根据客户的要求统一完善。那么，怎么样才能让这些页面(比如会员登录页 UserLogin.aspx 等)也能使用母版页，从而实现统一的布局和样式呢？

程可儿有个困惑：难道要把之前的会员登录页删除，然后重新创建并使用母版页吗？

陈靓给程可儿提供了一个很简单的解决方案：不用删除已经实现的页面，直接修改就能让这些页面使用母版页。关键点就在于，通过比较母版页和普通 Web 窗体页的异同，可以很方便地修改普通 Web 窗体页为使用母版页的内容页。

程可儿按陈靓的提示尝试了一下，当然，结果是很令人兴奋的。

提示　如何将普通的 Web 窗体页改为使用母版页的 Web 窗体页(即转为内容页)呢？方法如下。

(1) 在设计视图下，修改普通 Web 窗体页的@Page 指令，添加 MasterPageFile 属性，并指定所应用的母版页路径，如前台门户母版页路径为～/MemberPortal/MainSite.Master。

(2) 使用 Content 控件，将原页面中 form 元素的内容部分放置到＜asp:Content.../＞(内容控件)范围内，把除此之外的其余 HTML 元素等内容均删除即可。

8-1-7　为管理后台设计和使用母版页

有了前面创建门户母版页的经验，程可儿需要为管理后台创建和使用母版页，同样让管理后台具有统一的布局和样式。

程可儿新增管理后台母版页 AdminPlatform.master，为后台管理页面提供统一样式，页面原型设计如图 8-1-7 所示，整个管理后台母版页分成 3 个部分：顶部为 Logo 区、管理员登录信息区，左边为树状菜单区，右边为主要内容显示区。

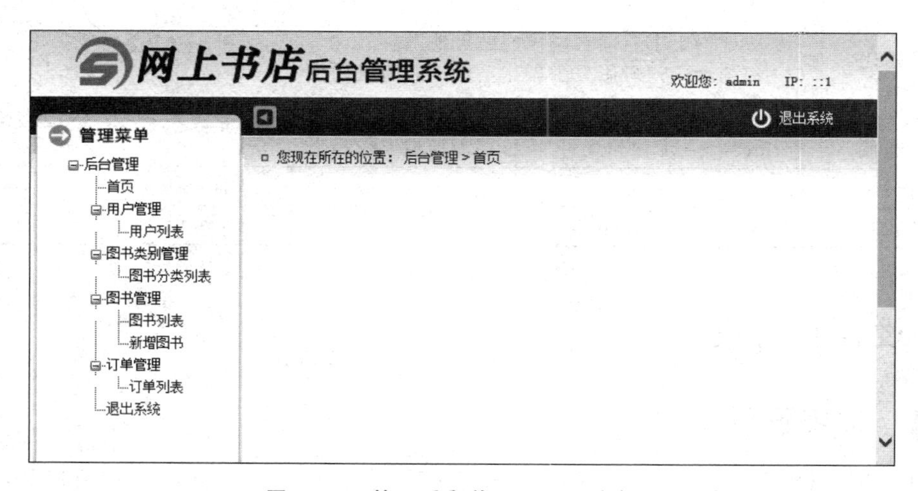

图 8-1-7　管理后台首页页面设计参考

任务 8-2 前台门户页导航设计

任务描述与分析

在前台门户页原型中,还有一个重要的内容,就是在头部区域可以实时显示当前页面的导航路径,用户可以随时知道自己当前访问的页面名称和路径,并且可以通过单击导航路径中的某个节点超链接,打开其他的页面(上一个节点或根节点的页面)。

程可儿对这个功能还是比较熟悉的,因为几乎在所有站点中都能看到这样的基本功能组件,行业中通俗地称为“面包屑”导航。程可儿在学校的时候,曾经对开发这样的功能非常头痛,因为他觉得非常烦琐而且容易出错,他需要去维护每个页面的相同区域,在这里不断输入当前页面的名称和路径链接,一旦页面之间关系有所修改,就要到很多页面去修改这个超链接。之前,程可儿要把开发的站点上的每个页面及其导航地址组成这样的导航系统,还真不是那么容易。

现在,ASP.NET 提供了丰富的导航组件,要实现类似的“面包屑”路径导航就更简单了。程可儿只需要两个步骤:①需要创建和管理站点地图;②简单地应用各类导航控件即可。

开发任务单如表 8-2-1 所示。

表 8-2-1 开发任务单

任务名称	#802 前台门户页导航设计		
相关需求	作为一名软件工程师,我希望为前台门户创建一致的、容易管理的页面导航方案,这样可以为用户提供统一便捷的页面导航栏		
任务描述	(1) 完善前台门户页设计 (2) 创建网上书店前台门户的站点地图 (3) 在前台门户母版页中创建页面导航历史记录栏 (4) 测试前台门户首页导航设计		
所属迭代	Sprint #5 优化和交付“可可网上商城”		
指派给	程可儿	优先级	4
任务状态	□已计划 ☑进行中 □已完成	估算工时	16

任务设计与实现

8-2-1 详细设计

(1) 页面 UI 设计:如图 8-2-1 所示,前台门户所有页面的公共区域都有同样格式的页面位置导航链接。

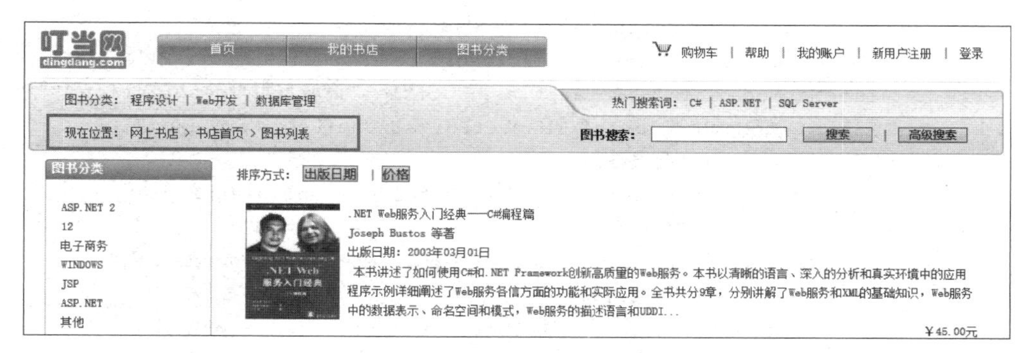

图 8-2-1　前台门户首页的页面导航

（2）页面导航说明：

① 前台门户母版页中，设计有同样格式的页面位置导航（“面包屑”导航），所有的页面都使用该母版页。

② 打开前台门户任何一个页面，页面位置导航都随时更新并显示该页面的位置导航（URL 和名称）。

③ 单击位置导航区域中的超链接，浏览器打开该 URL 对应的页面。

8-2-2　创建站点地图

（1）打开表示层项目 BookShop.WebUI，在应用程序根文件夹中添加前台门户站点地图 Web.sitemap，如图 8-2-2 所示。

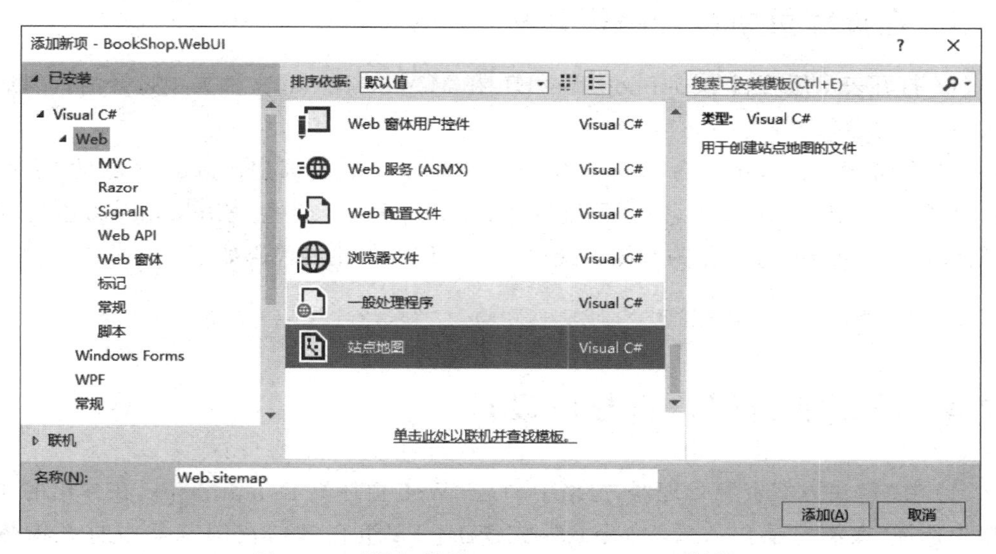

图 8-2-2　“添加新项 - BookShop.WebUI”对话框

（2）编辑站点地图，在站点地图中添加<siteMapNode>节点。前台门户站点地图 Web.sitemap 主要代码如下。

```
1   <?xml version="1.0" encoding="utf-8" ?>
2   <siteMap xmlns="http://schemas.microsoft.com/AspNet/SiteMap-File-1.0">
3       <siteMapNode url="~/Default.aspx" title="商城首页" description="">
4           <siteMapNode url="~/MemberPortal/UserRegister.aspx"
                title="会员注册" />
5           <siteMapNode url="~/MemberPortal/UserLogin.aspx"
                title="会员登录" />
6           <siteMapNode url="~/MemberPortal/ModifyPassword.aspx"
                title="修改密码" />
7           <siteMapNode url="~/MemberPortal/BookList.aspx"
                title="图书列表" />
8           <siteMapNode url="~/MemberPortal/BookDetails.aspx"
                title="图书详情" />
9           <siteMapNode url="~/MemberPortal/ShoppingCart.aspx"
                title="我的购物车" />
10          <siteMapNode url="~/MemberPortal/Helper.aspx"
                title="帮助" />
11      </siteMapNode>
12  </siteMap>
```

第2行：站点地图根节点。

第3行：每个站点地图在根节点下有且仅有一个<siteMapNode>节点。

第4～10行：<siteMapNode>节点，每个节点对应着一个唯一的页面URL，同一个URL仅能出现一次。

8-2-3 在母版页中设计路径导航

(1) 打开表示层项目BookShop.WebUI，在MemberPortal文件夹中打开前台门户母版页MainSite.master。

(2) 参考图8-2-1，在前台母版页MainSite.master的头部(Header)区域的“现在位置：”右侧，从工具栏拖放“面包屑”导航控件SiteMapPath。注意，SiteMapPath控件默认将站点地图Web.sitemap作为数据源提供导航。该控件主要代码如下。

```
<asp:SiteMapPath ID="SiteMapPath1" runat="server"></asp:SiteMapPath>
```

8-2-4 测试前台门户页导航设计

(1) 在“解决方案资源管理器”窗格中，右击Web窗体页Default.aspx，在弹出的快捷菜单中选择“在浏览器中查看”命令(或按Ctrl+F5组合键)，在浏览器中打开窗体页Default.aspx。

(2) 根据如表8-2-2所示的测试操作，对前台门户功能导航设计进行功能测试。

表 8-2-2　测试操作

测试用例	TUC-0802　前台门户页导航设计		
编号	测 试 操 作	期 望 结 果	检查结果
1	打开前台门户首页 Default.aspx	前台门户首页“面包屑”导航区显示“当前位置：商城首页”	通过
2	单击首页任何一本图书封面超链接	打开图书详情页，“面包屑”导航区显示“当前位置：商城首页>图书详情”	通过
3	单击导航菜单“登录”超链接	打开会员登录页，“面包屑”导航区显示“当前位置：商城首页>会员登录”	通过
4	单击导航菜单“新用户注册”超链接	打开会员注册页，“面包屑”导航区显示“当前位置：商城首页>会员注册”	通过
5	单击“面包屑”导航区“商城首页”超链接	打开前台门户首页，“面包屑”导航区显示“当前位置：商城首页”	通过

相关知识与技能

8-2-5　ASP.NET 站点地图

如果网站有很多页面，可能就需要某个导航系统来帮助用户从一个页面跳转到另一页面。ASP.NET 包括一组导航功能，灵活、可配置、可插入。它包含以下 3 个部分。

（1）定义站点导航结构的方式，使用 XML 结构方式的站点地图来存储导航结构信息。

（2）方便读取站点地图信息的方式，即站点地图的解析并转换为适当对象模型的便捷方式，这部分由 XmlSiteMapProvider 和 SiteMapDataSource 实现。

（3）把站点地图信息显示在浏览器的方式，能够让用户方便地使用这个导航系统，从一个页面跳转到另一个页面的简单方法。这部分可以由绑定到 SiteMapDataSource 控件的导航控件提供，如浏览路径链接（面包屑）、列表、菜单或者树控件等。

1. 站点地图

若要使用 ASP.NET 站点导航，必须描述站点结构以便站点导航 API 和站点导航控件可以正确公开站点结构。默认情况下，站点导航系统可以使用一个包含站点层次结构的 XML 文件，也可以将站点导航系统配置为使用其他数据源。

创建站点地图最简单的方法是创建一个名为 Web.sitemap 的 XML 文件，该文件按站点的分层形式组织页面。ASP.NET 的默认站点地图提供程序自动选取此站点地图。

站点地图文件示例如下。

```
1  <siteMap xmlns="http://schemas.microsoft.com/AspNet/SiteMap-File-1.0">
2      <siteMapNode>
3          <siteMapNode url="~/MemberPortal/UserLogin.aspx" title="会员登录" />
```

```
4          <siteMapNode url="~/MemberPortal/UserRegister.aspx"
                                          title="会员注册" />
5      </siteMapNode>
6  </sitemap>
```

第3、4行：站点地图节点。其中，url属性可以以快捷方式"～/"开头代表页面的导航路径；title属性定义通常用作链接文本的文本；description属性同时用作文档和SiteMapPath控件中的提示。

在Web.sitemap文件中，为网站中的每一页添加一个siteMapNode元素。然后，可以通过嵌入siteMapNode元素创建导航层次结构。

2. 站点地图使用的原则

(1) 站点地图必须以＜siteMap＞节点开始。

(2) 每个导航页面由一个siteMapNode元素来描述。

(3) ＜siteMap＞节点后面必须有且只能有一个代表默认主页的根siteMapNode元素。

(4) 在根元素siteMapNode内，可以嵌入无限多层siteMapNode元素。

(5) 每个siteMapNode元素必须有标题、描述和URL。

(6) 导航节点中的url属性可以为空，但有效站点文件不能有重复的url。

在一个Web站点中，可以使用多个站点地图文件或提供程序来描述整个网站的导航结构。要使用站点地图，需要配置使用SiteMapDataSource，SiteMapDataSource会自动在虚拟目录的根目录中查找Web.sitemap，并绑定到其内容中。

8-2-6 ASP.NET 导航控件

ASP.NET中提供了3个主要的导航控件：SiteMapPath、TreeView、Menu。

1. SiteMapPath 控件

SiteMapPath控件可以显示一个导航路径(或俗称"面包屑"导航)，用来显示用户当前位置并允许用户使用超链接回到更高层级的节点。SiteMapPath控件直接作用于ASP.NET导航模型，它并不从SiteMapDataSource获取自己的数据，默认获取站点地图Web.sitemap。典型的情况是，可以把SiteMapPath控件放在母版页上，这样它就可以显示在所有的内容页上。

SiteMapPath控件由节点组成。导航路径中每个元素均称为节点(SiteMapNodeItem对象)。锚点路径表示分层树的根的节点称为根节点，表示当前显示页路径的节点称为当前节点，当前节点与根节点之间的任何其他节点称为父节点。

SiteMapPath的常用属性如表8-2-3所示。

表 8-2-3　SiteMapPath 的常用属性

属　性	说　明
SiteMapProvider	获取或设置 SiteMapProvider 的名称，用于呈现站点导航控件
Provider	获取或设置与控件关联的 SiteMapProvider
ParentLevelsDisplayed	获取或设置控件中相对于当前所显示的节点，显示父节点的级别数
PathSeparatorTemplate	获取或设置控件的路径分隔符模板

2. TreeView 控件

TreeView 控件按树状结构来显示分层数据，以便于对站点进行导航。TreeView 控件支持以下功能。

(1) 自动数据绑定，该功能允许将控件的节点绑定到分层数据(如 XML 文档)。

(2) 通过与 SiteMapDataSource 控件集成提供对站点导航的支持。

(3) 可以显示为可选择文本或超链接的节点文本。

(4) 可通过主题、用户定义的图像和样式自定义外观。

(5) 通过编程访问 TreeView 对象模型，可以动态地创建树，填充节点以及设置属性等。

(6) 通过客户端到服务器的回调填充节点(在受支持的浏览器中)。

(7) 能够在每个节点旁边显示复选框。

TreeView 控件由一个或多个节点构成。树中的每个项都被称为一个节点，由 TreeNode 对象表示。节点类型主要有以下几种。

(1) 根节点：没有父节点，但具有一个或多个子节点的节点。

(2) 父节点：具有一个父节点，并且有一个或多个子节点的节点。

(3) 叶节点：没有子节点的节点。

TreeView 的每个 TreeNode 节点都具有一个 Text 属性和一个 Value 属性。Text 属性的值是显示在 TreeView 控件中的导航文本，而 Value 属性则用于存储有关该节点的任何附加数据(例如传递给与节点相关联的回发事件的数据)。

TreeNode 控件的常用属性如表 8-2-4 所示。

表 8-2-4　TreeNode 控件的常用属性

属　性	说　明
Text	树中节点显示的文字
ToolTip	鼠标指针停留在节点文本上显示的提示文本
Value	保存关于节点的不显示的额外数据(比如处理单击事件时需要用户识别节点的唯一 ID)
NavigateUrl	用户单击节点时自动跳转到该 URL
Target	超链接的目标窗口或框架。没有设置，则新页面在当前窗口打开
ImageUrl	显示在节点旁边的图片
ImageToolTip	显示在节点旁边的图片的提示信息

TreeView 控件可以显示站点地图数据。可参考如下步骤实现。

(1) 创建提供导航信息的 SiteMapDataSource 控件。该 SiteMapDataSource 默认绑定到网站根目录下站点地图 Web.sitemap。当然,也可以采用其他的站点地图,比如 AdminPlatformWeb.sitemap,此时需要在网站配置文件 Web.config 中的＜sitemap＞节点中配置该站点地图,指明站点地图的文件路径。配置文件的＜sitemap＞节点主要代码如下。

```
1  <siteMap defaultProvider="defaultSiteMapProvider">
2      <providers>
3          <add name="AdminPlatformSiteMap" type="System.Web.XmlSiteMapProvider"
4                  siteMapFile="~/AdminPlatform/AdminPlatformWeb.sitemap"/>
5      </providers>
6  </siteMap>
```

(2) 设置 TreeView 控件的 DataSourceID。将 TreeView 控件绑定到 SiteMapDataSource,即将其属性 DataSourceID 设置为站点地图数据源 SiteMapDataSource 控件的 ID。

TreeView 支持多种样式,使用这些样式可以改变它的外观。TreeView 第一次显示时,所有的节点都会出现,可以设置 ExpandDepth 属性来控制展开的层级。比如,如果 ExpandDepth 属性为 2,那么只会显示前 3 层(第 0 层、第 1 层、第 2 层),通过设置 Expand 属性为 True 或 False 来展开和折叠树的节点。

单击 TreeView 控件的节点时,将引发选择事件(通过回发)或导航至其他页。未设置 NavigateUrl 属性时,单击节点将引发 SelectedNodeChanged 事件,可以处理该事件,从而提供自定义的功能。每个节点还都具有 SelectAction 属性,该属性可用于确定单击节点时发生的特定操作,例如展开节点或折叠节点。若要在单击节点时不引发选择事件而导航至其他页,可将节点的 NavigateUrl 属性设置为除空字符串("")之外的值。

3. Menu 控件

Menu 控件可以向网页添加导航功能。Menu 控件支持一个主菜单和多个子菜单,并且允许定义动态菜单(有时称为"飞出"菜单)。Menu 控件支持以下功能。

(1) 自动数据绑定,通过与 SiteMapDataSource 控件集成提供对站点导航的支持。

(2) 可以显示为可选择文本或超链接的节点文本。

(3) 通过编程访问 Menu 对象模型,可以动态地创建菜单,填充菜单项以及设置属性等。

(4) 可以采用水平方向或竖直方向的形式导航。

(5) 支持静态或动态的显示模式。

Menu 控件具有两种显示模式:静态模式和动态模式。静态显示意味着 Menu 控件始终是完全展开的,整个结构都是可视的,用户可以单击任何部位。在动态显示的菜单中,只有指定的部分是静态的,而只有用户将鼠标指针放置在父节点上时才会显示其子菜单项。

（1）静态显示方式。使用 Menu 控件的 StaticDisplayLevels 属性可控制静态显示行为。StaticDisplayLevels 属性指示从根菜单算起，静态显示的菜单的层数。例如，如果将 StaticDisplayLevels 设置为 3，菜单将以静态显示的方式展开其前三层。静态显示的最小层数为 1，如果将该值设置为 0 或负数，该控件将会引发异常。

（2）动态显示方式。使用 Menu 控件的 MaximumDynamicDisplayLevels 属性可以指定在静态显示层后应显示的动态显示菜单节点层数。例如，如果菜单有 3 个静态层和两个动态层，则菜单的前 3 层静态显示，后两层动态显示。如果将 MaximumDynamicDisplayLevels 设置为 0，则不会动态显示任何菜单节点。如果将 MaximumDynamicDisplayLevels 设置为负数，则会引发异常。

Menu 控件可以通过两种方式来定义的内容：添加单个 MenuItem 对象（以声明方式或编程方式）；用数据绑定的方法将该控件绑定到 XML 数据源。

（1）手动添加菜单项。Menu 控件可以通过在 Items 属性中指定菜单项的方式向控件添加单个菜单项。Items 属性是 MenuItem 对象的集合。Menu 控件代码示例如下，该控件有 3 个菜单项，每个菜单项有两个子项。

```
1   <asp:Menu ID="Menu1" runat="server" StaticDisplayLevels="3">
2       <Items>
3           <asp:MenuItem Text="用户管理" Value="User">
4               <asp:MenuItem Text="新增用户" Value="NewUser">
                    </asp:MenuItem>
5               <asp:MenuItem Text="用户列表" Value="UserList">
                    </asp:MenuItem>
6           </asp:MenuItem>
7           <asp:MenuItem Text="分类管理" Value="Category">
8               <asp:MenuItem Text="新增分类" Value="New Category ">
                    </asp:MenuItem>
9               <asp:MenuItem Text="分类列表" Value=" CategoryList">
                    </asp:MenuItem>
10          </asp:MenuItem>
11          <asp:MenuItem Text="图书管理" Value="Book">
12              <asp:MenuItem Text="新增图书" Value="NewBook">
                    </asp:MenuItem>
13              <asp:MenuItem Text="图书列表" Value="BookList">
                    </asp:MenuItem>
14          </asp:MenuItem>
15      </Items>
16  </asp:Menu>
```

（2）用数据绑定的方法绑定到 XML 数据源。利用 Menu 控件绑定到 XML 数据源（如站点地图）的方法，可以通过该数据源文件来控制菜单的内容，而不需要使用设计器。这样就可以在不重新访问 Menu 控件或编辑任何代码的情况下，更新站点的导航内容。

如果站点内容有变化,便可使用 XML 数据源来组织内容,再提供给 Menu 控件,以确保网站用户可以访问这些内容。

职业能力拓展

8-2-7 为管理后台设计树状导航菜单

可可连锁书店网上商城的管理后台的主要功能是采用树状菜单形式来展示和导航的。

程可儿在管理后台母版页中实现这个树状菜单时,遇到了一个新的问题:程可儿在默认的站点地图 Web.sitemap 中添加了与管理后台页面相对应的各个节点,并且将 TreeView 控件的数据源与站点地图 Web.sitemap 绑定了;在测试时,发现管理后台树状菜单中居然把前台门户的页面名称及导航超链接也显示出来了。毫无疑问,如图 8-2-3 所示,管理后台只需要展示与后台管理相关的页面导航节点即可。

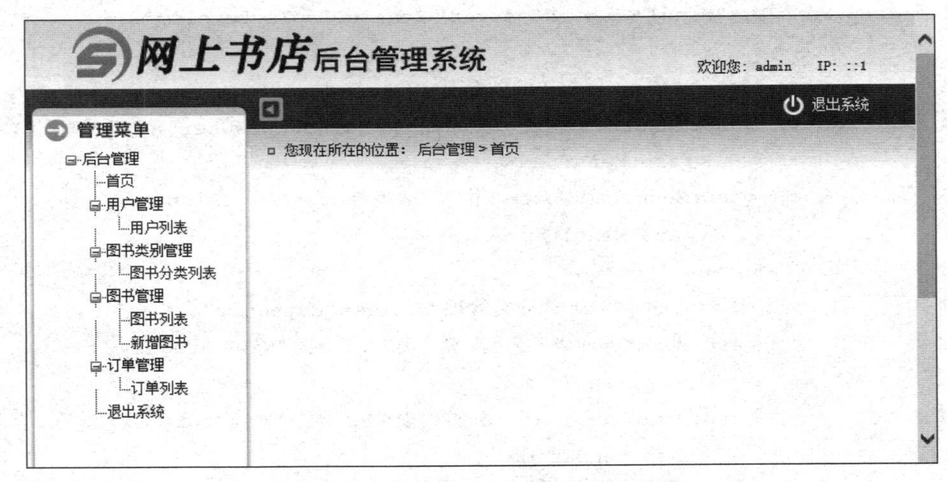

图 8-2-3 网上商城管理后台树状导航菜单设计参考

陈靓推荐给程可儿一个技术解决方案。

(1) 在管理后台文件夹 AdminPlatform 中添加一个站点地图 AdminWeb.sitemap。这个站点地图专门用于管理和维护管理后台各个页面的导航结构。

(2) 在配置文件 Web.config 中配置用于管理后台的站点地图数据源。

(3) 在管理后台母版页 AdminPlatform.master 左侧区域中添加 TreeView 控件,使用 SiteMapDataSource 控件,将管理后台的站点地图数据源与该 TreeView 控件绑定。

程可儿在 MSDN 查阅了站点地图数据源配置管理等相关文章,尝试去实现管理后台的树状导航菜单。

任务 8-3　前台门户功能复用

任务描述与分析

在开发过程中，程可儿发现有一些同样的功能部分，经常需要重复地出现在不同的页面中，比如会员登录页和首页中的会员登录表单部分，虽然位于不同页面，但是两者的界面和功能都完全一样。当然，还有许多类似的情况，比如首页和图书列表页的图书分类展示部分，等等。程可儿试图采用一种方法来定义这种可以重复使用的部分，通过功能部分的复用，来减少这些重复的开发工作，提高开发效率和可维护性。

开发任务单如表 8-3-1 所示。

表 8-3-1　开发任务单

任务名称	＃803　前台门户功能复用		
相关需求	作为一名软件工程师，我希望将前台门户中重复的功能部分封装为自定义用户控件，这样可以为前台门户提供统一的、可重复使用的功能单元		
任务描述	(1) 完善前台门户页设计 (2) 创建会员登录用户控件 (3) 在前台门户首页中使用会员登录用户控件 (4) 测试前台门户首页页面和用户控件		
所属迭代	Sprint ＃5　优化和交付“可可网上商城”		
指派给	程可儿	优先级	4
任务状态	□已计划　☑进行中　□已完成	估算工时	16

任务设计与实现

8-3-1　详细设计

(1) 页面 UI 设计：如图 8-3-1 所示，前台门户首页右侧放置有“用户登录”区域。

(2) 页面设计说明：

① 前台门户首页放置有“用户登录”区域，便于会员用户使用账号、密码登录到前台门户，提供“注册新账户”“忘记密码”等功能性超链接。

② 前台门户首页“用户登录”区域的 UI 设计、功能操作以及业务逻辑等，均与会员登录页 UserLogin.aspx 设计一致，如图 8-3-1 和图 8-3-2 所示。

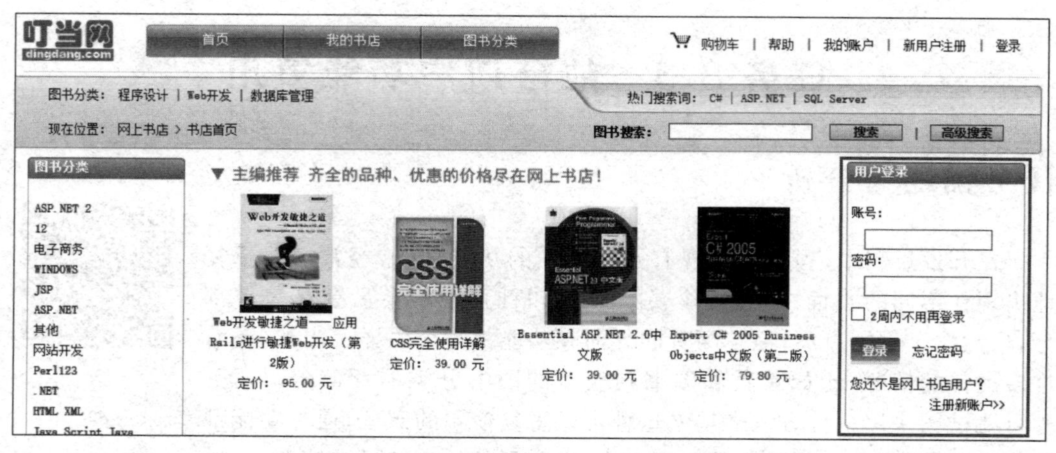

图 8-3-1　前台门户首页“用户登录”区域设计参考

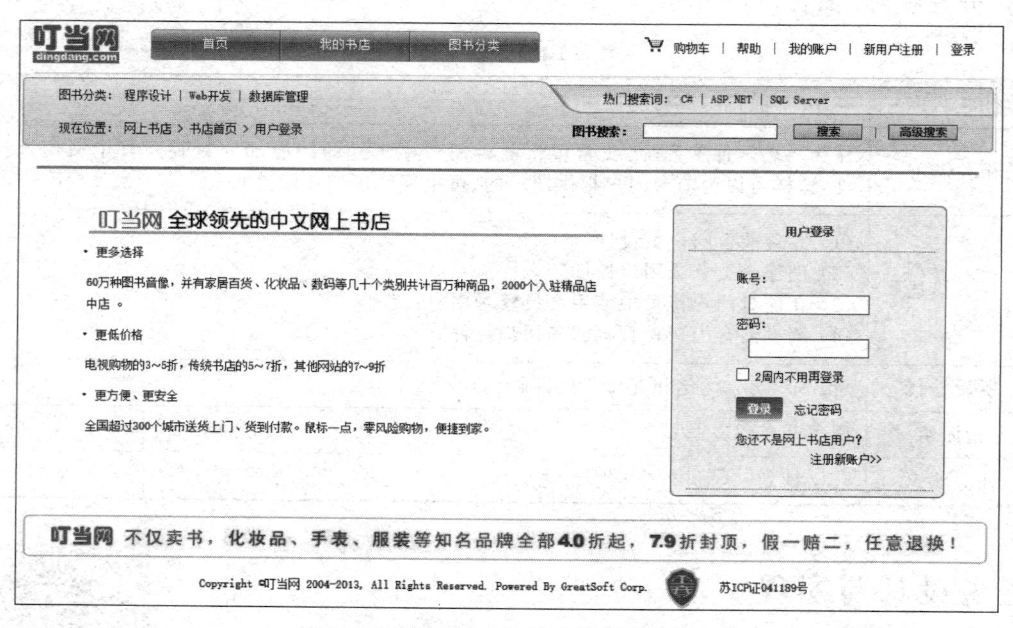

图 8-3-2　前台门户会员登录页设计参考

8-3-2　创建会员登录用户控件

（1）打开表示层项目 BookShop.WebUI，在应用程序根文件夹中添加用户控件文件夹 Controls，在该文件夹中添加 Web 窗体用户控件 UserLoginControl.ascx，如图 8-3-3 所示。

（2）参考任务 2-1，打开已实现的会员登录页 UserLogin.aspx，在源视图下，将该页面的所有代码复制后粘贴到用户控件 UserLoginContrl.ascx。会员登录用户控件 UserLoginContrl.ascx 的主要代码参考如下。

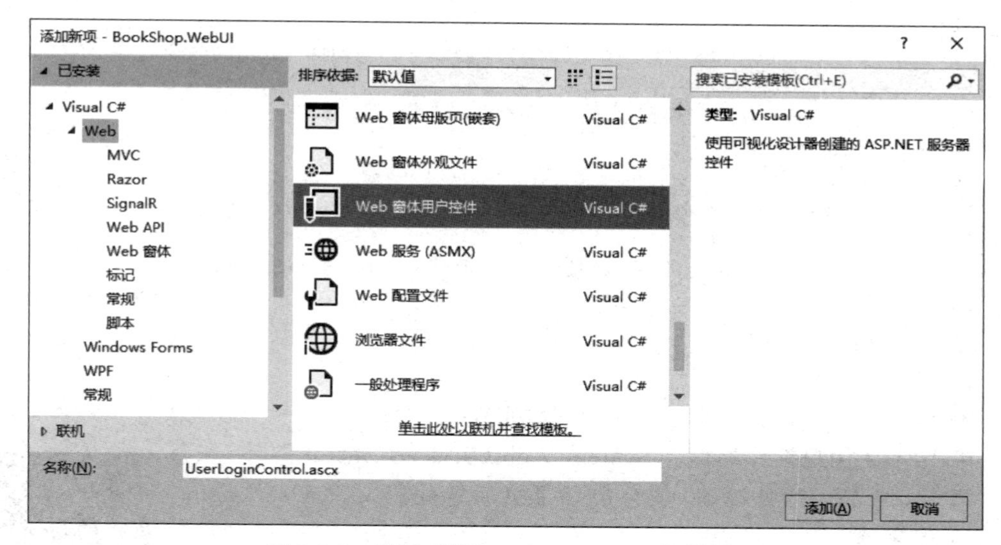

图 8-3-3 “添加新项-BookShop.WebUI”对话框

```
1  <%@ Control Language="C#" AutoEventWireup="True"
2        CodeBehind="UserLoginControl.ascx.cs"
3        Inherits="BookShop.WebUI.UserLoginControl" %>
4
5        账号：<asp:TextBox ID="txtLoginId" runat="server"/>
6        密码：<asp:TextBox ID="txtLoginPwd" runat="server"
            TextMode="Password" />
7        <asp:CheckBox ID="cbLoginExpires" runat="server"
            Text=" 2 周内不用再登录" />
8        <asp:Button ID="btnLogin" runat="server" Text="登录"
            OnClick="btnLogin_Click" />
9        ...
```

第 1～3 行：Web 窗体用户控件的 Control 指令，其他各属性请参考 Web 窗体 Page 指令。

第 4～9 行：用户控件中主要 UI 设计、功能操作、业务逻辑处理(后置代码文件中“登录”按钮事件处理程序)均与会员登录页 UserLogin.aspx 的一致，这里仅以简略示例。

会员登录用户控件后置代码文件 UserLoginControl.ascx.cs 的主要代码如下。

```
1   using System;
2   using System.Collections.Generic;
3   using System.Linq;
4   using System.Web;
5   using System.Web.UI;
6   using System.Web.UI.WebControls;
7
8   namespace BookShop.WebUI
9   {
10      public partial class UserLoginControl:System.Web.UI.UserControl
```

```
11      {
12          protected void Page_Load(object sender, EventArgs e)
13          {
14              //用户控件首次加载后初始化,与会员登录页相同
15          }
16
17          protected void btnLogin_Click(object sender, EventArgs e)
18          {
19              //单击会员"登录"按钮后,处理登录业务,与会员登录页相同
20          }
21      }
22  }
```

第6行:引用命名空间 System.Web.UI.WebControls。

第10行:用户控件继承自 System.Web.UI.UserControl 类。

第14、20行:此处简略,从会员登录页后置代码文件 UserLogin.aspx.cs 中复制。

8-3-3 在前台门户首页中使用会员登录用户控件

(1) 打开表示层项目 BookShop.WebUI,从用户控件文件夹 Controls 中将 Web 窗体用户控件 UserLoginControl.ascx 拖放到前台门户首页相应位置,参考图 8-3-4。

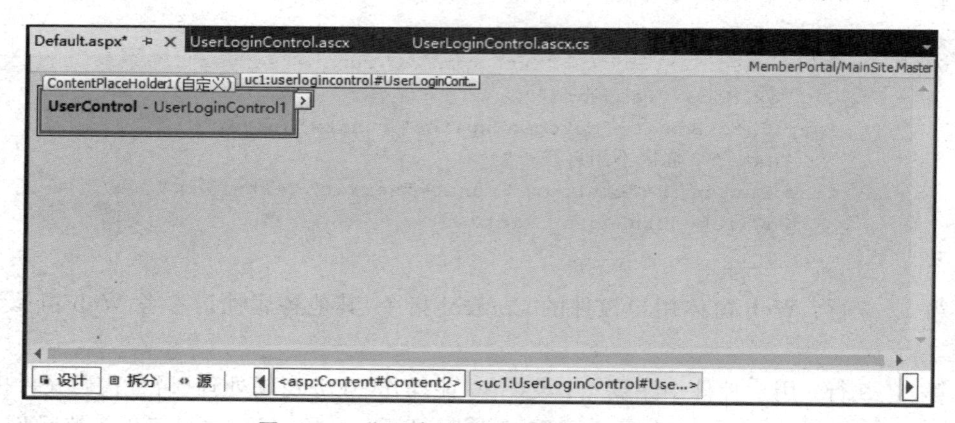

图 8-3-4 将用户控件拖放到前台门户首页

(2) 前台门户首页 Default.aspx 已经应用该用户控件 UserLoginControl.ascx。"源"视图下的前台门户首页 Default.aspx 的主要代码参考如下。

```
1   <%@ Page Title="" Language="C#" AutoEventWireup="True"
2           MasterPageFile="~/MemberPortal/MainSite.Master"
3           CodeBehind="Default.aspx.cs" Inherits="BookShop.WebUI.Default" %>
4   <%@ Register src="Controls/UserLoginControl.ascx" tagname="UserLoginControl"
5           tagprefix="uc1" %>
6   <asp:Content ID="Content1" ContentPlaceHolderID="head" runat="server">
7   </asp:Content>
8   <asp:Content ID="Content2" ContentPlaceHolderID="MainContent"
```

```
        runat="server">
9       <uc1:UserLoginControl ID="UserLoginControl1" runat="server" />
10  </asp:Content>
```

第 4、5 行：在首页中自动使用 Register 指令注册会员登录用户控件，定义用户控件的前缀和控件名，以及指明控件的源文件。

第 9 行：定义会员登录用户控件标记，用第 4、5 行的 Register 指令中<前缀:控件名/>来定义用户控件标记。

8-3-4　测试前台门户功能复用

（1）在“解决方案资源管理器”窗格中，右击 Web 窗体页 Default.aspx，在弹出的快捷菜单中选择“在浏览器中查看”命令（或按 Ctrl+F5 组合键），在浏览器中打开窗体页 Default.aspx。

（2）根据如表 8-3-2 所示的测试操作，对前台门户页面重用和样式控制进行功能测试。

表 8-3-2　测试操作

测试用例	TUC-0803　前台门户功能重用		
编号	测 试 操 作	期 望 结 果	检查结果
1	打开前台门户首页 Default.aspx	前台门户首页显示“用户登录”区域，可以使用会员账号、密码登录到前台门户，“注册新账户”“忘记密码”等功能超链接正常	通过

相关知识与技能

8-3-5　ASP.NET 用户控件

ASP.NET 用户控件是在站点内的所有页面间标准化重复内容（功能重用）的重要方式之一。用户控件是一小块页面，它可以包含静态的 HTML 元素和 Web 服务器控件等，可以在同一个 Web 应用程序的多个页面中重用它，还可以加入自己的属性、事件和方法。

1. ASP.NET 用户控件

用户控件和 ASP.NET Web 窗体页非常相似，几乎包含同样的内容（静态 HTML、ASP.NET 控件等），接收和 Page 对象同样的事件（比如 Page_Load 事件），可以使用 ASP.NET 内置对象（如 Application、Session、Request、Response）。用户控件和 Web 窗体页之间的主要异同如下。

（1）用户控件的文件扩展名为.ascx；而 Web 窗体页的为.aspx。

（2）用户控件从 System.Web.UI.UserControl 类派生，并继承了一些属性和方法。

(3) 用户控件的代码模型和 Web 窗体页的一致,包括单文件模型和代码隐藏页模型。

(4) 用户控件包含@Control 指令,而不是@Page 指令。

(5) 用户控件不能作为独立文件运行,而必须像使用其他控件一样,添加到 ASP.NET Web 窗体页中。

(6) 用户控件没有 html、body 或 form 元素,这些元素必须位于宿主页中。

2. 将 Web 窗体页转换为 ASP.NET 用户控件

如果已经开发了 ASP.NET Web 窗体页并打算在整个应用程序中访问其功能,则可以对该页面略加改动,将它更改为一个用户控件。具体如下。

(1) 将 Web 窗体页文件的扩展名.aspx 改为用户控件文件的扩展名.ascx。

(2) 同样重命名代码隐藏文件使其文件扩展名为.ascx.cs。

(3) 打开代码隐藏文件,并将该分部类所继承的类从 System.Web.UI.Page 更改为 System.Web.UI.UserControl。

(4) 打开原 Web 窗体页,从该页面中移除 html、body 和 form 元素。

(5) 将@Page 指令更改为@Control 指令。

(6) 移除@Control 指令中除 Language、AutoEventWireup(如果存在)、CodeFile 和 Inherits 之外的所有属性;将 CodeFile 属性更改为指向重命名的代码隐藏文件。

ASP.NET 用户控件可以像普通服务器控件一样被添加到该页面上,设计器会创建@Register 指令,页面需要它来识别用户控件。

职业能力拓展

8-3-6 将前台门户功能页重构为用户控件

除了会员登录表单部分以外,程可儿发现前台门户还有很多类似的功能重复部分,比如图书分类列表展示区域、出版社列表展示区域等,在不同的页面中都有重复出现。对于这些区域,程可儿直接用用户控件的方式,就解决了功能复用的问题。

而且,程可儿举一反三,还发现了使用用户控件的另外一个好处:如果一个页面中有很多功能区域,开发时可以将这些功能区域直接设计为用户控件;像"搭积木"一样,页面就像"容器",用户控件就像"积木",直接将这些用户控件拖放到页面的相应区域,就完成了页面的开发;如果某个用户控件需求点变更(比如界面元素、代码等),只需要修改和编译这个用户控件即可,其他用户控件甚至页面不用做任何变动,系统的可维护性、可扩展性大大提高。

程可儿准备重构前台门户首页 Default.aspx,把图书分类列表、出版社列表、主编推荐图书列表、点击排行榜列表、最新出版图书列表等主要的功能区域重构为用户控件,并在前台门户中使用这些用户控件。

模块小结

程可儿和团队一起，进一步优化了可可连锁书店的“可可网上商城”设计，根据最初的原型设计，完善了前台门户页面样式和布局、导航设计以及各个页面标准化内容的重用。为了让“可可网上商城”看起来更专业和美观，杨国栋和可可连锁书店的员工一直全程参与整个 Sprint ＃5。

该阶段工作完成后，研发团队初步达成以下目标。

（1）理解母版页工作原理。

（2）理解并掌握母版页、内容页的使用。

（3）熟练掌握站点地图、导航控件的使用。

（4）理解用户控件应用场景，熟练掌握用户控件的使用。

能力评估

一、实训任务

1. 参考前台门户首页原型设计，实现前台门户母版页，将前台门户各个页面改为使用母版页的内容页。

2. 参考前台门户原型设计中各个页面之间的导航关系，实现前台门户站点地图，并在母版页中实现站点导航路径“面包屑”导航。

3. 参考前台门户会员登录页和首页的原型设计，实现会员登录用户控件，并在会员登录页和首页登录区域中使用该会员登录用户控件。

二、拓展任务

1. 参考管理后台首页原型设计，实现管理后台母版页，将管理后台各个页面改为使用母版页的内容页。

2. 参考管理后台原型设计中各个页面之间的导航关系，实现管理后台站点地图，配置站点地图数据源，并在管理后台母版页中实现站点导航路径“面包屑”导航、树状导航菜单。

3. 参考前台门户首页原型设计，将各个图书展示的功能模块，如图书分类列表、图书出版社列表、主编推荐图书列表等，重构为用户控件，并在前台门户相关页面中使用这些用户控件。

三、简答题

1. 什么是 ASP.NET 母版页？简要阐述 ASP.NET 母版页、内容页与 Web 窗体页的主要区别。

2. 什么是 ASP.NET 站点地图?简要阐述 ASP.NET 站点地图的主要特征。

3. 什么是 ASP.NET 用户控件?简要阐述 ASP.NET 用户控件与 Web 窗体页的主要区别。

四、选择题

1. 为了确保每个页面的统一性,在本项目中添加了一个母版页,它的文件扩展名是(　　)。

A. .cs　　B. .master　　C. .ascx　　D. .aspx

2. 用户控件的扩展名是(　　)。

A. .master　　B. .cs　　C. .ascx　　D. .aspx

3. 关于嵌套站点地图的说法中,正确的是(　　)。

A. 站点地图必须在网站根目录下

B. 站点地图必须在 App_Data 子目录下

C. 站点地图必须和引用的网页在同一个目录中

D. Web.sitemap 必须在网站根目录下

4. 网站导航控件(　　)不需要添加数据源控件。

A. SiteMapPath　　B. TreeView

C. Menu　　D. SiteMapDataSource

5. 母版页中使用导航控件,要求(　　)。

A. 母版页必须在根目录下

B. 母版页名字必须为 Web.master

C. 与普通页面一样使用,浏览母版页时就可以查看结果

D. 必须有内容页才能查看结果

五、判断题

1. .NET 控件除了内置的服务器端控件外,还可以编写用户控件,其文件扩展名为.ascx。(　　)

2. 每个项目只能包含一个站点地图。(　　)

3. 站点地图文件的扩展名是.sitemap。(　　)

4. 母版设计过程中可以嵌套其他的母版页。(　　)

5. 母版页只能包含一个 ContentPlaceHolder 控件。(　　)

6. 一个站点地图中只能有一个 siteMapNode 根元素。(　　)

7. 网站导航文件不能被嵌套使用。(　　)

8. 网站导航控件都必须通过 SiteMapPath 控件来访问站点地图数据。(　　)

9. 母版页中不能添加导航控件。(　　)

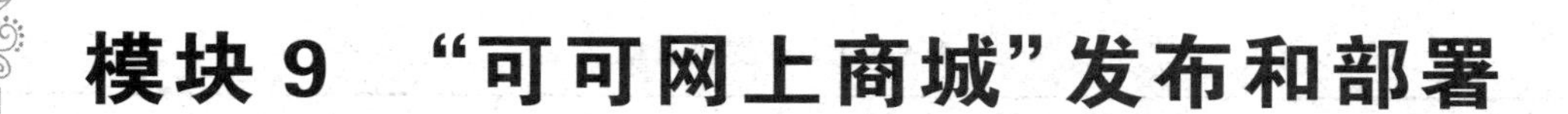

模块 9 “可可网上商城”发布和部署

陈靓和他的团队即将迎来胜利的曙光——项目即将部署上线。对于陈靓和他的团队而言，项目进展非常顺利，按期完成所有开发任务，对于第一次尝试的 Scrum 团队，这是非常不容易的。对于杨国栋而言，“可可网上商城”顺利部署到阿里云服务器后，即将进入试运行阶段，终于能赶在 9 月销售旺季之前上线运营。

工作任务

任务 9-1　发布“可可网上商城”

任务 9-2　部署“可可网上商城”到服务器

学习目标

(1) 掌握发布 ASP.NET Web 应用程序项目的基本方法。

(2) 掌握安装 IIS 服务器的基本方法。

(3) 掌握将 ASP.NET Web 站点部署到 IIS 服务器的基本方法。

任务 9-1　发布“可可网上商城”

任务描述与分析

程可儿和王海将“可可网上商城”部署到 Web 服务器上之前，要做一项很重要的工作，就是对“可可网上商城”项目进行发布。

之前，程可儿并不是非常重视所谓发布工作，总感觉程序开发好了，在测试服务器上调试通过能正常工作，那么所有工作就可以结束了。陈靓从以下几个方面给程可儿解释了发布 Web 应用程序项目的重要性。

(1) ASP.NET 的“发布”功能可以预编译整个站点，可以在最终用户看到站点之前及时地在编译时发现 Bug(缺陷)。

(2) 发布时预编译整个站点，可以在运行时加快用户访问的响应时间。

(3) 通过发布工具可以创建站点的已编译版本，只需要将该已编译版本部署到 Web

服务器，而不需要将源代码复制到服务器，既保护了源代码版权，也避免了源代码泄露后导致的安全问题。

开发任务单如表 9-1-1 所示。

表 9-1-1　开发任务单

任务名称	＃901　发布“可可网上商城”		
相关需求	作为一名软件开发工程师，我希望使用 Visual Studio 发布工具来发布“可可网上商城”系统，这样可以让我在编译项目时能及时发现编译错误，提高项目部署后的响应速度和代码安全性		
任务描述	（1）使用 Visual Studio 发布工具发布“可可网上商城”项目 （2）通过 Web.config 配置文件来配置和管理已发布的站点		
所属迭代	Sprint ＃5　优化和交付“可可网上商城”		
指派给	程可儿、王海	优先级	4
任务状态	□已计划　☑进行中　□已完成	估算工时	8

任务设计与实现

9-1-1　发布 ASP.NET Web 站点

（1）在 Visual Studio 中打开“可可网上商城”项目解决方案文件 BookShop.sln。

（2）在“解决方案资源管理器”窗格中，右击表示层项目 BookShop.WebUI，在快捷菜单中选择“发布”命令，如图 9-1-1 所示，或者在 Visual Studio 菜单栏中选择“生成”→“发布 BookShop.WebUI”命令，如图 9-1-2 所示。

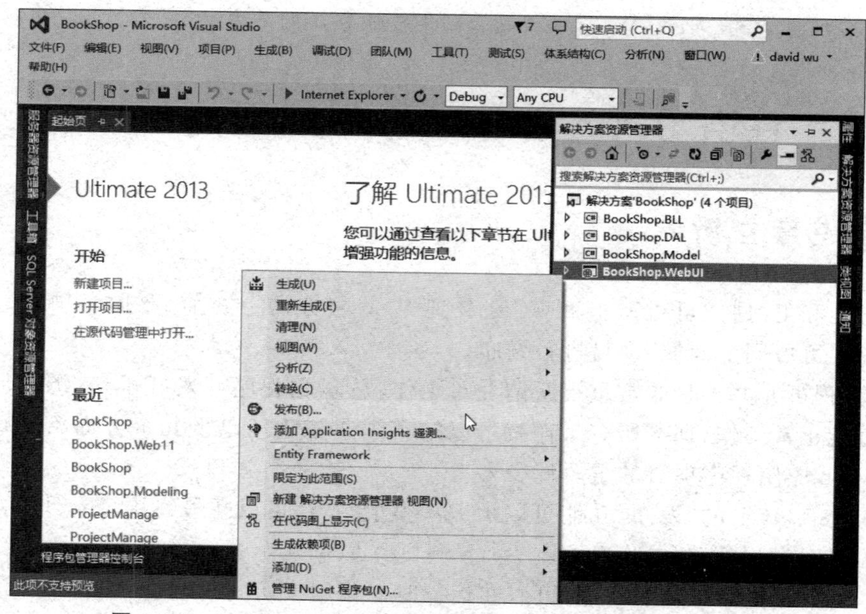

图 9-1-1　BookShop.WebUI 项目右键快捷菜单中的“发布”命令

图 9-1-2 在 Visual Studio 菜单栏中选择“生成”→“发布 BookShop.WebUI”命令

(3) 打开“发布 Web”对话框，如图 9-1-3 所示。在该对话框中，可以根据发布向导，一步一步地配置和发布 Web 项目。

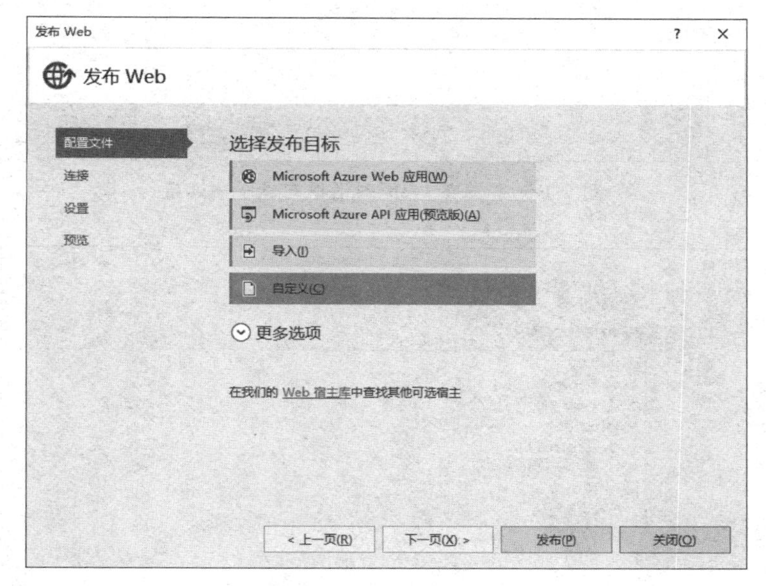

图 9-1-3 “发布 Web”对话框向导——选择发布目标

(4) 向导第一步为“选择发布目标”，自定义配置文件。如图 9-1-3 所示，选择“自定义”选项，打开“新建自定义配置文件”对话框。在对话框中输入配置文件名称 BookShop，如图 9-1-4 所示。单击“下一页”按钮。

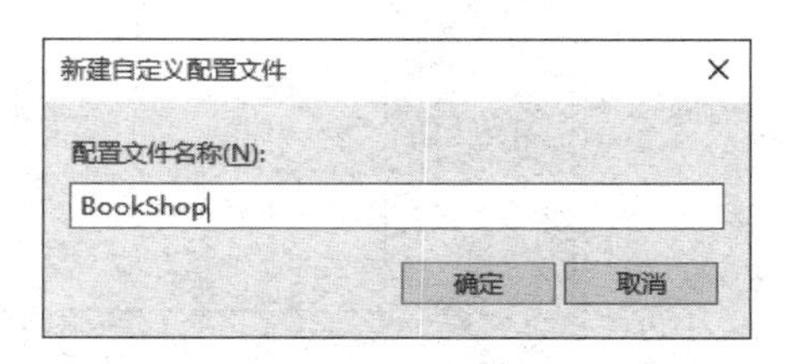

图 9-1-4 “新建自定义配置文件”对话框

(5) 向导第二步为“连接”，将“可可网上商城”发布到文件系统。在这里可以选择发布方法，如图 9-1-5 所示，Visual Studio 发布工具支持将 Web 站点发布到 Web Deploy、Web Deploy 包、FTP、文件系统。在“发布方法”列表中选择“文件系统”选项，如图 9-1-6 所示，打开“目标位置”对话框，选择发布站点的目标文件夹。指定发布目标文件夹后的

"发布 Web"对话框向导如图 9-1-7 所示。单击"下一页"按钮。

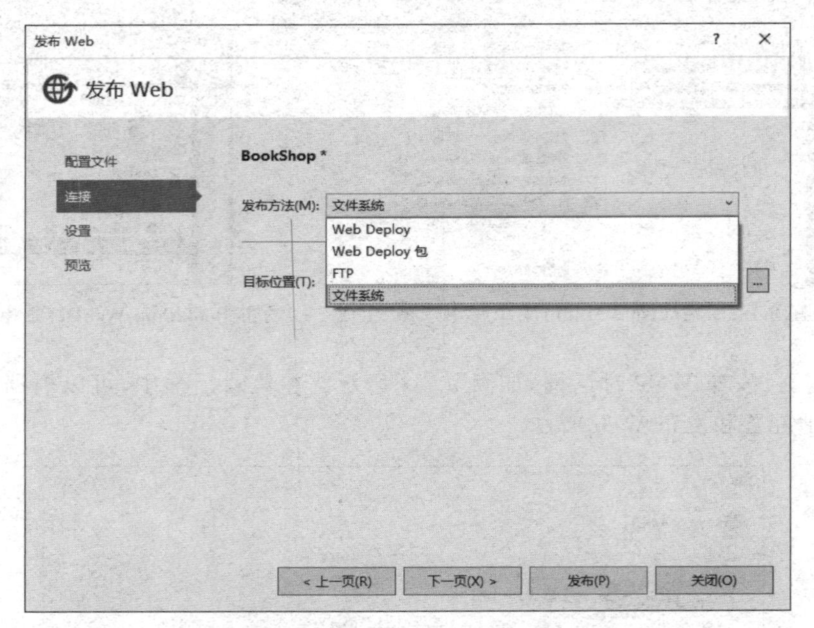

图 9-1-5　"发布 Web"对话框向导——连接

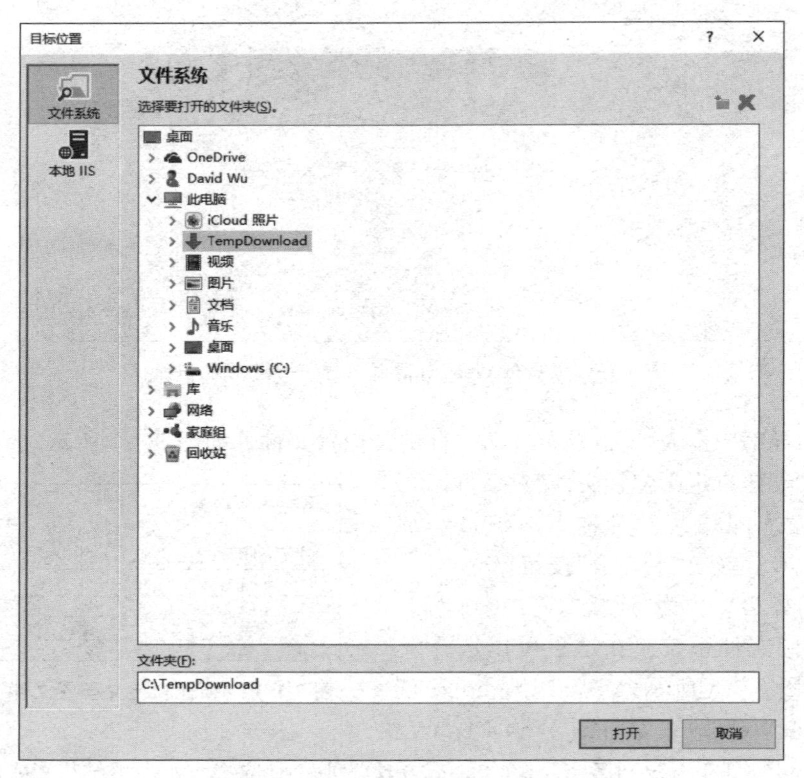

图 9-1-6　"目标位置"对话框

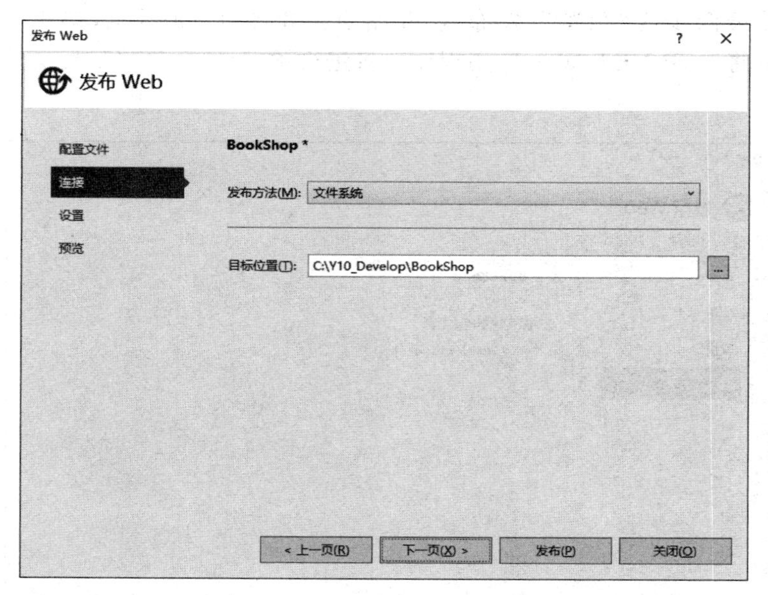

图 9-1-7 “发布 Web”对话框向导——发布到文件系统位置

(6) 向导第三步为“设置”,配置站点发布选项。如图 9-1-8 所示,选择 Release 发布,在“文件发布选项”选项组中勾选“在发布前删除所有现有文件”“在发布期间预编译”复选框,即将最新的发布文件覆盖目标文件夹中所有文件,并且对站点所有文件进行预编译。当然,也可以勾选“排除 App_Data 文件夹中的文件”复选框,发布时将不包含该 App_Data 文件夹中的文件,如 SQL Server 数据库文件(*.mdf)等。

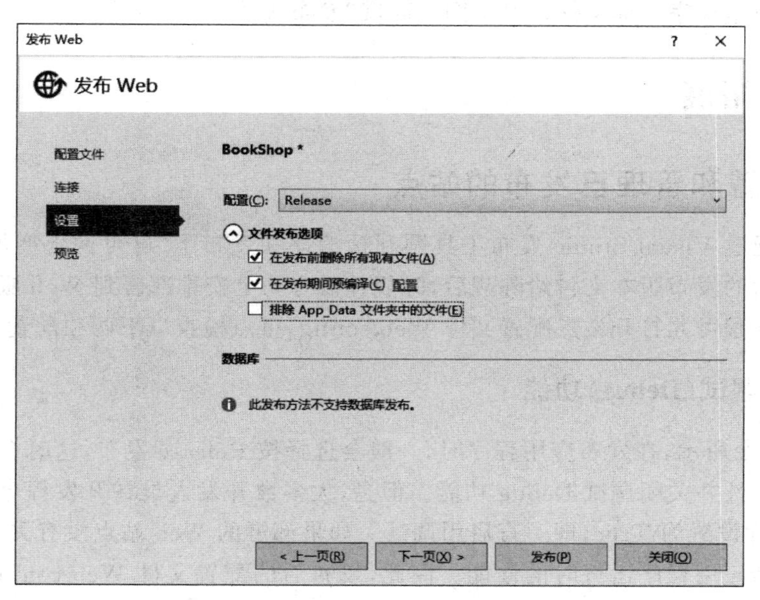

图 9-1-8 “发布 Web”对话框向导——设置

(7) 向导第四步为"预览"、发布 Web 站点。如图 9-1-9 所示,单击"发布"按钮,Visual Studio 将 ASP.NET Web 应用程序项目进行预编译,并且将目标文件复制到目标文件夹中。

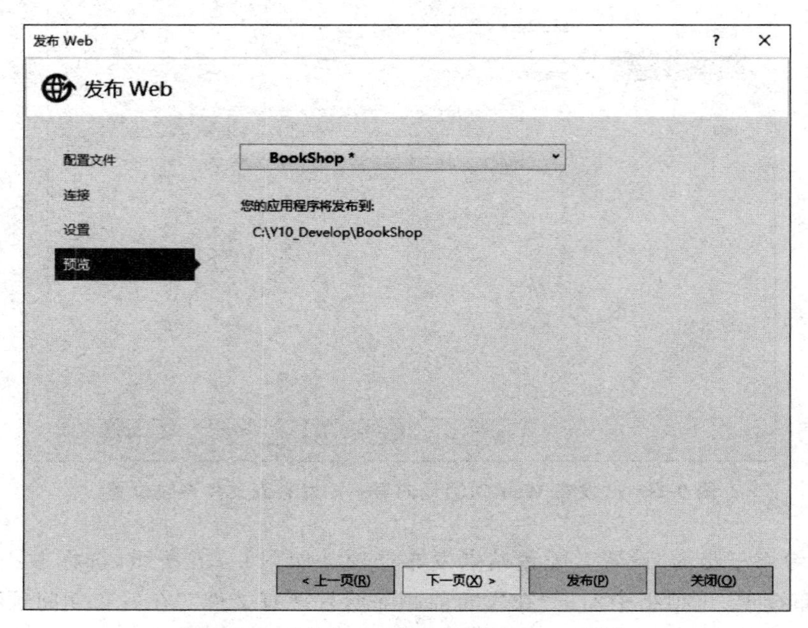

图 9-1-9 "发布 Web"对话框向导——预览

(8) 在资源管理器中打开目标文件夹,可以浏览到所有预编译,并且发布的 ASP .NET Web 应用程序目标文件,"可可网上商城"发布成功。

职业能力拓展

9-1-2 配置和管理已发布的站点

程可儿通过 Visual Studio 发布工具顺利预编译和发布了"可可网上商城"项目。程可儿把编译后的发布版本交付给陈靓后,陈靓并没有马上安排部署到 Web 服务器。

陈靓指导程可儿打开站点配置文件 Web.config,重点检查以下两项配置内容。

1. 关闭调试(Debug)功能

如图 9-1-8 所示,在发布应用程序时,一般会选择按 Release 发布,这时会通过发布工具修改配置文件并关闭调试 Debug 功能。但是,大多数开发人员在开发程序过程中都会把 Debug 属性设置为 True,即一直启用调试。如果部署的 Web 站点没有关闭调试功能,那么将会降低应用程序运行时的性能。因此,发布后的配置文件 Web.config 中,要检查并确认关闭了调试功能。相关配置项参考如下。

```
1  <?xml version="1.0"?>
```

```
2 <configuration>
3     <system.web>
4         <compilation debug="False" targetFramework="4.0">
5         </compilation>
6     </system.web>
7 </configuration>
```

第 4 行：将 compilation 元素中的 debug 属性设置为 False，关闭调试功能。

2. 为应用程序运行异常自定义错误消息

当 ASP.NET Web 应用程序出现异常而运行失败时，默认情况下浏览器端将直接显示错误页面，其中包含了相关的源代码和错误所在的行号以及底层的错误消息等。但是，将源代码和底层错误消息直接反馈给最终用户，用户无法理解，没有任何帮助，是没有任何意义的，同时也容易使得“恶意”用户获取到关键信息后导致进一步的攻击和破坏。

因此，在发布站点后，需要通过设置配置项，避免将太多的错误信息显示给最终用户，而将客户端浏览器重定向到某一个特定的页面 URL，给用户一些相对“友好”易懂的错误提示信息。相关配置项参考如下。

```
1 <?xml version="1.0"?>
2 <configuration>
3     <system.web>
4         <customErrors mode="RemoteOnly" defaultRedirect="~/ErrorPage.aspx">
5             <error statusCode="404" redirect="~/ErrorPage.aspx"/>
6         </customErrors>
7     </system.web>
8 </configuration>
```

第 4 行：mode 属性有 3 个值可选，On 表示启用自定义错误；Off 表示禁用自定义错误，远程客户端和本机都显示详细的错误信息；RemoteOnly 表示显示自定义错误，但只显示给远程客户端（最终用户）。这里选择 RemoteOnly，如果应用程序出现异常，则开发人员在本地可以通过浏览器页面看到详细的错误信息，便于发现问题和调试，而最终用户在远程浏览器端则只能看到自定义的“友好”的错误信息。其中，DefaultRedirect 属性配置了发生异常错误后将浏览器重定向到默认的页面 URL，如应用程序根目录中的 ErrorPage.aspx 页面，这个页面更人性化，“友好”地提示错误。

第 5 行：自定义错误的多个 error 子元素，用于给特定的 HTTP 状态代码指定自定义错误页面 URL。每个 error 子元素包含以下属性：statusCode 属性为特定的 HTTP 状态代码，如值为 404 表示“服务器找不到请求的页面”，值为 500 表示“服务器遇到错误，无法完成请求”等；Redirect 属性为与 HTTP 状态代码相对应的自定义错误页面的 URL。

提示　ASP.NET 配置文件是一种基于 XML 的、灵活、可访问、易于使用的配置系统，允许管理员在 Web 应用程序开发过程中、发布和部署后都可以随时直接使用。

请查阅 MSDN 有关文档，进一步掌握 Web.config 中各主要配置项的使用。

任务 9-2 部署"可可网上商城"到服务器

任务描述与分析

根据可可连锁书店的实际需求,陈靓推荐杨国栋购买一台阿里云服务器,完全可以满足企业的小规模电子商务应用需求。王海已经负责安装好 SQL Server 数据库服务器,并且将"可可网上商城"的数据库 BookShop 移植到这台服务器上。接下来,程可儿就可以将站点正式部署到可可连锁书店提供的服务器上。他需要在服务器上远程安装 IIS 服务,部署和配置站点等。开发任务单如表 9-2-1 所示。

表 9-2-1 开发任务单

任务名称	#902 部署"可可网上商城"到服务器		
相关需求	作为一名软件开发工程师,我希望将发布后的"可可网上商城"系统部署到客户的 Web 服务器上,这样可以让我正式交付项目,客户可以访问并且试运行		
任务描述	(1) 在服务器上安装 IIS 服务 (2) 在 IIS 管理器中部署和配置"可可网上商城"站点 (3) 测试 IIS 上的"可可网上商城"站点服务		
所属迭代	Sprint #5 优化和交付"可可网上商城"		
指派给	程可儿,Carl Huang	优先级	4
任务状态	□已计划 ☑进行中 □已完成	估算工时	8

任务设计与实现

9-2-1 在服务器上安装 IIS

(1) 确定阿里云服务器配置参数。

① 硬件配置: Intel Xeon CPU 双核 2.59GHz,4GB 内存,40GB 系统盘存储空间,100GB 数据盘存储空间,2Mbps 独立带宽。

② 软件配置: 操作系统为 Windows Server 2008 R2 Enterprise(64 位)版本;数据库管理系统为 SQL Server 2008 R2;服务器安装 Microsoft .NET Framework 3.5 以上版本。

(2) 通过远程桌面连接登录到服务器,在控制面板中选择"程序"选项,在打开的"程序和功能"窗口中选择"打开或关闭 Windows 功能"选项,打开"服务器管理器"窗口。

(3) 在"服务器管理器"窗口中选择"角色"选项,在"角色"管理窗口中单击"添加角色"链接,根据"添加角色向导"对话框提示,勾选并安装"Web 服务器(IIS)",如图 9-2-1 和图 9-2-2 所示。

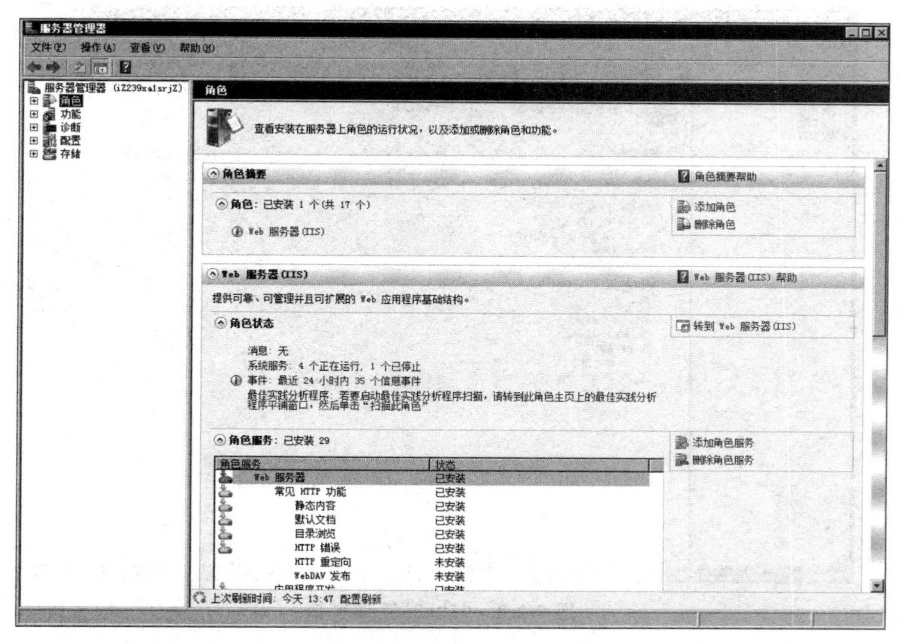

图 9-2-1 “角色”管理窗口

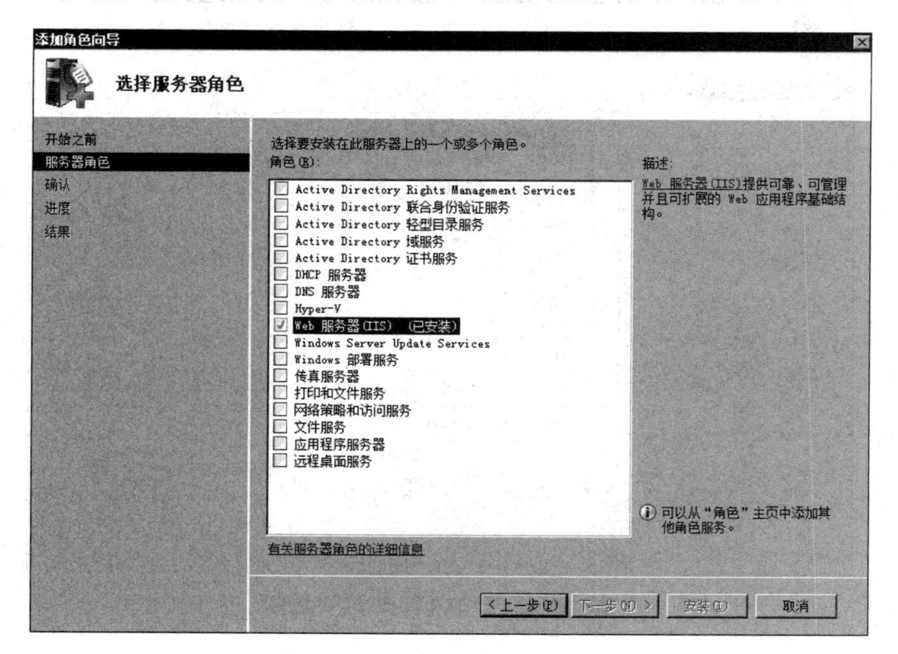

图 9-2-2 “添加角色向导”对话框

(4) 在“服务器管理器”窗口中选择“功能”选项，在“功能”管理窗口中单击“添加功能”链接，根据“添加功能向导”对话框提示，勾选并安装“.NET Framework 3-5-1 功能”，如图 9-2-3 和图 9-2-4 所示。

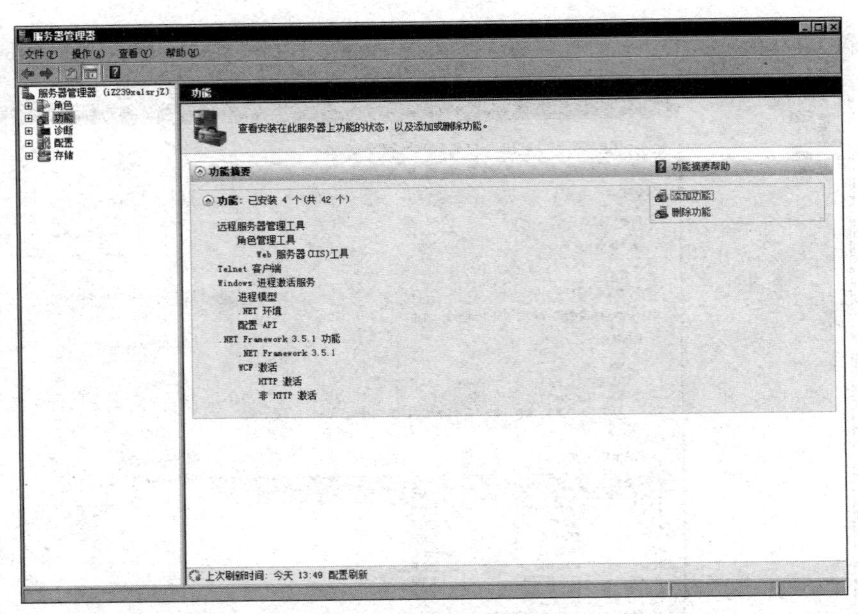

图 9-2-3 “功能”管理窗口

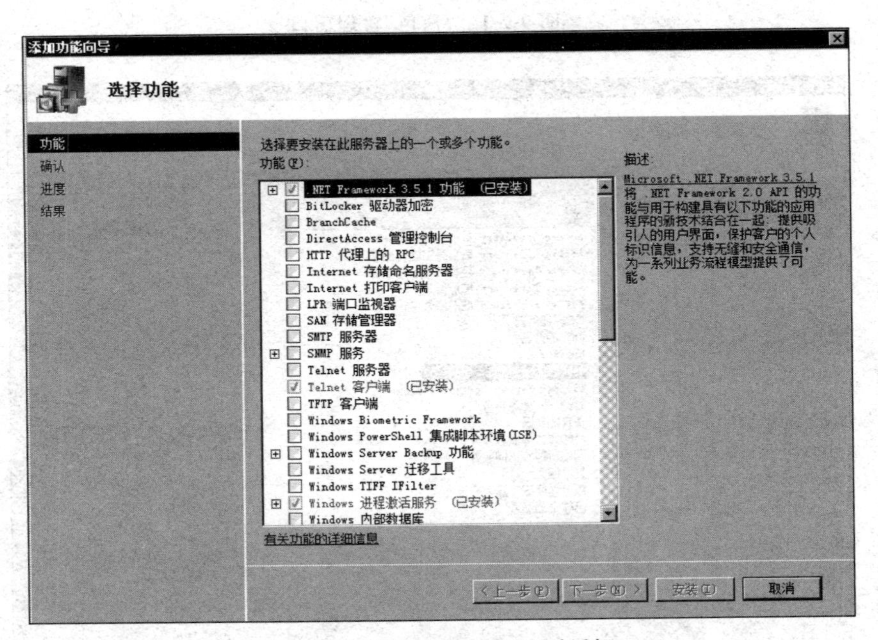

图 9-2-4 “添加功能向导”对话框

提示 Windows Server 2008 中安装 IIS 的详细过程和角色、功能配置，请具体参阅有关帮助文档和手册。注意，IIS 的安装方式，因服务器操作系统版本不同而有所差异。

比如，程可儿在自己的测试服务器上安装和配置 IIS。该测试服务器安装的是 Windows 10 专业版，可以在“Windows 功能”对话框中直接勾选并安装 Web 管理工具和.NET Framework，如图 9-2-5 所示。

图 9-2-5 测试服务器的“Windows 功能”对话框及功能项参考(Windows 10)

9-2-2 在 IIS 管理器中部署和配置“可可网上商城”站点

(1) 将已经发布的“可可网上商城”版本复制到服务器指定文件夹，如 D:\BookShop 中。

(2) 通过远程桌面连接，登录到服务器，在“开始”菜单中选择“所有程序”→“管理工具”→“Internet 信息服务(IIS)管理器”命令，打开“Internet 信息服务(IIS)管理器”窗口，如图 9-2-6 所示。

图 9-2-6 “Internet 信息服务(IIS)管理器”窗口

(3) 在窗口左侧"连接"面板中,选择当前服务器的"网站"组中的 Default Web Site,即"默认 Web 站点"。

(4) 在窗口右侧"操作"面板中,单击"高级设置"链接,打开默认站点的"高级设置"对话框,如图 9-2-7 所示。

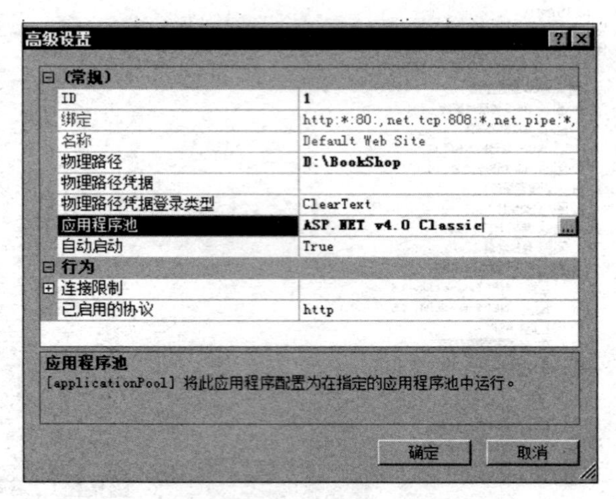

图 9-2-7　默认站点的"高级设置"对话框

(5) 在"高级设置"对话框中,设置默认站点的主要参数,分别是,选择"物理路径"为站点发布在服务器上的实际路径,如 D:\BookShop;"应用程序池"推荐为 ASP.NET v4.0 Classic;默认绑定主机端口为 80 端口。

(6) 在窗口右侧"操作"面板中,可以"启动"运行该站点。打开浏览器,输入该服务器 IP 地址,尝试访问和测试 CoCo 的"可可网上商城"门户。

提示 关于 Internet 信息服务(IIS)管理器更详细的使用和配置说明,请参阅 MSDN 等相关帮助文档。

模块小结

程可儿和王海一起,最后完成了"可可网上商城"的发布和预编译,并将"可可网上商城"正式部署到了阿里云服务器。整个进程是令人兴奋的,"可可网上商城"如期正式交付。程可儿还要作为培训师,为可可连锁书店的所有员工进行平台应用培训。

该阶段工作完成后,研发团队初步达成以下目标。

(1) 掌握发布 ASP.NET Web 应用程序项目的基本方法。

(2) 掌握安装 IIS 服务器的基本方法。

(3) 掌握将 ASP.NET Web 站点部署到 Web 服务器的基本方法。

能力评估

一、实训任务

1. 使用 Visual Studio 预编译和发布“可可网上商城”项目。
2. 将“可可网上商城”项目部署到测试 Web 服务器上。

二、选择题

1. (　　)是用于创建 Web 应用程序的平台，该应用程序可以使用 IIS 和.NET Framework 在 Windows 服务器上运行。

A. C#　　B. ASP.NET

C. Visual Basic.NET　　D. Visual Studio.NET

2. (　　)不是运行 ASP.NET 应用程序的必要条件。

A. IIS　　B. 浏览器

C. .NET Framework　　D. Microsoft Visual Studio 环境

3. 假设 IIS 预设主目录位置为“E:\Web”文件夹，其中的 Index.html 被浏览，则其在浏览器中的地址为(　　)。

A. http:// Index.html　　B. http://localhost/Index.html

C. http://localhost　　D. http://localhost/Web/Index.html

参 考 文 献

[1] Ken Schwaber,Jeff Sutherland.Scrum 指南[OL].周建成,译.http://www.scrumguides.org.

[2] Imar Spaanjaars. ASP. NET 4.5.1 入门经典[M].苏正泉,牟明福,译.8 版.北京:清华大学出版社,2015.

[3] Dino Esposito.ASP.NET 4 核心编程(微软技术丛书)[M].张大威,王净,译.北京:清华大学出版社,2014.

[4] Adam Freeman,Matthew MacDonald,Mario Szpuszta.精通 ASP.NET 4.5[M].石华耀,译.5 版.北京:人民邮电出版社,2014.

[5] Jason N.Gaylord,Christian Wenz,等.ASP.NET 4.5 高级编程[M].李增民,苗荣,译.8 版.北京:清华大学出版社,2014.

[6] Matthew MacDonald,Adam Freeman,Mario Szpuszta.ASP.NET 4 高级程序设计[M].博思工作室,译.4 版.北京:人民邮电出版社,2011.

[7] 邱郁惠.系统分析师 UML 项目实战[M].北京:人民邮电出版社,2013.

[8] Hassan Gomaa,Adam Freeman.软件建模与设计:UML、用例、模式和软件体系结构[M].彭鑫,吴毅坚,赵文耘,译.北京:机械工业出版社,2014.

[9] Andy Yue,Jim Huang,张玉祥.软件测试技能实训教程[M].北京:科学出版社,2010.

附录A　ASP.NET 编码规范参考

1　概述

1.1　规范制定原则

(1) 方便代码的交流和维护。

(2) 不影响编码的效率,不与大众习惯冲突。

(3) 使代码更美观、阅读更方便。

(4) 使代码的逻辑更清晰、更易于理解。

1.2　术语定义

1.2.1　Pascal 大小写

将标识符的首字母和后面连接的每个单词的首字母都大写,可以对三字符或更多字符的标识符使用 Pascal 大小写,如 BackColor。

1.2.2　Camel 大小写

标识符的首字母小写,而每个后面连接的单词的首字母都大写,如 backColor。

1.3　文件命名组织

1.3.1　文件命名

(1) 文件名遵从 Pascal 命名法,无特殊情况,扩展为名小写。

(2) 使用统一而又通用的文件扩展名,如 C#类为.cs。

1.3.2　文件注释

(1) 在每个文件头必须包含以下注释说明。

```
1   /*----------------------------------------
2   //Copyright ©  2020 展望软件研发中心
```

```
3   //版权所有
4   //
5   //文件名: FirstTemplate.cs
6   //文件功能描述:
7   //
8   //创建标识: David Wu  2020/12/25
9   //
10  //修改标识: David Wu  2020/12/30
11  //修改描述: 修改秘钥
12  //--------------------------------------------*/
```

(2) 文件功能描述只需简述,具体详情在类的注释中描述。

(3) 创建标识和修改标识由创建或修改人员的拼音或英文名加日期组成。例如:

```
David Wu  2021/05/20
```

(4) 一天内有多个修改的,只需在注释说明中做一个修改标识就够了。

(5) 在所有的代码修改处都要加上修改标识的注释。

2 程序注释

2.1 注释概述

(1) 修改代码时,总是使代码周围的注释保持最新。

(2) 在每个例程的开始,提供标准的注释样本,说明该例程的用途及简短介绍。

(3) 避免在代码行的末尾添加注释,否则将使代码更难阅读。

(4) 在程序部署发布之前,应移除所有临时或无关的注释,以避免在日后维护工作中产生混乱。

(5) 在编写代码时就及时添加注释,否则以后很可能没有时间写注释,或已经很难理解当时编写代码的思路。

(6) 为防止问题反复出现,及时添加注释,说明有关错误的修复和解决方法。注释在团队环境中更加重要。

(7) 在所有的代码修改处添加修改标识的注释。

2.2 文档型注释

文档型注释采用.NET 已定义好的 XML 标签来标记,在声明接口、类、方法、属性、字段时都应该使用该类注释,以便代码完成后直接生成代码文档,让别人更好地了解代码的实现和接口。若使用预处理器指令 #region,必须用 #endregion 指令终止 #region 块。

文档型注释如下。

```
1   #region 用户注册
2   ///<summary>
3   ///用户注册
4   ///</summary>
```

```
5   ///<param name="sql">执行的 SQL 语句</param>
6   ///<param name="userInfo">用户信息类</param>
7   ///<returns>执行结果</returns>
8   public int Register (string sql, UserInfo userInfo)
9   {
10      try
11      {
12          //执行业务逻辑
13      }
14      catch
15      {
16          //sTran.Rollback();
17          return-1;
18      }
19      finally
20      {
21          closeCon();
22      }
23  }
24  #endregion
```

2.3 单行注释

单行注释用于以下两种情况。

(1) 方法内的代码注释。如变量的声明、代码或代码段的解释。

(2) 方法内变量的声明或花括号后的注释。

单行注释示例如下。

```
1   //
2   //注释语句
3   //
4   private int number;
5
6   //或
7   //注释语句
8   private int number;
9
10  if(1==1)          //always True
11  {
12      statement;
13  } //always True
```

3 命名规范

3.1 命名概述

命名的原则是，说明是“什么”而不是“如何”；使名称有一定的意义，并且避免冗长；简洁明了、可以理解的名称可以帮助人们阅读；确保选择的名称符合语言规则和标准。

以下是几种推荐的命名方法。

(1) 避免容易被主观解释的难懂的名称，如方法名 AnalyzeThis()，或者属性名 xxK8。这样的名称会导致多义性。

(2) 在类属性的名称中包含类名是多余的，如 Book.BookTitle，而是应该使用 Book.Title。

(3) 只要合适，在变量名的末尾或开头加计算限定符(Avg、Sum、Min、Max、Index)。

(4) 在变量名中使用互补对，如 min/max、begin/end 和 open/close。

(5) 布尔变量名应该包含 Is，这意味着 Yes/No 或 True/False 值，如 fileIsFound。

(6) 在命名状态变量时，避免使用诸如 Flag 的术语。状态变量不同于布尔变量的地方是它可以具有两个以上的可能值。不是使用 documentFlag，而是使用更具描述性的名称，如 documentFormatType。

(7) 即使对于可能仅出现在几个代码行中的生存期很短的变量，仍然使用有意义的名称，除非在短循环索引中使用单字母变量名(如 i 或 j)。可能的情况下，尽量不要使用原义数字或原义字符串。

3.2 大小写规则

标识符中的所有字母都大写。仅对于由两个或者更少字母组成的标识符使用该约定，例如 System.IO 或 System.Web.UI 等。

表 A-3-1 汇总了大小写规则，并提供了不同类型的标识符的示例。

表 A-3-1 不同类型标识符大小写规则

标识符	大小写规则	示例
类	Pascal	AppDomain
枚举类型	Pascal	ErrorLevel
枚举值	Pascal	FatalError
事件	Pascal	ValueChange
异常类(注意，总是以 Exception 后缀结尾)	Pascal	WebException
只读的静态字段	Pascal	RedValue
接口(注意，总是以 I 前缀开始)	Pascal	IDisposable
方法	Pascal	ToString
命名空间	Pascal	System.Drawing
属性	Pascal	BackColor
公共实例字段*	Pascal	RedValue
受保护的实例字段*	Camel	redValue
私有的实例字段	Camel	redValue
参数	Camel	typeName
方法内的变量	Camel	backColor

注：打*的很少使用。属性优于使用受保护的实例字段。

3.3　缩写

为了避免混淆和保证跨语言交互操作，请遵循下列有关缩写的使用的规则。

(1) 不要将缩写或缩略形式用作标识符名称的组成部分。例如，使用 GetWindow，而不要使用 GetWin。

(2) 不要使用计算机领域中未被普遍接受的缩写。

(3) 在适当的时候，使用众所周知的缩写替换冗长的词组名称。例如，用 UI 是 user interface 的缩写，用 OLAP 作为 on-line analytical processing 的缩写。

(4) 在使用缩写时，对于超过两个字符长度的缩写请使用 Pascal 大小写或 Camel 大小写。例如，使用 HtmlButton 或 HTMLButton。但是，仅有两个字符的缩写应当大写，例如，是 System.IO，而不是 System.Io。

(5) 不要在标识符或参数名称中使用缩写。如果必须使用缩写，对于由多于两个字符所组成的缩写请使用 Camel 大小写，虽然这和单词的标准缩写相冲突。

3.4　命名空间

(1) 命名命名空间时的一般性规则是使用公司名称，后跟技术名称和可选的功能与设计如下所示。

```
CompanyName.TechnologyName[.Feature][.Design]
```

例如：

```
namespaceGreatSoft.Procurement                //展望软件的采购子系统
namespaceGreatSoft.Procurement.DataRules      //展望软件的采购子系统的业务规则
```

(2) 命名空间使用 Pascal 大小写，用逗号分隔开。

(3) TechnologyName 指的是该项目的英文缩写或软件名。

(4) 命名空间和类不能使用同样的名字。例如，有一个类被命名为 Debug 后，就不要再使用 Debug 作为一个命名空间名。

3.5　类

(1) 使用 Pascal 大小写。

(2) 用名词或名词短语命名类。

(3) 使用全称，避免缩写，除非缩写已是一种公认的约定名词，如 URL、HTML。

(4) 不要使用类型前缀，不要使用下画线字符(_)。

(5) 有时候需要提供以字母 I 开始的类名称，虽然该类不是接口。只要 I 是作为类名称组成部分的整个单词的第一个字母，这便是适当的。例如，类名称 IdentityStore 是适当的。

(6) 在适当的地方使用复合单词命名派生的类。派生类名称的第二个部分应当是基类的名称。例如，ApplicationException 对于从名为 Exception 的类派生的类是适当的名称，原因在于 ApplicationException 是一种 Exception。

3.6 接口

(1) 用名词或名词短语,或者描述行为的形容词命名接口。例如,接口名称 IComponent 使用描述性名词。接口名称 ICustomAttributeProvider 使用名词短语。名称 IPersistable 使用形容词。

(2) 使用 Pascal 大小写。

(3) 少用缩写。

(4) 给接口名称加上字母 I 前缀,以指示该类型为接口。在定义类/接口对(其中类是接口的标准实现)时使用相似的名称。两个名称的区别应该只是接口名称上有字母 I 前缀。

(5) 不要使用下画线字符(_)。

(6) 当类是接口的标准执行时,定义这一对类/接口组合就要使用相似的名称。两个名称的不同之处只是接口名前有一个 I 前缀。

3.7 属性

属性(attribute)应该总是将后缀 Attribute 添加到自定义属性类。

3.8 枚举

(1) 对于枚举(enum)类型和值名称使用 Pascal 大小写。

(2) 少用缩写。

(3) 不要在枚举类型名称上使用 Enum 后缀。

(4) 对大多数枚举类型使用单数名称,但是对作为位域的枚举类型使用复数名称。

(5) 总是将 FlagsAttribute 添加到位域枚举类型。

3.9 参数

(1) 使用描述性参数名称。参数名称应当具有足够的描述性,以便参数的名称及其类型可用于在大多数情况下确定它的含义。

(2) 对参数名称使用 Camel 大小写。

(3) 使用描述参数的含义的名称,而不要使用描述参数的类型的名称。开发工具将提供有关参数的类型的有意义的信息。因此,通过描述意义可以更好地使用参数的名称。少用基于类型的参数名称,仅在适合使用它们的地方使用它们。

(4) 不要使用保留的参数。保留的参数是专用参数,如果需要,可以在未来的版本中公开它们。相反地,如果在类库的未来版本中需要更多的数据,请为方法添加新的重载。

(5) 不要给参数名称加匈牙利语类型表示法的前缀。

3.10 方法

(1) 使用动词或动词短语命名方法。

（2）使用 Pascal 大小写。

（3）正确命名的方法，如 GetStudent()、Invoke()等。

3.11　属性

（1）使用名词或名词短语命名属性（property）。

（2）使用 Pascal 大小写，不要使用匈牙利语表示法。

（3）考虑用与属性的基础类型相同的名称创建属性。例如，如果声明名为 Color 的属性，则属性的类型同样应该是 Color。请参阅本主题中后面的示例。

3.12　事件

（1）对事件处理程序名称使用 EventHandler 后缀。

（2）指定两个名为 sender 和 e 的参数。sender 参数表示引发事件的对象。sender 参数始终是 object 类型的，即使在可以使用更为特定的类型时也如此。与事件相关联的状态封装在名为 e 的事件类的实例中。对 e 参数类型使用适当而特定的事件类。

（3）用 EventArgs 后缀命名事件参数类。

（4）考虑用动词命名事件。

（5）使用动名词（动词的 ing 形式）创建表示事件前的概念的事件名称，用过去式表示事件后。例如，可以取消的 Close 事件应当具有 Closing 事件和 Closed 事件。不要使用 BeforeXxx/AfterXxx 命名模式。

（6）不要在类型的事件声明上使用前缀或者后缀。例如，使用 Close，而不要使用 OnClose。

（7）通常情况下，对于可以在派生类中重写的事件，应在类型上提供一个受保护的方法（称为 OnXxx）。此方法只应具有事件参数 e，因为发送方总是类型的实例。

3.13　常量

常量（const）中的所有单词大写，多个单词之间用“_”隔开。例如：

```
public const string PAGE_TITLE="Welcome";
```

3.14　字段

（1）private、protected 字段使用 Camel 大小写。

（2）public 字段使用 Pascal 大小写。

（3）拼写出字段名称中使用的所有单词，字段名称不要使用大写字母。

（4）仅在开发人员一般都能理解时使用缩写。

（5）不要对字段名使用匈牙利语表示法。好的名称描述语义，而非类型。

（6）不要对字段名或静态字段名应用前缀。具体说来，不要对字段名称应用前缀来区分静态和非静态字段。例如，应用 g_ 或 s_ 前缀是不正确的。

(7) 对预定义对象实例使用公共静态只读字段。如果存在对象的预定义实例,则将它们声明为对象本身的公共静态只读字段。使用 Pascal 大小写,原因是字段是公共的。

3.15 静态字段

(1) 使用名词、名词短语或者名词的缩写命名静态字段。

(2) 使用 Pascal 大小写。

(3) 对静态字段名称使用匈牙利语表示法前缀。

(4) 建议尽可能使用静态属性而不是公共静态字段。

3.16 集合

集合是一组组合在一起的类似的类型化对象,如哈希表、查询、堆栈、字典和列表,集合的命名建议用复数。

4 控件命名规则

4.1 命名方法

控件命名采用控件名简写前缀+英文描述,英文描述首字母大写,采用 Pascal 命名。比如用户账号输入文本框控件,建议命名为 txtLoginId。

4.2 主要控件名简写前缀对照表

主要控件名简写前缀对照表如表 A-4-1 所示。

表 A-4-1 主要控件名简写前缀对照表

控 件 名	简写前缀	控 件 名	简写前缀
Label	lbl	TextBox	txt
Button	btn	LinkButton	lnkbtn
ImageButton	imgbtn	DropDownList	ddl
ListBox	lst	DataGrid	dg
DataList	dlst	CheckBox	chk
CheckBoxList	chklst	RadioButton	rdo
RadioButtonList	rdolst	Image	img
Panel	pnl	Calender	cld
AdRotator	ar	Table	tbl
RequiredFieldValidator	rfv	CompareValidator	cv
RangeValidator	rv	RegularExpressionValidator	rev
ValidatorSummary	vs	CrystalReportViewer	rptvew

附录 B　软件项目实训文档参考

项目实训任务书(可可网上商城)

项目名称	可可网上商城
项目参考资料	(1) ASP.NET 4.0 从入门到精通,清华大学出版社 (2) ASP.NET 4.5 高级编程(第 5 版),清华大学出版社
项目所需主要设备 (硬件设施、软件环境)	硬件设施:笔记本电脑、服务器及局域网络 软件环境:Windows 7.0 专业版以上 Visual Studio 2013 专业版以上(C#) Microsoft SQL Server 2008 以上

项目功能性需求:

"可可网上商城"为可可连锁书店委托 IFTC(信息融合软件研发中心)开发的项目。

"可可网上商城"系统的用户主要分为以下 3 种。

(1) 匿名用户,即未在网上商城注册的顾客。

(2) 会员,即在网上商城注册且账户状态为"正常"的顾客。

(3) 书店管理员,即"可可网上商城"的销售专员,如杨国栋。

"可可网上商城"系统总体上分为前台门户、管理后台两部分整理需求。

1. 前台门户的业务功能需求(只限于匿名用户、会员访问)

(1) 会员注册:匿名用户能够在前台门户访问注册页面,输入真实姓名等必备信息后,注册为正式会员,并拥有其用户名、密码;会员账户不能重复,同一个 E-mail 不能用于重复注册会员账户。

(2) 会员登录:会员能够通过其用户名、密码登录到前台门户;会员登录到前台门户后,可以修改密码,修改会员资料;如会员忘记密码,可以找回密码。

(3) 检索图书:顾客(匿名用户、会员)能访问前台门户,浏览到来自可可连锁书店的最新图书、热销图书等,并能够通过图书类别、出版社、点击排行等快捷地检索图书信息,浏览图书详细信息。

(4) 购买图书:会员检索到期望的图书信息后,可以将该图书加入购物车;会员能够管理购物车,可以继续添加图书,修改购买数量,删除图书或清空购物车等操作;会员确认需购买的图书清单后,可以通过购物车正式提交并生成订单。

2. 管理后台的业务功能需求(只限于书店管理员访问)

(1) 管理员登录:书店管理员能够通过其用户名、密码登录到管理后台;书店管理员登录到管理后台后,可以修改密码。

(2) 管理图书分类:书店管理员可以浏览所有图书分类列表;可以添加、修改、删除图书分类;如果某图书分类下已有图书,则该图书分类不能删除。

续表

(3) 管理图书：书店管理员可以浏览所有图书列表；可以新增、修改、删除图书信息；如果某图书已被上架销售并有交易记录，则该图书不能删除。

(4) 管理会员：书店管理员可以浏览所有会员列表；会员状态默认为“正常”；根据会员实际情况，书店管理员可以修改会员状态为“注销”，但不能删除、修改会员资料。

(5) 管理订单：书店管理员可以浏览所有销售订单列表，并浏览订单详细信息；不支持在线支付和配送，仅记录当前订单数据、订单状态。

项目非功能性需求：

1. 软硬件环境需求

(1) 系统运行于 Internet 环境中。

(2) 系统部署在服务器端，服务器操作系统采用 Windows Server 2008 或更高版本。

(3) 系统数据库使用 Microsoft SQL Server 2008 或更高版本。

(4) 系统通过浏览器访问，支持并兼容 IE 6.0 或更高版本浏览器、Chrome 浏览器、Firefox 浏览器等主流浏览器。

2. 性能需求

(1) 系统在 Internet 环境中，能够保证系统的及时响应，响应时间不超过 1000ms。

(2) 系统支持大规模用户每秒 1000 的并发访问数。

3. 安全性需求

(1) 系统采用用户身份验证、权限等安全机制，保证系统使用安全性。

(2) 系统部署在 Internet 中，保证服务器单独部署的物理安全性，采用防 SQL 注入等 Web 防护措施。

4. 可维护性和可扩展性

系统采用合适的开发架构，具有良好的可扩展性和可维护性。

5. 用户交互界面 UI 设计要求

(1) 系统页面设计简洁、美观、大方，采用典型的类京东、类当当网等电子商务站点页面设计风格。

(2) 系统易学、易用，设计有便捷的导航工具栏、向导等各种方式保证用户可以快速上手使用，可以更快地进行各项在线购物操作。

项目成果要求：

(1) 要求完整实现项目需求描述中所述的所有功能性、非功能性需求。

(2) 界面设计美观大方，需考虑不同浏览器的兼容性。

(3) 交付各版本软件源代码、相关设计文档。

项目实训周报

<table>
<tr><td>姓　　名</td><td>程可儿</td><td>班级/项目组</td><td>2018级软件技术/展望软件组</td></tr>
<tr><td>起止时间</td><td colspan="3">2021年9月7日至2021年9月11日(第1周)</td></tr>
<tr><td>阶段名称</td><td colspan="3">模块1“可可网上商城”项目准备</td></tr>
<tr><td>阶段任务</td><td colspan="3">任务1-1　了解“可可网上商城”总体需求
任务1-2　创建“可可网上商城”解决方案</td></tr>
<tr><td>成果描述</td><td colspan="3">1.“可可网上商城”项目需求模型(UML用例图)
2.“可可网上商城”项目快速原型
3.“可可网上商城”项目解决方案(基于分层开发框架)</td></tr>
<tr><td>阶段任务
自评/小结</td><td colspan="3">针对任务实践过程中遇到的问题、解决方法、收获或体会等简要阐述。</td></tr>
<tr><td colspan="4">阶段任务评审记录</td></tr>
<tr><td>个人自评</td><td>[ ]已交付　　[ ]未完成</td><td colspan="2">签名:________　　年　月　日</td></tr>
<tr><td>组内评审</td><td>[ ]已通过　　[ ]不通过</td><td colspan="2">签名:________　　年　月　日</td></tr>
<tr><td>教师评审</td><td>[ ]优秀　　[ ]良好
[ ]基本合格　　[ ]不合格</td><td colspan="2">签名:________　　年　月　日</td></tr>
<tr><td>评审意见</td><td></td><td colspan="2"></td></tr>
</table>

项目评审报告

1. 基本信息

待评审的工作成果	可可网上商城		
技术评审方式	FTR(正式技术评审) ☑ITR(非正式技术评审)		
评审时间	2021年6月18—29日		
评审地点	软件与服务外包实训基地 A105		
评审所需设备	笔记本电脑、展示台、投影机		
参加技术评审的人员			
类　别	姓　名	工作单位、职称/职务	签　章
主持人			
评审小组成员			
答辩人			
项目团队成员			

2. 成果验收报告(标*的,如不通过,则一票否决)

验收内容	验收结论	备注
*项目版权、职业素质(独立完成项目任务)	[ ]通过 [ ]不通过	
*项目技术框架(基于分层架构)	[ ]通过 [ ]不通过	
*编码规范(代码质量、命名、注释)	[ ]通过 [ ]不通过	
可靠性、健壮性(异常处理等)	[ ]通过 [ ]不通过	
门户→首页(母版页、导航等)	[ ]通过 [ ]不通过	
门户→会员登录界面设计(用户控件)	[ ]通过 [ ]不通过	
门户→会员登录业务逻辑	[ ]通过 [ ]不通过	
门户→会员登录导航工具条(状态管理)	[ ]通过 [ ]不通过	
门户→会员修改密码	[ ]通过 [ ]不通过	
门户→会员注册界面设计(含输入验证)	[ ]通过 [ ]不通过	
门户→会员注册业务逻辑(含同账号名校验)	[ ]通过 [ ]不通过	
门户→首页按图书分类、图书、出版社展示(用户控件)	[ ]通过 [ ]不通过	
门户→图书详情页(含页面间查询字符串传值)	[ ]通过 [ ]不通过	
门户→图书列表(根据图书分类、出版社检索等)	[ ]通过 [ ]不通过	
门户→图书列表(按条件排序、分页)	[ ]通过 [ ]不通过	
门户→购物车管理	[ ]通过 [ ]不通过	
门户→购物车结算(生成订单)	[ ]通过 [ ]不通过	
管理后台→后台首页(界面、树状菜单导航等)	[ ]通过 [ ]不通过	
管理后台→管理员登录(含状态管理、注销)	[ ]通过 [ ]不通过	
管理后台→会员管理(列表、维护状态)	[ ]通过 [ ]不通过	
管理后台→图书分类管理(新增、内置修改/删除)	[ ]通过 [ ]不通过	
管理后台→图书列表(样式、光棒效果、分页)	[ ]通过 [ ]不通过	
管理后台→图书列表(全选、单/多项删除图书)	[ ]通过 [ ]不通过	
管理后台→新增图书(含数据验证、封面图片上传)	[ ]通过 [ ]不通过	
管理后台→修改图书(含图书分类、出版社下拉列表)	[ ]通过 [ ]不通过	
管理后台→订单列表	[ ]通过 [ ]不通过	
管理后台→订单详细(含订单概要、明细浏览)	[ ]通过 [ ]不通过	

3. 评审记录

提问记录	回答情况	回答人

4. 验收综合结论

评审结论	[ ]优秀 [ ]良好 [ ]基本合格 [ ]不合格，拟于______年____月____日安排复审
评审意见	
评 审 负责人 签 字	签字： 日期： 年 月 日

附录C　软件项目实训拓展（项目库）

项目1　创客空间项目众筹平台

暨阳大学与万顺公司联合成立了大学生“创客空间”。为了支持加入创客空间的大学生创新创业训练，暨阳大学委托IFTC开发了适合大学生创客运作的项目众筹平台。

该项目众筹平台可以鼓励大学生创客充分发挥自己的创新创意，在此平台上发起属于自己的众筹项目，让志同道合的同学加入项目团队，或直接众筹经费以支持项目运作，促使项目能够顺利进行，最终开花结果。

创客空间项目众筹平台的主要功能需求如下。

1. 前台门户

(1) 用户注册：用户可以使用手机号和身份证号实名注册自己的账户。

(2) 用户登录：用户可以凭用户名、手机号或身份证号登录到平台，只有登录后才可以发布或参与众筹项目。

(3) 用户个人中心：用户登录后可以修改密码，管理个人资料等。

(4) 项目排行：根据项目热度，即根据参与项目的同学人数或众筹的经费总额进行排名，通过列表展示项目；也可以单击“所有”超链接浏览所有项目，或通过关键词搜索所关注的项目。

(5) 我的项目：可以在平台发布自己的众筹项目，或参与其他用户的众筹项目，或资助资金以直接支持项目运作；用户可以管理自己发起或参与的所有众筹项目；用户可以审核（同意或谢绝）其他用户的众筹意向（参与或支持经费）。

2. 管理后台

(1) 管理员登录：管理员可以登录到管理后台。

(2) 项目分类管理：管理员可以管理和设置众筹项目的类别。

(3) 用户管理：管理员可以检索、浏览、查看已经注册的所有用户信息，可以根据需要暂时关闭或启用用户账号（不能新增、删除账号）。

(4) 项目管理：管理员可以检索、浏览、审核、修改、逻辑删除用户发布的所有众筹项目；如果项目运行过程中发现不符合平台规定（如包含非法内容等），可以终止该项目；如果项目运行达到预期目标,可以标注该项目状态为已毕业;可以查阅项目的众筹报表,即参与项目的人数或众筹意向经费的清单。

(5) 控制面板：管理员可以实时监控平台运行的统计数据,如总项目数、最新发布的项目数、已审核通过的项目数、已终止的项目数、总用户数、最新注册用户数等。

3. 主要数据字典

(1) 用户(用户ID,用户名,密码,真实姓名,身份证号,手机号码,E-mail,QQ,微信,所在单位,是否管理员,是否关闭)。

(2) 项目分类(分类ID,分类名称,分类排序号,备注)。

(3) 众筹项目(项目ID,项目名称,所属分类ID,项目负责人用户ID,项目简介,项目详细描述,项目运营目标,项目发布日期,众筹开始日期,众筹结束日期,计划上线日期,当前参与项目人数,当前众筹经费总额,是否发布,是否审核通过,审核日期,是否终止,是否毕业)。

(4) 众筹用户参与项目映射(项目ID,参与人用户ID,是否参与项目,是否资助经费,资助金额,项目负责人是否审核通过,审核日期)。

项目2 经验积累与分享平台

为支持开发者互相积累和分享开发经验,将知识与经验在开发者之间共享,以此大大提高研发过程中重复性工作的效率,提高知识创新的能力,暨阳大学委托IFTC开发了一套经验积累与分享平台。

该平台鼓励开发者撰写技术博文并发表在平台上,可以是项目研发或技术学习过程中的心得体会,或者是解决问题的经验总结,或是遇到的技术难题和困惑等,在积累经验的同时,也将之与其他开发者一起分享,并得到其他开发者的关注和讨论。

经验积累与分享平台的主要功能需求如下。

1. 前台门户

(1) 用户注册：用户可以使用手机号实名注册自己的账户。

(2) 用户登录：用户可以凭用户名或手机号登录到平台,只有登录后才可以发布博文或参与评论;未注册的游客只能浏览博文。

(3) 用户个人中心：用户登录后可以修改密码,管理个人资料等。

(4) 博文列表：在首页依据不同的条件以列表方式展示博文,如“最新发表”“最热博文”“最新讨论”等,可以通过博文关键词检索博文。

(5) 我的博文：用户可以发表自己的博文(同时设定博文的标签),可以浏览该博文的所有评论,回复其他用户的评论,也可以关闭自己的某篇博文。

(6) 我关注的博文：用户可以浏览其他用户的博文,并对博文进行评论、收藏操作,可以对优秀的博文进行推荐,可以对不合适的博文或评论进行举报。

(7) 我关注的博主：用户可以关注其他用户,从而能够长期跟踪和阅读该用户的博文;用户也可以取消关注其他用户,或通过拉黑来屏蔽其他用户的博文。

2. 管理后台

(1) 管理员登录：管理员可以登录到管理后台。

(2) 用户管理：管理员可以检索、浏览、查看已经注册的所有用户信息;如果用户发表的博文或评论不符合平台及有关法律规定,且经劝阻没有改善,管理员可以根据需要临时关闭该用户账号,也可以重新启用该用户账号。

(3) 博文管理：管理员可以检索、浏览、修改、逻辑删除用户发布的所有博文和评论;管理员可以随时抽查审核所有博文和评论,如果发现有不符合平台及有关法律规定的内容,或者被其他用户举报并核实,管理员可以关闭该博文以及相关评论。

(4) 控制面板：管理员可以实时监控平台运行的统计数据,如总博文数、最新发布的博文数、被举报的博文数、已关闭的博文数、总评论数、最新评论数、总用户数、最新注册用户数等。

3. 主要数据字典

(1) 用户(用户 ID,用户名,密码,真实姓名,手机号码,E-mail,QQ,微信,是否管理员,是否关闭)。

(2) 博文标签(标签 ID,标签名称)。

(3) 博文(博文 ID,博文标题,博文标签 ID 列表,博文概要,博文详细内容,是否显示,发布日期,发布用户 ID,是否关闭)。

(4) 博文评论(评论 ID,博文 ID,评论详细内容,评论时间,评论用户 ID,是否关闭)。

(5) 用户关注博文映射(博文 ID,关注用户 ID,是否收藏,是否推荐,是否举报)。

(6) 用户关注博主映射(博主 ID,关注用户 ID,是否关注,是否拉黑)。

项目3　项目经费管理系统

为了有效监管企业内部各个项目的经费使用管理,万顺公司委托 IFTC 开发一套项目经费管理系统,主要服务于该企业各类型项目的经费预算及使用管理。

项目经费管理系统的主要功能需求如下。

1. 系统管理模块

(1) 用户登录：用户(含管理员)根据企业内部分配的用户名、密码登录到系统。

(2) 用户个人信息：用户登录后可以修改密码,更新个人资料(如联系方式)等。

(3) 部门管理：管理员可以根据企业内部组织架构,浏览、添加、修改和删除企业各部门;如果有用户隶属于某部门,则该部门不能删除。

(4) 用户管理：系统中用户分为项目负责人、管理员两个角色;管理员可以浏览、添加、修改和删除用户;用户隶属于某一个部门。

2. 基础信息管理模块

(1) 项目类型管理：管理员可以添加、修改、删除项目类型。

(2) 经费科目管理：管理员可以添加、修改、删除经费科目，常用的科目如差旅费、招待费、资料费、耗材费、劳务费等。

3. 项目管理模块

(1) 项目立项管理：管理员可以添加新的项目信息，包括项目编号、项目名称、项目预算经费、项目负责人等主要信息。

(2) 项目结项管理：管理员可以将项目状态修改为结项；项目结项以后，将无法进行任何经费使用报销。

(3) 控制面板：管理员可以实时监控项目管理及经费使用的统计数据，如项目总数、项目预算经费总额、项目预算经费总余额等。

4. 项目经费管理模块

(1) 经费使用审批：管理员可以审批所有项目经费使用申请单(是否批准使用)。

(2) 经费报销审核：管理员可以根据项目经费使用申请单，核实经费使用及报销情况后，审核该申请单报销状态(是否办理报销)。

5. 我的项目模块

(1) 我的项目：项目负责人可以浏览本人负责的所有项目信息以及各项目经费使用情况(预算经费总额、当前余额、经费使用明细等)。

(2) 我的经费使用申请：项目负责人可以提交新的项目经费使用申请单，也可以查阅经费使用申请单的审批及报销审核结果。

6. 主要数据字典

(1) 用户(用户 ID，用户名，密码，真实姓名，所属部门 ID，手机号码，E-mail，QQ，微信，是否管理员，是否启用)。

(2) 部门(部门 ID，部门名称)。

(3) 项目类型(类型 ID，类型名称)。

(4) 经费科目(科目 ID，科目名称)。

(5) 项目(项目 ID，项目名称，所属类型 ID，项目负责人 ID，项目简介，项目预算经费，当前经费使用总额，是否立项，项目立项日期，项目计划结项日期，是否结项，实际结项日期)。

(6) 经费使用申请单(申请单 ID，申请使用金额，申请单说明，所属项目 ID，所属科目 ID，是否批准使用，申请单审批日期，是否办理报销，报销审核日期)。

项目4　科技信息服务平台

为了有效服务于中小型企业科研活动,暨阳市科技局委托IFTC开发一套科技信息服务平台,主要提供国家和省市有关项目申报政策指南、创新创业政策等知识库,供中小型企业随时检索查阅,同时接受在线咨询。

科技信息服务平台的主要功能需求如下。

1. 前台门户

(1) 用户注册:用户可以使用手机号实名注册自己的账户。

(2) 用户登录:用户可以凭用户名或手机号登录到平台,只有登录后才可以提交自己的问题并查阅平台给予的答复;未注册的游客只能浏览知识库文章和其他用户提交的问题。

(3) 用户个人中心:用户登录后可以修改密码,管理个人资料等。

(4) 科技信息知识库:根据知识库类别浏览或检索知识库中的文章(政策指南等)。

(5) 我的问题:用户可以提交自己的问题,并浏览自己的所有问题以及平台给予的答复。

2. 管理后台

(1) 管理员登录:管理员可以登录到管理后台。

(2) 用户管理:管理员可以检索、浏览、查看已经注册的所有用户信息,可以根据需要暂时关闭或启用用户账号(不能新增、删除账号)。

(3) 知识分类管理:管理员可以浏览、添加、修改、删除知识类别。

(4) 知识库管理:管理员可以发布新的知识文章,也可以检索、浏览、修改、删除知识库中的知识文章。

(5) 问题管理:管理员可以检索、浏览或关闭所有用户提交的问题,并且阅读某个问题后提交答复。

(6) 控制面板:管理员可以实时监控平台运行的统计数据,如用户总数、知识库文章总数、提交的问题总数、最新提交的问题数、未回答的问题数等。

3. 主要数据字典

(1) 用户(用户ID,用户名,密码,真实姓名,所在单位,职务/职称,手机号码,E-mail,QQ,微信,是否管理员,是否关闭)。

(2) 知识分类(分类ID,分类名称)。

(3) 知识(知识ID,知识标题,所属分类ID,知识关键词,知识概要,知识详细内容,知识阅读数,是否显示,是否删除)

(4) 问题(问题ID,问题标题,问题详细内容,提问日期,提问人用户ID,是否显示)。

(5) 答复(答复ID,答复的问题ID,答复详细内容,答复日期,答复人用户ID)。

项目5 人力资源服务平台

为了充分发挥企业招聘和大学生求职之间的桥梁作用,暨阳市人才服务中心委托IFTC开发一套人力资源服务平台,主要面向企业提供企业门户、招聘信息发布服务,面向大学生提供个人简历及求职信息发布服务,并且为企业招聘和大学生求职提供双向推荐服务。

人力资源服务平台的主要功能需求如下。

1. 求职者门户

(1) 求职者注册:求职者可以使用手机号、身份证号实名注册自己的账户。

(2) 求职者登录:求职者可以凭用户名、手机号或身份证号登录到平台,只有登录后才可以提交自己的简历和求职信息;未注册的游客只能浏览招聘信息。

(3) 个人中心:求职者登录后可以修改密码,管理个人基本资料等。

(4) 个人简历:求职者登录后可以管理和发布自己的个人简历。

(5) 个人求职:求职者可以根据企业的招聘信息,向企业定向投送个人简历以获取面试申请;可以浏览以往所有面试申请,以及查看面试申请的回复通知。

(6) 浏览招聘信息:求职者可以浏览,或通过关键词检索企业发布的招聘信息。

2. 企业门户

(1) 企业注册:企业人事专员可以使用手机号、身份证号实名注册自己的账户,同时必须提供企业营业执照编号、营业执照复印件等资料进行企业资质认证;企业未通过资质认证,无法开展发布招聘信息等业务。

(2) 企业人事专员登录:企业人事专员可以凭用户名、手机号或身份证号登录到平台,只有登录后才可以提交自己的简历和求职信息;未注册的游客只能浏览招聘信息。

(3) 企业中心:企业人事专员登录后可以修改密码,管理个人资料等,也可以管理和更新企业认证资料。

(4) 企业招聘:企业人事专员可以发布招聘信息,浏览求职者的面试申请,或向求职者定向投送面试通知。

(5) 浏览求职信息:企业人事专员可以浏览或通过关键词检索求职者发布的个人简历概要(有限度阅读)。

3. 管理后台

(1) 管理员登录:管理员可以登录到管理后台。

(2) 用户管理:管理员可以检索、浏览、查看已经注册的所有用户(求职者、企业人事专员)信息;管理员可以根据需要临时关闭或重新启用用户账号。

(3) 企业管理:管理员可以检索、浏览、修改注册的企业;管理员可以审核企业认证资质,根据需要临时关闭或重新启用该企业。

(4) 求职简历管理：管理员可以检索、浏览所有求职者发布的个人简历；管理员可以抽查和审核个人简历，如发现不符合平台及有关法律规定，可暂时关闭求职者的个人简历。

(5) 招聘信息管理：管理员可以检索、浏览所有企业发布的招聘信息；管理员可以抽查和审核企业招聘信息，如发现不符合平台及有关法律规定，可暂时关闭企业发布的招聘信息。

(6) 控制面板：管理员可以实时监控平台运行的统计数据，如求职者总数、企业总数、招聘信息总数等。

4. 主要数据字典

(1) 用户(用户ID，用户名，密码，真实姓名，出生年月，所在单位，职务/职称，手机号码，E-mail，QQ，微信，是否企业人事专员，是否管理员，是否关闭)。

(2) 企业(企业ID，企业人事专员的用户ID，企业名称，企业营业执照编号，企业营业执照图片URL，企业注册资本，企业法人代表，企业网址URL，企业简介，是否关闭)。

(3) 个人简历(简历ID，求职者的用户ID，所学专业，最高学历/学位，学习进修经历，工作经历，荣誉或显著业绩，期望岗位，期望月薪，是否关闭，发布日期，失效日期)。

(4) 企业招聘岗位(招聘岗位ID，所属企业ID，招聘岗位名称，招聘人数，岗位月薪，工作地点，岗位能力要求，福利待遇，联系方式，其他说明，是否关闭，发布日期，失效日期)。

(5) 面试申请(申请ID，求职者的用户ID，企业招聘岗位ID，是否发送申请，发送申请日期，是否通知面试，通知面试日期，是否最终录用，最终录用日期)。